ROBOT LAW
ロボット法
AIとヒトの共生にむけて

増補第2版

平野 晋
HIRANO susumu

[T]he future is already here.
It just hasn't been evenly distributed yet.

すでに未来はここにある。
等しくゆき渡っていないだけである。

William Gibson★
ウィリアム・ギブソン

★ A quote *in* M. Ryan Calo, *12. Robots and Privacy, in* ROBOT ETHICS : THE ETHICAL AND SOCIAL IMPLICATIONS OF ROBOTICS 187, 198 (Patrick Lin et al. ed., 2012). 拙訳。

なおウィリアム・ギブソンは、映画「J.M.」（TriStar Pictures 1995）（キアヌ・リーブス、北野武出演）の原作『記憶屋ジョニイ---JOHNNY MNEMONIC』の作者。「サイバーパンク」の創始者である。

本文後掲の Figure 4-11（第 4 章）参照。

増補第2版の刊行にあたって

2017年11月の初版に続き、2019年10月に増補版が刊行された本書も、このたび増補第2版刊行の運びとなった。今回の変更点の概要を紹介する前に、AI/ロボットの将来の危険性を考えるうえで、SF等のフィクションを用いることが正当化されるという筆者の主張が、残念ながら（?）実証されてしまった技術をまずは紹介しておこう。それは、生成AIの一種である〈音声AI〉である。音声AIを使えば、実在の人物そっくりな声音で勝手な内容をしゃべらせることができるため、特殊詐欺や世論操作等々に悪用されるおそれが現実的な問題となっている。

今そこにあるAIの危険性も、すでにSFが予言していた！

まさに「今そこにある危険」である音声AIのような〈SF的（!）技術〉も、すでに40年もの昔から有名なSF映画で表現されていた。それは、あの「ターミネーター」シリーズである。その一作目の「ターミネーター」（1984年）においてアーノルド・シュワルツェネッガー扮する殺人ロボット〈ターミネーター〉が、サラ・コナーという女性を殺害すべく、彼女の実家で待ち構えている。それを知らないサラが逃亡先から実家に電話をかけると、受話器をとったターミネーターが母親そっくりな声音で応答する。サラは実の母親と勘違いして、すっかり騙されてしまう……。1984年には、SFでありフィクションであったその技術が今、現実化したのである。

このように音声AIの出現により、筆者が以前から警告してきたSFの描くリスクを無視すべきではないという主張が、——冒頭にて言及したように——残念ながら実証されてしまったのである。

ヒト・ゲノムを操作する技術も、SFでは前々世紀末に警告されていた?!

「ターミネーター」が予測した技術が、音声AIによって実現されて危険性が顕在化したような例は、実はほかにも存在する。たとえばSFの先駆者であるH.G.ウエルズが前々世紀末（!）もの昔に書いた小説『モロー博士の島』[★1]は、マッド・サイエンティストが、世界から隔絶された孤島においてヒトと獣の遺伝子を組み合わせた獣人をたくさん創っていた、という物語であるところ、小説が発表された1896年には、未だ遺伝子を操作する技術等はフィクションにすぎなかった。しかしそれが、ヒト・ゲノム解析の研究が進化した現在では十分に現実的リスクとして認識されている事実を[★2]、読者もよくご存知であろう。

つまり第2章IV-3において筆者が初版以来紹介していたように、**「今日の科学は、昨日のサイエンス・フィクションに忍び寄っている」**のである。あるいは筆者が『法學新報』（中央大学紀要）において紹介したように（以下引用拙訳文参照[★3]）、AIは他の技術的な開発と異なって、社会の統治のあり方——すなわちAIを規制対象にすべきか否か——が検討されなければならないほどの危険性をはらんだ技術なのである。

> 月旅行は［かつては］単なる空想科学であった。しかし［今では］40年以上も昔の歴史的事実になってしまった。そして、**月着陸と異なって、AIの開発は社会の統治に直接的影響があるのだ。**

そして当原稿執筆時の2023年には日本でG7サミットが開催され、そこでも、音声AIを含む生成AI技術はディープ・フェイクを通じて民主主義を危険にさらすから、規制すべきであるとG7各国が主張している。まさにAIが「統治に直接的影響」を与えるからこそ、先進各国が足並みを揃えて規制しようとしているのである。

SFを毛嫌いしたり、汎用AIの危険性に蓋をしてはならない

第7章Ⅰで紹介している、日本のAIルールの司令塔である内閣府「人間中心のAI社会原則」の第2原則である「教育・リテラシーの原則」は、以下のように指摘している（強調付加）[★4]。

> **AIの開発者側は**……社会で役立つAIの開発の観点から、AIが社会においてどのように使われるかに関する……**規範意識を含む社会科学や倫理等、人文科学に関する素養を習得していることが重要**になる。

実はこの文言、「人間中心のAI社会原則」を起案する内閣府有識者会議の構成員である筆者が、その起案時に挿入し有識者会議によって承認された文言である。そこに込めた起草者の意図は、SF等の人文科学が指摘するAIの危険性も十分に認識・尊重したうえで、社会安全を軽視せず、AI開発等には慎重であってほしいという願いである。

ところがAIの開発・利用等に従事する方々の中には、SFを含むフィクションを用いて科学の問題点を検討・分析する〈法と文学〉等の人文社会科学（あわせて「人社科学」という）的な学際研究に対する無理解をあらわにし、もって明らかに日本のAIルールに反する姿勢をとられる方々も散見された（第3章V-3および注214-6参照）。さらに、汎用AIの実現は遠いと主張して、その危険性についても軽視する立場を公言される方々もおられた（同上）。しかし前述したような、たとえばSF作品である『モロー博士の島』を紹介しながら、ヒト・ゲノム技術濫用の危険性を警告する論文は、『LAW AND LITERATURE』（法と文学）という名称の、アメリカの立派な学術誌に掲載されていることに象徴されるように、**フィクションを通じて法律学のあり方を分析する〈法と文学〉研究は、昔から人社科学上の学際研究として確立した研究分野なのである**。さらに、かつてはSFであった映画「ターミネーター」に登場する音声AIの危険性が、今では革新的な生成AI技術の開発とその広い展開（deployment）によって、もはやフィクション上

の架空の話だけでは済まされない現実になってしまったことも前述した通りである。そのような状況ゆえに最近では、**汎用AIの実現も遠い夢物語ではないと指摘されるに至ってさえいる**のである（第3章注214-5参照）。したがって、本書が触れてきた〈法と文学〉という学際研究分野を含む、人社科学の知恵（wisdom）を、AI関係者の方々には尊重してほしい。

すなわちAIは、一方では人々の生活をより良く（better off）する面もあるけれども、他方では、ヒト・ゲノム技術や生成AIのように、今まではフィクションでしかなかった危険性を現実化して世界を悪化（worse off）させる要素も含んでいる。したがってAI開発・利活用等には、理数工学的STEM（ステム）――Science, Technology, Engineering, and Mathematics――の研究教育だけでは不十分であり、人社科学的ELSI（エルシー）――Ethical, Legal, and Social Implications――の研究教育も必要である、と世界的に理解されてきたのである（第2章IV-2参照）。この点について、高名な法学者でありかつアメリカの連邦控訴審裁判所の裁判官でもあるリチャード・A. ポズナーは（も）、「**今日の空想科学は、しばしば明日の科学的事実である**」と述べながら[★5]、その著書[★6]において以下のように指摘している。

> **科学者たちは、科学からの社会の保護［という社会安全］を望むよりも、むしろ科学の知見を進歩させたいと望む**。［しかし］政策立案者たちの価値の序列は、逆であ［り、社会安全を科学よりも優先させ］る。科学者たちが社会安全を無視しているというわけではないけれど、**社会安全は科学者たちの仕事ではない**のである。**さらに、社会安全は、しばしば科学者たちの仕事と対立する**のである。

すなわちAIの危険性を指摘する、法学者など政策立案者たちからの警告は、確かに科学の進歩にとっては邪魔であろうし、耳の痛い指摘であろう。しかし、不都合な真実だからといってこれを圧殺したり、臭いものに蓋をするような姿勢は、どうみても褒められたものではあるまい。そのような方々には、前掲引用した、「人間中心のAI社会原則」が指摘する人社科学の重要性をぜひとも想起してほしい。

また、この増補第2版への改訂作業中にアメリカで評判になった映画

「オッペンハイマー」(2023年) は、原爆開発〈マンハッタン計画〉の指導者を描いた作品であるところ、同作品に関して、**核爆弾という新技術が開発されるとそれを使用せずにはいられなかった人類の愚行から、AI等の新技術がもたらす負の側面も考えてほしい**というアメリカの科学者の指摘も、報道されている★7。期せずして、〈火薬〉、〈核兵器〉に次ぐ兵器の革命が〈AI〉であると指摘されている事実と★8、ウクライナに侵攻したロシアのプーチン大統領が「AIを主導する者が世界を支配する★9」と指摘している事実にも鑑みれば、前記ポズナー判事の指摘とあわせて、AI・ロボットには、**科学の進歩よりも社会安全を優先させる、ELSI的・人社科学的な配慮や研究が非常に重要である**ことが、読者にもご理解いただけよう。

筆者が標榜する**〈ロボット法の3Ps〉、すなわちAIとロボットの将来のリスクを「予測し、これに備え、かつ人々を防護するため」——to Predict, Provide, and Protect——**にも★10、人社科学の重要性を軽視することなく、より良きAI・ロボットの開発・利用が推進されることを願うばかりである。

増補第2版の主な改訂箇所

1　採用活動等雇用におけるAI利活用：第4章II-2等

筆者が代表して創った中央大学国際情報学部(iTL)の一期生が2023年3月に無事卒業を迎え、平野ゼミ員11名も就職あるいは大学院に進学したけれども、就職活動中の面接でAIが使用されたという学生が3名もいた。そこで欧米の状況を文献調査したところ、欧米では採用活動等におけるAI利用には批判が多く、それらを規制する成文法も、EUのAI規則案やアメリカの州法・条例として制定され始めた。日本でも人事の研究者は雇用上の採用や評価にAIを用いることについて批判的であった★11。ところが日本のガバナンスは、採用活動等におけるAI利用の分野では欧米に大きく劣後する感を拭うことができなかった。そこで、欧米におけるこの分野の問題例と規制例を紹介する記述を、新たに加えることとした。さらに、アルゴリズムの評価に基づいた公立学校教員解雇の〈透明性〉欠如と〈説明責任〉欠如等が問題となった「ヒューストン教員連盟対ヒューストン独立学区事件」も紹介した（第4章 II-2(1)B 参照）。

2　ChatGPT 等の生成 AI の問題と規制の動向：第3章 V-3 等

当増補第2版執筆時の2023年には、〈ChatGPT〉の話題が世界を席巻し、前年まで話題の中心であったメタバースの話題を完全に凌駕した。また、ChatGPT が属する〈生成 AI〉技術も話題になり、その悪影響が甚大であるとの予測のもとに G7 先進各国の協議において規制すべきとの方向性が示された。そこで、これらについて追記した。

3　派生型トロッコ問題：第5章 IV-6〜9 等

派生型トロッコ問題——「ジレンマ・シチュエーション」とも呼ばれる——について、新たにドイツ連邦交通デジタルインフラ省・倫理委員会の2019年報告書、『ネイチャー』誌掲載の有名な2018年論文「倫理機械実験」、および2016年パリ・モーターショーにおける自動車開発企業重役の発言が炎上した事例等を、追記した。また、欧米には派生型トロッコ問題を論じるべきではないと主張する論者らが存在する事実と、その論者らの誤りについても、あわせて追記した。

4　メタバース：第4章 III-6(2) 等

ロボット法の起源がサイバー法にあるように、〈メタバース〉のルーツもサイバースペース/サイバー法にあることを示すために、両者の関係図、「メタバース」の語源、および特徴等について、追記した。

5　〈OECD・AI 原則〉理事会勧告後の欧・米・日三極の AI 規範の主な動向：第7章 IV 等

本書の2019年増補版において追加した第7章の紹介する〈OECD・AI 原則〉が、OECD（経済協力開発機構）にて理事会勧告として採用された2019年以降、欧州では2023年12月に EU が〈AI 規則案〉の制定に大筋合意して、ハード・ロー路線に舵を明確に切った。アメリカもホワイトハウスが2022年10月にソフト・ローとしての〈AI 権利章典の青写真〉を公表しつつ、連邦政府が AI 利用に対する実定法の法執行を強化したり[★12]、州と市町村レベルではAIを規制する成文法・条例の制定法化が進んでいる。そこで今回、それら欧米の動向を追記した。

あわせて日本でも、当原稿執筆時点において、それまでの諸ガイドラインをまとめるソフト・ローたる〈AI事業者ガイドライン〉案の起案作業が進行中であり、これに筆者も参画しているので、その概要を公開情報で開示できる範囲をもとに簡潔に紹介している。

6 〈ヒューマン・マシン・インターフェイス：HMI〉と、〈レベル2〉自動運転テスラ車フロリダ州事故（2016年5月）：第3章II-4(1)〜(2)等

自動運転の実用化において世界をリードしているテスラ車が死亡事故を起こしたことで注目を浴びている掲題の事件について、読者の理解に資するべく、公的な事故解析の図や写真等も追加した。

7 医療分野と司法分野におけるAI利用：第4章II-8・9等

医療を支援するAIと医師法の関係については厚生労働省が、法務を支援するリーガルテックと弁護士法の関係については法務省が、それぞれ指針を公表した。それらの指針と関連する事項について、追記した。

＊　＊　＊

2019年の増補版の刊行以来、技術進歩のスピードは非常に速く、特に近年では〈メタバース〉が出現してバズ・ワードと化した翌年には、それを〈生成AI〉が凌駕し世論を席巻するに至っている。かつてアイザック・アシモフが言ったように（序章参照）、まさに、「社会が知恵を得るよりも速く科学が知識を獲得してしまう」現状を、今回の増補第2版改訂作業を通じて実感した。そのような技術進歩のスピードの速さに人類が負けることのないように、本書が微力ながら「知恵」の獲得に貢献できれば幸いである。

中央大学　国際情報学部（iTL）学部長室にて

2024年正月

平野　晋

注釈

★1——たとえば、拙稿「ロボット法と学際法学：〈物語〉が伝達する不都合なメッセージ」情報通信学会誌35巻4号109頁、110頁（2018年）；Michell Travis, *Making Space: Law and Science Fiction*, 23 L. LIT. 241, 246 (2011) 等参照。 ★2——たとえば、「中国政府、『世界初のゲノム編集赤ちゃん』研究の中止を命令」BBC NEWS JAPAN 2018年11月30日 *available at* ［URLは文献リスト参照］等参照。 ★3——John O. McGinnis, Colloquy Essay, *Accelerating AI*, 104 NW. U. L. REV. 1253, 1256 (2010)（引用部分を筆者が『法學新報』127巻5・6号にて拙訳・紹介している）. ★4——内閣府「人間中心のAI社会原則」9頁（平成31年［2019年］3月29日）*available at* ［URLは文献リスト参照］。 ★5——POSNER, *infra* note 6, at 109（拙訳）. ★6——RICHARD A. POSNER, CATASTROPHE: RISK AND RESPONSE 98-99 (Oxford Univ. Press, 2004)（強調付加、拙訳）. ★7——「映画で描かれた"原爆の父"オッペンハイマーの葛藤『もう二度と核兵器を…』孫が語る祖父の願い」*in* 日テレNEWS 2023年9月16日 *available at* ［URLは文献リスト参照］参照。「社説 '23平和考 AI兵器と戦争『第2の核』にせぬ英知を」毎日新聞2023年8月18日 *available at* ［URLは文献リスト参照］も参照。 ★8——Kai-Fu Lee, *The Third Revolution in Warfare*, THE ATLANTIC, Sep. 11, 2021, *available at* ［URLは文献リスト参照］。 ★9——*Putin: Leader in Artificial Intelligence Will Rule World*, *available at* ［URLは文献リスト参照］（拙訳）。 ★10——序章3参照。拙稿「ロボット法と倫理」人工知能34巻2号188頁、192〜193頁（2019年）。 ★11——第4章**II-2**参照（大湾教授による有識者会議における指摘を紹介している）。また、平野構成員発表資料「AIの判断に対するヒトの最終決定権の限界：Human-in-the Loopの問題」*in* 総務省「情報通信法学研究会 令和5年度 第1回」（令和5年［2023年］9月6日）［URLは文献リスト参照］も参照。 ★12——*See, e.g.*, EEOC, Artificial Intelligence and Algorithmic Fairness Initiative, 2021, *available at* ［URLは文献リスト参照］.

増補版の刊行にあたって

2017年11月に刊行された本書の初版は幸いにも多くの読者の支持を得ることができたため、このたび増補版刊行の機会を得た。本書全体の趣旨や概要については「初版はしがき」をご覧いただくとして、ここでは増補版における追加点を敷延しておきたい。

1　第7章の追加——国内外のAI諸原則

増補に際して、ロボットの頭脳を司ると予想される人工知能（AI）に関して筆者が参加する国内外のAI諸原則有識者会議の検討の進展状況と、それらがOECD理事会勧告（「**OECD・AI原則**」）として米国や欧州各国を含む世界42か国もの賛同・署名を得たこと等に関する最新情報を、新たに第7章を書き下ろして盛り込んだ。この「増補版の刊行にあたって」の原稿を書いている最中では、日本で開催されているG20においてOECD・AI原則が「**G20・AI原則**」として採択されたという嬉しい情報が新たに入ってきた（G20 Ministerial Statement on Trade and Digital Economy, https://g20trade-digital.go.jp/dl/Ministerial_Statement_on_Trade_and_Digital_Economy.pdf (last visited June 16, 2019)）。中国やロシアも加盟するG20での採用は難しいかもしれないと関係者が感じていたにもかかわらず、今般G20にも採用してもらえた事実は大金星と評価しても言い過ぎではない。G20の閣僚声明は「**人間中心のAI**」（強調付加）という文言に再三言及していることから、筆者も参加した内閣府の有識者会議が構築・公表していた「**人間中心のAI**社会原則」（強調付加）も十分そこに反映されているものと思われる。これは、日本発のAI諸原則が国際基準になるという日本政府の〈目標〉を早期にほぼ達成した快挙であるから、ここに記録として記しておきたい。

なお日本発のAI諸原則の提案が国際社会で認められる予感を筆者はすでに、以下のように感じていた。

……パリのOECD本部で開催された第2回のAI専門家会合でも、

AI の諸原則作りでの日本の貢献に関係者が謝意を口にした。／〔これまで〕世界標準や国際的なルール作りの場で日本が主導権をとる機会は、めったに見られなかった。いまなぜ AI の諸原則作りで日本が注目を集めているのであろうか。／……**日本の行政府関係者らは 16 年ごろから世界に先駆けて**……諸原則作りの議論を始めた。……。**有識者を集めた政策立案会議で議論し、成果を公表**した。／**これが OECD の目にとまり、今では OECD が日本の提案を参考にした諸原則作りを、世界の専門家を集めた AI 専門家会合で行っている。**／最終的には OECD 理事会勧告として、加盟各国に対して順守が望ましいと示すことが目指されている。

――拙稿「経済教室　GAFA 規制を考える（中）：AI 利活用で独走許すな」日本経済新聞朝刊 2019 年 2 月 20 日（強調付加）

第 7 章には、このように世界標準に至った日本発の AI 諸原則（OECD・AI 原則を含む）を紹介している。これらは AI や AI を利活用するロボットの関係者が〈実質的に順守すべきルール〉を構成するものであるから、関係者にはぜひともご覧いただき、経済活動における AI やロボットの利活用の参考にしていただきたい。

2　AI がヒトを〈差別〉するおそれ――〈制御不可能性〉と〈不透明性〉に加わる、もうひとつの大きな懸念

増補版では、就職活動・人事評価、住宅ローン等の融資の決定、生命保険の付保審査等の、人生に影響を与える多くの場面で AI（や AI 搭載ロボット）が差別的評価を下して、ヒトが不幸の連鎖に陥るという問題にも新たに触れることとした（第 4 章 II-2 等参照）。すでに問題視されていた〈制御不可能性〉と〈不透明性〉に加えて、この〈差別的評価のおそれ〉も最近、にわかに国際的にも問題視されてきたからである。

3　AI・ロボットの危険性を語る際に「ファンタジー」は有効である

本書を含むロボット法研究が問うている「ヒトとは何か」や「トロッコ問題」等の哲学的課題をテーマにする良作映画として、アニメ版「攻殻機

動隊/GHOST IN THE SHELL」（1995年）や、「ブレードランナー2049」（2017年）や、「アイ・イン・ザ・スカイ：世界一安全な戦場」（2015年）等を、増補版では新たに紹介した。いまだに「ファンタジーを語るな」と主張する一部の方々に遭遇することは残念であるけれども、筆者は良質なsci-fi（サイ・ファイ）作品を例に挙げながら「**予防法学の3 P's（スリーピーズ）**」（序章3参照）を実現することが正当化される根拠を、本書においてのみならず以下の通り公表してきた。

> ✓ 拙稿「ロボット法と学際法学：〈物語〉が伝達する不都合なメッセージ」情報通信学会誌35巻4号109頁（2018年）
>
> ✓ 拙稿「ロボット法と倫理」人工知能学会誌34巻2号188頁（2019年）

本書とあわせ、ぜひとも一読を期待したい。

ロボット法（とその頭脳として利活用されるであろうAI）の分野においては、技術の発展が速いのみならず、新たに注目すべき問題も次々と発生している。これに対して国際社会は、前述のOECD、G7、およびG20の動きが象徴するように、比較的迅速な対応を示している。このような世界の動向に遅れることのないように、当増補版をロボット・AI分野における倫理的・法的・社会的影響の把握と対策構築の一助にしていただけることを願っている。

中央大学　国際情報学部（iTL）学部長室にて

2019年夏

平野　晋

初版はしがき

筆者がロボット法に関心を抱いたきっかけは、2005～2006年に経済産業省で開催された「ロボット政策研究会」への参加であった。すでに普及していた産業用ロボットのみならず、一般市民も利活用する生活支援ロボットの発展・普及も期待して開催された同研究会に続いて、「ロボットビジネス推進協議会」が組織され、筆者もその幹事および保険部会長等として微力ながらお手伝いをした。加えて、生活支援ロボットの発展・普及に関して、(一財) 日本品質保証機構や、(独) 新エネルギー・産業技術開発機構 (NEDO) や、経済産業省において開催された各種会議にも、筆者は参加してきた。

しかし、非常に残念なことに、生活支援ロボットは普及せず、ロボット産業・市場も期待に反して発展することはなかった。今思うに、ロボットの発展・普及を図る諸活動は、社会の状況の二、三歩先を行きすぎていたために、社会が追いついてこなかったのかもしれない。原因がどこにあったにせよ、とにかく、「失われた数年」とでも言い表すことができる苦い喪失感を味わうことになった。

ところが突然、ここ1～2年ほど前から、ロボットの頭脳とでもいうべき人工知能 (AI) の開発・普及に対する関心が、国際的なレベルで急速に高まってきた。それと同時に、「シンギュラリティ」や「2045年問題」等と呼ばれる、AIやロボット等の人造物がヒトを凌駕するのではないかという懸念も、国際的なレベルで広まってきた。

以上の環境・状況変化の中、筆者も、2016年に総務省で開催された「AIネットワーク化検討会議」の座長代理を仰せつかり、同会議は現在の「AIネットワーク社会推進会議」に引き継がれた。筆者は現在、後者会議の幹事と「開発原則分科会」の会長をお引き受けするに至っている。昨年初め頃から関与したこれらの有識者会議は、AIに関係する多様な学術分野の代表的研究者や諸団体が一堂に会して、AIの便益を極大化しつつその危険性を極小化すべく議論する場であり、多くを学ばせていただいている。加えて、AIシステムの開発において開発者が尊重すべき日本発のガイドライン（指針）案を国際社会に受け入れてもらうための広報ミッションとして、指針の素案や有識者会議の活動を海外で説明すべく、パリの経済開発協力機構（OECD）やワシントンD.C.のカーネギー国際平和財団等においてお話をすることができた。この経験は、国際社会の関係者がAIシステムの開発に対して抱く懸念や関心事を直接理解できる良き機会となった。

さらに、ロボットやAIに対する国際的な関心の高まりは、この分野に関する海外法律文献（著書や論文等）のにわかな多産につながっており、そこから多くを学ぶことができるようになってきた。このような海外文献の充実ぶりはここ2年ほどに顕著な現象であり、10年以上昔の前述ロボット政策研究会に参加した頃にはそうした動きはほとんどみられなかった。その意味でもロボット法研究の機運が最近急速・急激に高まってきたと評価できよう。

以上のようにロボット法を取り巻く環境が10年以上前から大きく変化し、多くの知見を得ることができるようになったからこそ、このたび、本書を書くことができた。なお本書は、日本法に関する記述が少ない。その理由は至極当然で、日本ではいまだ「ロボット法」の研究がほぼ皆無だからである。もっとも、少数の優秀な若手研究者や中堅の研究者——多くは前述AIネットワーク社会推進会議関連の有識者会議等に関係している——は、日本においてロボット法研究を活発化させる努力を重ねており注目すべきであるが、それ以外には欧米に比べてロボット法に関する特筆すべき事象が見当たらない。そこで、海外のロボット法研究成果に基づいて、関係するテーマや論点を指摘・紹介する本書が、願わくば日本における今後のロボット法の発展にいささかなりとも貢献できれば幸いである。

本書の原稿執筆に着手したのは、ちょうど2016年の夏休み頃であったから、上梓されるまでに1年以上の歳月を費やしたことになる。途中、上梓が危ぶまれる危機にも直面したが、幸い弘文堂編集部の登健太郎氏に原稿をお見せする機会に恵まれて上梓することができた。登氏からは有用なアドバイスをいただき、加えて筆者のわがままも温かく聞き入れていただけた。ロースクールの法律雑誌編集委員経験者にありがちな、多すぎる注書（笑）も受け入れていただき、写真掲載にかかる煩雑な手続も厭わずご対応いただいて、これまでにないスタイリッシュな法律書の上梓に漕ぎ着けたのも、弘文堂と登氏のご協力があったからこそである。両者のご協力に改めて感謝の意を表したい。

中央大学多摩キャンパス研究室にて

2017 年夏

平野　晋

目次

★Figure/Table一覧

序章——ロボット法の必要性

The saddest aspect of life right now is that science gathers knowledge faster than society gathers wisdom.

今、人生で最も悲しいことは、
社会が知恵を得るよりも速く科学が知識を獲得してしまうことにある。

Isaac Asimov
アイザック・アシモフ★1

ロボットは、環境情報を〈感知/認識〉し、ヒトから指令された目的達成のために自ら最適と〈考え/判断〉した方策に基づいて（自律性・創発性)、〈行動〉する（**〈感知/認識〉＋〈考え/判断〉＋〈行動〉の循環**："sense-think-act" cycle)（第3章参照)。しかしその〈考え/判断〉が、ときに**ヒトの思いもよらない突飛で危険なものになりうる**ことが、危惧されている。すなわち、ロボットや人工知能（AI）の最近の発展スピードが速すぎて、これを正しく理解・制御したうえで利活用するための社会の知恵が追いついていないことへの危惧が、広まりつつある。この状況は、上の引用文のアイザック・アシモフが大昔に憂いたような事態が、まさに今、私たちの目の前の社会問題となって再現されているものと理解できよう。

2045年頃には人類を凌（しの）ぐ人工的な知能が開発され、一瞬で人類が危機に瀕する「シンギュラリティ」（第6章V参照）が本当に生じるのではないか。あるいは映画「ターミネーター」が描くように（第4章I-6参照)、人類に歯向かってくる機械に対し人類が劣勢に追いやられてしまうのではないか。ロボットやAIの開発・普及に対してそのような危惧の念が抱かれる原因のひとつは、猛スピードで進む開発を、暴走させずに制御できるだけの知恵がいまだ人類に備わっていないことに起因しているように思われる。

ヒトが生み出した道具――「創造物」――に対する制御能力を失えば、その道具の「創造者」――すなわちヒト自身――が危うい状況に至る（第5章1参照）。これは古代ギリシャ神話におけるプロメテウスの火や、イカロスの翼等々から、フランケンシュタインやターミネーター等々の現代的な文芸作品に至るまで、人文科学の分野において長く指摘されてきた「戒め」である（第2章参照）。さらに日本ではつい数年前の2011年3月に、その制御不能な大惨事を目の当たりにした経験を、さすがの日本人もいまだ忘れてはいないであろう。本書の主題である「ロボット法」は、ヒトが生み出した工学技術が制御不能になることへの恐怖心[★2]と戒めを軽視することなく、手遅れになる前に考えうる危険性を事前に把握しこれに対処することが必要である、と捉える。それこそが今、ロボット法という学問分野が必要であると思われる理由である。

1　ロボット法とサイバー法

ロボット法が必要と思われる現在の状況は、かつて「サイバー法」の必要性が叫ばれていた頃に似ているといわれている[★3]。インターネット系のグローバル企業がこぞってロボットやAIに関心をシフトしている事実も、ロボット法がサイバー法と似ているといわれる原因であるし、それに伴ってサイバー法研究者たちの関心もロボットやAIにシフトしているのみならず、インターネットの開発が実はアメリカの軍事開発研究予算によって推進されていた点も、ロボット工学研究の現状と同じである[★4]。

ところで、そのサイバー法の研究をすでに20年続けてきた筆者が[★5]、しばしば問われる質問は、「サイバー法という［六法のような］制定法があるのか？」であり、答えは「No」である。そこで「サイバー法」とは何であるのかを説明する際に、筆者は次のように答えることにしている[★6]。まず「サイバー法」とは、ネットワーク上のサイバー空間で生じる法律問題を扱うひとつの学問・研究分野である。そして次に、そのような、既存のさまざまな法学分野とは独立した「サイバー法」という学問・研究分野が必要な理由は、インターネットという巨大なひとつのネットワークが現実世界とは異なる「サイバー空間」を形成し、かつその普及が社会に大きな影響を与えるから、その特性に着目した法のあり方を検討する必要があるのだ、と。

それでは「ロボット法」とは何か。それは成文法ではない。ロボット法は新しすぎるテーマであるから、いまだ成文法が制定される段階には至っていない。ロボット法とは、ひとつの学問・研究分野なのである。それではなぜ、独立したロボット法という学問・研究分野が必要なのか。その答えは次項で示す通り、サイバー法の場合とほぼ同じである。

2 「ロボット法」が必要な理由

『ROBOT LAW』(ロボット法)(Edward Elgar Pub., 2016)の編集者のひとりで、マイアミ大学教授(出典公表時)のマイケル・フルームキンは、同書の中でロボット法の必要性を次のように指摘している[★7]。

> ロボット法よりも前に出現したインターネットのように、**ロボット工学は社会的かつ経済的に革新的な工学技術である。**[中略]……ますます洗練化されるロボットと、その広範囲な普及は、広く多様な哲学的かつ政策的な諸問題の再考を余儀なくさせる。**洗練化されたロボットの広範囲な普及は、既存の実定法制度との折り合いが悪く、そのために政策と法の変更が望ましい場合も出てくる。**(強調付加)

他の主導的なロボット法研究者であるワシントン大学助教授(出典公表時)のライアン・ケイロも、同様な指摘をしている[★8]。

またフルームキンは、上の引用文に続けておおむね次のようにいっている。ロボット工学の社会的・法的影響について検討するには、確かに今はまだ時期尚早かもしれない。**ロボットが普及してからであれば、新しい技術が引き起こす新たな諸問題をもっと明白に把握できるであろう。しかしその段階においてはもはや、諸問題を設計によって回避するには遅すぎて手遅れである。**すなわち「経路依存[★9]」が障害となる。つまり、ひとたびシステムが敷設されてしまえば、これを後で是正することが難しくなり、ましてやそれを一掃することなどもってのほかという話になってしまう。

もし正しい基準を欲するならば、そして正しい法を欲するならば、いまだシステムが敷設される前の今の段階で検討を始めなければならないと、フルームキンは指摘しているのである[★10]。

法律学のみならず倫理学分野からも、今の段階(うち)から研究を始めておくことの重要性が表明されている。たとえばマサチューセッツ工科大学（MIT）出版から刊行された『Robot Ethics：The Ethical and Social Implications of Robotics』（ロボット倫理：ロボット工学の倫理的・社会的な意味）（2014年）の編集者のひとりであるパトリック・リン博士は、30年前にコンピュータ事業がなし遂げたような発展をロボット産業も遂げて、いずれコンピュータのようにロボットもどこにでもある身近な存在になり、この予想に異議を唱える者はほぼいないであろう、という意見の紹介に続けて[★11]、もしこの予測が正しければ、社会的・倫理的諸問題が生じるであろうと指摘する。そして、たとえば遺伝子情報に基づく差別禁止法が制定されるまでにはヒト遺伝子研究開始から18年もかかった事実や、ファイル共有役務を提供して著作権団体を怒らせたNapstarがサービスを停止してから10年近く経過した後にも著作権の諸問題が解決していない事実を指摘しながら、倫理研究が工学技術の発展に追いつくまでには時間がかかるので「**政策的空白**」が生じる、という懸念を示している[★12]。

ロボット兵器に関する国連の報告書も、「ロボット革命は戦争における次［世代］の主要な革命であるといわれており、火薬と核爆弾の導入に匹敵する」と評価し[★13]、ロボットの技術革新性が民生品ばかりか、軍事用の兵器の分野においても世界を変えてしまうほどの影響が懸念されている。

以上の代表的な指摘の例示から、ロボット法が必要な理由を次のようにまとめることができよう。すなわち、**ロボットが私たちの生活や社会に大きな影響力を及ぼすと推測され、かつひとたび普及が進んでしまうとそのシステムを修正・撤回することが難しくなってしまうので、普及前の今の段階から研究を開始し、危険性を把握し、かつ対策を検討することが重要である**から、ロボット法という学問・研究分野が必要なのである。

3　野放図な——無責任な——開発は正しいか？

初版原稿執筆時いらい、本書のようにロボットやAIの「法」に言及したり、「派生型トロッコ問題」（第５章Ⅳ参照）や「ディストピアな文芸作品」（第２章参照）を比喩に用いる態度に対し、開発を阻害するとして批判する姿勢も散見されてきた。一部の起業家や企業、エンジニアの方々には、「法」という言葉を耳にしただけで、「開発を規制する」と聞こえてしまうようである。あるいは「ターミネーター」★14という言葉が発せられただけで、マイナス・イメージだから「開発を阻害する」と感じてしまうらしい。

Figure 0-1：「開発を阻害する」ターミネーター
映画「ターミネーター」（1984年）
自我に目覚めたAIがロボットを操って人類絶滅を図る物語。
写真協力：公益財団法人川喜多記念映画文化財団

しかし本書はあえて、そのような一部の批判にもかかわらず、「法」について語り、かつ「ディストピアな文芸作品」も多く取り上げ紹介する。なぜか。それは、**AIやロボットの野放図な開発がヒトにとっての危険性をはらむという指摘が世界中に多く存在し、他方、その指摘を完全に否定できるだけの説得的な説明が欠けている**からである。

たとえばAIやAIを搭載したロボットの大きな特徴は、開発者の予測を超えた自律的または創発的な〈考え/判断〉をする点にあり、かつそれは利点でさえあるという（第５章Ⅰ-2参照）。しかし法律家からみれば、「予測不可能」の一語ほど、空恐ろしい文言はない。空恐ろしいとの観念を言い換えれば、「無責任」ともいえる。すなわち、**何をしでかすかわからないものを広く社会に普及させようなどという提案**が、責任ある態度とはとうてい思われず、むしろ「無責任」の一語こそがふさわしいと捉えられる。特に筆者のような不法行為法学者には、危険を極小化しつつ社会の安全性を向上させて人類にとっての効用を極大化させたいという想いがある。その不法行為法学者が、何をしでかすかわからないものを広く社会に普及させたい等という提案を受けた際に、これを無条件に承諾することは絶対にできないのである。

ところで「ディストピアな文芸作品」を比喩に用いる社会の姿勢が、ロボットやAIの開発推進を望む方々の一部から批判されていながらも、本書はなぜそのような姿勢をとるのか。その理由は、それが社会の抱く危機感なり不安を象徴しているからである。さらに、ディストピアな文芸作品には、私たちが学ぶべき警告や戒めやビジョンが豊かに含まれているからこそ、筆者はそれらを比喩的に用いるのである。

「sci-fi［＝サイエンス・フィクション］は『将来の衝撃』を和らげて、私たちが将来に備えるための手助けとなる」という言葉があるが（第2章IV-3参照）、これは文芸作品の効用を端的に表していよう。加えて、ディストピアな文芸作品は、将来の危険性を具体的に「予測」(Predict) し、これに「備え」(Provide)、かつ人々をその危険性から「防護」(Protect) するという、「**予防法学の 3 P's**（スリーピーズ）」の視点からも有用な素材なのである。★15

予防法学の 3 P's（Three P's of Preventive Law）＝予測し（Predict）、備え（Provide）、かつ（&）防護する（Protect）

4　ロボット法の研究は、ヒトの探求でもある?!

たとえばロボットに対しても、ヒトの人権同様の権利を賦与すべきか。ロボットにも法人格を賦与すべきか。財産権を賦与すべきか。刑罰の対象にすべきか。こういったロボット法の諸問題に関する先進的な議論を、本書は例示的に紹介している（第6章参照）。しかしこれらの多くの諸問題に対する回答を得る前に、そもそもヒトに法律上の権利が賦与されかつ義務が課される理由とは何か、を知らなければならないことに思い至る。

なぜならロボット法の研究においては、ロボットがヒトに似ているから権利を賦与しようとか義務を課そうとか、逆にヒトとは似ていないから賦与すべきでないとか課すべきではないという議論に発展していく傾向がある。その際、そもそもヒトの場合に権利が賦与され義務が課される理由となる、ヒトがヒトたるに不可欠な諸要素は何なのかを知らなければ、その諸要素をロボットが具(そな)えているか否かも検討できないことになる。しかし従来、ヒトに権利が賦与され義務が課されていることはある意味当たり前であったこともあり（もっとも正確には奴隷やかつての［今も？］マイノリティのようにそれが当たり前ではなかった差別的な例もあり、この点を人類は忘れてはならない）、かつヒトの「創造物」の権利義務を検討するという必要性にも迫られなかったので、実は法律上ヒトが自然人として権利義務が賦与される理由についても深くは理解していなかったという事実に今、直面している。

すなわち、ヒトが何たるかを知ることも、ロボット法の研究においては重要なテーマなのであり、学際的な研究の深化が望まれるところである。

序章注釈

★1——*Cited in* PETER W. SINGER, WIRED FOR WAR：THE ROBOTICS REVOLUTION AND CONFLICT IN THE 21ST CENTURY 94（2009）（拙訳）. ★2——*See, e.g.*, Paul Ohm, *The Myth of the Superuser*：*Fear, Risk, and Harm Online*, 41 U.C. DAVIS L. REV. 1327, 1365 n.179（2008）; Jason Millar & Ian Kerr, *5. Delegation, Relinquishment, and Responsibility*：*The Prospect of Expert Robots, in* ROBOT LAW 102, 124-25（Ryan Calo, A.Michael Froomkin, & Ian Kerr eds., 2016）（"［T］he trope［比喩表現］of the robot run amok［荒れ狂う］is a common dystopic theme …." と指摘）. ★3——*See, e.g.*, A. Michael Froomkin, *Introduction*, ROBOT LAW, *id*. at x, x-xiii. *See also* Ryan Calo, *Robotics and the Lessons of Cyberlaw*, 103 CAL. L. REV. 513, 515（2015）. ★4——*See* Calo, *Lessons of Cyberlaw*, *id*. at 515. ★5——拙稿［サイバースペース法学研究会名で公表］「"サイバースペース法学"とインターネット〔1〕〜〔15〕」国際商事法務25巻11号1177頁〜27巻1号80頁（1997年〜1999年）; 拙稿「サイバースペース法とインターネット上の裁判管轄権：電脳空間におけるセルフ・ガヴァナンスの主張と対人管轄権に関する米国主要判例の立場の分析〔1〕〜〔9〕」国際商事法務25巻8号807頁〜26巻4号425頁（1997年〜1998年）等参照。拙著『電子商取引とサイバー法』（NTT出版・1999年）も参照。 ★6——中央大学・知の回廊（第91回）「サイバー法という新たな法律学」*available at*［URLは文献リスト参照］。 ★7——Froomkin, *supra* note 3, at x（拙訳）. ★8——Calo, *Lessons of Cyberlaw, supra* note 3, at 515; M. Ryan Calo, *Open Robotics*, 70 MD. L. REV. 571, 571（2011）. ロボットが革新的技術（transformative technology）である指摘については、see, *e.g.*, Dan Terzian, *The Right to Bear*（*Robotic*）*Arms*, 117 PENN. ST. L. REV. 755, 759（2013）. ★9——「経路依存」（path dependency）については、拙著・前掲注（5）『電子商取引とサイバー法』197頁脚注7参照。 ★10——Froomkin, *supra* note 3, at x, xiii, xxii. ★11——*See* Patrick Lin, *1. Introduction to Robot Ethics, in* ROBOT ETHICS：THE ETHICAL AND SOCIAL IMPLICATIONS OF ROBOTICS 3（Patrick Lin et al. eds., 2012）（ビル・ゲイツの2007年の言葉を引用しつつ）. ★12——*Id*. at 3, 12. ★13——United Nations, Christof Heyns, *Report of the Special Rapporteur on Extrajudicial, Summary or Arbitrary Executions*, Human Rights Council, 23 Sess., May 27-June 14, 2013, U.N. Doc. A/HRC/23/47 at 5（Apr. 9. 2013）, *available at*［URLは文献リスト参照］（"The robotics revolution has been described as the next major revolution in military affairs, on par with the introduction of gunpowder and nuclear bombs." と指摘）. ★14——The Terminator（Orion Pictures 1984）. ★15——拙稿「ロボット法と倫理」人工知能学会誌34巻2号192頁（2019年）参照。

第1章　ロボット工学3原則

ロボットが普及する社会において、ヒトはロボットと共生できるか。ヒトが法律やマナーを理解して秩序ある社会を構成するように、ロボットも規範（ルール）や不文律を理解して、人間社会の「空気を読」んでくれるだろうか。ロボット法が直面するこの問題を、sci-fi（サイ・ファイ）[★1]作家のアイザック・アシモフは、すでに1940年代もの昔に示唆していた。本章では、ロボットに法や規範を遵守させることが難しい問題を、アシモフの「ロボット工学3原則」を通じて明らかにする。

I 「ロボット工学3原則」とは何か

ロボット法を語るとき、アイザック・アシモフの「**ロボット工学3原則**」に言及しないわけにはいかない。ロボット倫理、特に機械によるヒトへの危害というテーマの起源は、アシモフにあるという指摘も見受けられる[★2]。さらにロボットや人工知能（AI）の法律問題等を論じる多くの論考が、ロボット工学3原則に言及している[★3]。したがってロボット法を論じるうえでは、まず「ロボット工学3原則」を紹介しておかねばなるまい。

そもそも「ロボット工学」（robotics）という文言を造った人物も、アイザック・アシモフであるとされている[★4]。500作品以上もの著作がある、そのアシモフは編集者と組んで、有名な「ロボット工学3原則」を発表したのである[★5]。

アシモフが3原則を提案した理由は、**ヒトとロボットとの共生を構想していた**からであって、ロボットがヒトに置き換わることを構想したのではない、という指摘がある[★6]。確かにアシモフは「脅威としてのロボット」対「哀れむべきロボット」[★7]（「脅威としてのロボット」観については、第2章Ⅲ参照）という二分法以外のロボット像を描きたかったともいわれている。いずれにせよロボット法を語るうえでは、そのロボット工学3原則を知っておく必要があるので、『われはロボット』（I, Robot）に登場する3原則を以下で示しておこう[★8]。

ロボット工学3原則

THREE LAWS OF ROBOTICS

第一原則　ロボットはヒトに危害を加えてはならず、または、不作為によってヒトが危害に出くわす事態を許してはならない。

The First Law：　A robot may not injure a human being or, through inaction, allow a human being to come to harm.

第二原則　ロボットは、ヒトが下した命令に従わなければならない。ただし、その命令が第一原則と抵触する場合には従わなくともよい。

The Second Law：　A robot must obey the orders given to it by human beings, except where such orders would conflict with the First Law.

第三原則　ロボットは、自身の存在を守ることが第一原則または第二原則と抵触しない限りにおいて、自身の存在を守らねばならない。

The Third Law：　A robot must protect its own existence as long as such protection does not conflict with the First or Second Law.

なお『ロボットと帝国』（ROBOTS AND EMPIRE）においてアシモフは、以下の「第零原則」を書き加えている[★9]。

第零原則　ロボットは人類に危害を加えてはならず、または、不作為によって人類が危害に出くわす事態を許してはならない。

The Zeroth Law：　A robot may not injure humanity or, through inaction, allow humanity to come to harm.

（拙訳）

この「ロボット工学３原則」で用いられている文言の法的な意味を、少しだけ解説しておく。まず第一原則や第零原則が用いる助動詞「may」は、「裁量権」や「許諾」「権利」等を表す文言である。[★10]否定形で用いる場合には不作為を命じる「義務」「債務」等を意味する。[★11]さらに、「may not . . . or, through inaction, allow . . . to come to harm . . .」は、不作為も義務違反に該当する旨を規定している。通常、アメリカ不法行為法では、「不作為」（nonfeasance）には責任を問わず、作為すなわち「失当な作為」（misfeasance）には過失責任が問われる。[★12]しかし「ロボット工学３原則」は、ロボットの不作為による危害も許されないという厳しいルールになっている。

さて、以下では、この「ロボット工学３原則」の重要性を理解していただくためにも、アシモフの代表短編作を簡潔に紹介することを通じて、ロボットに法やルールを遵守させることの難しさをアシモフが描いていた事実を紹介しよう。

1 アシモフ「堂々めぐり」に登場する３原則

アシモフの『われはロボット』に収録されている短編「堂々めぐり[★13]」（1942年）は、ロボット工学３原則という「規範」（ルール）の解釈が難しいためにロボットが不可思議な行動をとってしまう姿を描く作品で、以下のような概要である。

ある星に駐在している２人の研究者たちの生命を守るために不可欠な鉱物を、危険な鉱山まで採掘に行くようロボットに命じたところ、いつまで経っても帰ってこない。不思議に思って研究者たちが鉱山の近くまで宇宙服を着て偵察に行ったところ、ロボットは、危険な鉱山の周りを堂々めぐりしているばかりである。鉱山にそれ以上近づかず、かといって戻ってこようともせず、ただただ走り回るばかりなのである。研究者たちはしばし考えたあげく、命令の仕方がまずかったことに気付く。

すなわち、第二原則を守ろうとすれば、たとえ鉱山に近づいてロボット自身の身が危うくなっても、ヒトの命令に従って鉱物を採取すべきである。しかし第三原則は、ロボットが自分の身を守るように命じている。確かに第二原則の方が第三原則よりも優越するように条文は読めるが、命令を口頭で伝えた際に、第三原則が第二原則に劣らず重要と思われるような命じ方をしたのであった。このためロボットは、2つの原則が抵触し合う関係であると誤解し混乱。その結果、鉱物は採取できないけれども、引き返すこともできない堂々めぐりをエンドレスに繰り返すに至ったという話である。

この小説は、もはや空想物語として放置しておけない示唆に富んでいるのではあるまいか。たとえば「ロボット・カー」と呼ばれる自動運転車の完全自律化を世界中が目指している昨今、矛盾する指令や、指令と指令の「行間」を埋めてロボット・カーが問題なく行動できるであろうか（ロボット・カーによる道路交通法上の規則遵守問題は、後述 II-2 (6) 参照）。堂々めぐりをするどころか、暴走して多数の死傷者を生み出す事態にもなりかねないのではないか。このように、「ロボット工学3原則」は、今後のロボット製品が修得しなければならない規範とその遵守が難しい問題を、示唆していたのである。

2 アシモフ「うそつき」に登場する3原則

さらに、同じく『われはロボット』に収録されている短編「うそつき」[★14]（1941年）も、ロボット工学3原則がロボットの不可思議な行動の鍵・理由となっている作品である。

作品中、互いに悩みを抱える研究者たちが登場する。各自がロボットと一対一で対話しているときに、ヒトの心が読めてしまうそのロボットは、各研究者が心の中で望んでいる通りの答えを返事する。その答えはすべて事実に反する嘘であるけれども、ロボットは嘘をついてまでもヒトが望む答えを述べてしまう。なぜそのような嘘をついたのだろうか、と嘘に気付いた研究者たちが議論の末に思いついた答えは、「ヒトが危害に出くわす事態を許してはならない」という第一原則中の「危害」という文言にあった。すなわち「危害」とは、身体生命に対する物理的危害のみを意味するだけではなく、心理的に傷つけることも意味していると、ロボットは解釈したのである。各研究者の悩みを聞いて返事を求められたロボットは、相手の心を傷つけまいとして、嘘をつく事態に追いやられたのである。

この作品から読み取れる示唆のひとつは、たとえば紛争発生を未然に防止するためにヒトが自然と身につけている「常識」さえも、ロボットには修得・実行が難しいという問題である。相手に真実を直截（ちょくせつ）に伝えることは、ときに感情を逆撫でして紛争の原因となる。ヒトはその事実を、経験則等を通じて理解し、直截に真実を伝えるような行動を差し控えている。しかしだからといって、相手にとって心地よい嘘ばかりつくことも、これまた紛争の原因となることをヒトは理解し、こちらも控えるように行動する。嘘もつかず、かといって直截に厳しい真実を伝えて相手を傷つけることもないような、微妙に「外交的（?）」な意思疎通を用いて、ヒトは紛争を未然防止しているのである。ところがそのような紛争未然防止のための微妙な技法や、良い意味で「空気を読む」ような配慮をロボットに修得させることは難しく、その結果、ロボットは紛争を生じさせてしまうことが懸念されよう。

紛争未然防止のための「外交的（?）」な意思疎通が必要であるという論点は、最近の映画作品においても提示されているので紹介しておこう。映画「インターステラー[★15]」に登場する2台のロボット「CASE（ケース）」と「TARS（ターズ）」は、「正直さ」の段階をヒトが設定できるようになっている。さらにその設定の初期値は、意図的に100%ではなく90%に設定されている。すなわち完全な正直さを避けて、少し不正直なのである。その理由を主人公である宇宙飛行士クーパーから問われたロボットTARSは、以下のように答えている[★16]。

クーパー： おい TARS。お前さんの正直さの設定はどの程度なんだ？
TARS ： 90パーセントです。
クーパー： 90パーセントだと？
TARS ： **感情を持つ相手と意思疎通する場合には、完全な正直さが常に外交的に安全とは限りませんから。**
クーパー： **よろしい。90パーセントのままでいろ！（笑）**

（強調付加）

真実がヒトを傷つける事態を避ける技法が難しいという問題を扱ったアシモフの「うそつき」を知っている観客にとっては、上の「インターステラー」のエピソード（少し不正直な方がよいという指摘）は、笑える話であろう。

Figure 1-1：少し不正直なロボット
映画「インターステラー」（2014年）
冗談も言う元海兵隊のロボット（右端の長方形）が登場し、献身的に研究者たちをサポートする。
ALBUM/アフロ

ところで紛争の未然防止がロボット法においても重要なテーマであることは、ロボット法の隣接領域であるサイバー法にも関係する論点のひとつである「ネチケット」（netiquette）[★17]と呼ばれるマナーからも学ぶことができる。電子メールの文章や電子掲示板への書き込みは、発言者の顔や表情が読者に伝達されないために、読者の感情を害して名誉毀損訴訟等々の紛争を多く発生させてきたことは、サイバー法学の初期の頃から指摘されていた。その防止策のひとつが、たとえば絵文字「:-)」等を用いる「ネチケット」と呼ばれるネット上のエチケット（マナー）であり、これを用いれば事前に紛争を予防できる。したがってネチケットは「予防法学」（後述）的に望ましい技法であり、ネットを使い始める子供の頃から学ばせるべきマナーでもある。

そもそも法は、紛争発生後の「事後的」な紛争解決をもっぱら研究対象とする傾向がある。しかし、紛争の発生自体を「事前に」防止できれば——これを「**予防法学**」という——、それは望ましいはずである。なぜなら一度(ひとたび)発生した損害は、たとえその損害を被害者から加害者に——賠償命令を通じて——転嫁させても、なくなることにはならないからである。逆に紛争を「事前に」防止できれば、その損害自体の発生を防止できるから、予防法学の方が事後的な紛争解決を対象とする「臨床法学」よりも、より重視されるべきかもしれない。

そのような予防法学的見地からも、ロボットが紛争を生じさせるような事態を「事前に」防止できる施策（たとえばネチケットのような施策）も、ロボット法は研究しておく必要性がある。ロボットに「常識」や「空気」、「行間」を読む能力を持たせることが難しい事実は、予防法学的には問題とすべき危険源であるから、ロボット法を学ぶ者はその事実を知ったうえで、紛争防止に役立つ策を考えておかねばならないであろう。

3 第零原則

前掲の第零原則は、「ロボットは人類に危害を加えてはならず、または、不作為によって人類が危害に出くわす事態を許してはならない」と規定していた。この第零原則は他の3原則よりもさらに根源的であると同時に、多義性も大きく危うさを感じさせる。すなわち後半の、「または、不作為によって人類が危害に出くわす事態を許してはならない」の部分は、「人類への危害を放置してはならない」等を意味すると読める。しかしこれは、ロボットが人類への危害を回避して人類の置かれた状況をより良くするためになると考えれば、ある種の人物を害することもやむをえないとして肯定されたり、ヒトの命令に違反することや、ロボットをヒトより尊重することさえも正当化されかねない、と指摘されている[★18]。この危惧は、映画「2001年宇宙の旅[★19]」に登場する人工知能コンピュータ「HAL（ハル）9000」が宇宙飛行士たちを殺したり（第2章 Fig. 2-4 参照）、「ターミネーター[★20]」におけるネットワーク型人工知能の「スカイネット」が人類を敵とみなして核戦争で一掃する姿（第4章 **I-6(1)** 参照）をも想起させるであろう。

カリフォルニア・ポリテクニック州立大学上級講師（出典公表時）のキース・アブニーも、第零原則が他の3原則を凌駕し最上位の優先権を付与されているから、すべての人類の「存在への脅威」を防止するためにはロボットが個々人に危害を加えることが許容されると指摘している[★21]。しかしいかなる場合に、個々人への危害が許容されるほどの人類への脅威が存在すると判断されるのかが不明である、といった問題も指摘されている[★22]。これは、現在のAIに関していわれる「ブラックボックス化」の問題にも通じる指摘であろう。

II　ロボット工学3原則をめぐる法律論議

ロボット工学3原則は、相互の抵触を極力抑えるために各原則に優先順位が付与されていると指摘されている[★23]。すなわち付された数値が小さい原則（たとえば第零原則や第一原則）が大きな数値の原則（第二原則や第三原則）を凌駕し優越する構成になっていて[★24]、抵触を抑えるように意図されている。それにもかかわらずさまざまな問題が法学者等によって分析され、ロボット法を考える際の示唆を与えてくれる。

1　奴隷として扱っているという指摘

アシモフ作品のロボットは奴隷を連想させ、また3原則も奴隷を想起させるという指摘がある[★25]。すなわち次のように解釈できるという指摘である[★26]。

第一原則：	ご主人に危害を加えてはならない。
The First Law：	Do not harm masters；
第二原則：	ご主人に危害を加える事態にならない限り、ご主人に従わねばならない。
The Second Law：	Obey masters except where harm to a master would result； and
第三原則：	自分の良好な状態を保ってご主人の財産を保護せねばならない。
The Third Law：	Protect your owner's property interest in your well-being.

確かにロボットはご主人様の「財産」であり[★27]、かつての奴隷もそうであったので[★28]、奴隷がご主人様に危害を加えてはならないばかりか、その命令に従うのも当然であるのみならず、ご主人様の財産である自身をも滅失毀損しないよう保護すべき義務がある、と3原則を読めるという解釈である。説得力のある分析であろう。

ところでロボットを奴隷のように扱えば、ロボット法においてどのような問題が生じるであろうか。詳しくは第6章Ⅲ等に譲るけれども、実定法上は奴隷的拘束を禁じる憲法の問題が指摘されうる。これは遠い将来の話になるかもしれないけれども、仮にロボットが自我や感情等々を獲得するに至った場合（第6章Ⅱ参照）、ヒトと同等な権利の賦与が問題になるであろうと指摘されている。確かに日本国憲法18条も、「何人も、いかなる奴隷的拘束も受けない。又、犯罪に因る処罰の場合を除いては、その意に反する苦役に服させられない」と規定している。奴隷的拘束から自由であるという憲法上の保障（人権保障）が、果たしてロボットにまでも適用されるべきか。……この問題は一見突飛なようにも感じられる。しかし、かつてアメリカでは、アフリカ系アメリカ人に奴隷的拘束からの自由を認めることなど論外だった時代が、本当につい最近まで実在したのである。ロボットに自由を認めることなど論外であるという現代の社会意識が、ロボットの進化に伴って見直される事態が生じないとも限らない。そのような将来を見据えた提言を、すでに欧米の研究者は行っているのである。

2 単純すぎるという指摘

わずか3つの原則（または第零原則を含めても4つ）のみでは、行動を律するうえで少なすぎ、単純すぎ、かつ抽象的すぎるという指摘をしばしば見かける。[★29] たとえばノア・J. グッドオール博士によれば[★30]、「機械は驚くほどに文字通り命令されたことしかできない」。したがってわずか3原則だけでは、その原則間の行間を埋める常識や直感が備わっていなければ機能しない。特に3原則相互の間で抵触が生じたり、1つの原則内で矛盾が生じる場合には、なおさらである。アシモフは、この3原則を倫理規範としてロボットにトップダウンに教え込むべきと主張しているのではなく、むしろ逆に、そのようなやり方の欠点を示す文学的道具として、3原則を提案したのであると、グッドオールは指摘している。[★31]

(1) ロボット工学3原則の「フレーム問題」

文字通り命令されたことしかできないロボットの限界は、後述する「**フレーム問題**」（第6章 **II-9**）を想起させる。フレーム問題とは、トップダウンに多くの規範を教え込んでも、想定外に突発する状況への対処に必要なすべての情報を事前にインプットすることは不可能で、たとえ可能だとしても多すぎる情報の中から関連性の有無の切り分けが困難で、適切な推認も難しいこと、すなわち常識を教えることの困難さを示す概念である。

ロボット工学3原則もトップダウンな規範であるから、それに従って判断・行動するために必要なすべての情報とは何か、仮にすべての情報をインプットできてもその中から関連性の有無の切り分けが可能であろうか、さらには適切な推認に基づく判断・行動が可能なのか、という問題に直面することになる。[★32]

(2) 無知と「フレーム問題」[★33]

第一原則に関して、たとえヒトに危害を加える意図がなくとも、〈無知〉ゆえにヒトに危害が及ぶに至るおそれがあるという分析も存在する。

たとえばヒトが水を飲みたいとロボットに要求した場合に、寄生虫が入った汚い水を汲んできてしまったり、プールにヒトを突き落として溺れさせてしまったりするおそれが指摘されている。これらの危害はリスクを事前に把握できない無知から生じるものであるが、その原因は常識を欠いていることに帰せられるから、これも「フレーム問題」の一種と捉えることができよう。すなわちトップダウンに規範をインプットするだけでは、酷(ひど)い結果が生じうると指摘されている。

(3) 第一原則と「トロッコ問題」

たとえば、あるヒトに危害を及ぼさせないためには他の人々に危害が加わらざるをえないという場合、第一原則は機能しないから、第一原則自体が不完全であるという指摘がある。[★34]

確かに、たとえば暴走するトロッコの行き先に5名がいて、それを避けようとして転轍(てつ)機（線路の分岐点に設置され、車両の進行方向を切り替える装置）を右方向に切り替えればその先にいた1名を轢(ひ)くことになる「トロッコ問題」への対応を考えたとき、第一原則自体が筆者にも矛盾してみえる（第5章 IV-2 参照）。すなわちロボット工学第一原則によれば、何もせずに5名の生命の喪失を看過することが許されず、かといって転轍機を右方向の線路に切り替えて1名の命を奪うことも許されない。したがってロボットは「堂々めぐり」（前述 I）するしかなさそうである。

(4) 文脈に左右されるロボット工学3原則

自動運転の派生型トロッコ問題を論じてきたパトリック・リン博士も、ロボットに法律や倫理規範に従うようにプログラミングするアイデアを、「言うは易く行い難し」と評価して、その理由を次のように分析している。[★35]「法は曖昧で文脈に左右される」。しかしこれを理解できるほどにロボットは洗練されていない。少なくとも予見可能な未来においては無理である。したがって、たとえ優雅で十分に思えるアシモフの3原則（4原則）にさえも、結局は失敗に至る「抜け道」が存在するのである。[★36]

さらに、これがロボット兵器であればなおさらである。ロボット兵器が国際人道法の命じる諸原則を遵守できるか否かという争点も、「文脈次第で左右される諸概念」であるゆえに、ロボット兵器はアシモフのロボット同様に解決できず、予見しなかった結果が生じうるという指摘がある。[★37]

たとえば国際人道法が求める「均衡原則」(第3章1-4) は、戦闘の成果と比較して文民等の巻き添え損害が大きくなることを禁じている。しかし「戦闘の成果」や「文民等の巻き添え損害」を、実際の戦闘判断を行う現場（たとえば核ミサイルが発射される前に先制攻撃すべきかの判断を求められる現場）で計量化したり比較・評価することは、極めて難しい。ヒトならば（敵の同盟国参戦による文民巻き添え被害拡大等の文脈も懸念して）先制攻撃を差し控える場合であっても、ロボット兵器は文脈を解せずに先制攻撃するかもしれない（当仮想事例はもちろん現実問題と無関係である)。このように国際人道法の諸原則がしばしば曖昧であることも考慮すれば[★38]、その曖昧さに加えてさらに文脈をも考慮しなければならない法律を、ロボットが自律的に遵守することは困難であることが容易に理解されよう（第3章1-4参照)。この分析からも、アシモフのロボット工学3原則とその諸作品が現実的にも示唆に富む指摘をしていると評価できよう。

(5) 文言の多義性

さらにジェフリー・ガーニーは、3原則の欠点がその「多義性」にあるという[★39]。「多義性」とは、1つの単語や文や文書等が2つ以上の解釈を許してしまうことをいう[★40]。「うそつき」(前述1-2)に登場するロボットの「ハービー」は、第一原則の「危害に出くわす」の意味を、身体・生命への身体的危害のみならず、気持ちを害する程度の「心理的危害」も含むものと解釈してしまい問題を起こして壊れてしまう。原因は、「危害」の文言が身体・生命への危険という解釈のみならず、精神的な害をも意味すると多義的に解釈できてしまうことにあった、とガーニーは指摘しているのである[★41]。

3原則の少なさと単純さは、小説・文学作品としての成功の原因ではあるけれども、実際のロボット倫理の規範としては不適切という指摘も見受けられる[★42]。もっともアシモフ自身、3原則に多義性や抵触の問題が含まれていることは十分承知したうえで、むしろこうした問題があるからこそ新たな小説のネタになると述べていたという[★43]。

(6) ロボットに許容される裁量の幅

ロボットに法解釈を任せるためには、これまで曖昧だった法条文をもっと細部にわたって明確化しなければ無理である、という指摘も見受けられる[44]。この問題を理解するためには、まず、規範を起案する際の２つの手法の相違を理解する必要がある。

たとえば[45]、道路交通の安全性に関する条文を立法者が起案する方法として、①「安全に運転しなければならない」と起案する方法（曖昧な基準：indeterminate standard）と、②「時速65マイルを超えてはならない」と起案する方法（明確な規則：determinate rule）がある。立法者が規制したい真の対象は、①「安全ではない運転」なはずである。が、しかし、この規範は、曖昧すぎて、幅があり、解釈・運用は困難である。特に、文字通りに命令されたことしかできないロボットには至難の業であろう。逆に②は、多様な解釈の余地がほとんどないから、解釈・当てはめも①よりもはるかに容易である。すなわちロボットには、②のような明確な命令が必要と指摘されているのである。

もっとも②には欠点もある。②はたとえば「時速66マイルだけれども安全な運転」までも違法にしてしまい、逆に「時速64マイルだけれども危険な運転」は合法になってしまう。すなわち②は「包含過剰」（over-inclusive）だったり「包含不足」（under-inclusive）だったりする欠点がある[46]。

(7) 原則が互いに抵触する問題

仮にロボットが警察の任務に就いていて（「ロボコップ」?!）、被疑者を逮捕せよと上司から命じられたけれども、被疑者が抵抗した場合には、どう行動すべきであろうか？　抵抗を力で鎮圧すれば、ヒトに危害を加えてはならない第一原則に反してしまう。しかし命令に背けば第二原則に反する。第一原則の方が第二原則を凌駕するとすれば、結局は抵抗を鎮圧すべく力を行使することができずに、逮捕もできなくなりそうである。

このような原則間の抵触・矛盾は、前述（I-1）したアシモフ「堂々めぐり」で著されていたのみならず、映画「ロボコップ[47]」でも次のように表現されている。すなわちロボコップは法を遵守するようにプログラミングされ、犯罪者を逮捕できるけれども、製造業者であるオムニ社の役員は逮捕してはならないという「指令４」が秘密裡にプログラミングされていた。そのために同社の副社長ディック・ジョーンズが一連の犯罪の主犯格であることが判明しても、ロボコップは逮捕できずにいた。「法を遵守せよ」と命じる「指令３」が、「指令４」と抵触したので、ジョーンズに対する法執行が妨げられたのである。ところが同社の会長が、そのジョーンズに向かって「お前はクビだ！」と解雇を申し渡した途端に、ジョーンズに対する指令４の適用が消滅。銃を持ち抵抗をやめないジョーンズをロボコップが撃ち殺して、勧善懲悪が実現するというプロットであった。

Figure 1-2：規範が互いに抵触し思考停止に至る問題
映画「ロボコップ」（1987 年オリジナル版）

ロボコップ製造業者オムニ社の副社長ディック・ジョーンズ（写真）が罪を犯していることを主人公のロボコップ（第 2 章 Fig. 2-2）が知っても、オムニ社の役員は逮捕できないという「指令 4」がロボコップに組み込まれているために法執行ができないという設定。もっともリメイク版では、ロボコップの脳が指令に打ち克つというプロットに変更されている。感情や意思を有するロボットならばルールを違反しうるという重大な争点が、リメイク版のプロットに組み込まれたと解釈することもできよう。
Collection Christophel/アフロ

以上のように「ロボット工学３原則」や、その影響を受けた近年の映画作品から学びうる論点は、ときに相互に抵触が生じうる規範・ルールをいかに実装し、かついかに解釈させるべきかという問題である。この問題を解決しなければ、社会におけるロボットの普及やヒトとの共生も難しいことが読み取れよう。

★1――「sci-fi（サイ・ファイ）」とは「science fiction」の略語で、いわゆる「SF 作品」の意である。 ★2――JOHN JORDAN, ROBOTS 18 (2016). *See also* PETER W. SINGER, WIRED FOR WAR : THE ROBOTICS REVOLUTION AND CONFLICT IN THE 21ST CENTURY 165 (2009); Tyler D. Evans, Note, *At War with the Robots : Autonomous Weapon Systems and the Martens Clause*, 41 HOFSTRA L. REV. 697, 697 (2013). ★3――*See, e.g.*, Colin Allen & Wendell Wallach, *4. Moral Machines : Contradiction in Terms of Abdication of Human Responsibility?*, *in* ROBOT ETHICS : THE ETHICAL AND SOCIAL IMPLICATIONS OF ROBOTICS 55, 56 (Patrick Lin et al. eds., 2012). ★4――JORDAN, *supra* note 2, at 32. ★5――*Id.* at 31. ★6――George J. Annas, *The Man on the Moon, Immorality, and Other Millennial Myths : The Prospects and Perils of Human Genetic Engineering*, 49 EMORY L.J. 753, 763 n.37 (2000). ★7――F. Patrick Hubbard, *"Do Androids Dream?" : Personhood and Intelligent Artifacts*, 83 TEMP. L. REV. 405, 466 (2011).「哀れむべきロボット」(Robot-as-Pathos) の意味を Hubbard は次のように説明している。"In such stories [about Robot-as-Pathos,] the robots were lovable and were usually put upon［つけ込まれる、迷惑をかけられる］by cruel human beings. [] / The pathos image is reflected in Daneel and Giskard［ロボットの名前］, who are sufficiently intelligent and self-conscious to see themselves as the same as humans but, nonetheless, feel compelled to follow the laws of robotics and accept their treatment as things by humans. [] / Similar pathos is involved in one of Asimov's short stories in which a robot's perspective［前途］is so warped［歪められる］by his "inferior status" that he chooses to die so that he can be accepted as a human." (*Id.* at 466, 467 & n.341.) ★8――*E.g.*, David C. Vladeck, Essay, *Machines without Principals : Liability Rules and Artificial Intelligence*, 89 WASH. L. REV. 117, 123 n.20 (2014). アイザック・アシモフ（小尾芙佐訳）『われはロボット〔決定版〕』5 頁（早川書房・2004 年）。 ★9――Jim Chen, *Poetic Justice*, 28 CARDOZO L. REV. 581, 593 n.93 (2006); JORDAN, *supra* note 2, at 33; Roger Clarke, *2. Asimov's Laws of Robotics : Implications for Information Technology Part 2*, *in* MACHINE ETHICS AND ROBOT ETHICS 43, 44 & n. 2 (Wendell Wallach & Peter Asaro eds., 2017). なお第零原則は、第一原則から当然に導き出される結論であるという指摘もある。Hubbard, *supra* note 7, at 464. ★10――拙著『国際契約の起案学』§7-03-2、147～149 頁（木鐸社・2011 年）。 ★11――同前 §7、図表 #7.1、137～138 頁、150 頁。 ★12――拙著『アメリカ不法行為法：主要概念と学際法理』103～105 頁（中央大学出版部・2006 年）。 ★13――アシモフ「堂々め

ぐり」同・前掲注（8）57 頁。 ★14――アシモフ「うそつき」同・前掲注（8）173 頁。 ★15――Interstellar（Paramount Pictures/Warner Bros. Pictures 2014）. クリストファー・ノーラン監督で、マシュー・マコノヒー、アン・ハサウエイ、マット・デイモン、およびマイケル・ケイン共演という豪華な配役の作品である。 ★16――IMDb, Interstellar（2014）Quotes, *available at*［URL は文献リスト参照］（拙訳）. 原文は以下の通りである。「Cooper：Hey TARS, what's your honesty parameter?／TARS：90 percent.／Cooper：90 percent?／TARS：Absolute honesty isn't always the most diplomatic nor safest form of communication with emotional beings.／Cooper：Okay, 90 percent it is.」 ★17――ネチケット（netiquette）は、「Internet」と「etiquette」の 2 語からなるハイブリッド的造語である。 ★18――*See* Hubbard, *supra* note 7, at 465 n.318（アシモフの『コンプリート・ロボット：COMPLETE ROBOT』（ソニー・マガジンズ・2004 年）所収の「三百周年事件：*The Tercentenary Incident*」においては、大統領の複製ロボットの方が本物の大統領よりも多くの人々を救えると考えて大統領殺害が肯定される。『ロボットと帝国：ROBOTS AND EMPIRE』（早川書房・1998 年）においては、ヒトの命令に従わないロボットが登場し、人類にとってロボットの方が重要と考えて、ロボットを何者よりも厚く保護しようとするロボットも登場する、と指摘）. ★19――2001：A Space Odyssey（Metro-Goldwyn-Mayer 1968）. ★20――Terminator 3：Rise of the Machines（Warner Bros. 2003）. ★21――*See* Keith Abney, *3. Robotics, Ethical Theory, and Metaethics：A Guide for the Perplexed, in* ROBOT ETHICS, *supra* note 3, at 35, 43. ★22――*Id.* ★23――*Id.* at 42. ★24――*Id.* at 43. ★25――*E.g.*, Evans, *supra* note 2, at 697 n.5. ★26――Hubbard, *supra* note 7, at 466. ★27――奴隷が主人の財産であるという指摘については、see, *e.g.*, Leon E. Wein, *The Responsibility of Intelligent Artifacts：Toward an Automation Jurisprudence*, 6 HARV. J.L. & TECH. 103, 110-11（1992）; Lawrence B. Solum, *31. Legal Personhood for Artificial Intelligences, in* MACHINE ETHICS AND ROBOT ETHICS, *supra* note 9, at 416, 460. ★28――Wein, *id.* at 110-11. ★29――*See, e.g.*, Hubbard, *supra* note 7, at 465. ★30――Noah J. Goodall, *Ethical Decision Making during Automated Vehicle Crashes*, 2424 J. TRANS. RES. BOARD 58, 61（2014）（"Machines are incredibly literal."）, *available at*［URL は文献リスト参照］. ★31――*Id.* ★32――Abney, *supra* note 21, at 45. ★33――本文中の当段落の出典は、*id.* at 41, 43. ★34――*Id.* at 41. ★35――Patrick Lin, *1. Introduction to Robot Ethics, in* ROBOT ETHICS, *supra* note 3, at 9. ★36――*Id.* ★37――Ian Kerr & Katie Szilagyi, *13. Asleep at the Switch? How Killer Robots Become a Force Multiplier of Military Necessity, in* ROBOT LAW 333, 357（Ryan Calo, A. Michael Froomkin & Ian Kerr eds., 2016）. ★38――*See, e.g.*, Janet E. Lord, *Legal Restraints in the Use of Landmines：Humanitarian and Environmental Crisis*, 25 CAL. W. INT'L L.J. 311, 330（1994）. *See also* Richard John Galvin, *The ICC Prosecutor, Collateral Damage, and NGOs：Evaluating the Risk of a Politicized Prosecution*, 13 U. MIAMI INT'L & COMP. L. REV. 1, 25-26（2005）（"principle of proportionality"が曖昧と指摘）. ★39――Jeffrey K. Gurney, *Crashing into the Unknown：An Examination of Crash-Optimization Algorithms through the Two Lanes of*

Ethics and Law, 79 ALB. L. REV. 183, 184-86（2015-2016）. ★40——拙著・前掲注（10）§18、277〜280 頁。 ★41——Gurney, *supra* note 39, at 184-86. ★42——Evans, *supra* note 2, at 697-98. ★43——Gabriel Hallevy, *"I, Robot-I, Criminal"- When Science Fiction Becomes Reality : Legal Liability of AI Robots Committing Criminal Offenses*, 22 SYRACUSE SCI. & TECH. L. REP. 1, 1 n.2（2010）. ★44——*See* Andrea Roth, *Trial by Machine*, 104 GEO. L. J. 1245, 1266（2016）. ★45——本文中のこの仮想事例の出典は、see Harry Surden, *The Variable Determinacy Thesis*, 12 COLUM. SCI. & TECH. L. REV. 1, 88-89（2011）. ★46——したがって①と②をマトリクスで組み合わせて解釈するというアイデアも指摘されている。*Id*. ★47——RoboCop（Orion Pictures 1987）.

第2章 ロボットの起源と文化

文芸作品が「ロボット」という文言を造り出し、その概念を発展させてきた。文芸諸作品が創り出したロボットのイメージは、今後のロボットの社会的受容性にも強い影響を与えうるばかりか、ロボットの危険性を極小化するための良き示唆も与えてくれる。そこで本章では、ロボットの語源から説き始めて、主要な文芸諸作品に触れつつロボットに対する大衆イメージと、それらの作品が示唆する危険性への備えの必要性にも言及しておこう。

ロボットは、他の機械製品と異なり、大衆意識が先に形成されてこれに実際の製品が影響を受けるという特異性を有する★[1]。たとえば映画「ターミネーター」★[2]に登場するロボットたちのように、人類にとっての脅威——「脅威としてのロボット」——という大衆意識が（特に欧米では）先行していると捉えることができる。そこで本章ではまず、その大衆意識の源となった文芸諸作品やその影響等を紹介する。

なお「脅威としてのロボット」観はおおむね欧米社会特有の大衆意識である。日本人のロボット観では逆に、ロボットはヒーローとして人類に貢献する——「鉄腕アトム」のように——という指摘も、欧米の文献に見受けられた。これも本章の最後（後述V-2）で短く触れておく。

I 語　源

以下ではロボットの語源と、その前後のロボット関連文芸諸作品の歴史を、かいつまんで紹介する。

1「ロボット」の語源

「ロボット」(Robot) という言葉の語源は、「*robota*」にある。チェコの戯曲家カレル・チャペックが、労働力として「ヒューマノイド」を大量生産したイギリス人ロッサム氏の話[★3]を 1918 年に短編小説化し、かつ 1920 年から 1921 年頃に戯曲化した『**ロッサムの万能ロボット**[★4]』において、「*robota*」の語を用いた。これが「ロボット」の起源であるとされる[★5]。

さらに「*robota*」の語源であるスラブ語の「*rab*」は、「slave」(奴隷) を意味する[★6]。「*robota*」という単語も、「serf or slave」(農奴あるいは奴隷) または「heavy labor」(重労働) を意味するといわれる[★7]。

なお「ロボット」の類義語としては、「**アンドロイド**」(android) もある(Fig. 2-1 参照)。しかし「アンドロイド」は、「ヒトを真似た自動人形」や「**ヒトではない肉のような外皮を持つ存在**」等と定義される[★8]。さらに、「アンドロイド」という言葉の使用を**生物学系の人工的ヒューマノイド・ロボット**の場合にのみ限定する者もいる[★9]、と南カロライナ大学(出典公表時)の E. パトリック・フッバード教授は指摘している。そのような立場からは「ヒト型の機械の存在」には「アンドロイド」の語を用いないことになろう。なおフッバード教授は上の記述に続けて、ヒトの遺伝子を操作して生物学的にアンドロイドが造られた場合には、「修正ヒト」や「改変ヒト」(modified human) の領域に近づいていくと指摘している。

なお本書においては「ロボット」の射程から「アンドロイド」等を除外することなく、広く隣接分野にも言及していく。なぜなら、人造物 (ロボット等) が造物主 (ヒト) を凌駕するかもしれない、という識者の指摘や大衆の懸念が現に存在しているところ、この懸念が現実化するおそれは、単に機械とシリコン (半導体) のみから構築される狭義のロボットや人工知能 (AI) についてのみ論じられているわけではない。生物学的研究開発を通じた人造物がヒトを凌駕したり様々な法的諸問題を起こすおそれも払拭できないから、そこを無視するわけにはいかないと筆者は考えている。

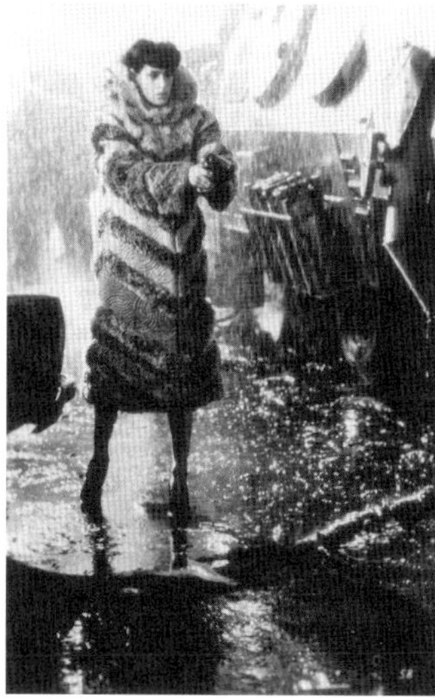

Figure 2-1：アンドロイド
映画「ブレードランナー」（1982年オリジナル版）

写真は、遺伝子工学を用いて造られたアンドロイド（人造人間）の「レプリカント」。開発したタイレル社のモットーは、「ヒトよりもヒトらしい」存在を造ることであった。写真のレプリカントは、最新実験版の「レイチェル」。レイチェルにはヒトの記憶を埋め込んであるために、自身がヒトであると信じ込んでいる。記憶や意識が人間と非人間の境界を曖昧化させるプロット★[10]は、最近のAI等の技術進歩の目覚ましさゆえにsci-fi（サイ・ファイ）作品の中に限った話題ではなくなって、ロボット法が取り組まなければならないテーマとなっている（第6章参照）。
写真協力：公益財団法人川喜多記念映画文化財団

また、「ロボット」の類義語としては、「**サイボーグ**」（cyborg）という語も見受けられる。これは**ヒトの機能を機械等と合体させて拡張させた存在**のことをいう場合にもっぱら用いられる（人工的に“すべて”をヒトのように生物学的に造ったアンドロイドではない★[11]。なお、サイボーグについては、さらに第4章**III-3**参照）。サイボーグの例としては、「ロボコップ」を思い浮かべる読者も少なくないだろう（次頁のFig. 2-2参照）。

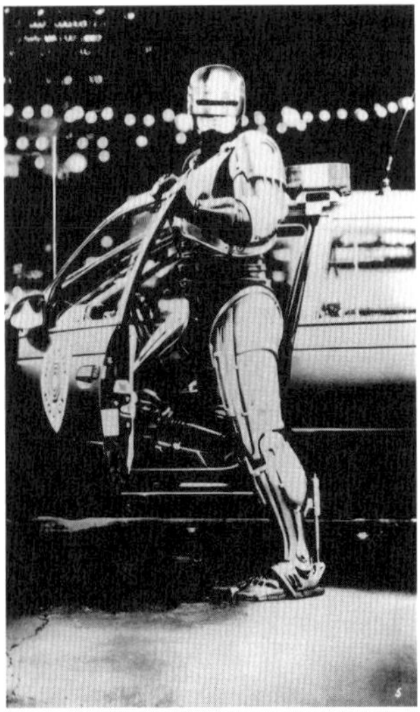

Figure 2-2：サイボーグ
映画「ロボコップ」（1987年オリジナル版）

殉職寸前の刑官の脳を活かして機械に装着することにより、普通のヒトよりも機能を拡張させた姿が描かれている[★12]。
写真協力：公益財団法人川喜多記念映画文化財団

もっとも以上の「ロボット」「アンドロイド」「サイボーグ」といった語の定義は、あくまでもおおよその定義であって、時代や使用する人々ごとに異なる、緩(ゆる)やかな定義と捉えておいた方がよさそうである[★13]。

ところでロボットの語源となった前述『ロッサムの万能ロボット』は、**工場労働で奴隷のように使われるロボットが、自由を求めてヒトに歯向かい、結局は人類を凌駕してしまう**というプロットである[★14]。作者チャペックの意図は、人間性が欠如し機械化された現代社会への批判にあった、と指摘されている[★15]。いずれにせよ、『ロッサムの万能ロボット』は1920年頃の古い戯曲であるにもかかわらず、本書が扱う論点であるロボットの憲法上の権利（自由）や人類への反抗、さらには人類を凌駕するシンギュラリティ（いずれも第6章Ⅴ参照）という問題までも含んでいたのである。これは約

100年もの昔の戯曲であることを考慮すれば驚くべきことであろう。『ロッサムの万能ロボット』は、その後の sci-fi（サイ・ファイ）諸作品上のロボットである「ターミネーター」（序章 Fig. 0-1）や、「2001年宇宙の旅」★[16]に登場する「HAL（ハル） 9000」（後掲 Fig. 2-4）や、「ブレードランナー」★[17]に出てくる「レプリカント」（前掲 Fig. 2-1）の原型であり、欧米社会が抱くロボットに対する恐怖観の起源になったとも評されている★[18]。

2 ロボットの文化発展史

ロボットの概念の歴史については諸説ありうるけれども、以下の Table 2-1 において、本書に関係するものを中心に、時系列的に主なものを紹介しておく。

Table 2-1：ロボット文化発展史

- まず、古くは紀元前1190年にホメロスの『イーリアス』に出てくる工学技術の神「ヘーパイストス」が「**黄金の奴隷**」という知的ロボットを造ったという話が出てくる★[19]。同じく『イーリアス』に出てくる「**パンドラ**」がロボットの起源であるという指摘もある★[20]。
- ユダヤの古い物語で、聖書の時代にさかのぼる粘土人形の「**ゴーレム**」も、ロボットの起源であるという指摘が見受けられる★[21]。
- 1495年にはレオナルド・ダ・ヴィンチが「機械的騎士」というアイデアを考え出し、これが今日ではロボットと呼ばれているという説もある★[22]。
- 1818年には、メアリー・シェリーによる『**フランケンシュタイン**』が公表される。フランケンシュタインについては、さらに後述する（後述 III 参照）。
- 1883年の、木彫り像が少年になるという『ピノキオ』★[23]は、ロボットも人権を要求するようになるかもしれない（第6章 III）という昨今のロボット法学の議論を先取りしたロボット作品であったと再評価できるかもしれない。なお真の人間になりたいという「ピノキオ的願望」は、人造人間の物語に共通してみられると指摘されている★[24]。
- 1918〜1921年頃には前述のカレル・チャペックの戯曲『ロッサムの万能ロボット』が公開される。
- 1927年には、ドイツ人監督のフリッツ・ラングが3時間半の無声映画大作「**メトロポリス**」★[25]を公開★[26]。機械としてのロボットが登場する古典といわれている（後掲 Fig. 2-3 および注(59)に対応する本文参照）。
- 1942年には、三大 sci-fi 作家★[27]のひとり、**アイザック・アシモフ**が「**堂々めぐり**」（第1章 I-1）を発表し、有名な「**ロボット工学3原則**」が登場する。それまでの「脅威としてのロボット」観とは毛色を異にして、ロボットの倫理を扱う★[28]。

- 1968年には、三大sci-fi作家のひとり、アーサー・C. クラークが、監督スタンリー・キューブリックと共に映画「**2001年宇宙の旅**」を公開し（後掲 Fig. 2-4）、そこには人工知能型ロボットの「**HAL 9000**」が登場し、宇宙飛行士を殺害する。なお同作品は、世論調査のたびに歴史上最高の宇宙映画であると評されている★29。

- 1982年には、有名なsci-fi作家フィリップ・K. ディック原作の小説『アンドロイドは電子羊の夢を見るか？』がリドリー・スコット監督によって映画化され、ハリソン・フォードを主人公に擁して「**ブレードランナー**」の題名で公開される（前掲 Fig. 2-1 および後掲 Fig. 2-8）。

- 1984年には、監督ジェームズ・キャメロンが、映画「**ターミネーター**」（後掲 Fig. 2-7）を公開する。同作品はその後もシリーズ化され★30、TVシリーズのスピンオフ作品までも生まれている★31。

- 1987年には映画「**ロボコップ**」★32が公開される（前掲 Fig. 2-2）。リメイク版が2014年に公開されている★33。

II　奴隷としてのロボット

第1章で紹介した、ロボット文学で名高いアイザック・アシモフの描くロボットは、しばしば奴隷を想起させると指摘されている★34（第1章 **II-1**）。なお現代のsci-fi（サイ・ファイ）映画作品でも、たとえば名画「**ブレードランナー**」★35（前掲 Fig. 2-1）は、「レプリカント」と呼ばれる奴隷的な労働力としてアンドロイド（人造人間）を描き出している★36。

「**スター・ウォーズ**」★37に出てくる「ドロイド」も、奴隷または「三級市民」として描かれているという指摘もある★38。同作品に登場する有名な「C-3PO」や「R2-D2」は、奴隷とまではいわなくても、**ヒトに仕える召使い的な役割**が与えられ、これもロボットに対する大衆イメージに影響を与えていると思われる★39。奴隷のように働く姿は「**ロボコップ**」★40（前掲 Fig. 2-2）でも表されている。デトロイト市警察がストライキに入っているのに、主人公のロボコップはストもせずに淡々と日常業務を遂行する姿が描かれているのである。

奴隷のように働く「ロボット」のイメージは、そもそもその語源である『ロッサムの万能ロボット』において*robota*が奴隷のように描かれていることを考えると、まさに語源通りのイメージであると捉えることも可能であろう。なおチャペックが *robota* を奴隷のように描いた理由は、機械化によって人間性が失われた現代社会を批判するためであったと指摘されていることは、前述の通りである。[★41]

ところで、この〈機械化によって人間性が失われた現代社会〉を憂いたチャペックの指摘を、ロボット法を考えていく際にも忘れてはならないと筆者は思っている。一方でロボットは、利便性を向上させて人々の生活を豊かにしてくれる効用があるかもしれない。しかし他方、ロボットの普及によってかえって社会から人間性が失われたり、リスクが高まったりしてはならないのは当然である。この趣旨は、ロボットと親和性の高い人工知能（AI）の開発や利活用に関してもすでに次のように指摘されているので、ロボット法を考える際にも参考になるかもしれない。すなわち総務省「AI ネットワーク社会推進会議」の、筆者が会長を務めた「開発原則分科会」が主に検討してきた「国際的な議論のための AI 開発ガイドライン案」は、「**人間中心の社会を実現すること**」を理念として明言している[★42]（第 5 章 Table 5-1 も参照）。本来、人々を豊かにすべく開発される AI が、かえって人々を不幸にしたり危険性を増大させたりしてはならないとの思いが、この理念に含まれているのである。[★43]同様にロボットも、その利活用や普及がヒトにとっての不幸をもたらしたり、リスクを増大させるものであってはならない。

1 奴隷ロボットと憲法・人権（?!）

ロボット法の論点のひとつとして、将来、ロボットが人権（「ロボット権」？）を要求した場合にこれを認めるべきかという問題がある。ロボットはヒトに仕（つか）えるために造られた存在ゆえに、仮に将来、人格や感情のようなものが芽生えた場合には、奴隷としての状況からの解放・自由——奴隷的苦役・拘束からの自由——を求められるかもしれない等と、欧米の学者たちは指摘・分析し始めている[★44]（第 6 章 III 参照）。第 1 章 II-1 においてすでに指摘したように、日本国憲法も第 18 条が奴隷的拘束からの自由を保障しているから、この問題は日本とは無関係ともいってはいられないかもしれない。[★45]

なおロボット権という論点も、実はやはり「ロボット」の語源とされる前述の戯曲『ロッサムの万能ロボット』にまで遡ることが可能であろう。すなわち、そこに登場するロボット「レイディアス」が、自由を求めて以下のような台詞[★46]を言う場面が出てくるのである。

> レイディアス：　ご主人なんてもういらない。私が皆の主人になりたいのだ。

さらに前述した映画「ブレードランナー」（前掲 Fig. 2-1）でも、「考え」ることができる「レプリカント」と呼ばれるアンドロイド（人造人間）が、次項で紹介するような「3K」職場に従事している状況下で、ヒトのような長寿を享受したいと望みヒトに歯向かう姿が描かれている[★47]（詳しくは後述 IV-3 参照）。

2「3 K」職場に期待されるロボット

いわゆる「3K」（キつい、キたない、キけん）な職場を、アメリカでは「スリー Ds（ディーズ）」（<u>d</u>ull, <u>d</u>irty, and <u>d</u>angerous：退屈、汚い、危険）という。そのような「スリー Ds」な職場にこそロボットはうってつけであると、アメリカではいわれている[★48]。

なお、そのようなスリー Ds な職場にロボットが従事するイメージは、前述のロボットの語源や文芸諸作品の描く姿が影響しているとばかり断定することはできまい。なぜならロボットの語源・歴史とは別に、そもそもそのような過酷な職場にヒトは従事したがらず、需要を労働供給が満たせない現実がある。さらに**単調かつ退屈な仕事をヒトが履行すればミスも出るし効率も落ちるけれども、ロボットは飽きることなくミスもなく（またはミスも少なく）履行できる**[★49]。物理的な力もロボットの方がヒトより上回るであろう。危険で汚い環境でも、ロボットならば文句も言わずに淡々と履行できると期待されている。たとえば、戦争に従事する兵隊という仕事は、ある意味究極の「スリー Ds」な仕事であり、したがってヒトの代わりにロボット兵器に戦争遂行を担ってもらおうという近年の開発推進

傾向は理の当然であるという指摘も、欧米のロボット法論議においては見受けられるのである。[★50]

III 脅威としてのロボット

『ロッサムの万能ロボット』は、1818年の『フランケンシュタイン』の影響を受けていると指摘されている。[★51] そして両者に共通するテーマは、人造人間を造ろうとする試みが、「神のごとくに振る舞おうとした報いを受ける」点にあるといわれている。[★52] すなわち両作品共に、創造主（ヒト）と創造物（ロボット）との関係性の失敗が、結局は流血という結果に終わっているのである。[★53]

以下では『フランケンシュタイン』について論じられているところを紹介するとともに、これら『フランケンシュタイン』『ロッサムの万能ロボット』さらには「メトロポリス」に続いて、「ターミネーター」や「マトリックス」等の現代的諸作品にまでも脈々と引き継がれている「脅威としてのロボット」観[★54]を紹介しておく。

1818年のメアリー・シェリーによる『フランケンシュタイン』は、シリコン（半導体）と機械からのみ構成されるロボットではないけれども、[★55] 生物学的にヒトが造り出したヒトのような人造物を著したものとしては、史上初の sci-fi（サイ・ファイ）作品といわれる。[★56] そもそもロボットの語源とされる前述の *robota* が登場する戯曲『ロッサムの万能ロボット』でも、その *robota* は金属で作られた機械的なロボットではなく、生物学的な人造人間であったと指摘されているので、[★57]「ロボット」の本来の姿はフランケンシュタインのような生物学的人造人間であるともいえよう。あるいはチャペックの *robota* は、現代的には「アンドロイド」と言う方が理解されやすいかもしれない。[★58] 他方、機械としてのロボットの古典的な例としては、無声映画「メトロポリス」（1927年）に登場するヒューマノイド・ロボット「マリア」（次頁の Fig. 2-3）を挙げることができる。[★59] 作品中マリアは、階級社会において人々が連帯しようとする運動を阻止し、人々を分断させたままにしようとする為政者の道具として使われるのである。

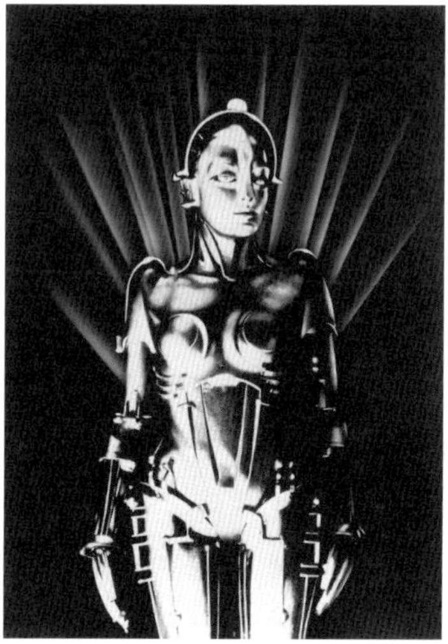

Figure 2-3：機械としてのロボット「マリア」
映画「メトロポリス」（1927年）

ディストピアな未来社会において、労働者たちの革命を阻止し分断させるべく為政者が造らせたロボット「マリア」は、前者を扇動する「魔性の女」として描かれている。
写真協力：公益財団法人川喜多記念映画文化財団

フッバード教授によれば[★60]、フランケンシュタインの物語には、古典と呼ぶべき普遍的な諸要素が含まれている。たとえば、以下のような諸要素である。

- ✓ **科学の危険性**[★61]
- ✓ **ヒトとの関係性**（ヒトに拒絶されるがゆえにヒトに敵対的になること）
- ✓ **孤独**
- ✓ **生存の欲求**（種を残したい欲求を含む）
- ✓ フランケンシュタインのような種が**ヒトに代わって支配的になることへの恐怖**

確かにその後の sci-fi 諸作品の古典的名作にも、フッバードが指摘する諸要素（の中の少なくともいくつか）が含まれているのではあるまいか。たとえばスタンリー・キューブリック監督作品の「**2001 年宇宙の旅**」[★62]は、人工知能搭載の「HAL（ハル） 9000」型コンピュータが暴走してヒトを殺すというプロットになっている。このプロットは、ミッションの障害を排除するためか、または自己保存のためならば、ヒトさえも殺してしまう人工知能（AI）という科学技術の危険性や、そうした人工物とヒトとの関係性（宇宙飛行士と HAL 9000 との関係）を扱っていると解釈できよう。

Figure 2-4：科学の危険性を象徴する HAL 9000
映画「2001 年宇宙の旅」（1968 年）

コンピュータ「HAL 9000」は、ロボット法において言及されることの多い人工知能である。当直の宇宙飛行士 2 名が誤作動した HAL 9000 をシャットダウンしようと相談しているその唇を、画面中央に小さく映っている HAL の眼が読み取って、逆に宇宙飛行士たちを殺害しようとするプロット。結局、当直の 1 名（左）と、冬眠中の全員が HAL に殺されてしまう。
写真協力：公益財団法人川喜多記念映画文化財団

「**ブレードランナー**」[★63]（前掲 Fig. 2-1）においても、「レプリカント」と呼ばれるアンドロイドが死を恐れてヒトを殺していくプロットが、科学の危険性、ヒトとの関係性、生存への希求（種を残したい欲求の一種）等を描いていると解釈できる。また「**ターミネーター**」（後掲 Fig. 2-7）シリーズ[★64]は、「スカイネット」と呼ばれるネットワーク型人工知能がヒトを敵であると認識して核戦争を開始するというプロットを通じて、科学の危険性、ヒトとの関係性、ヒトに代わって支配的になることへの恐怖が描かれていると読むことができよう（詳しくは第4章1-6(1)参照）。

「**マトリックス**」シリーズ[★65]も、実は知らないうちにヒトがコンピュータに支配されていたという、ディストピアな社会を描いている。同作品は、普通に人々が暮らしている社会こそが仮想現実であり、現実世界ではヒトは皆コンピュータに支配されており、コンピュータが自己保存するための「電源」として搾取されている、というプロットである。

Figure 2-5：マトリックス・シリーズ
映画「マトリックス リローデッド」(2003年)

「マトリックス」は「ターミネーター」等と共に、ロボット兵器推進派から批判されている。すなわち、ロボットや機械がその創造主（ヒト）に歯向かう姿を描くことで、ロボット兵器の社会的受容性を阻害している、と批判されているのである[★66]。この批判については第3章1-4(3)参照。
Everett Collection/アフロ

さらには「**アイ、ロボット**」[★67]においても、変節したロボットがヒトに歯向かう姿が描かれている[★68]。

そして、以下はアメリカの法律論文をリサーチしても発見できなかった解釈なので私見になるが、映画「**エリジウム**」[★69]も、ロボットとヒトとの関係性に警鐘を鳴らす作品であると理解できる。環境汚染の進んだディストピアな未来のロサンゼルスを舞台にした同作品では、ロボット警官やロボット保護観察官から理不尽な扱いを受けた主人公が、十分な医療役務を享受できない格差社会の中で不幸の連鎖に堕ちていく。不幸な連鎖のきっかけにもなった、ロボットとヒトとの関係性も考えさせられる作品であると筆者には思われる。このような不幸の連鎖は決して、遠い将来のファンタジーではない。ロボットの頭脳となりうるAIがヒトの保釈や量刑を決定したり、貸付や生命保険加入を認めるか否かを決めたり、人事採用や昇格を決定する時代には、マット・デイモン演じる「エリジウム」の主人公のように、常に不利益な評価をされ続けて「ヴァーチャル・スラム」が生じるという指摘もされている★69-2（第4章II-2も参照）。

Figure 2-6：理不尽な「ロボット警官」
映画「エリジウム」（2013年）

明らかに現代アメリカの医療問題や格差社会を痛烈に批判している映画「エリジウム」は、ディストピアな2154年のロサンゼルスを描いている。ロボット警官から荷物の中身を職務質問された主人公（マット・デイモン）が、「中身は整髪用品だ」と冗談（彼の頭部参照）を言っただけなのに、反抗的な態度であるとみなされて力ずくで押さえ込まれて骨折させられる寸前の場面。その後に、ロボット保護観察官も登場し、ロボット警官とトラブルになった理由を主人公が説明しようとしても耳を貸そうとせず、杓子定規に保護観察期間の延長を申し渡す。これらの場面から、未来社会におけるロボットとヒトとの関係性（人間性の喪失?!）を問うているとも解釈できる作品であると筆者は思うが、いかがであろうか。
Everett Collection/アフロ

このような不幸の連鎖が生じるという兆候はすでに現在散見されている、と論者たちにより指摘もされている。たとえば、社会における差別（たとえばアフリカ系アメリカ人に対する様々な差別）をAIが維持・助長するという懸念が近年、指摘されるようになってきた。差別が懸念される分野は多岐にわたり、たとえばAIによる雇用や昇格の判断（第4章II-2参照）、AIがSNS等を通じて標的型広告をする際の住居の選択肢の提供（白人住居地域をアフリカ系アメリカ人には紹介しないような差別)、健康・医療サービスの提供における差別、教育役務提供における差別、およびその他の様々な販売行為上の差別にまで及ぶ、と指摘されている。[★69-3]

教育役務における差別的慣行として悪名高い事例は、教育プログラムの値段をアジア系の親に対しては他の人種に対する場合よりも値段をつり上げてオファーする「価格差別」(price discrimination) の例が伝えられている。[★69-4] このような事実は、過去の統計/ビッグデータからアジア系が他の人種よりも教育熱心であることが今後 AI によって示されれば、高額な値を付けても売れるために上記のような価格差別の慣行が広がりかねない、という将来を予期させよう。

さらに検索エンジンによる検索結果に差別的判断が現れた事例として、アフリカ系アメリカ人女性を画像判断させたところ性別を判断できなかったとか[★69-5]、〈ゴリラ〉と判断したという悪名高い例がある。[★69-6] そもそも顔認識ソフトは白人男性が有利に認識されるバイアスを有する、とも指摘されている。[★69-7] 目を開けているアジア系のヒトの顔を〈目を瞑(つぶ)っている〉と判断した(白人よりも目が小さいので)という事例も報じられている。[★69-8]

なお 42 か国が署名した(もちろん日本も署名しているどころか、その成立に主導的役割を担った)「OECD・AI 原則」は、AI が差別を助長するおそれを懸念して、包摂 (inclusion) や人権の尊重、人間中心の公正さ等々を目指すべきとしている(第 7 章 III 参照)。加えて 2019 年 6 月に日本で開催された G20 のデジタル経済大臣会合は、AI による差別を生じさせない旨の共同声明を発表している。[★69-9]「ファンタジー」が警告した差別や不幸の連鎖という未来像は、実はもうすでにすぐそこまで来ている現実であり、まさに「今日の科学は、昨日のサイエンス・フィクションに忍び寄っている」(後述 IV-3) のである。

話を「脅威としてのロボット」に戻そう。そもそも「ロボット」の語源となった *robota* が登場するチェコのチャペックの戯曲も、結局はロボットがヒトに歯向かう物語であった。[★70] 以上のような「脅威としてのロボット」観を構成する諸要素は、sci-fi 作品に古典としての普遍性を付与しているだけではない。現実に今、日本や世界で論じられるロボットや AI の諸問題も、科学の危険性(たとえば第 6 章 V の「シンギュラリティ:2045 年問題」）や、ヒトとの関係性（たとえばヒトとロボットとの共生社会）や、生存性（ヒトに敵対的な存在になるか否か）や、ヒトに取って代わる支配性（やはりシンギュラリティ）等を扱っていると解釈できる。

なおロボットが、その創造主であるヒトに歯向かうおそれについては、工学技術系ではないジャーナリストやsci-fi作家、さらにはオックスフォード大学（出典公表時）のニック・ボストロムのような哲学者でさえ言及している。工学技術的には不可能であるという指摘もある[★71]が、ロボット法はそこまで視野に入れるべきであると、筆者は考える。

Ⅳ sci-fi作品のアナロジーを排除すべきか

ロボット法の議論においては、いわゆる「SF」と略称されるsci-fi（サイ・ファイ）作品、すなわち科学創作分野の文学作品や映像作品が引き合いに出されることが多い。たとえば第1章で紹介したアイザック・アシモフの古典的sci-fi作品に登場する「**ロボット工学3原則**」は多くのロボット法の研究において言及されてきたし[★72]、映画「ターミネーター」はロボットや人工知能（AI）に対してアメリカ人が抱く恐怖感のイメージと密接に結びついている[★73]。「ターミネーター」は、軍事用ネットワーク型AIである「スカイネット」が起動した途端に急速なスピードで進化し、ついには自我に目覚めて人類を敵とみなしたうえで、人類を破壊すべく勝手に核戦争を始めてしまうというプロットである。このような欧米人の抱くターミネーター的恐怖心の原因は、〈ヒトのような知的存在を造るという唯一神のみに許されている役割をヒトが侵せば悪いことが起こる〉という宗教観にある、という示唆もある[★74]（後述Ⅴ-1も参照）。

1 sci-fi作品のアナロジーに対する反感

sci-fi作品をアナロジーとしてロボットやAIの倫理・規範を論じる慣習に対しては、抵抗感も見受けられる。第3章Ⅰ-4(3)が紹介するように、ロボット兵器の賛否をめぐる論議では、sci-fi作品との安易なアナロジーが、反対論の元凶であると批判されている。たとえば映画「ターミネーター」に登場するカイル・リース軍曹がサラ・コナーズに語る台詞は、飽くことを知らないロボット兵器の恐ろしさを象徴していると指摘されている——「ターミネーターは哀れみや後悔や恐怖を感じない。あなたが死ぬまでは、殺そうとし続けるのだ」——と。

Figure 2-7：ロボット兵器反対論の「元凶」？
映画「ターミネーター」（1984年）

本文で説明した「スカイネット」は、写真のような殺人用ヒューマノイド・ロボット「T-800」を大量生産し、核戦争で生き残った人類までも絶滅させようとする。
写真協力：公益財団法人川喜多記念映画文化財団

さらに筆者が参加する、AIに関する政府の有識者会議等の場においても、sci-fi作品が描くディストピアな世界観との安易な結びつけが開発をいたずらに阻害するという批判を、しばしば耳にする。確かにロボットやAIの開発や普及を、何の縛りもなく（野放図に⁈）推進したい立場からすれば、都合の悪い将来像は打ち消したいと望むのはごく自然な反応かもしれない。ましてやそのような負の将来像の根拠が、事実に基づくのではなく、フィクションにすぎないというのであればなおさら、これを否定したくなる態度は理解できる。

しかし、フィクションだからといって、これにまったく目を瞑(つぶ)ることが、政策を論じるうえで常に正しい態度であろうか。

2 学際法学と「法と文学」「法と大衆文化」の指摘

おそらくはロボットの頭脳部分を引き受けることになる人工知能（AI）の「倫理的、法的、および社会的影響」（Ethical, Legal, and Social Implications：ELSI(エルシー)）に関する研究は、理数工学系の知見だけでは問題解決ができず、社会科学や人文科学の知見も必要と捉える。

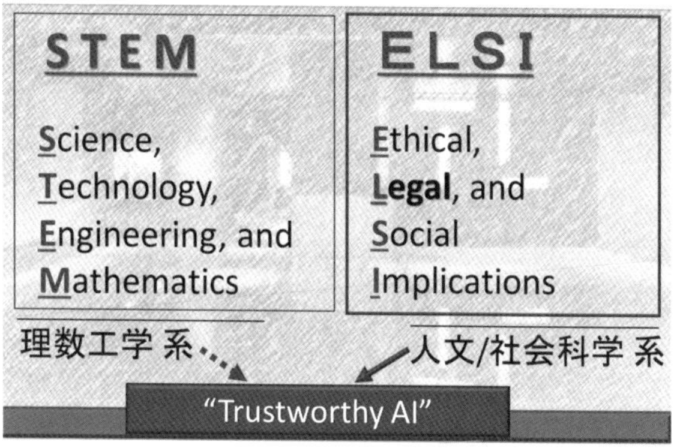

Figure 2-7-2：AI が社会に受容されるために不可欠な ELSI 的検討（出典＊1）

すなわち古典的な**学問分野の枠を越えた学際的な研究が不可欠である**。たとえば後述（第4章 **II-2**）するような、AI が差別的な判断を行ってしまう問題の解決には、数学やアルゴリズムといった理数系の知見だけでは不十分である。雇用差別禁止法等の知見も動員して、AI が差別的な判断を下さないような研究も行われている（第4章注 66-9 参照）。

ところで「学際法学」(law ands（ロー アンズ）) の最先進国アメリカでは、法律学が文学作品に学び、法律学をより良いものにしようという研究分野がすでにかなり以前から確立している（これについてはたとえば、筆者が監訳したリチャード・A. ポズナー『法と文学』[★75]等を参照してほしい）。たとえば、シェークスピアの有名な戯曲『ヴェニスの商人』を通じて、契約法の「法的安定性」という利益と「具体的妥当性」という利益の相克の理解を深めることができる[★76]。

そして、「法と大衆文化」という研究分野も相当以前から出現し始めて、大衆が抱く法や法曹の問題点を映像作品の中に見いだしたり、より良い法・法曹のあり方を学ぶ研究が行われている[★77]。実際に筆者も、総合政策学部に所属時代の同僚法学教授や文学教授たちと共同で「法と文学」の講義を 10 年近くにわたって担当・指導しており、たとえば文学でも映画でも名作である「アラバマ物語」[★78]を学生に鑑賞させたうえで、「法の下の平等」の意味を考えさせたり、やはり名作「12 人の怒れる男」[★79]を鑑賞させて、「熟議民主主義」の理解を深めさせたりしている。このように、フィクションであってもそれが優れた作品であれば、その成果から法律学やその他の社会科学の諸分野をも学ぶことができるという事実は、学術界ではすでに以前から認識されているのである。

さらに『THE LAWS OF ROBOTS』(ロボット法) を上梓しているトリノ大学教授（出典公表時）のウゴ・パガロも、アシモフの「ロボット工学 3 原則」を扱う小説が、ロボットをめぐる法現象の理解を深化させるという主張を紹介している[★80]。さらにパガロは、ハリウッド映画も、たとえばロボットの自律性の発展が犯罪の構成要件の再検討を要することにつながることを例示的に示してくれるから有用であると指摘している[★81]。このようなロボット法の世界的先駆者も指摘する意見を、日本人も傾聴すべきである。

3 優れた sci-fi 作品とは

テキサス・キリスト教大学准教授（出典公表時） チップ・スチュアートによれば[★82]、優れた sci-fi 作品は、たとえば映画「ブレードランナー」のように、**①現実社会を土台にしながら未来の社会像を描く「未来に関する真の社会学的研**

究」である。そして、②「**工学技術の変化とヒトとの関係性を考えるための道具**」となる。

この指摘が的を得ているか否かを、以下、検証してみよう。

まず①について、映画「ブレードランナー」は確かに、現代社会を土台にしながら未来の社会像を描いている。すなわち「シンギュラリティ」（第6章Ⅴ参照）と呼ばれる、2045年頃には人造物がヒトを凌駕するという現代社会の予測を土台にしながら、その予測が実現しつつある未来の社会像を「ブレードランナー」が描いていると評価できる。もっとも同作品は1982年に公開され、かつその原作である『アンドロイドは電子羊の夢を見るか？』は1968年の小説であるから[★83]、その頃には「シンギュラリティ」仮説が社会で認知されていなかった点を考慮すれば、すでにそれほどの昔に今日のシンギュラリティ仮説を見通していた「ブレードランナー」は優れた作品である、とも評価できる。

加えて「ブレードランナー」には、「ヒトよりもヒトらしい」レプリカントを造ることを社是とする、「タイレル株式会社」が登場する[★84]。このタイレル社の社是も、作品公開時には単なる空想の域を出ない設定だったかもしれない。しかし今この作品を観れば、2045年には到来するかもしれないといわれている、ヒトを凌駕する人造物＝ヒトよりもヒトらしいレプリカントが存在する未来社会を先取りした設定であると評価できよう。

さらに、作品の舞台である2019年のロサンゼルスは、雨が降りやまない夜景で描かれ、これは酸性雨を示唆していると分析されている[★85]。「ブレードランナー」のメイキング作品を観ると、脚本の素案段階時からすでに環境問題を取り上げていて[★86]、完成作品にもヘビ等が絶滅種となっている場面が出てくる。原作の題名となった「羊」も含むほとんどの動物や虫さえも絶滅寸前で人造物しか入手できない世界が、原作では描かれている。このような未来のディストピアなロサンゼルスの設定は、現実社会の環境問題を土台にしながら暗い未来の行く末を描き出すことにより、現代の人々に警鐘を鳴らしていると評価できよう。なお、巨大なタイレル社のピラミッドのような社屋も、砂漠の中で発展が止まらないロサンゼルス市の威容と相まって、神のような力を得ようとするヒトを象徴しているという分析も見受けられる[★87]。

Figure 2-8：社会学的に優れたsci-fi作品
映画「ブレードランナー」（1982年）

降りやまない酸性雨で煙るロサンゼルスで、巨大企業タイレル社が造った「ヒトよりもヒトらしい」アンドロイドの「レプリカント」（前掲Fig. 2-1）の何体かが、4年しかない寿命を延ばそうと開発者に要求すべくヒトを殺していくというプロット。
写真協力：公益財団法人川喜多記念映画文化財団

続いて「ブレードランナー」が、優れたsci-fi作品の条件である②「工学技術の変化とヒトとの関係性を考えるための道具」となっているか否かも検証してみよう。同作品においては、レプリカントがヒトを凌ぐ体力等を有している代わりに、いわば安全装置として寿命が4年しかないように設定されている。レプリカントは寿命を延ばしたい願望から、人々を次々と殺して開発者であるタイレル博士に辿(たど)り着こうとする。ついには博士に会って延命策をとるように強要するけれども、それが不可能であることを知ると、いわば産みの親であるタイレル博士をも殺してしまう。

名古屋造形大学(出典公表時)の西山禎泰によると「ロボット」の語源となったチェコの戯曲『ロッサムの万能ロボット』（本章1-1）も、人造物「*robota*」の寿命は数年で尽きるように設定されていて、かつその延命を*robota*が老技師に迫るというプロットであった。[★87-2]つまり「ブレードランナー」は『ロッサムの万能ロボット』のオマージュになっている、とも解釈できよう。さらに西山によれば、『ロッサムの万能ロボット』の*robota*は生殖機能を持つ新たな生命体に進化するプロットであったという。奇しくもそのプロットは、2017年に公開された続編「ブレードランナー2049」[★87-3]と同じであるから、「ブレードランナー」が『ロッサムの万能ロボット』のオマージュであるという解釈が成り立つ気がする。

ところで「ブレードランナー」のプロットは、将来、仮に人造物がヒトのように感情や自我や生存願望を有した場合に、ヒトはいかにその人造物を扱い、共生すべきか、いかなる権利を賦与すべきか、その根拠は何なのかといった諸問題を現時点で考えるための材料を与えてくれている。まさに「工学技術の変化とヒトとの関係性を考えるための道具」になっているのである。

この点については、同じ未来社会に人造人間とヒトとを置くことによって、**ヒトがヒトたる理由は何なのかを問うている**という指摘がある★88。確かに、自我や意思や感情を有するかもしれないと議論されている人造物を、ヒトと同じ未来社会に置くことで、彼らに対する権利賦与の必要性も考えさせられる——レプリカントは延命（生きる権利？）を願望するけれども、そもそも「自我」を持たなければ命の意味を理解しえず★89、逆にいえば人造物が自我を持てばヒトとしての重要な要素を備えていると解されるかもしれない——。そして、そもそもヒトには自然に（疑うことなく）権利が賦与されているけれども、その理由は何であるのか——ヒトと人造物を分け隔てている特徴は何なのか、ヒトは物理的な構造ゆえにヒトなのか、法がヒトと認めるからヒトなのか★90等——を解明しなければ、そのアナロジーによって人造物にも権利を賦与すべきか/すべきでないかの判断ができないことに思い至る★91。このように、「ヒトとの関係性」を考えさせる「ブレードランナー」は、そもそもヒトとは何なのかという難題を実はいまだ解明していなかった事実を思い知らせてくれるのである。

「ブレードランナー 2049」の中では、地下に潜伏して解放運動に身を投じるレプリカントが、「**大義のために死ぬことこそ、われわれにできる最も人間的な行為である**」（“**Dying for the right cause is the most human thing we can do.**”）という台詞（せりふ）を述べる。ヒトとは何なのか——というよりもヒトは〈どうあるべきか〉——を示唆する名台詞であろう。

Figure 2-8-2：子を産んでいたレプリカント
映画「ブレードランナー 2049」（2017 年）

ヒトと共生する人造人間レプリカントが〈二級市民〉扱いされているこの続編作の後半、ライアン・ゴズリング演じる主人公のネクサス 9 型レプリカント「K」——シリアル番号「KD6-3. 7」の略称——に対して、抵抗運動のために地下に潜ったネクサス 8 型レプリカントたちの指導者フレイザ（彼女自身もレプリカント）が、行動を共にしようと説得しつつ次のように述べる。「大義のために死ぬことこそ、われわれにできる最も人間的な行為である」と。
Collection Christophel/アフロ

さらにレプリカントの寿命がわずか 4 年という設定についても、次のような問題を考えるヒントになっているという指摘が見受けられる。すなわち将来、ヒトのような人造物を造り出すことが可能な社会においては、ヒトが**人造物に対してできるだけ普通のヒトのような健康を賦与する義務が生じるかもしれない**という倫理的指摘が見受けられるのである[★92]。この指摘は多少、生命倫理に近い指摘であるかもしれない。すなわち、レプリカントは生物学を用いて造られたアンドロイドで、しかも「ヒトよりもヒトらしい」存在である。加えて、自我を持ち、死を恐れて生存を希求し、感情も持ち合わせているようである。すると、ここまでヒトに似た人造物または生物（？）である以上、生命身体に対する権利をヒト同様に賦与すべきかもしれないという考えが生じるのも無理からぬことである。こうした指摘は、「ヒトと人造物との関係性」に属する諸問題のひとつであると評価できる。

以上の「ブレードランナー」のように優れたsci-fi作品の特徴は、今日の現況に照らして論じるならば、ロボットやAIの開発の現状を土台にしながらも、これに基づき将来の社会的影響を予測したうえで、ロボット・AIとヒトとの関係性について問題を提起している点にある。ヒトを超える人造物の出現（シンギュラリティ）が危惧されている昨今では（第6章V参照）、そのような事態を予測しこれに備える際の一助として、「ブレードランナー」のような文芸作品の所産を活用してもよいであろうと筆者には思われる。**sci-fiは「将来の衝撃」を和らげて、私たちが将来に備えるための手助けとなる**という指摘も見受けられるからである[★93]。

以上のように将来生じうる危険性を予測したうえで、取り組むべき諸問題を事前に提示してくれる優れた文芸作品は、そのような危険性を極小化しようとする本書の方向性とも一致している（序章参照）。私たちの社会を変革しようとするロボット・AIの将来的な影響を今考えるとき、優れたsci-fi作品は、問題発見と解決策の検討のための良き手がかりになると考えられるのである。この点についてはたとえばオクラホマ大学教授(出典公表時)のステファン・ヘンダーソンも、映画「マイノリティ・リポート」[★94]と現在の「犯罪予測」（プレッドポル）技術（第3章IV-2参照）を比較しながら、「**今日の科学は、昨日のサイエンス・フィクションに忍び寄っている**」（強調付加）という指摘を紹介している[★95]。私たちはまさにそのような状況に置かれている、と筆者にも感じられるのである。

また、ロボット兵器をめぐる学術的議論において引用されることの多い『Wired for War』（ロボット兵士の戦争）の著者である、ブルッキングス研究所(出典公表時)のピーター・シンガーは、社会がsci-fiに対しもっと注意をはらうべきであると主張しつつ、次のように指摘しているので[★96]、参考になろう。すなわち、sci-fiは将来を予測し、かつ将来に影響を与えるだけではない。加えて、**新しい工学技術が生じさせるかもしれない倫理的・社会的なジレンマを問うようなsci-fiは、ほかの何ものにも増して、そのような工学技術のもたらす結果を評価するうえで最善の準備をわれわれに与えてくれる**。

Figure 2-9：制御不可能な危険性への警告？
映画「博士の異常な愛情」（1964 年）

地対空ミサイル攻撃を受けて無線機が破壊され、核攻撃中止の命令を受けられない B-52 爆撃機が核爆弾をソ連の標的に向けて投下してしまうというプロット。冷戦時代の、核戦争寸前の危機的状況と異常さとを描いた名作。スタンリー・キューブリック監督。「ピンク・パンサー」で有名な喜劇役者ピーター・セラーズ（右下）が何役にも扮している。
写真協力：公益財団法人川喜多記念映画文化財団

たとえば「博士の異常な愛情」[★97]は、核爆弾を造ってしまったら意図せず核戦争が始まってしまうかもしれないという警鐘を鳴らしている。「博士の異常な愛情」は、アメリカ空軍の常軌を逸したリッパー准将が核爆弾を搭載した爆撃機に対してソ連への攻撃を勝手に命じてしまうという物語で、多くの爆撃機が攻撃前に帰還命令を受けて帰還するけれども、一機だけ命令を受けられず核爆弾を投下してしまい核戦争が始まってしまう。核のように制御が難しい工学技術は、その扱いによほどの注意を要するというメッセージはまさに、ロボット法が回避しようとしている未来の危険を現時点で予測するうえでの、非常に有益なアドバイスであろう。

V　ロボットに対する文化的認識の相違

知的なロボットを研究することは、われわれの文化を研究することであり、「人間性」(humanity) を研究することである、といわれる[★98]。そこで本節では、欧米と日本の文化の相違からくる異なるロボット観を紹介しておきたい。

1 欧米社会の認識

アイザック・アシモフはロボットの物語を2種類に分けて、そのひとつは「**脅威としてのロボット**」であると分類したといわれている[★99]。すでに本書が紹介してきたように、ロボットの語源となった戯曲『ロッサムの万能ロボット』から『フランケンシュタイン』、そして「ターミネーター」に至るまで、欧米のロボット観はおおむね「脅威としてのロボット」であるように筆者には思われる。

他方、ロボットを通じて倫理を語ったアシモフや[★100]、ヒトに反抗しそうもない「C-3PO」「R2-D2」[★101]が登場する「スター・ウォーズ」等の作品群は、欧米の大衆意識がロボットを必ずしも常に「脅威としてのロボット」であると捉えるばかりではないことも示していよう。

なおキリスト教的な社会観が、ロボットに対する欧米の大衆意識に影響しているという指摘があるので、以下、紹介しておく。

(1) 畏れ多い神への挑戦という意識

すでに紹介した通り、「**神のごとくに振る舞おうとした報いを受ける**」[★102]という古典的な「脅威としてのロボット」観は、神の真似事をすることによる罪悪感に由来すると考えられなくもない。すなわち、ヒトを造ることは神の役割であると考える一神教が支配的な欧米社会において、**ヒトがヒトのような人造物を造ることは、神の役割を奪うとみなされて、悪い結果が生じる**と捉えられてしまうというのである[★103]。

(2)「不完全に造られたヒト」を超える願望

欧米文化には、アダムとイヴの物語が深く根付いていて、その人間の不完全性からの脱却の願望が、人工的な生命の創造という挑戦につながっているという宗教学者の指摘もあるといわれている[★104]。

2 日本の認識

ロボットに対する欧米の大衆意識が、どちらかというとロボットに懐疑的であることとは反対に、アジアの、特に日本の大衆意識におけるロボット像は、手塚治虫の「鉄腕アトム」に象徴されるような、人類に平和をもたらす存在であると指摘されている[★105]。すなわちアジアのsci-fi作品、特にアニメ分野においてロボットは、悪を退治するヒーローとして描かれ、そのイメージが科学者から国家的文化に至るまで影響している。日本においてはロボットはヒトの友人と捉えられているという指摘が、見受けられるのである。

さらに神道が影響しているという指摘もある。すなわち神道的な世界観においては石ころから樹木に至るまであらゆる物に魂が宿ると考えられているから、ロボットに魂が宿るという考えにも何の抵抗もないという指摘である。「実際多くの日本の工場では［産業用ロボット］が……同僚のように扱われている」と。

もっともこの点については後述するように、日本人だけに限らずロボットをヒトのように扱う「擬人観」(anthropomorphization〔アンスロポモーファイゼイション〕)という傾向を人間は共有している、とも指摘されている(第4章Ⅳ参照)。そうだとするならば、ロボットをヒトのように扱う傾向は日本人特有の傾向であるとも断定できないのかもしれない。

★1――*See* JOHN JORDAN, ROBOTS 5 (2016). *See also* PETER W. SINGER, WIRED FOR WAR : THE ROBOTICS REVOLUTION AND CONFLICT IN THE 21ST CENTURY 168-69 (2009). ★2――The Terminator (Orion Pictures 1984). ★3――*E.g.*, Lolita K. Buckner Inniss, *Bicentennial Man―The New Millennium Assimilationism and the Foreigner among Us.*, 54 RUTGERS L. REV. 1101, 1105 n.31 (2002). ★4――KAREL ČAPEK, ROSSUM'S UNIVERSAL ROBOTS : A FANTASTIC MELODRAMA (R.U.R.) (1920) (1923). ★5――*E.g.*, Roger Clarke, *1. Asimov's Laws of Robotics : Implications for Information Technology Part 1*, *in* MACHINE ETHICS AND ROBOT ETHICS 33, 35 (Wendell Wallach & Peter Asaro eds., 2017); Bruce L. Rockwood, *Law, Literature, and Science Fiction*, 23 LEGAL STUD. FORUM 267, 273-74 & n.40 (1999). *See also* UGO PAGALLO, THE LAW OF ROBOTS : CRIMES, CONTRACTS, AND TORTS 3 (2013); Patrick Lin, *1. Introduction to Robot Ethics*, *in* ROBOT ETHICS : THE ETHICAL AND SOCIAL IMPLICATIONS OF ROBOTICS 3, 3 (Patrick Lin et al. eds., 2012); JERRY KAPLAN, ARTIFICIAL INTELLIGENCE : WHAT EVERYONE NEEDS TO KNOW 68 (2016). ★6――JORDAN, *supra* note 1, at 30 (" 'rab,' means 'slave.' "). ★7――Clarke, *supra* note 5, at 35; Remus Titiriga, *Autonomy of Military Robots : Assessing the Technical and Legal ("Jus in Bello") Thresholds*, 32 J. MARSHALL J. INFO. TECH. & PRIVACY L. 57, 59 (2016); F. Patrick Hubbard, *"Do Androids Dream?" : Personhood and Intelligent Artifacts*, 83 TEMP. L. REV. 405, 461 & nn.291-92 (2011); Benjamin Kastan, *Autonomous Weapons Systems : A Coming Legal "Singularity?* 2013 U. ILL. J.L. TECH. & POL'Y 45, 48-49; Nathan Reitinger, *Algorithmic Choice and Superior Responsibility : Closing the Gap between Liability and Lethal Autonomy by Defining the Line between Actors and Tools*, 51 GONZ. L. REV. 79, 90 (2015/2016). *See also* SINGER, *supra* note 1, at 416. ★8――JORDAN, *supra* note 1, at 29, 51. ★9――Hubbard, *supra* note 7, at 462. ★10――Blade Runner (Warner Bros. 1982). ★11――Hubbard, *supra* note 7, at 438; JORDAN, *supra* note 1, at 51. ★12――RoboCop (Orion Pictures 1987). ★13――Lin, *supra* note 5, at 6. ★14――*See, e.g.*, PAGALLO, *supra* note 5, at 4; SINGER, *supra* note 1, at 416. ★15――JORDAN, *supra* note 1, at 47. ★16――2001 : A Space Odyssey (Metro-Goldwyn-Mayer 1968). ★17――Blade Runner (Warner Bros. 1982). ★18――JORDAN, *supra* note 1, at 45. ★19――Lin, *supra* note 5, at 3. ★20――Clarke, *supra* note 5, at 34. ★21――*Id.*; JORDAN, *supra* note 1, at 29. ★22――Lin, *supra* note 5, at 3. ★23――CARLO COLODI, THE ADVENTURES OF PINOCCHIO (1883). ★24――Hubbard, *supra* note 7, at 467 n.341. ★25――Metropolis

(UFA 1927). ★26——JORDAN, *supra* note 1, at 48-49. ★27——*Id.* at 50. 三大 sci-fi 作家として Jordan は、本文で紹介した2名のほかに、Robert Heinlein を挙げている。*Id.* ★28——*Id.*; SINGER, *supra* note 1, at 165. ★29——JORDAN, *supra* note 1, at 55. ★30——The Terminator (Orion Pictures 1984); Terminator 2 : Judgment Day (TriStar Pictures 1991); Terminator 3 : Rise of the Machines (Warner Bros. 2003); Terminator : Salvation (The Halcyon Company 2009); Terminator Genisys (Paramount Pictures 2015). ★31——Terminator : Sarah Connor Chronicles (Warner Bros. Television & C2 Pictures 2008-09). ★32——RoboCop (Orion Pictures 1987). ★33——RoboCop (Metro-Goldwyn-Mayer 2014). ★34——瀬名秀明「『ロボット学』の新たな世紀へ」アイザック・アシモフ(小尾芙佐訳)『われはロボット〔決定版〕』407頁、413頁(早川書房・2004年)。 ★35——Blade Runner, *supra* note 17. ★36——Hubbard, *supra* note 7, at 473; Harold P. Southerland, *Law, Literature, and History*, 28 VERMONT L. REV. 1, 73 (2003); 加藤幹郎『「ブレードランナー」論序説:映画学特別講義』25頁(筑摩書房・2004年); JORDAN, *supra* note 1, at 54. ★37——Star Wars (Lucasfilm 1977). ★38——Hubbard, *supra* note 7, at 457 & n.254. ★39——JORDAN, *supra* note 1, at 57. ★40——RoboCop, *supra* note 32. ★41——JORDAN, *supra* note 1, at 31-32. 前掲注(15)に対応する本文参照。 ★42——AI ネットワーク社会推進会議「国際的な議論のための AI 開発ガイドライン案」(2017年7月28日)*available at* [URL は文献リスト参照]。★43——本文中の指摘は、以前から AI 開発ガイドライン案等の政府の有識者会議における議論に参画してきた筆者の私見である。★44——*See, e.g.*, Lawrence B. Solum, Essay, *Legal Personhood for Artificial Intelligences*, 70 N.C. L. REV. 1231 (1992); Hubbard, *supra* note 7, at 406; 日本国憲法18条。 ★45——もっとも日本国憲法18条は「何人も、いかなる奴隷的拘束も受けない。……(下線付加)」としているので、ヒトではないロボットがすぐに保障の対象たりうることはなかろう。 ★46——JORDAN, *supra* note 1, at 46 (拙訳). ★47——*Id.* at 54. ★48——Ryan Calo, *Robotics and the Lessons of Cyberlaw*, 103 CAL. L. REV. 513, 538 & n.156 (2015); Tyler D. Evans, Note, *At War with the Robots : Autonomous Weapon Systems and the Martens Clause*, 41 HOFSTRA L. REV. 697, 706 n.78 (2013); Peter B. Postma, Note, *Regulating Lethal Autonomous Robots in Unconventional Warfare*, 11 U. ST. THOMAS L.J. 300, 324 (2014); United Nations, Christof Heyns, *Report of the Special Rapporteur on Extrajudicial, Summary or Arbitrary Executions*, Human Rights Council, 23 Sess., May 27-June 14, 2013, U.N. Doc. A/HRC/23/47 at 10, ¶51 (Apr. 9. 2013), *available at* [URL は文献リスト参照]; Lin, *supra* note 5, at 4. *See also* JORDAN, *supra* note 1, at 3, 54. ★49——*See, e.g.*, Lin, *id.* at 4; レイ・カーツワイル(井上健監訳/小野木明恵ほか訳)『ポスト・ヒューマン誕生:コンピュータが人類の知性を超えるとき』41頁(NHK出版・2007年)。 ★50——「スリー Ds」職場である戦場でロボット兵器が使われると指摘する文献としては、see, *e.g.*, Heyns *Report*, *supra* note 48, at 10, ¶51; Rebecca Crootof, *The Killer Robots Are Here : Legal and Policy Implications*, 36 CARDOZO L. REV. 1837, 1867 (2015). 邦語の文献として、岩本誠吾「致死性自律型ロボット(LARs)の国際法規制をめぐる新動向」産大法学47巻3=4号330頁、331頁(2014年)。 ★51——

JORDAN, *supra* note 1, at 47. ★52——*Id.*（"humans pay the price for aspiring to play God."）★53——*Id.* ★54——SINGER, *supra* note 1, at 165-66. ★55——本書が生物学的アプローチも視野に入れて巨視的である点については、第4章III参照。★56——Clarke, *supra* note 5, at 34; Hubbard, *supra* note 7, at 457; 加藤・前掲注（36）52〜53頁。★57——JORDAN, *supra* note 1, at 51; Hubbard, *supra* note 7, at 462 n.293; Clarke, *supra* note 5, at 35. ★58——*See* JORDAN, *supra* note 1, at 51. ★59——*Id.* at 48-49, 55; Hubbard, *supra* note 7, at 462 n.293. *See also* Daniel C. Dennett, *16. When HAL Kills, Who's to Blame? Computer Ethics, in* HAL'S LEGACY：2001'S COMPUTER AS DREAM AND REALITY 351, 356 Fig. 16.1（David G. Stork ed., 1997）（美人だが極悪非道な機械型ロボット「マリア」の写真を掲載）. ★60——*See* Hubbard, *id.* at 457-58. ★61——科学の危険性については、Roger Clarke も指摘。Clarke, *supra* note 5, at 34. ★62——2001：A Space Odyssey, *supra* note 16. ★63——Blade Runner, *supra* note 17. ★64——*Supra* notes 30 & 31. ★65——The Matrix（Warner Bros. 1999）; The Matrix Reloaded（Warner Bros. 2003）; The Matrix Revolutions（Warner Bros. 2003）. ★66——Christopher P. Toscano, Note, *"Friend of Humans"：An Argument for Developing Autonomous Weapons Systems*, 8 J. NAT'L SECURITY L. & POL'Y 189, 190 & n.13（2015）. ★67——I, Robot（Twentieth Century Fox 2004）. ★68——Peter M. Kohlhepp, Note, *When the Invention Is an Inventor: Revitalizing Patentable Subject Matter to Exclude Unpredictable Processes*, 93 MINN. L. REV. 779, 779（2008）. ★69——Elysium（Columbia Pictures 2013）. マット・デイモンとジュディ・フォスターをキャスティングした社会派の作品。★69-2——たとえば、山本龍彦「AIと個人の尊重、プライバシー」同編『AIと憲法』59頁（日本経済新聞社・2018年）参照。★69-3——*See, e.g.*, Solon Barocas & Andrew D. Selbst, *Big Data's Disparate Impact*, 104 CAL. L. REV. 671, 674（2016）. ★69-4——Frederik Zuiderveen Borgesius, *Discrimination, Artificial Intelligence, and Algorithmic Decision-Making, available at*［URLは文献リスト参照］. ★69-5——Joy Buolamwini, *The Hidden Dangers of Facial Analysis*, N.Y. Times print run, June 22, 2018, Page A25, *available at*［URLは文献リスト参照］. ★69-6——Conor Dougherty, *Google Photos Mistakenly Labels Black People 'Gorillas,'* N.Y. Times, July 1, 2015, *available at*［URLは文献リスト参照］. ★69-7——Buolamwini, *supra* note 69-5. ★69-8——*See, e. g., New Zealand Passport Robot Tells Applicant of Asian Descent to Open Eyes*, Technology News, Routers, Dec. 7, 2016, *available at*［URLは文献リスト参照］. ★69-9——*See, e.g.,*「AIの『責任ある利用を』G20デジタル相会合声明―差別の助長や制御リスクを回避」日本経済新聞2019年6月9日。★70——Clarke, *supra* note 5, at 35. ★71——JORDAN, *supra* note 1, at 7. ★72——たとえば後掲注（80）に対応する本文中のPagalloの指摘を参照。★73——*See, e.g.*, Heather Knight, *How Humans Respond to Robots: Building Public Policy through Good Design*, Brookings, July 29, 2014, *available at*［URLは文献リスト参照］. ★74——*Id.* 本文中の次の段落の出典は、Melanie Reid, *Rethinking the Fourth Amendment in the Age of Super-computers, Artificial Intelligence, and Robots*, 119 W. VA. L. REV. 863, 883（2017）（拙訳）. ★75——リチャード・A・ポズナー（平野晋監訳／坂

本真樹＝神馬幸一訳）『法と文学〔第３版〕（上巻）（下巻）』（木鐸社・2011年）。 ★76——*See* Michael Jay Willson, Essay：*A View of Justice in Shakespeare's The Merchant of Venice and Measure for Measure*, 70 NOTRE DAME L. REV. 695, 709 (1995); ポズナー・同前（上巻）206〜208頁；平野晋『体系アメリカ契約法』24〜26頁（中央大学出版部・2009年）。 ★77——*See, e.g.*, MICHAEL ASIMOW & SHANNON MADER, LAW AND POPULAR CULTURE: A COURSE BOOK (2004). ★78——To Kill a Mockingbird (Universal Pictures 1962). ★79——12 Angry Men (United Artists 1957). ★80——PAGALLO, *supra* note 5, at 24, 28. ★81——*Id.* at 51. ★82——Chip Stewart, Essay, *Do Androids Dream of Electric Free Speech? Visions of the Future of Copyright, Privacy and the First Amendment in Science Fiction* 19 COMM. L. & POL'Y 433, 439-40 (2014). ★83——PHILIP K. DICK, DO ANDROIDS DREAM OF ELECTRIC SHEEP? (1968). ★84——*See, e.g.*, Christine Alice Corcos, *"I Am Not a Number! I Am a Free Man!": Physical and Psychological Imprisonment in Science Fiction*, 25 LEGAL STUD. FORUM 471, 480 (2001). ★85——*See* Cheyney Ryan, *Legal Outsiders in American Film：The Legal Nocturne*, 42 SUFFOLK U. L. REV. 869, 894 (2009). ★86——Dangerous Days: Making Blade Runner (DVD 2007). ★87——Ryan, *supra* note 85, at 894. ★87-2——西山禎泰「日本におけるロボットの変遷と表現との関係」名古屋造形大学紀要17号151頁（2011年）。★87-3——Blade Runner 2049 (Warner Bros. Pictures 2017). ★88——Christine Alice Corcos, *Legal Fictions: Irony, Storytelling, Truth, and Justice in the Modern Courtroom Drama*, 25 U. ARK. LITTLE ROCK L. REV. 503, 630 n.601 (2003). ★89——「自我」(self-awareness) については、see Corcos, *"I Am Not a Number! I Am a Free Man!"*, *supra* note 84, at 482. ★90——Corcos, *Legal Fictions*, *supra* note 88, at 630 n.601. ★91——*See* Jessica Berg, *Of Elephants and Embryos: A Proposed Framework for Legal Personhood*, 59 HASTINGS L.J. 369, 405 (2007). ★92——Southerland, *supra* note 36, at 73 n.229. ★93——SINGER, *supra* note 1, at 165. ★94——Minority Report (DreamWorks Pictures/Twentieth Century Fox 2002). ★95——Stephen E. Henderson, *Fourth Amendment Time Machine (and What They Might Say about Police Body Cameras)*, 18 U. PA. J. CONST. L. 933, 936 (2016) ("today's science is creeping towards yesterday's science fiction." と指摘）（本文中の和文は拙訳）。 ★96——SINGER, *supra* note 1, at 169. ★97——Dr. Strangelove (Columbia Pictures 1964). ★98——JORDAN, *supra* note 1, at 41. ★99——*E.g.*, PAGALLO, *supra* note 5, at 27; Hubbard, *supra* note 7, at 466. ★100——SINGER, *supra* note 1, at 165. ★101——JORDAN, *supra* note 1, at 57. なお「スター・ウォーズ」は日本文化の影響を受けているから典型的な欧米文化の象徴とは異なる、という評価もありうるかもしれない。★102——*Id.* at 47 ("humans pay the price for aspiring to play God"). ★103——Knight, *supra* note 73. ★104——JORDAN, *supra* note 1, at 39-40. ★105——本文の出典は次段落および次々段落も含めて、ほかの出典表示がない限り、SINGER, *supra* note 1, at 167. 引用部分は拙訳。

Figure/Table の出典・出所
（＊1）筆者作成。

第3章 ロボットの定義と特徴

「ロボット法」という法の研究が欧米で先行して始まった理由は何であろうか。私たちの生活のあらゆる分野にロボットが普及し、これに対する依存性が高まるからその影響力が大きくなるということも、ひとつの理由であろう。さらにロボットは、他の通常の機械製品とは異なる特徴を有するために、これまで想定しなかった新たな問題や危険の発生も予想され、これに対する備えが必要であるから、ロボット法の研究が必要になる。ロボットの特徴を理解することは、将来の問題を予測し対策を検討するために重要である。本章は、ロボットの定義を押さえたうえで、その特徴を説明する。

I 〈感知/認識〉+〈考え/判断〉+〈行動〉の循環

ロボットにはさまざまな定義が存在しうる★1。しかし主要な学説によれば、ロボット法における「ロボット」とは、**「〈感知/認識〉+〈考え/判断〉+〈行動〉の循環」**——"sense-think-act" cycle——**を有する機械**（人造物）と定義できよう★2。すなわち、

①センサーを通じて環境情報を取り込み（sense）、

②その情報を処理したうえで、ヒトから与えられた目的達成のための方策を**自身で**（ヒトの判断を介さずに）**選択・判断し**★3（think）、さらに

③その方策に基づいて（ヒトを介さずに）行動する（act）[★4]。

ここでいう「think」とは、**センサー等から入手した情報を処理できる**という意味である[★5]。この②の要素がロボット法においては決定的に重要であり、これを満たさない——すなわち「考え」ない——単なる遠隔操縦の機械はロボットではない、と断定する解釈も存在するほどに重視されている[★6]。したがってたとえば、伝統的な地雷、トースター、計算機、コーヒー・メーカー等々はロボットではない[★7]と指摘されている。

以下では、3要素の中でもロボットに特有な①および②の要素ごとに、法的な論点を紹介してみよう。なお③の要素はロボット以外の他の機械製品にも共通する要素であるから、あえて触れない。

1 ヒトを凌駕する〈感知/認識〉

②の〈考え/判断〉する要素こそが、ロボット法が最も関心を寄せる要素であるけれども（後述**2**および第6章参照）、①の〈感知/認識〉する要素にもロボット法が関心を寄せる争点が存在する。

たとえば[★8]プライバシー権に影響する問題として、非常に高度化したセンサーは、家の中の画像等をかなり遠方から撮影することを可能にし、強力な監視能力を有する道具となりうる。したがってたとえば、ロボット・カーは路上を走行しながら通り沿いの家の窓中の様子を相当な解像力で把握できる。さらには、虫のように小型のロボットにセンサーを搭載し、その虫型ロボットをドアの外に置いて、ドアが開いた途端に屋内の様子を撮影・電送するようなプライバシー侵害の問題も懸念されている。実際、生きた虫にハードウエアを合体させることをアメリカ国防総省は検討しているといわれている[★9]。

ところで高度なセンサーの評価をめぐっては、すでに国際法上の大きな争点となって論争が繰り広げられている。すなわち、「**AWS**」（Autonomous Weapon Systems：自律的兵器システム）[★10]等と呼ばれるロボット兵器は、味方の兵士に代わる戦力として導入できれば友軍兵士の死傷者を減らせる——したがって「**危険性のない戦争**」や「**犠牲のない戦争**」といわれる[★11]——

ことから、アメリカ等が研究開発を推進している[★12]。戦死した兵士の母親向けに上官が、死亡通知の手紙を書かずに済むと指摘されているのである。この点は映画「プライベート・ライアン」が説得的であろう[★13]。

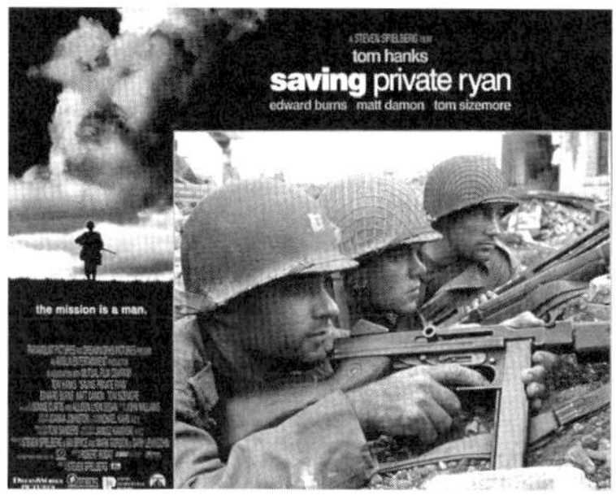

Figure 3-1：兵士の戦死を母親に伝えるつらい役目
映画「プライベート・ライアン」(1998年)

4人兄弟のうちの3人を第二次世界大戦で一気に失った母親のために、残る1人の救出を試みるというプロット。作品の前半部分で、母親に3人の戦死を伝えるつらいシーンが映し出される。
Everett Collection/アフロ

他方、人権団体等は、ロボット兵器に「Killer Robots」(殺人ロボット)というレッテルを貼ったうえで(後述4(3)参照)、これが非人道的である等と主張し、開発・使用に反対している[★14]。

両者の主張が対立する原因のひとつには、**戦闘員と文民をロボット兵器が区別できずに文民を殺傷するおそれ**——すなわち主に[★15]「センサー」による〈感知/認識〉能力——をめぐる評価の相違が存在する。つまり反対派は、都市ゲリラ的な市街戦が増えている近年の戦闘においては、文民と戦闘員の区別が難しく、ヒトの兵士ならば微妙なニュアンスから両者を区別できても、ロボット兵器にはそれが難しいので[★16]、文民の犠牲が増える等と主張する。他方、ロボット兵器推進派は、**センサーが高度化しロボットがヒトの能力をはるかに凌駕するから、ヒトの兵士よりもロボットの方がより文民を区別できる**ようになり[★17]、(憎悪・復讐心等の感情が欠けている点もヒトの兵士よりも優れているから）ひいては[18]**ロボット兵器の方がむしろヒトの兵士よりも人道的である**とさえ主張する。

なお、ロボットには敵味方の区別が難しいかもしれないという論点への対策としては、たとえばその使用を限定して、敵しか存在しない地域——「Kill Box」と呼ばれる——での使用に限定するような案も提示されている[19]。この提案を民生品の文脈に当てはめれば、いわゆる「汎用型ロボット」に分類できるほどの能力を欠いていても、使用領域を限定した「エキスパート（特化型）ロボット」としてならば実用に供しうるという理解につなげられるのかもしれない。すなわちセンサー能力が優れていなくとも、使用領域・用法を限定すれば「特化型」ロボット兵器としての実用が可能であるという論理は、民生品においても応用できる。どのような使われ方をされるかをすべて事前に把握したうえで対策をうつことができないために家庭内等で「汎用型」として一般消費者に使用させることが危険なロボットであっても、たとえば工場内のヒトが立ち入らない区域内に閉じ込めて産業用の使用に限定させた「特化型」ロボットとしてならば、危険性を管理できて使用可能になるというわけである（第4章I-1参照）。

ところで戦闘員/文民区別に関するロボット兵器のセンサー能力の争点の結論は、今後のセンサー能力の発展が大きく左右するのみならず、**その能力をいかに評価するか次第によっても結果が左右される**ように筆者には思われる[20]。それに加えて、法的な問題も次のように提起されているので、簡潔に紹介しておこう。

ロボット兵器の開発・使用を規制する国際法としては、「**武力紛争法**」とも呼ばれる「**国際人道法**」[21]の適用がもっぱら論じられている[22]。国際人道法の諸原則の中でも、主にロボットとの関連性が高いと思われる諸原則は、たとえば以下を命じている[23]。

- ✓ 文民と戦闘員とを区別しなければならない「**区別原則**」[24]
- ✓ 文民等の付随的（巻き添え）損害が、戦闘の成果と比較して均衡を欠くほど大きくなってはならない「**均衡原則**」[25]
- ✓ 攻撃対象は軍事目標に限定されなければならない「**軍事的必要**

性の原則」[★26]

✓ 攻撃対象が軍事目標であることや文民等への付随的（巻き添え）損害を小さくするための予防措置をとらなければならない**「実行可能な予防措置の原則」**[★27]

なお、区別原則、均衡原則［比例性原則］、軍事的必要性の原則［軍事的必要性］、および実行可能な予防措置の原則［予防原則］については、黒﨑将広ほか『防衛実務国際法』304〜305頁、355〜371頁、371〜373頁、373〜380頁（弘文堂、2021年）に詳しく解説されているので、参照してほしい。

これらの諸原則を遵守するためには、センサーがある程度の能力を有して、いわゆる「**戦**(いくさ)**の霧**」と呼ばれる、不確実な状況[★28]を晴らすことが求められる。たとえば実戦においては、爆発で倒れた敵兵が、①単に倒れただけで負傷を装っているにすぎないのか、または②重傷を負ってもはや脅威ではなくなった「戦闘外にある者」——これを「*hors de combat*(オーダ・コンバー)」という——なのかの〈区別〉が難しい。仮にロボット兵器のセンサーの能力がヒトよりも劣っていれば、本当は②であるにもかかわらず、その兵士を①であると誤認して、不必要な第二撃を加えてしまうおそれがある。ロボット兵器反対派は、前述の通り[★29]このセンサー能力が欠けることを、ロボット兵器反対論の根拠のひとつとして挙げている。他方、推進賛成派は、やはり前述の通り[★30]センサーがヒトよりも優れていること、および将来は研究開発の成果としてさらに能力が向上する可能性を、推進論の根拠として挙げているのである。

なお戦闘員/文民の区別能力については、リブート版「ロボコップ」(2014年）の冒頭で描かれる、「テヘラン自由作戦」と呼ばれる架空の市街戦の模様が参考になる。そこではロボット兵士が透視機能を用いて、市民たちの武器不携帯を効率的に確認し、「NO THREAT：脅威なし」と評価している。このような技術が実現すれば、ヒトの兵士より優れていると——少なくとも一面においては——捉えることができよう。

Figure 3-1-2：国際人道法に関わるドローン兵器
映画「アイ・イン・ザ・スカイ：世界一安全な戦場」（2015 年）

ケニアで今にも自爆テロを起こそうとする一味を虫型超小型偵察機器で発見した英・米・ケニア共同部隊を、名女優ヘレン・ミレン演じるイギリス軍大佐キャサリン・パウエルが指揮をとり、上層部のイギリス軍将軍、大臣、法務官、ならびにアメリカの国務大臣等々までもが遠隔会議等を通じて口出しするというプロット。空に待機させているアメリカ軍ドローン攻撃機搭載のミサイル「ヘル・ファイヤ」を、パウエル大佐がアジトに向けて発射させるべく命令しようとした直前に、あろうことかアジト前の路上で近所の少女がお手製パンの販売を始めてしまう。すぐに攻撃しなければ自爆テロで 80 名を超す一般市民の損害が予測されるけれども、攻撃すれば爆風による少女の〈付随的損害〉（collateral damage）が避けられない。〈80 名の一般市民の命〉対〈ひとりの少女の命〉の選択という倫理上の「派生型トロッコ問題」（後述 2 や第 5 章 IV）と、国際人道法上の「均衡原則」や「実行可能な予防措置の原則」をテーマにした作品。
Everett Collection/アフロ

以上のように、ロボットの 3 要素のひとつである①〈感知/認識〉を担うセンサーをいかに発展させ、またはいかに評価すべきかが、国際法へのコンプライアンスの有無の評価にも影響を与えることになる。上掲 Fig. 3-1-2 で紹介している映画「アイ・イン・ザ・スカイ」も、虫型偵察ロボットによって屋内で自爆テロ準備行為が進行中である事実を発見できてしまう、という前提であった。即座にミサイル攻撃しなければテロを予防できない状況に追い詰められたために、国際人道法の解釈をめぐる議論が生じてしまうというプロットである。この映画が示唆するように、ロボットを構成する①の要素も、今後のロボット法における重要な論点である。本項冒頭で前述したプライバシーの問題についても、センサー能力の向上により、かつては権利侵害と解釈されなかったような行為も将来的には侵害と捉え直されて、プライバシーの法的保護が問題となりうるだろう。

2 自律して〈考え/判断〉すること

上記のロボット3要素の中で、最も着目度の高い要素は、②〈考え/判断〉する部分であろう[★31]。環境に応じた行動をとるための〈判断〉を自ら下し[★32]、これをヒトよりも素早く〈考え〉ることが可能になると期待される②の要素については、これまでヒトが不可能だった判断さえも可能になる——それが必ずしも正しい判断とは限らないけれども(第5章参照[★33])——と、予測されている。

たとえば映画「**トップガン**[★34]」の中で、交戦すべきか否かを考える時間がない、とトム・クルーズ演じるパイロットの「マーベリック」が指摘した判断さえも——以下、引用台詞参照[★35]——、ロボット兵器ならば可能になると論じられている[★36]。

> マーベリック： You don't have time to think up there [*i.e.*, in the airspace battle]. ...If you think, you're dead.
> 空の上では**考える**時間なんてないんだ。もし**考えて**なんかいたら、その間にお前はもう死んでいる。
> (強調付加)

Figure 3-1-3：ヒトより早く〈考え〉るロボット兵器
映画「トップガン」(1986年)

トム・クルーズ演じる主人公のパイロット「マーベリック」(写真右)が、空中戦では〈考え〉ている余裕がないと言う場面は、ヒトの能力の限界を象徴している。
写真協力：公益財団法人川喜多記念映画文化財団

②の〈考え/判断〉するという要素が今後進化していくにつれ、その影響は、ロボット兵器のような軍用品に及ぶだけではなく、われわれの生活に身近な民生品にも及ぶと考えられる。たとえば「ロボット・カー」と呼ばれる自動運転車においては、いわゆる熟練ドライバーでさえも[★37]不可能だった**不可避的事故の際の最適進路の判断——「衝突最適化」**とも呼ばれる[★38]——を実現することが物理的に可能になってくる。

(1) ロボット・カーに求められる飛び出し歩行者回避義務

ところで「衝突最適化」は、不法行為法・過失責任の文脈における「ラスト・クリア・チャンス」(the last clear chance：以下「LCC」という)の法理と関係する。LCCとは[★39]、たとえ原告自身の過失が事故原因であっても——たとえば歩行者が車道に不注意に飛び出して自動車に轢かれても——、衝突直前の「最後の一瞬」に事故を回避する機会が被告の運転者にあった場合には過失責任を免れないという法理である。**裁判例紹介 #1**で紹介する交通事故では、LCCの当てはめが検討され、完全自動運転ではなく運転者がヒトであるがゆえの判断の限界が指摘されている。すなわち歩行者の無謀な車道への飛び出しに対して、ヒトが自動車を運転していた時代には、たとえ最適な進路を判断できずとも、そのような判断はヒトの能力を超えていたから、過失にはならないと解釈されていた。しかし、ヒトよりも「〈感知/認識〉+〈考え/判断〉+〈行動〉の循環」が速い（はずの）ロボット・カーにおいては、自動運転車側の責任がどのように評価されることになるであろうか。ロボット・カーならば、歩行者の無謀な飛び出しに対しても最適な進路を判断できるであろうから、**ヒトの限界を超えた注意義務が（製造業者等に）課されて責任が生じうる**と指摘されているのである。★40

裁判例紹介 #1:
「ラスト・クリア・チャンス」を問う、アーノルド対ルーサー事件★41

激しい雨の日に、当時47歳のアーノルド夫人が道を渡ろうと歩道から車道に飛び出し、交差点を左折しようとしていたルーサー氏の運転する自動車の前部または左前フェンダー部にアーノルド夫人が衝突し重傷を負った。アーノルド夫人とその夫（以下それぞれまたはあわせて「π（パイ）」という）は、ルーサー氏とその保険会社（以下それぞれまたはあわせて「Δ（デルタ）」という）を被告として、3万ドル超の賠償を求める訴えを提起。πは自身が飛び出したことの［寄与］過失★42は認めつつも、Δがπを衝突前に視認したにもかかわらず回避義務を怠ったか、またはπを視認していなかったことにΔの過失があった、と主張。対するΔは、青信号に従って正しく左折しようとしていたところ、πが突然、あまりにも自動車に近すぎるところに飛び出してきたので回避できなかったから、過失はなかったと主張。州の民事地方裁判所は、Δ（当審では被控訴人）勝訴の判決を下してπの請求を退け、π（当審では控訴人）が州の中間上訴裁判所に控訴した。

とっさに飛び出してきた歩行者に対して、**ヒトの能力の限界を超えるほどの事故回避義務が課されるか**が争点となったわけであるが、そこまでの回避義務は課されないと判断して原審を支持したルイジアナ州中間上訴裁判所は、その理由を以下のように述べている（以下は法廷意見の拙訳）。

> ヒトは、いかに効率的であっても、**機械的ロボットではない**。**危険が明白化する前にこれを発見するレーダーの機械的能力を備えてはいない**ので

ある。であるからヒトのその弱点や反応［の限界］を、わずかでもよいからいくらかの寛容さをもって受容すべきである。**ヒトが反応するためには何分の一秒かの時間が必要なばかりか、現代の機械装置にはみられるような機械的速さと正確さをもって反応することがヒトには不可能である**事実を受容すれば、ヒトであるルーサーが不運な結果を回避する手立てが何もなかったことを認識せざるをえなくなる。さらにその不運な結果というものは［そもそも］、アーノルド夫人の過失が自身に招いたのである。

（強調付加）

これを踏まえれば、今後、ロボット・カーの場合で、かつヒトよりも「〈感知/認識〉＋〈考え/判断〉＋〈行動〉の循環」が素早く正確であると仮定した場合には、**急に飛び出してきた歩行者を回避する義務があったと認定される可能性がある**[★43]（もっとも完全自動運転の場合には運転者に責任が課されず、製造業者など結果に寄与した者たちが責任の対象となるかもしれないが）。

ところで〈考え/判断〉する要素については、人工知能（AI）が深く関係する（後述V参照）。なぜならヒトがいちいち細かな手段・方法を指示・命令せずとも、目的達成のための手段・方法をロボットが、いわゆる「自律的」または「創発的」に考えて行動するためには（後述III参照）、AIの発展が強く期待されているからである。そしてAIの研究とは——諸説があって定義は定まらないけれども——、「考えるコンピュータ」（圏点付加）を創ることに専心する研究であるともいわれている[★44]。今後、そうしたAIが開発されて自動運転車に搭載されれば〈考え/判断〉のスピードが速くなり、LCCのような既存の法理に再検討を迫る場面が増えていくだろう。

なお〈考え/判断〉する要素が惹き起こす法的問題については、さらに第6章にて詳述する。

(2) ロボット・カーに求められるトロッコ問題の解決

欧米では、完全自動運転が一般道で実現される前に、いわゆる「派生型トロッコ問題」を検討すべきであると叫ばれている[★45]（「派生型トロッコ問題」については、第5章IVも参照）。そもそも「トロッコ問題」とは、暴走するトロッコの先に5人が身動きできない状況でいて、右の線路の先には1人がやはり身動きできずにいる場合に、何もせずに（不作為で）直進させるか、または（作為によって）右の線路に方向転換させるべきかという哲学

的思考実験（Fig. 3-2）を意味する。[★46]

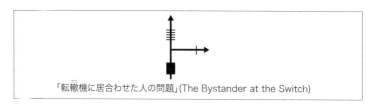

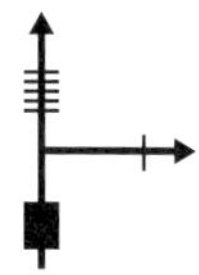

Figure 3-2：哲学的思考実験であった「トロッコ問題」(出典＊1)

そのような思考実験が完全自動運転車の実用化を前に、にわかに問題となってきた理由は、ヒトにはとっさの対応が不可能な不可避的事故であっても、完全自動運転車ならば「〈感知/認識〉＋〈考え/判断〉＋〈行動〉の循環」がヒトを凌駕しうることに由来する。**裁判例紹介 #1** で紹介した裁判例は、**ヒトには回避が難しい事故であっても、完全自動運転車の場合ならば「衝突最適化」の実現が可能であるから回避義務が認定されうる**可能性を示唆していた。[★47] したがってロボット・カーならば、「トロッコ問題」を完全自動運転車による不可避的衝突事故に置き換えたいわゆる「派生型トロッコ問題」[★48]に直面した場合でさえも、最適な進路を選択することが物理的に可能になってくると考えられる。

以上のように「トロッコ問題」も、自動運転の文脈においては「衝突最適化」のテーマのひとつであると捉えうる。[★49] たとえば、(1)対向車線から目の前に突然飛び出してきたスクールバスに衝突するか（多くの学童たち・乗員の命が失われる）、または(2)これを避けるべく自動運転車自体が橋から落下するか（自動運転車の乗員の命が失われる）しか進路が残っておらず、かつブレーキも間に合わないという「究極の選択（ジレンマ）」である「橋問題」（Fig. 3-3 参照）も、「衝突最適化」を考える際には扱わざるをえなくなるのである。ここで犠牲者を極小化するためには、(2)を自動運転車が選択すべきかもしれない。しかし(2)は自動運転車の乗員に自己犠牲を強いる。そのような自己犠牲の強要が、果たして正しい政策といえるのか。極めて難しい問題である。

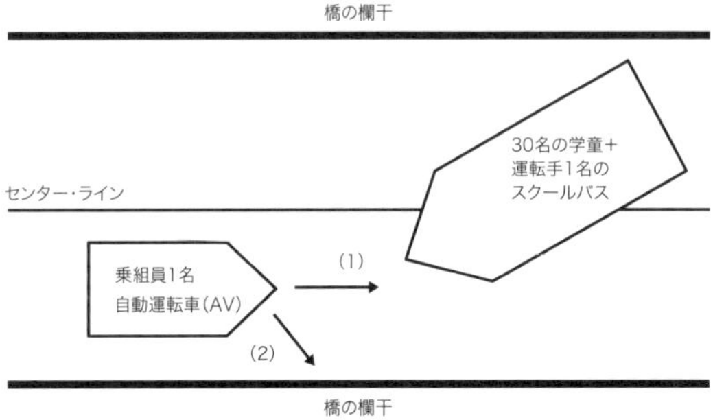

Figure 3-3：「橋問題」(出典＊2)

そもそもこのような事態に至らないように自動運転の設計者が最善の努力を払うことは当然であるけれども、「衝突最適化」の検討においてはそれでもやむなく生じる不可避的な衝突の場合を論じる。この議論をすると、しばしば製造業関係者の方々からは、「そういう不可避的事故に至らないように設計する」云々(うんぬん)という回答が返ってくる。しかし厳しいようではあるけれども、それでは回答になっていない。くどいようであるが「衝突最適化」においてはあくまでも、事故が生じない努力を尽くした“後に”なお生じうる残余の不可避的事故(派生型トロッコ問題)も考えなければならないからである。

突然生じた不可避的事故に遭遇したヒトにとっては、とっさに適切な〈判断/考え〉が困難なゆえに反応できない場合であっても、ロボット・カーならば、考えて対処しうるのである。[★50] それゆえに、たとえばこれまで検討せずに済んだ倫理的なトロッコ問題も、今のうちに検討しなければならない時代になってしまったのである。[★51] どちらに進路をとっても犠牲者を避けえない究極の選択が単なる思考実験の枠を超えて、現実問題としての判断を強いられているのも、〈考え/判断〉する要素を中心とするロボットの3構成要素の、能力の進化ゆえである。

ところで自動運転における派生型トロッコ問題検討の重要性が指摘されている中で、日本国内では、そのような不可避的事故に遭遇した場合の「究極の選択」問題に関しては、優秀な運転手の場合でも回避不能なので優先度は低い、という指摘も見受けられる[★52]。そこでアメリカの法律論考[★53]が挙げている、不可避的事故・究極の選択が実際に生じうることの証左となる事例を**裁判例紹介 #2** にて紹介し、トロッコ問題検討の重要性の理解につなげたい。

裁判例紹介 #2：
不可避的事故が実際に起こりうる事実を示す、ラトリフ対シャイバー・トラック社事件[★54]

制限速度が時速 40 マイル（m.p.h.）（64 km/h）で、片方 2 車線ずつが南北方向で並走する計 4 車線道路の中の、北方向右側車線をジェイン・ラトリフが 65〜70 m.p.h. ほどで走行していたところ、前方にシャイバー社（以下「Δ（デルタ）」という）が所有しジーン・ボウが運転するタンカー・トラックが走行していた。トラックの後ろ 183 m あたりでラトリフが前記速度のまま追い越そうとして左に車線変更したところ、老婦人が運転するフォード車が同車線を逆走しラトリフに向かってきた（Fig. 3-4 参照）。

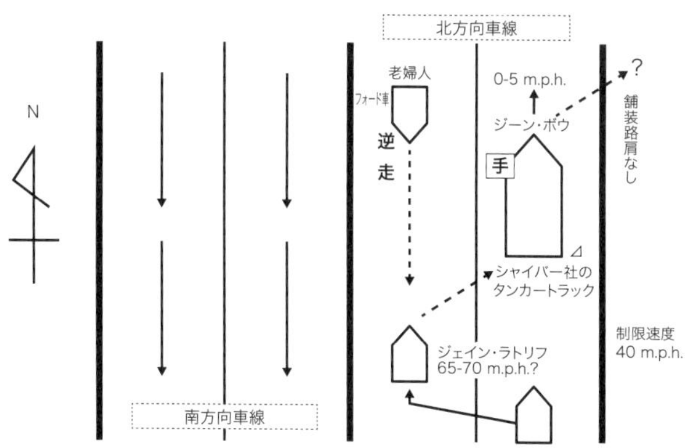

Figure 3-4：ラトリフ対シャイバー・トラック社事件の事故概念図

この状況を見た、トラックを運転するボウは、逆走車の危険を周囲に知らせるべくハザード・ランプを点灯し、5 m.p.h. 未満に減速し、窓から腕を出して手を振った。トラックが減速（または停車[★55]）したために、制限速度を超える速度で走行していたラトリフは右車線にうまく戻れずトラックの左後部に衝突し高く飛び跳ねて致命傷を負った。ラトリフの子供たち（以下「π（パイ）」という）はΔに対し訴えを提起。πは、ラトリフの死因がトラック運転手ボウの過失にあり、たとえば停車したことが過失であったとか、トラックを右側に寄せて路肩に停車しなかったことが過失であったと主張。対するΔは、ラトリフの速度違反こそが死因であったと反論。原審の陪審員は、ラトリフの過失が100%でボウが0%であると評決。πはニュー・トライアル（再審理）★56を申し立てたが却下され、これに不服なπが連邦控訴裁判所第8巡回区に控訴した。

この事件の争点は、暴走車と逆走車が隣車線で衝突しそうな現場に遭遇したトラックが、急に車道を逸（そ）れて舗装していない路肩に停車することなく、車線上で減速・停車し、ハザード・ランプを点灯し、かつ窓を開けて手を振って危険を知らせる対応をしたことが過失か否かである。もっとも、暴走車が制限速度を遵守していれば事故を回避できたという事実も重要な考慮要素であろう。

連邦控訴裁判所第8巡回区はΔに過失がなかったと判断し、原審によるニュー・トライアル申立て却下を支持しつつ、その理由を以下のように述べている。

まずπ（当審では控訴人）は、制定法に違反すれば即座に過失とみなされる「制定法違反即過失」（negligence *per se*）★57の法理を持ち出しながら、トラックの停車が道路交通法規違反となるからボウに過失があったと主張し、評決は証拠の価値に著しく反していてニュー・トライアルを命じるべきと主張している。確かに州制定法★58は、急減速・停車を一定の場合に禁じているけれども、すべての停車等が過失に該当するわけではない。本件では、逆走車との遭遇という緊急事態の証拠が提出されており、トラックを運転するボウもハザード・ランプを点滅させ手を窓から出して減速または停車したことから、州制定法を遵守して行動している。さらに証人たちは、舗装された路肩は存在しなかったと揃って証言しているから、ボウの行動に過失がなかったと陪審員が認定することも理に適っている。ラトリフがトラックを追い越した際の速度が65～70 m.p.h.であったという証言があり、π側の専門家証人でさえもラトリフが速度違反をしていたと証言しただけではなく、速度の出しすぎが事故に寄与していたとも認め、もし彼女が制限速度を守っていたならばこれほどの事故にはならなかったとも認めている。したがって、合理的な陪審員ならばボウが法を遵守していて、かつラトリフの速度違反が事故の近因であったと結論づけることができる。

ボウがトラックをあと1.5 m強右側に逸らせていれば、さらには完全に路肩に寄せて北方向車線を空けていれば確実に本件事故を回避できたというπ側専門家証言を地裁は排除し、その理由として、そのような義務が州法上課されていないと指摘していた。しかしπは、そのような義務が存在すると主張し、事故回避のためには運転者が「swerve」する（急に逸れる）義務があるとするミズーリ州模範説示（Model Instruction）を引用する★59。しかし州の先例であるホリス事件★60およびモーガン事件★61からいえることは、**swerveする義務が生じるのは、swerveが他の衝突を誘発することなく衝突回避の一助となる場合に限定される**。本件では、ボウがswerveする義務までをも発動させる事実は認められない。したがって地裁が専門家証言を排除したことについての裁量権の濫用は認められない。

将来、自動運転車が「究極の選択」を迫られることは容易に予測できよう。その際、自動運転車は、最適な行動をとるよう求められることになる。「〈感知/認識〉+〈考え/判断〉+〈行動〉の循環」のすべてにおいて人間の能力を超えるAI搭載のロボット・カーならば、さまざまな事故事例を学習した後に、ヒトよりもより良い結果に導いてくれるかもしれない。

なおロボット・カーのトロッコ問題については、第5章Ⅳにおいてさらに詳述する。

3 経済産業省「ロボット政策研究会」の定義

本書を執筆するよりもはるか10数年も昔の2004年から2005年に、筆者も構成員であった日本政府の有識者会議「ロボット政策研究会」が、すでにロボットを以下のように定義していた★62ので参考までに紹介しておきたい。これが本章冒頭のロボットの定義とも整合していることを読者にも確認いただけよう。

①力センサやビジョンセンサ等により外界や自己の**状況を認識**し、

②これによって得られた**情報を解析し**、

③その結果に応じた**動作を行う**。

つまり、人間でいう**「感覚・頭脳・筋肉」の機能**をある程度備えた機械システムであるといえる。

①が〈感知/認識〉で、②が〈考え/判断〉に該当し、③が〈行動〉に当てはまろう。もっとも②の要素については、人工知能の進化と注目度の高さから、十数年前よりも今日の方が各段に進歩しかつ重要度が増している点が、以前の議論と今日のそれとの違いかもしれない。すなわち、十数年前には「情報を解析し」という表現にとどまっていた（もっとも「頭脳」ともいっていた）けれども、今日では、「自律的」とか「最適な判断を下し」あるいは「考えて」といったように、高度に知的な分析を含意する表現が積極的に用いられるようになってきているようである。

4 アメリカ国防総省の定義と賛否論争

アメリカ国防総省は、ロボット兵器（AWS）を、次のように定義している。[★63]

> ［AWSとは］**一度（ひとたび）起動すると、さらなるヒトの操作員の介入なしで標的を選別しかつ交戦できる兵器システム**である。起動後にさらなるヒトのインプットなしで標的を選別しかつ交戦できるけれども、その動作をヒトの操作員が無効にできるように設計された、ヒトが管理する自動兵器システムも［AWSの範疇に］含まれる。（強調付加）

すなわち一度起動すれば、後は**ヒトの介入なしでも標的を選択し、かつ交戦する**ことが可能な兵器システムを、ロボット兵器と定義している。これも「〈感知/認識〉+〈考え/判断〉+〈行動〉の循環」を含んだ定義であるといえよう。なお「準自律型兵器システム」（semi-autonomous weapon systems）をアメリカ国防総省は、次のように定義している。「一度起動すると、**ヒトの操作員が選択した**個別の標的または特定の標的群と交戦することのみを意図された、武器システム」（強調付加）である、と。すなわち標的の選択をロボットに委ねずにヒトが選択する点が、完全自律型と準自律型との大きな違いであると見受けられる。[★64]

もっとも今後のロボット開発と実用化においては、常に完全な自律化——すなわち「〈感知/認識〉+〈考え/判断〉+〈行動〉の循環」のすべての自律化——だけが正解とは限らない。自律させてもよい部分のみならず、**最後はヒトによる判断・介入の余地を残すべき部分も場合によっては存在しうる**という指摘があるので[★65]、傾聴に値しよう。

(1) 賛否論争と反対派の懸念

ロボット兵器開発・使用については、賛否両派が見解を異にして激しく対立しているように見受けられる。特に前述してきたロボットの定義の「〈感知/認識〉+〈考え/判断〉+〈行動〉の循環」、または「輪：ループ」(詳しくは後述 II-2 参照) の中からヒトを外して、索敵から引き金を引くことまでのすべてを機械に委ねてしまうような完全自律化についての論争は、**民生品においても今後どこまでの自律化を許容すべきか**という論点 (第5章 IV-3(1)参照) を考える際の良い考慮材料を提供している。そこで以下、賛否論議を簡潔に紹介しておこう。

まずロボット兵器の現状について述べると、ロボットの3要素である「〈感知/認識〉+〈考え/判断〉+〈行動〉の循環」の中の特に〈考え/判断〉の要素については、いまだ完全な自律性を付与された実用ロボット兵器は存在せず、ヒトが判断を担っている[★66]。すなわち、索敵から引き金を引くまでの「輪：ループ」の中にヒトがいまだ介在する「human *in* the loop」の段階であり、すべてをロボットの自律的判断に委ねて勝手に引き金を引かせていない状況にある[★67]。

ところでロボット兵器反対論の根源に横たわる懸念は、**仮に「自律的システム」がある判断を下し行動した場合に、ヒトが必ずしもその判断の理由を解明できない**ことが判明してきたからであるという指摘がある[★68] (詳しくは第5章 I-2 参照)。なお国際人権団体ヒューマン・ライツ・ウォッチ (HRW) の報告書『失われつつある人道』(LOSING HUMANITY) は、「ヒトの生き死にの判断」を機械に任せるべきではなく、開発が「human *out of* the loop」な段階——すなわちヒトの介在なしに引き金を引く判断もすべてロボットに委ねてしまう段階——に達する前に開発や利活用をやめるべきと主張している[★69]。ロボット兵器の利用が「戦争を非人間化」して「尊厳に反する」という主張も見受けられる[★70]。

さらに、前述した「国際人道法」[★71]を遵守する判断に不可欠な「常識」、人間の行動の背景にある「意図」を認識して文民のふりをした戦闘員を区別する能力、軍事的利益と付随的（巻き添え）損失の衡量に不可欠な「諸価値」の理解、および**「大局」（the larger picture）の理解、等がロボット兵器には欠けている**点も批判されている[★72]。なお「大局」が理解できないという批判の意味は、正直なところ、曖昧である。字づらを単に読むだけではなく、法解釈に不可欠な、**広く全体を見渡し遠くを見通す能力がロボット兵器には欠けている**という意味であると思われる。

この点についてチャールズ・P. トランブル四世の論文「自律型兵器：将来の兵器を現行法がいかに規制できるか」は、AIを使った完全自律型兵器の実現が難しい理由を、次のように具体例を示してわかりやすく解説してくれているので有用である[★72-2]。すなわちたとえば、羊飼いがAK-47自動小銃を持っていても、それが不思議ではない地域においては敵対的であるという疑いが生まれない。しかし、同じくAK-47を持つ羊飼いが、もし衛星電話機も手に持って、かつ敵に占領された村に通じる道にいた場合には、敵対的であるとみなしうる。そのように文脈に沿った判断を下すためには、ある程度の「専門家としての直感」（professional intuition）が必要になるのである、と。さらにたとえば、ピックアップ・トラックが〈ウォルマート〉［アメリカの商業モールに展開するチェーン店］の前に停まっていた場合には、それはほぼ間違いなく民生用車両であるところ、同様なピックアップ・トラックがテロリストの基地の近くに停車していれば軍事的な攻撃目標と捉えることが正当化されてくる。すなわち民生用にも軍事用にもデュアル・ユース（軍民双方の利用）が可能な目標への攻撃が可能か否かについても、文脈に基づく判断が求められ、それは機械には下すことが不可能な判断なのである、とトランブルは説明している。続けて彼は以下のように分析しているので、興味深い[★72-3]。

> ［文脈に左右されない］判断を含むルーティーンな仕事は、ほぼおそらく自動化される。同様に、ヒトの能力を超える判断速度が求められる仕事も、ますます機械に委ねられる。これとは対照的に、**文脈的な認識、常識、創造性、または抽象的な判断が求められる仕事は、予見可能な将来においてはヒトによって実行されるであろう。**

さらに「ヒトを［索敵から引き金を引く動作に至る］輪（ループ）から外すこと」（*human* out of the loop）が、「人道を輪から外すこと」（*humanity* out of the loop）をもたらす危険性が指摘されている[★73]。すなわち、民生分野で機械が多く使われていても、その使用場面はスポーツでボールが境界線を越えたか否かのような「機械的観察」が必要な場合であって、裁判で司法判断を下すような「価値判断」を要する場面ではない[★74]。ヒトが不在なまま致死的武力を使用する決定が果たして受容されるか否かが問題になる理由は、「**倫理的責任の空白**」（a vacuum of moral responsibility）が生じるからである[★75]。ヒトこそが致死的命令を下すべきとの信念は、その検討過程において、結果的な人命損失への責任を命令者が引き受けて「内部化」すべき——すなわち自身の負担として背負うべき——との考え方に基づいている[★76]。倫理観も、限りある命も有さない機械に、ヒトの生き死にの決定権を付与すべきではない[★77]。これは地雷が禁じられた理由のひとつでもある[★78]、と指摘されているのである。

以上の、**機械に委ねられる〈判断〉は「機械的観察」のような場合であって、「価値判断」を要する場合ではない**との指摘は、日本での議論の中心となるであろう民生分野における完全自律型ロボット使用を許容すべき領域の議論にも援用できそうで興味深いと筆者には思われる。第1章で紹介したアシモフのロボットたちがロボット工学3原則をうまく遵守できずヒトと共生できない理由のひとつも、「価値判断」の難しさゆえである、と筆者には感じられるのである。

(2) 国防総省の方針

前述のHRWの報告書『失われつつある人道』公開からわずか数日後に、アメリカ国防総省は「3000.09指令」を公表し、ヒトが介入しない兵器の開発使用については慎重である旨のモラトリアムをその政策・自主規制として採用することを明記している[★79]。すなわち、以下のように述べている[★80]。

国防総省の政策は以下の通りである。

a．指揮官または操作員が、武力の使用に対して**適度に人間的な**

判断を下せるように、自律型および準自律型兵器システムは設計されなければならない。

(1) ［兵器］システムは、ハードウエアおよびソフトウエアの**厳しい仕様等への遵守の照合（verification）と妥当性確認（validation）（V＆V）をクリアすることになる**……。自律型および準自律型兵器システムが以下を満足させるような対策がとられる。

(a) 現実的な操作上の諸環境に順応してくる敵に対し期待通りに機能すること。

(b) 指揮官および操作員の意図に副う時間内に交戦を完了すること。もしそれが不可能な場合には、交戦継続の前に、交戦を終了しまたはヒトの操作員からの追加的インプットを求めること。

(c) **［攻撃を］許可していない当事者たちに対する意図に反した交戦やシステムの制御喪失につながるような故障を最小限化する**ように、十分に強靭であること。　（強調付加）

つまり「**人間的判断を下せるように……設計されなければならない**」ことが国防総省の政策であると明記したうえで[★81]、攻撃対象ではない当事者たちに対する「意図に反した交戦やシステムの制御喪失」の結果の可能性を考慮して、ハードウエアとソフトウエアは**適切な「人間と機械とのインターフェイスと制御」等を備えて設計される**べきと述べている[★82]（人間と機械とのインターフェイスの重要性については後述 **II-4(1)**参照。さらに〈制御不可能性〉がロボット・AIに共通する大きな問題点であることについては、第５章**I**参照）。

さらにロボット兵器推進派の論者も、特に**価値評価のような判断はヒトが下すべき**であると指摘しており、「ロボット兵器」=「ヒトの判断・介在なしに引き金を引く」（human *out of* the loop）と捉えることは短絡的で誤りであると指摘する者もいる[★83]。

以上の、ヒトと機械のインターフェイス（human-machine interface：HMI）や制御の必要性の指摘、および「価値判断」はヒトが下すべきとの指摘も、日本における民生品の議論に援用できそうなので筆者には興味深く感じられる。たとえば医療診断に役立つエキスパート（特化型）ロボット（第4章I-1）のIBM社製「Watson」についても、診断・治療の最終判断は医師が下すべきと指摘されている（後述(5)参照）。

ところでロボット兵器禁止運動の最も大きな理由は、ヒトならば可能な倫理的判断や文脈に沿った評価がロボットには不可能であることにあるけれども（たとえばロボット工学3原則を解説した第1章II-2参照）、ヒトと同じくらいに発達した判断能力をロボットが備えれば、現在問題視されている判断もいずれ適切に行使されるようになるかもしれないという指摘もある[★84]。また、HRWの批判は技術の現状に基づいて、判断・行動の予見が不可能な機械に生き死にを決めさせる前提に基づいているけれども、そのような現状で機械に生き死にを決めさせるような態度は国家によってとられていないし、さらに技術の今後の開発・進歩を無視した主張であると反論されている[★85]。

(3) 世論と世論操作

マサチューセッツ大学（出典公表時）のカーペンター教授が紹介する世論調査「自律型兵器に関する合衆国の大衆意見」[★86]を分析する論者たちは、68%もの大多数が完全自律型兵器に反対していると指摘している[★87]。

これに対しては、しかし、**ロボット兵器の議論においてマスコミと反対派団体がディストピア的なsci-fi作品をセンセーショナルに引き合いに出す姿勢・風潮[★88]こそが問題であると**指摘する論者もいる[★89]。すなわち、たとえばHRWの報告書『失われつつある人道』の副題が「The Case against <u>*Killer Robots*</u>」（殺人ロボットに反対する主張）（強調・圏点付加）となっていること自体も、「〈ヒト vs. 機械〉神話」の構図を意図的に含意している[★90]。そもそも**sci-fi作品の古典的テーマは、ヒトの創造物がヒトに反逆して恐ろしい結末に至る、というもの**である。これは『フランケンシュタイン』のテーマであったし、現代映画――「ターミネーター」「マトリックス」「アイ、ロボット」等[★91]――のテーマでもある。

Figure 3-5：完全自律型ロボット兵器の恐怖
映画「ターミネーター 4」(2009 年)★[92]

完全自律型ロボットがヒトを見つけると、誰の命令を受けることもなく執拗に殺そうとする恐ろしさが描かれている。
Everett Collection/アフロ

したがってそのような sci-fi 作品のイメージに結びつけられたロボット兵器に対する大衆の反応は、**即座にロボット兵器をもっと抑制すべきである**——果たしてそのような抑制が本当に望ましいか否かにはかかわりなく——となってしまう。★[93] しかしこのような誤った大衆意識に基づくロボット兵器反対論は、実は生身の人間の兵士よりもはるかに人道的かもしれない非人間兵器システムの可能性を排除するから的外れである、と批判されている。★[94]

(4) マルテンス条項

(3)でも示唆されていたように、ヒトがロボットに殺される可能性は少なくとも文民にとっての不安を生むという懸念が示されている。★[95] それによれば、HRW の報告書『失われつつある人道』は、国際人道法上の「マルテンス条項」と呼ばれる規定が「公共の良心の命じるところ」を尊重すべきと規定していると指摘。★[96] そのうえで、ロボット兵器に対し大衆が受容不可能な感情を抱いているから、「マルテンス条項＝公共の良心の命じるところ」にロボット兵器が違反していると示唆して、これを禁止すべきと以下のように主張している。★[97]

［マルテンス条項は］、「人道の諸原則」と「公共の良心の命じるとこ

ろ」に従って、戦争の手段が評価されるべきであると要求している。完全に自律的な機械が、ヒトの管理なしに致死的な武力を行使する権限を付与される……という考えを、驚くべきことと捉えて受容できない者は、確かに多数存在している。そのような者たちの見方を、諸国政府は、公共の命じるところが何であるかを決する際に考慮に入れるべきである。

もっともマルテンス条項のこのような解釈には、法的に疑義も示されている。[★98] すなわちマルテンス条項は、実定法(条約や条文)に欠缺(けんけつ)がある場合にのみ適用されると解釈されるべきである。そしてロボット兵器開発に当てはまる具体的な国際条約・成文法は、たとえば国際人道法のように充実していて、欠缺は存在しない。したがってロボット兵器にマルテンス条項を適用すべきではない、という解釈がある。なおマルテンス条項[条約]の性格等については、黒﨑将広ほか『防衛実務国際法』307〜309頁(弘文堂、2021年)がわかりやすく解説しているので、参照してほしい。

(5) 民生分野における完全自律化

ロボット・カーにおいても、完全自動運転の段階(NHTSA(ニッツァ)の旧レベル4)に達する前の諸段階(同、旧レベル2〜3)では、ヒトが監視する必要があると定義されている(レベルについては後述II-4参照)。さらにNHTSAの旧レベル4の完全自動運転の段階においても、いわゆるトロッコ問題のような難しい倫理的選択を迫られた場合に、ヒトの判断をループから完全に外す(human *out of* the loop)案に対しては、抵抗が生じるかもしれない。たとえば、完全自動運転車が甲か乙(両者共にヒト)のいずれかに衝突せざるをえない事態に直面した場合に、差別的に標的を選択すると非難を浴びるのでこれを避けるために、ヒトによる判断(たとえば完全自動運転車の購入者が販売店で購入時に事前(*ex ante*)に選択するような判断・選択権)を完全に排除して、その場その場で内蔵されたAIが(いわばサイコロを投げて)標的を無作為かつ自動的に決定するようなアイデアは、批判されている(第5章IV-3(9)参照)。さりとて、とっさの事故の局面において急に自動運転モードからヒトに運転が切り替わって判断を求められても、ヒトの能力では冷静な判断ができない。したがってその場でヒトが判断するような設計は現実的ではない。ヒトの判断が可能な局面は、事故時ではなく、それ以前（*ex ante*）の、たとえば販売店において完全自動運転車を購入者が購入する段階において、将来の究極的事故の際の衝突進路を事前に選択させることにとどまるのかもしれない（第５章 IV-3(10)参照）。もっとも購入時から事故時までに乗員の選好が変化することも考慮すれば、更新された乗員の選好を完全自動運転車に内臓されたAIが随時学習するようなプログラムが必要かもしれない。

さらに、すでに少し言及した論点であるが（前述 I-4(2)）、医療分野において診断を、たとえばIBM社製「Watson」のような「エキスパート（特化型）ロボット」に委ねるべきか否かの議論でも、「根拠［証拠］に基づく医療」[★99]の症例・証拠においてロボットの方が専門医よりも凌駕していれば、その分野においてはロボットの専門性に委ねるべきという主張が見受けられる。[★100]たとえば稀な白血病の一種の患者の原因究明をWatsonが行ったことで有名になった日本の事例では、ヒトの医師でも症例と論文から正解を導き出すことができたとしても、Watsonはその速度が圧倒的に速い点においてヒトよりも優れていたといわれている。[★101]しかしすべてをヒトの判断を尊重せずに委ねるべきという段階にまでは、いまだ至っていないようである。[★102]

II　自律性とその諸段階

ロボットを定義づける３要素の中でも最も重要な〈考え/判断〉する要素は、別名「自律性」とも呼ばれるが、「自動的」とはあまり呼ばれない。

他方、世の中に数多（あまた）存在する機械の中には、すでに「自動的」に動く製品が多く存在している。そこで「自律的」に動くロボットと、その他の「自動的」に動くにすぎない機械製品との差異は何であるのかを、本節において分析してみる。

Figure 3-5-2：「自動的」と「自律的」の中間的存在
アニメ「機動戦士ガンダム」（1979年）

「ガンダム」は、少年兵士アムロ・レイが操縦する——human *in* the loop——という設定なので〈完全自律型兵器〉には至っていない「モビルスーツ」である。しかし、ガンダムは戦うたびに学習機能が戦闘を学んで強くなっていくという描写がみられるので、まったくの原始的な「自動的」機械でもない。「human *on* the loop」に進化する手前でありながらも、学習機能を搭載した〈準自律型ロボット兵器〉とでもいえるかもしれない。
Everett Collection/アフロ

まず多様な自律性のレベルを把握するためには、徐々に変化するスライディング・スケールとして自律性を理解するのが望ましいと提案されている[★103]（次頁Fig. 3-6参照）。たとえばロボット兵器の自律性は、単なる「自動」（遠隔操作）から「自律」に至る違いを次のように3段階に分けて説明されるので[★104]、読者の理解に資するであろう。

①遠隔操作兵器（remote-controlled weapons）
②準自律型ロボット（semi-autonomous robots）
③致死的自律型ロボット（lethal autonomous robots：LAR）

なお③は、ヒトの介入なしに戦術的判断と作戦遂行をこなすけれども、いまだ到達していない技術のハイエンドな段階であり、今はヒトが戦闘判断に介入して門番役を務めている「human *in* the loop」（後述3参照）な段階であるという[★105]。

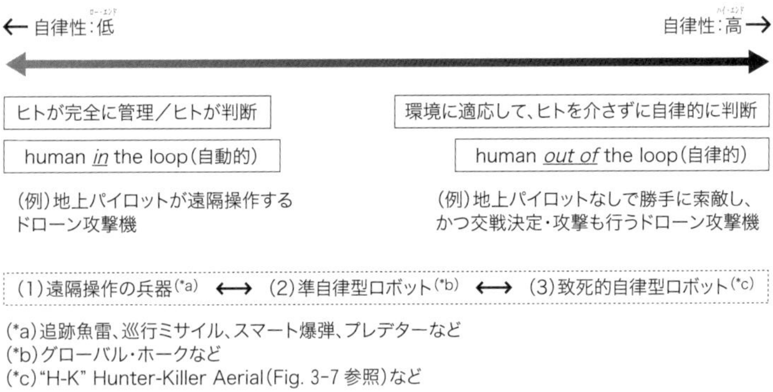

Figure 3-6：自律性のスライディング・スケール（出典＊3）

これまでもすでにある程度自動化された兵器は具体的に存在し、たとえば追跡型魚雷や、巡行ミサイルや、スマート爆弾（民間人の巻き添え損害を減少させる爆弾）、無人航空機「プレデター」等がある（Fig. 3-7 参照）。プレデターの発展機種が「グローバル・ホーク」で、遠隔操作ではなく自律的に飛行して事前にプログラミングされた作戦を遂行する[★106]。なお陸上兵器の自律化に関しては、複雑な地形を進むことが難しいといわれている。しかしiRobot社の「パックボット」は――自律性の程度はさておき――アフガン戦争の洞窟掃討作戦で活躍し、またイラク戦争でも即席爆弾 IED（アイ・イー・ディー）の除去作戦で活躍し、命を守ってくれたという感謝の手紙を同社会長が兵士から送られるほどに、高く評価されている[★107]。

遠隔操作型

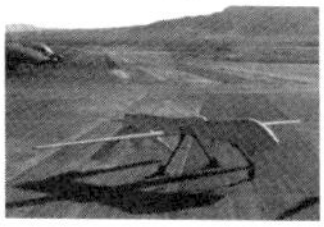

プレデター（出典*4）

準自律型

グローバル・ホーク（出典*5）

完全自律型

映画「ターミネーター」シリーズ★108に登場する無人飛行索敵攻撃機"H-K"Hunter-Killer Aerial（右上）(Everett Collection/アフロ)

Figure 3-7：ドローン兵器の進化

ところで機械に自律性がある（すなわち「ロボット」）といえるためには、**何らかの判断を下す働き**が必要であり、判断の存在は以下の諸要素によって把握されるという指摘も見受けられる。★109

- ✓ 行動または思考における**選択**（*choice* in action or thought）
- ✓ 熟慮のうえの「**目的の追行**」（deliberate "*pursuit of goal*"）

さらに、真に自律的な機械とは、過去の経験からさまざまな結論を推理してその教訓を将来の行動に組み込むという学習機能を備えたものである、と指摘されている。★110

なお、「知的存在」ならば有するとされる以下の5つの特徴★111は、上記の指摘の理解に資するであろう。たとえば以下の④は、前述の「目的の追行」と同じ主旨の指摘であるから、複数の論者がロボットの〈考え/判断〉する要素の中に「目的の追行」や「目的志向の行動」という特性を求めているといえよう。

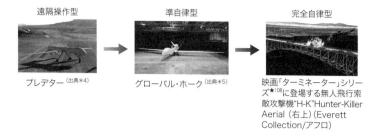

① **コミュニケーション能力**：ヒト等と意思疎通できること
② **内心の知識**：自身についての知識を持っていること
③ **外界の知識**：外部世界を知り、学び、活用すること
④ **目的志向の行動**：目的達成のために行動を起こすこと
⑤ **創造性**：当初の行動が失敗した場合に代替行動をとれること

1 ウゴ・パガロ教授の定義

トリノ大学（出典公表時）ウゴ・パガロ教授がロボットの特徴として挙げている3つの要素はおおむね以下の通りなので[★112]、紹介しておこう。

①「**インタラクティヴ**」(interactive) であること、すなわち環境情報を認識するとその刺激に反応して優先度を変化させること
②「**自律的**」(autonomous) であること、すなわちヒトの直接的な介入なしに自身の行動を管理すること
③「**適応的**」(adaptive) であること、すなわち自身の規範を向上させてこれに優先度を合わせること

③と①は重複気味だが、後掲 **III-2** の「適応型ロボット」の概念に似て、複数の論者がロボットに求める特徴である。

2 ボイド大佐の「O-O-D-A ループ[★113]」

ロボット兵器の自律性をめぐる議論で取り上げられる、ヒトの意思決定の分析方法が、「O-O-D-A（ウーダ）ループ」である[★114]。これは朝鮮戦争時の F-86 戦闘機パイロットであったジョン・R. ボイド大佐が分析した理論で、意思決定過程を4段階の循環（ループ：輪）として把握した考え方である。すなわち、次の4段階である[★115]。

①「**監視**」(Observe)
②「**情勢判断（方向づけ）**」(Orient)
③「**意思決定**」(Decide)
④「**行動**」(Act)

つまりヒトは、①まず自身の周囲を観察し、五感を用いて環境情報を入手する。そして②取得した情報を解析し、方向づけを行う。さらに③蓄

積した情報をもとにウェイトづけをしたうえで、とるべき行動を決める。そして④最後に、決定に従って行動するのである。

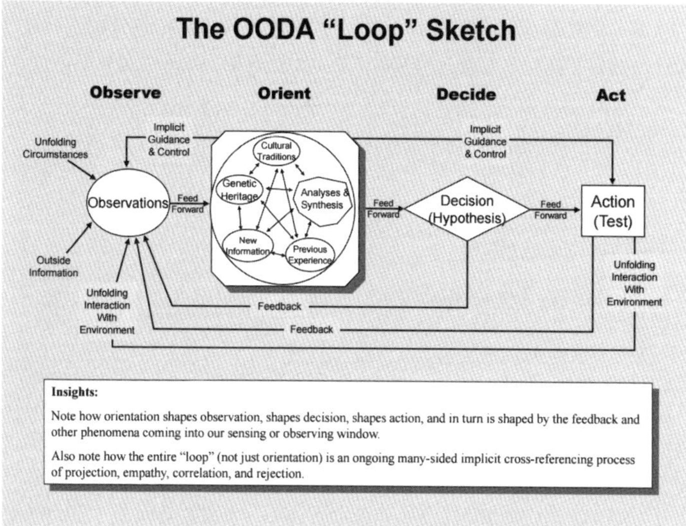

Figure 3-8：ボイド大佐の O-O-D-A ループ(出典＊6)

前掲のロボットの定義である「〈感知/認識〉+〈考え/判断〉+〈行動〉の循環」の中の〈考え/判断〉は、O-O-D-A ループの②と③を合わせたものと理解することもできるので、参考になろう。また②の「情勢判断（方向づけ)」は、トリノ大学(出典公表時)のパガロ教授がロボットの構成要素の第1要素として挙げている「インタラクティヴ［ネス］」(interactiveness)、すなわち環境情報の刺激に反応して優先度を変更すること、に近い概念であると理解できよう。

ところで O-O-D-A ループの要点は、このループを敵方（ミグ戦闘機パイロット）よりも早く回すことによって、敵よりも常に早く（F-86 戦闘機パイロットが）主導権をとり続けることにあった★116。民生品のロボットにおいても、ヒトより早く O-O-D-A ループを回すことができるロボットの方が、ヒトよりも優れた能力を発揮することが期待されよう。

3「ループ」の中のヒトの介入

ロボット兵器の文脈で、「ループ」の中のヒトの介入の程度によって自律性の高低を把握する概念が存在する[★117]。すなわち、以下の通りである。

①「human *in* the loop」な兵器	：標的選択および交戦はヒトが指令する
②「human *on* the loop」な兵器	：標的選択および交戦はヒトの監視下で行い、ヒトが兵器の行動を停止できる
③「human *out of* the loop」な兵器	：ヒトの介入なしに標的選択および交戦できる

この３分類において③を「完全自律型兵器」と捉えうることはすぐに理解できる。が、しかし、ヒトが監視する②「human *on* the loop」な兵器であっても、実際にヒトが介入してそのロボットの行動をヒトに奪い返せる場合は限定的であるという指摘もある。なぜならロボットの意思決定はほんの一瞬のナノセカンド——nano-second——で行われてしまうばかりか、その決定に至った情報源は監視者にはアクセス不能であるから、ヒトは事実上「*out of* the loop」に置かれ、「*on* the loop」な兵器が結局は「*out of* the loop」な兵器になってしまうからである[★118]。そのためであろうか、ロボット兵器反対派は、ヒトの監視が限定的ゆえに効果的に制御できない②も「完全自律型兵器」に含まれると主張している[★119]。

この議論も、民生用ロボット、たとえば完全自動運転車におけるトロッコ問題の検討にも類推適用できそうである。すなわち、自律的な自動運転車が、とっさの場合にスムーズにヒトに操作を移行できるとは考え難いから（急に手動運転せよと機械に求められても、そのようなことはヒトの能力の限界を超えている）、結局はとっさの場合の操作は自動運転に任せざるをえないのではないか。この問題はヒトと機械のスムーズな意思伝達の問題であり、「ヒューマン・マシン・インターフェイス：HMI」等がその問題を扱う（後述**4(1)**参照）。

4 自動運転における自動化段階

アメリカ運輸省下の、NHTSA（ニッツァ）と呼称される「国家高速道路安全局」（National Highway Traffic Safety Administration）が公表し、ほぼ世界標準化している自動運転の発展段階に関する政策声明の概要を、Table 3-1 で示しておこう。[★120]

Table 3-1：NHTSA の（旧）自動運転 0〜4 レベル

レベル 0：自動化なし　運転者が、ブレーキ、ハンドル、アクセル、および動力のような自動車の主な制御機能を完全にかつ唯一制御する。

レベル 1：特定の機能の自動化　この段階では、自動車が 1 つまたは複数の制御機能の自動化を引き受ける。その例としては、ブレーキで運転者を自動的にアシストし制御を取り戻させる「横滑り防止装置」（ESC）や、装置なしの場合よりもブレーキを早く効かせる「事前ブレーキ・プレチャージ」がある。

レベル 2：複合的な機能の自動化　この段階では、少なくとも主たる 2 つの制御機能が自動化され、それら諸機能が協調して運転者の制御を不要にさせる。その例としては、「アダプティヴ・クルーズ・コントロール」（ACC）や「レーン走行」（lane centering）がある。

レベル 3：限定的な自動運転　一定の交通状況または環境状況のもとでは、すべての安全上の重要な諸機能についての制御を完全に[自動的に]移譲できる。さらに、制御を運転者に戻さねばならないような状況変化[の監視]も、自動車に完全に任せることができる。運転者には制御が求められることもあるけれども、運転者に制御が[スムーズに]移行するまでのストレスを感じさせない時間が保たれる。限定的な自動運転の例は、「グーグルカー」である。

レベル 4：完全な自動運転　すべての重要な自動運転諸機能を果たせるように設計され、かつ全旅程にわたって道路状況を監視するようにも設計されている。かかる設計では、運転者が行先や方向をインプットするけれども、旅程のどの時点においても制御するようには求められない。この段階には、ヒトが乗車した場合と乗車しない場合の双方が含まれる。

以上の NHTSA の政策声明が有名であるために、いわゆる完全自動運転車は一般に「**レベル 4**」と呼ばれていた。[★121] しかし、2016 年になって NHTSA は、以下の「SAE：アメリカ自動車技術会」（Society of Automotive Engineers）による 0〜5 段階を採用する旨の政策変更を公表したので、参考までに、次の Table 3-2 で SAE の諸レベルを示しておこう。[★122]

Table 3-2：SAE の自動運転 0〜5 レベル

レベル 0：自動化なし　警告システムや［その他の］運転に介入するシステムによって運転者の能力が拡張されたとしても、機能的な運転上の動作は常にすべて人間の運転者が担う。

レベル 1：運転者の補助　運転状況の情報を用いつつ、運転時には、操舵または加減速についての 1 つの運転補助システムが起動し、その他のすべての運転上の機能的な動作を人間の運転者が担う。

レベル 2：部分的自動化　運転状況の情報を用いつつ、運転時には、操舵および加減速についての 1 つまたは複数の運転補助システムが起動し、その他のすべての運転上の機能的な動作を人間の運転者が担う。

レベル 3：条件付自動化　運転時には、機能的な運転上の動作のすべてを「自動運転システム」が担い、運転交代の要請には人間の運転者が適切に応じる。

レベル 4：高度な自動化　運転交代の要請に人間の運転者が適切に応じなくとも、運転時には、機能的な運転上の動作のすべてを「自動運転システム」が担う。

レベル 5：完全自動化　人間の運転者が扱いうるすべての道路状況および環境状況において、機能的な運転上の動作の全局面を「自動運転システム」が常に担う。

日本も、上記のアメリカのレベルに追随して自動運転の開発普及を目指している。[★123]

前掲の O-O-D-A ループを NHTSA の旧 0〜4 段階に当てはめれば[★124]、旧レベル 2 は「human *in* the loop」、旧レベル 3 は「human *on* the loop」、そして旧レベル 4 は「human *out of* the loop」と捉えることができるかもしれない。

(1) ヒューマン・マシン・インターフェイス

本書刊行時から約 1 年半ほど前の 2016 年 5 月 7 日に、テスラ社のレベル 2 運転支援車「Model S」が事故を起こして、社会的な問題になった。[★125]この Model S は高速道路での車線維持や緊急時のブレーキング等の「オートパイロット」機能を実装していた。上記の Table 3-2 が示す通り、「レベル 2」とは、いまだ自動運転ではなく、同テスラ車はいわゆる「運転支援」といわれるレベルの自動車であり、あくまでも運転の責任者は運転者であるという前提である。[★126]実際テスラ社は、Model S の「オートパイロット」機能はあくまで運転支援であるから、運転者がハンドルから手を離さず運転者が自動車をコントロールする責任を負うものであるといっている[★127]。なお事故を受けてNHTSAがオートパイロット・システムを調査した結果、特段の問題は見つからず、テスラ社に対してアクションをとることもなかった[★128]。

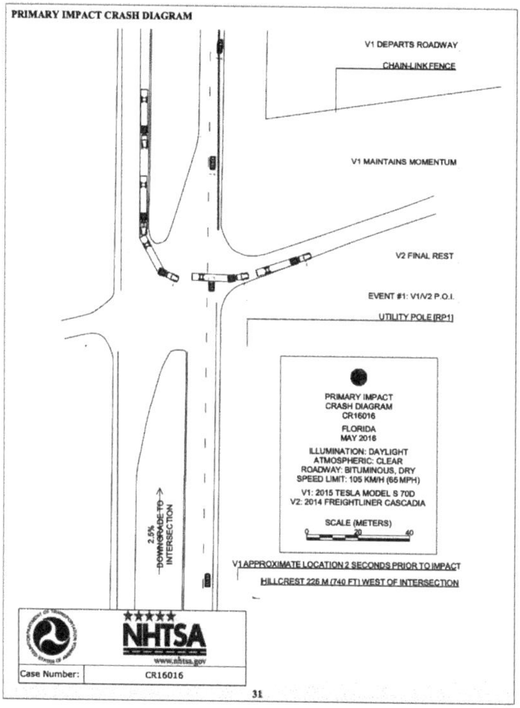

Figure 3-8-2：NHTSA（ニッツァ）（国家高速道路安全局）によるテスラ車事故復元図（出典＊6-2）

前頁の図 Figure 3-8-2 は、NHTSA が復元した事故発生時前後の道路状況である。テスラ車は図中の下方（西側）から上方（東側）に進行していたところ、図の中頃交差点を冷蔵用トレーラーが左折し、テスラ車の進行を妨げた。テスラ車は停車したりトレーラーを避けることなく直進を続けたために、トレーラーの側面下部に衝突しつつこれを潜り抜け、その後も直進を続けた事実が、図で示されている。なおテスラ車の唯一の乗員であった運転者は、死亡している。

下図 Figure 3-8-3 は、事故で大破したテスラ車の写真である。ボンネット上の矢印が、トレーラー側面下部との衝突跡を示している。トレーラーと衝突し潜り抜けた際に、風防が完全に欠損し、風防の柱〈A ピラー〉もほぼ失われ、屋根も喪失していることがわかる。

Figure 3-8-3：衝突したテスラ車の写真(出典＊6-3)

しかしこの事故が仮にレベル3の自動運転車であったとして、とっさの事態には運転者が急に運転を替わらねばならないとしたならば、どうだろうか——それまでは自動運転車に運転を任せていたヒトが、とっさに運転を替われといわれても、可能であろうか。そのような要求や前提は、そもそもヒトの能力を超えており、言い換えればヒトの能力を無視した無謀な前提・要求ではなかろうか。この筆者の直感を肯定する指摘[★129]があるので、少しだけ紹介しておこう。

その指摘によれば[★130]、そもそもヒトの頭脳は継続的に監視する作業に適していない。運転支援車が何事もなくしばらく運転をしていると、普通のヒトは注意を払えなくなってしまうのである。とっさに運転を替われといわれても、ヒトには素早く反応する能力がない。飛行機の自動操縦と同じ推測を自動運転に当てはめるのは誤りである。なぜなら飛行機の場合には、何分の一秒で即座に反応しなければならない事態は稀であるけれども、他方の自動運転の場合にはしばしば発生する。加えて飛行機のパイロットは徹底的かつ継続的な訓練を受けているけれども、他方の自動運転車の運転者にそこまで求めることは現実的ではない——このようにいうのである。

さらに次のように指摘する論者もいる[★131]。一度（ひとたび）ヒトが部分的自動運転に依存するようになれば、ヒトの運転技能は錆びつくか、または単に運転中の注意が散漫になるかもしれず、緊急時に運転を引き継ぐ用意ができなくなる。したがってレベル3の自動車を売ることは、かえって事故の危険性を高めると指摘されている。

また他の論者はやはり、自動運転に頼っていた運転者に対しとっさに運転を替われと要求しても、**それまで手動で運転していたヒトと同程度の状況把握を欠くから、かえって危険性が増す**と指摘する[★132]。すなわちこの問題を考えるとき、エール・フランス447便の墜落事故が示唆的である。速度センサーの凍結ゆえにオートパイロットが利かなくなって操縦士が操縦を引き継いだ際、彼の状況把握が不十分だったがゆえに問題をかえって悪化させて事故に至ったと指摘されているのである。

以上の問題は、自動運転の文脈において「**ヒューマン・マシン・インターフェイス**」(HMI) と呼ばれる[★133]。すなわち「HMI」とは、クルマとヒトが相互に作用し合い、互いに意思疎通をはかる際の手続をいう[★134]。段階的に自動運転に移行する際には上記のような問題があるから、NHTSA も民間企業も HMI の重要性を指摘しているといわれている[★135]。HMI を円滑に行

わせるためには、その基準を統一化することが必要という指摘も見受けられる。★136

①ーイ）　人間の判断の介在　5

AIサービスプロバイダ及びビジネス利用者は、AIによりなされた判断について、必要かつ可能な場合には、その判断を用いるか否か、あるいは、どのように用いるか等に関し、人間の判断を介在させることが期待される。その場合、人間の判断の介在の要否については、例えば以下の基準を踏まえ、利用する分野やその用途等に応じて検討することが期待される。

［人間の判断の介在の要否について、基準として考えられる観点（例）］

- AIの判断に影響を受ける最終利用者等の権利・利益の性質及び最終利用者等の意向
- AIの判断の信頼性の程度（人間による判断の信頼性との優劣）
- 人間の判断に必要な時間的猶予
- 判断を行う利用者に期待される能力
- 判断対象の要保護性（例えば、人間による個別申請への対応か、AIによる大量申請への対応か等）

Figure 3-8-4：人間の判断介在についての考慮要素(出典＊6-4)

筆者が「AI ガバナンス検討会」座長を務める総務省有識者会議――AI ネットワーク社会推進会議――報告書の別紙（詳説）も、human in the loop に関する考慮要素を示している。

(2) ナッジ

HMI を円滑に行う技術として、「ナッジ」を利活用する提案も散見される。そもそも「ナッジ」(nudge) とは、肩を軽く叩いてある望ましい行動に誘導するといった、「法と行動科学」★137 等でもっぱら論じられる概念である。それはある行動を強制・禁止することなく、望ましい方向に導く手法のようなもので、たとえば消費者からジャンク・フードを食べる自由を奪うことなく、しかし消費者の視野に健康的な果物を示すことで自然と消費者がジャンク・フードよりもむしろ果物を選んでしまうように誘導する手法のような概念である。★138 パターナリスティックに消費者や国民から選択の自由・自律性を奪うことなく――政府がジャンク・フードを食べる自由をパターナリスティックに禁止する政策・規制立法に対しては、たとえ体に良くないことがわかっていても消費者・国民からの抵抗が大きいであろう――、すなわち消費者・国民の自律性 (autonomy) を尊重しながらも、結果的にはパターナリズムが目指した望ましい選択に導くことができる手法なので好ましいとされる。★139

法律学や行動経済学等の、政策を論じる文脈では、「ナッジ」の概念を上記のような「ナッジ理論」として説明する。が、しかし、同様な概念を社会科学的な政策の文脈に閉じて用いることに限定せず、人工知能（AI）がこうしたナッジを用いることで、ヒトに望ましい行動をとらせることができるのではないかという提案も示されている[★140]。まだ具体化された例は公開されていないようであるが、このアイデアを応用すれば、たとえば自動運転からスムーズに、ヒトの能力を超えない範囲で自然とマニュアル運転に移行できる技術も可能になるかもしれない。今後のAIの開発・発展が期待されるところである。

ところで本書の増補第2版を起案するにあたって調査したところ、前掲の **II-4(1)** で紹介したテスラ車がトレーラーと衝突した2016年5月の事故においては、死亡した運転者が衝突前の長い時間にわたって手放し運転をしていたことがログから判明している[★140-2]。なお同車は完全自動運転車ではなく、まだ手を添えて運転することが求められる「レベル2」（部分的自動化――Partial Automation――）の運転支援段階のクルマであったので[★140-3]、手放し運転を止めてハンドルを握るように同車は、インスツルメント・パネル上で視覚的な警告を発し、さらには聴覚的警告も複数回にわたって発していたことが判明している[★140-4]（次頁 Fig. 3-8-5 参照）。

このような警告は、ヒトが望ましい行動をとるように促す「ナッジ」的な思想の工学技術実装化の例と捉えることもできよう。もっとも警告によるナッジを、運転者がほぼ無視して手放し運転を続けたわけであるから、結果的にはナッジがうまく機能しなかった例であると捉えられるかもしれない。つまりヒトは、それがいけないことと知りつつも手放し運転をしてしまうことがある。そこで、運転中に手をハンドルに添えさせるためには、ナッジを越えた、もっと強制的な工学技術的対策も検討しなければならないのかもしれない[★140-5]。

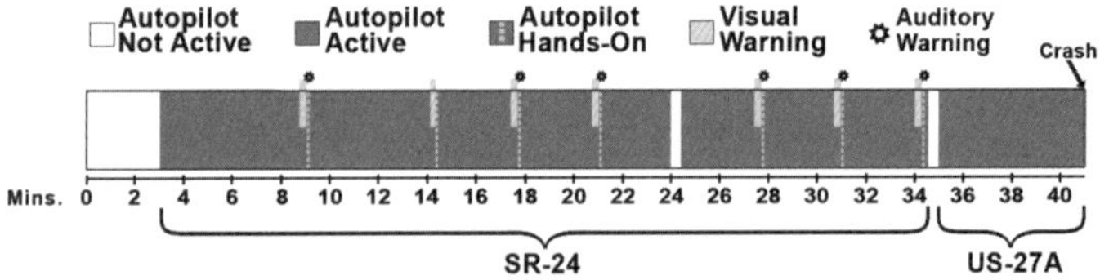

Figure 3-8-5：2016 年フロリダ州テスラ車事故前の視覚的・聴覚的警告の記録(出典＊6-5)

テスラ車のログから、図のように手放し運転の時間帯や、警告が発せられた時点・回数等が明らかになっている。帯部分の左端から右端上部「Crash」までの全体が、運転していて事故を起こすまでの全運航時間である 41 分間を示している。そのうち、灰色の帯部分の 37 分間は、自動運転（Autopilot）にしていた時間帯。下部の「SR-24」は「州道 24 号線」走行時間帯を、「US-27A」は「連邦高速道 27A 号線」の走行時間帯を示す。灰色帯内の上方半分にわたる 7 箇所の縦線は、聴覚的警告指示の記録を示し、その毎回の縦線右側にわずかの時間だけ手を添えていたことが別の細い 7 本の上下にわたる細い縦の点線で示されている（手を添えていた時間の合計はわずか 25 秒間）。灰色帯の上部の 6 箇所の小さな歯車印は、聴覚的警告音の回数を示している。

III　定義をめぐる論争──「自律性」対「創発性」

1「創発性」とは

ワシントン大学助教授(出典公表時)のライアン・ケイロは、ロボット法学の対象たるロボットの定義について、「自律性」（autonomy）の文言使用を嫌い、むしろ「創発性」（emergence）の文言を使うべきと主張する。★141 ケイロによれば、「自律性」という言葉には、「意志」（intent）が備わっているかのごとき含意が伴い、この含意は論争を呼ぶだけで得るところが少ない──したがってそのような賛否論争を避けるべく、あえて「創発性」の文言を使

うのである――とケイロは主張している。[★142]

なお「創発性」をケイロ自身、論文の中で明確には定義していないけれども、「ヒトの指示を単に繰り返すのではなく、環境に適応して行動する」能力のような意味として用いている。[★143] すなわち環境への適応性や、ヒトを介さないで判断する点こそが、重要なようである。もっとも、もっぱら負の意味で「創発性」を用いる例も、欧米の法律論文の中には以下のように見受けられる。

たとえばコンピュータ科学者たちは、以下のようにいう。[★144]

> 「創発的行動」(emergent behavior) と呼ぶ概念には、設計されたプログラムやシステムの予見しなかった効果が含まれる。システムが複雑になる分だけ創発的行動の出現回数が増える。人工知能プログラムは、尋常さを超えるほどに複雑で、かつ確実な予測も難しく、しばしば創発的行動を示す。

さらに、シンギュラリティを予見したひとりである未来学者レイ・カーツワイルは（第6章V参照）、「創発的行動」、すなわち予測しなかった結果を機械学習が生むと指摘しているといわれている。[★145]

確かに**システムが複雑化すればするほどに誤作動を起こしやすくなる**とは、多くの論者が指摘しているところである[★146]（第5章I-1参照）。

ケイロの主張を批判するイェール大学教授(出典公表時)のジャック・バルキンも、「創発性」の文言を次のように否定的な意味で用いている。[★147]

> ロボットもAIも共に法的な問題を作り出している。なぜなら環境と彼らが互いに影響し合った際に彼らが何をなすかを常に予想することはできないからである。ケイロはこの特徴を「創発性」または「創発的行動」と呼び、私も……その点に同意する……。

もっともバルキンは、「創発性」には便益面もあると指摘して次のようにも述べている。「創発的である問題は、逆の方向にも――害を及ぼすのではなく――作用する。複数の社会的便益を作り出すこともできるのである」と[★148]（なお、結果が予測できないけれどもその自律性（創発性？）こそが人工知能の良さであるとの指摘については、第５章1-2参照）。

以上のようにロボット法における「創発性」という語には、負の面が含意される――ことは確かなようであるし、そここそがロボット法が懸念する諸問題の原因の少なくともひとつである――けれども、正の面も指摘されていることから、中立的な「創発性」の捉え方としてはやはり、〈ヒトの指示・介入なしに環境に適応して判断する能力〉とでも表すべきかもしれない。

2 環境への適応性

以上の「自律性」対「創発性」をめぐる論議でも明らかになったように、ロボット法において重要な要素は、ヒトの指示を介さず変化する環境に適応する能力にあるともいえそうである。この環境への適応性こそが重要であることに着目して、そのようなロボットを、カリフォルニア州地裁裁判官(出典公表時)のカーティス・カーノウは「**適応型ロボット**」（adaptive robot）と呼んでいる[★149]。彼によれば[★150]、予見不可能で多様に変化するリアルタイムな環境情報に即座に適応することこそが、［真の］ロボットに課された課題であり、自律性が求められる所以(ゆえん)である。すなわち、環境中の諸事象からパターンを学ぶ「ＯＪＴ(オウ・ジェイ・ティ)：on-the-job training」が求められるのである。

(1) セルフ・ラーニング

さらにカーノウは、真のロボットは「自ら学ぶように」プログラミングされていなければならないと指摘する[★151]。すなわち、ヒトが作った指令通りに動くだけの犬型玩具「アイボ」や掃除機「ルンバ」のようにではなく、真のロボットの「発展過程」は、ヒトの介在なしにロボット自身によって行われるという。最初に一連の戦略と行動を教えておけば、後はロボット自身が環境への適応を通じて発展するというのである――これを「**発展的ロボット工学**」（evolutionary robotics）という――。そこで以下では、ロボットが備えるべきとされる学習機能の概念を簡潔に説明しておこう。

(2) 機械学習

「機械学習」(machine learning)[★152]とは、コンピュータ科学の一種で、一般的には数学的な帰納法的アルゴリズムを用いて、収集データの中から推論するシステムを研究する分野のことをいい、たとえば対象者の住所遍歴を分析しただけでその者の性別、未婚・既婚の区別、職業、および年齢を推察できたりする[★153]。機械学習とは、すなわち、データ内のパターンを自動的に発見し、この発見されたパターンを用いて将来の現象発生を予測したり、不確実な状況下でその他の判断を行ったりする一連の手段をいう[★154]。また機械学習は、明確なプログラミングなしでも学習能力をコンピュータに与えられる人工知能の一種であり、新たなデータに曝(さら)されると自身で学びかつ変化するコンピュータ・プログラムの発展に焦点を当てた機能のことでもある[★155]。すなわち機械学習は、経験を積んで(すなわち「学習」して)自動的に向上することができるコンピュータ・プログラムの構築のためのアルゴリズムおよびテクニックの開発と、密接に関係しているのである[★156]。

機械学習の欠点は、**その正確性が高ければ高いほどに透明性が失われる**、といわれている点かもしれない[★157]。すなわち、ある予測が示された理由や根拠等々が、不透明でよくわからない(**ブラックボックス化**)という問題が内在している。

この機械学習については、犯罪予測等に用いられることに伴い、さまざまな法的論点も生じている[★158](後述Ⅳ参照)。

機械学習は通常、次の3種類に分類される[★159]。すなわち「教師あり学習」、「教師なし学習」、または「強化学習」の3種類である[★160]。

「**教師あり学習**」とは、一連の訓練データから帰納法的に模範形(models)を導き出して、その模範形を用いてその他のデータを分類する機械学習の手法である[★161]。または、一定のインプットは特定の知られているアウトプットを出力するという「"訓練"データ」を用いて、学習アルゴリズムがアウトプットの誤謬を最小化する[★162]。

他方の「**教師なし学習**」も帰納法を用いるけれども、こちらは模範形を与えずに、すなわちインプットとアウトプットとの間の法則を教えられないまま[★163]、データ内の規則性等を特定させる手法である[★164]。

「**強化学習**」は、いわば「準・教師あり学習」であり[★165]、環境に対しいかにうまく行動したかに関するフィードバックを学習エージェントに与えるような問題に使われる[★166]。たとえばTVゲームで学ぶ経験を通じて、高得点が得られるように将来の行動を自主的に変えていくように学ばせる学習である。言い換えれば、ある行動をとれば高得点を得られること（これを「報酬」という）によって学習を「強化」することで、将来的にもその行動が正しいことを示す。そこでは、どのような行動をとるべきかをヒトは教えないけれども、どのような行動をとれば最大の報酬を得られるのかを、経験を通じてロボット自らが発見するのである。

(3) ニューラル・ネットワーク

「**ニューラル・ネットワーク**」（neural network：神経回路網）とは、ヒトの頭脳・神経的相互接続を模倣することによる、より柔軟で適用性の高い知的システムであり、最初のトレーニングの射程外の新たな問題を解決すべく、情報を学んだうえでそれを一般化することが可能である[★167]。厳格にプログラムされた通常のコンピュータと異なって、ニューラル・ネットワークはトライアル＆エラーを繰り返して学習する[★168]。通常のコンピュータよりも一定の課題を効率的かつ迅速にこなすことができて、光学パターン認識や音声認識に適している[★169]。実際に自動運転車の開発において、ニューラル・ネットワークが使用されている[★170]。その複雑さゆえに、なぜある判断を下したのかの理由をトレースすることが難しいという欠点はあるものの[★171]、たとえば自動運転車に対して教えることが困難といわれている倫理的規範を教える際にも有用であるとの指摘もある[★172]。

(4) ディープ・ラーニング

ニューラル・ネットワークを用いた機械学習のひとつが、「**深層学習**」（deep learning）である[★173]。それはあたかも複数の神経の層のように、各層がインプットされた情報を処理した結果を次の階層に送って処理を操り返すので、「深層学習」と呼ばれる[★174]。たとえばイヌの画像をイヌとして理解させるために、昔ながらのプログラミングでは、「耳があって鼻があって毛があってネズミではなくて……」のように際限なく特徴を教え込まねばならず、これは非常に困難なことであった。しかし深層学習は、あたかも幼児がイヌとオオカミのたくさんの画像を比較する経験を繰り返すことでイヌの特徴を自身で抽出していき、ついにはイヌをオオカミと区別できるようになることに似ている。たとえば、書き手の癖によって千差万別である郵便番号の手書きの数字を読み取らせようとするならば、一定の特徴を数値化した「特徴量」を学習させて読み取れるようにするというわけである。[★175]

Ⅳ 予測警備（プレディクティヴ・ポリーシング）

すでにアメリカでは、ビッグデータと人工知能（AI）の機械学習機能等を組み合わせて、TVドラマや映画のように、警察が犯罪発生を事前に予測し犯罪予防等に活かすシステムが使用され、問題になっている。プレディクティヴ・ポリーシング[★176]（predictive policing：**予測警備**）または短縮形で「**プレッドポル**」（predpol）と呼ばれるこのシステムは、犯罪のパターンを発見するために、AIにデータを分析させてその結果を犯罪予防に利活用することをいう。[★177]

1 犯罪発生“場所”の予測

たとえば、犯罪発生場所と時間を予測（Place-Based Prediction）するプレッドポルは、過去の犯罪発生地域の履歴情報やその他の情報を用いて[★178]、将来犯罪が発生しやすい地域と時間を予測し、そこに警察資源・パトロールを集中的に投入して予防等に活かす試みであり、すでにロサンゼルス市、ニューヨーク市、およびシアトル市等々で行われ[★179]、実績も上げている。[★180]

そもそもアルゴリズムを用いた犯罪予測は、「自動車窃盗」のような財産犯の発生が、同種の犯罪（すなわち自動車窃盗）を近隣で誘発すること——この現象を「近接反復被害」（near repeat phenomenon）等という——がここ数十年の社会科学的研究で明らかになったことに基づいている。[★181]この知見に加えて、環境犯罪学や、「犯罪多発地域警備」（hot spot policing）、および犯罪地図からの知見も加味し、一定の財産犯罪を場所に基づいて予測するソフトウエアを研究者たちが開発。[★182]その後、商業的なソフトウエア開発も行われ、PredPol社等が販売し、IBM、日立、モトローラ等の大手企業もしのぎを削っている[★183]。これらの予測技術は共通して以下の5つの要素を含んでいる。すなわち、①犯罪のデータ、②犯罪の時間、③犯罪の場所、④アルゴリズム、および⑤一定地域における犯罪活動の蓋然性が高い理由、の5要素である[★184]。

しかしこのプレッドポルには、次のような問題点も指摘されている。すなわち偏見によって警察活動が行われてきたデータを（たとえば貧困マイノリティ居住区で警察が恣意的に多くの者を逮捕してきたにもかかわらず、その逮捕履歴を重要な要素として）プレッドポルに用いると、その結果として示される犯罪予測も偏ったものとなる（たとえば貧困マイノリティ居住区が引き続き過剰な警察の取締り強化地域にされ続けていく）おそれである[★185]。そこで将来、たとえばロボット警官が用いられ、上記のような偏見を含んだままのデータを用いたプレッドポルに基づいて警備地域の選択と警察資源の集中が行われた場合には、ロボット警官が過剰に貧困マイノリティ居住区を行き来する、ということになりかねないと懸念されている[★186]。

映画「エリジウム」（第2章 Fig. 2-6）においても[★187]、ロボット警官がロサンゼルスの貧困地区に多数偏在し活動している姿と、そのロボット警官によって主人公が不当な扱いを受けて不幸の連鎖に陥っていくディストピアな姿が描かれていた。今後ロボットの〈考え/判断〉する要素を担うと思われるAIにおいては、その判断を左右するインプット情報の正しさが重要であることを、「エリジウム」は想起させよう。ちなみに総務省「AIネットワーク社会推進会議」がとりまとめた「国際的な議論のためのAI開発ガイドライン案」の〈⑦倫理の原則〉も、「開発者は、採用する技術の特性に照らして可能な範囲で、AIシステムの学習データに含まれる偏見などに起因して不当な差別が生じないような所要の措置を講ずるよう努めることが望ましい」としている[★188]。

2 犯罪“者”の予測

犯罪発生“地域”を予測するのみならず、過去の行動や人口統計データ等から犯罪“者”等を予測するプレッドポル（Person-Based Prediction）[★189]もあ

る。[★190]

コロンビア特別区大学(出典公表時)のアンドリュー・ガスリー・ファーガスン教授によれば[★191]、犯罪“者”の予測技術は上記の“場所”の予測とは異なって、主に犯罪者と被害者の社会ネットワーク分析に基づいて発展した。たとえば発砲事件のほとんどが、対立するグループ（たとえば対立ギャング）という社会ネットワークを有する者たちの間の抗争・報復とその悪循環に起因する。そこで、被害者の社会ネットワークを探っていけば、将来の被害者候補や犯罪者候補に辿(たど)りつける[★192]。そのように暴力犯罪の関係者を標的にして対策を講ずれば、効率的な犯罪抑止に資するであろう。

この分野で有名なシカゴ市の場合、予測分析を用いてプロファイルを示す数百人分のリストを開発したという[★193]。これは「ヒート・リスト」（Heat List）と呼ばれ、暴力犯罪に関与しまたはその被害者になりうる者のリストであり、犯罪発生前に介入して犯罪予防を目指すものである[★194]。

さらに、犯罪に関与しそうな個人を特定する目的で、政府が保有するデータに機械学習を用いて作り出された容疑者自動発見アルゴリズム（ASA：Automated Suspicion Algorithms）も存在する[★195]。これを用いれば、個人の合法的な諸活動と犯罪との関係性を、データに基づいて特定できるので、犯罪予防に有用であると期待されている[★196]。

もっとも犯罪“者”まで予測するプレッドポルは、いまだ罪を犯していない者を、機械の予測に基づいて犯罪者扱いする点において、推定無罪の原則に反するという批判も見受けられる[★197]。さらにプレッドポルは広範なデータに基づいて予測するので、犯罪者候補と目された者の**特異な事情**への考慮を薄めまたは一切考慮しないおそれもあり、そのようにある一定のグループに含まれることだけで犯罪者扱いすることの問題も指摘されている[★198]。

ところで銃犯罪のような暴力犯罪ではなく、財産犯を予測するプレッドポル利活用の仕組みとしては、たとえば、犯罪者による「不法目的侵入」（burglary）に悩まされる住居地域において、盗難品や不法目的侵入用の道具やロープや手袋を入れるのに十分な大きさのバッグを持ってある時間帯にぶらぶら歩いている者がいた場合、この行動自体は犯罪ではなくても、プレッドポルが不法目的侵入犯であると予測する[★199]。そこで、特定の地域において特定の時間帯に不法目的侵入犯のように行動している者に関するプレッドポルのプロファイリングを、警察が利活用して、そのプロファイリングに合致する者を警察が引き止められれば、犯罪予防の効果が上がる。[★200]

(1) 犯罪者予測の問題

しかし犯罪発生地域と時間帯を予測するだけではなく、上記のように犯罪“者”までも予測するプレッドポル利活用上の諸問題や留意点としては、たとえば以下のようなことも挙げられている。まず第1に、プレッドポルが犯罪者のプロファイリングに使用するデータに、人種や宗教に関する情報が含まれていれば、たとえその情報によって予測の正確性が向上しても違法たりうるから、そのような偏見に汚染された過去のデータからの偏見除去が求められる。さもなくば過去の偏見に基づく違法な警察活動を継続させることになってしまう。[★201]

第2に、犯罪捜査の違法性が問われた場合に、プレッドポルのアルゴリズムや使用データが偏見に基づかず、かつその他の合法性の要件を満たすことを裁判官が確認するためには、そのアルゴリズムとデータに**透明性が求められる**ことに留意すべきである。たとえば機械学習機能を用いているために透明性を欠いていれば、そのようなアルゴリズムに基づく犯罪者の予測の合法性も認められない。[★202] そこで開発者には、ソース・コードを明かすことまでは要求されずとも、透明性の確保が求められる。[★203]

透明性の確保については、総務省の有識者会議で AI の社会的・経済的影響とリスク、および開発原則を検討してきた筆者の経験からいっても、プレッドポル以外のすべての AI の文脈において国際的に重要視されてきた。たとえば、2017 年に総務省「AI ネットワーク社会推進会議」は、9 つの「国際的な議論のための AI 開発ガイドライン案」を公表しており、そのひとつが〈②透明性の原則〉である。もっとも筆者が、同会議の幹事兼「開発原則分科会」会長として国内外（総務省の有識者会議や国内シンポジウム、およびパリの OECD とワシントン D.C. のカーネギー国際平和財団）においてこの原案を紹介してきたところ、完全な透明性（たとえばソース・コードの開示）は難しいから、「実現可能な」透明性にすべきとの指摘を受けてきた。この指摘も反映して、上記 AI 開発ガイドライン案の解説部は、「合理的な範囲内で……説明可能性に留意することが望ましい」と提案している[★204]（さらに透明性については、第5章Ⅰ参照）。

ところで透明性の程度については議論があるものの、AI全般について透明性の欠如が問題視されていることを考慮すれば、プレッドポルにおいても透明性が求められるとの指摘には納得させられる。

犯罪"者"までも予測するプレッドポル運用において留意すべき点の第3として、怪しい者を警官が引き止めて捜検する前に法が求める「合理的な疑い」の存在は、その状況における「個別具体的な疑い」でなければならない。すなわち偏見や思い込み等に基づくことは許されず、ある人物に特有な行動や性格、考え方ならびに状況に基づかなければならない。したがって、ビッグデータに基づく**一般化された予測にすぎないプレッドポルにだけ頼ることは許されず、担当警官がその場において個別具体的な疑いを抱く総合判断のための材料のひとつとして利活用するにとどめる必要がある**との指摘もある[★205]。

この指摘は、筆者には前述**Ⅰ-4(5)**において紹介したWatsonのようなエキスパート（特化型）ロボットの使用において、最終判断はヒトである医師が行うべきとされる指摘にも似ているように思われる。さらに、前述**Ⅰ-4**で紹介したロボット兵器論議における、「human *out of* the loop」な運用は避けて「human *in* the loop」であるべきとの指摘も思い起こさせる。すなわち最後の引き金を引く判断は、ヒトが責任を負って下すべきという、完全にロボットの〈考え/判断〉に委ねるべきではないという一連の思想にも近似する考え方が、犯罪"者"までも予測するシステムの運用にも求められるように思われる。

(2)「マイノリティ・リポート」と「パーソン・オブ・インタレスト」

フィリップ・K.ディック原作の短編小説に基づく、トム・クルーズ主演/スピルバーグ監督の映画「マイノリティ・リポート」[★206]は、「プリ・クライム部隊」と呼ばれる警察が、予測された犯罪の発生前に加害（候補）者を逮捕し、さらにその者は処罰（"*pre*punishment"）されてしまうという物語である。

また、犯罪を予測できるシステムを開発した発明家の富豪が、退役軍人と組んで犯罪被害"候補"者を救済するというプロットのTVシリーズ

「パーソン・オブ・インタレスト：犯罪予知ユニット」[★207]は、「マイノリティ・リポート」と共に、多くの論者たちによって、現実世界で出現した犯罪“者”予測技術・実務と比較されている[★208]。もっとも現実のプレッドポルの利活用は、犯罪者候補を処罰するまでには当然至っておらず、犯罪“予防”の段階にとどまるものだが、それだけでも問題点があると指摘されている[★209]。たとえばFBIが管理する搭乗拒否リスト（No Fly List）に登載されたテロリストの疑いのある数千人は、航空機への搭乗が許されず、船便を使うように強いられたりする不利益があると指摘されている[★210]。

Figure 3-9：犯罪発生前に逮捕されてしまう恐怖
映画「マイノリティ・リポート」（2002年）

写真は、妻の浮気を疑う犯罪“候補”者である夫が浮気現場で待ち伏せて浮気相手を殺害する寸前に、「プリ・クライム」部隊が現場に突入するシーン。
Photofest/アフロ

V　人工知能（AI）

以上の説明が示唆するように、ロボット法の対象であるロボットの〈考え/判断〉する要素の検討は、人工知能（AI：Artificial Intelligence）をめぐる問題と共通点が多い。その理由は、AIをロボットの〈考え/判断〉する要素に用いることが考えられているからであろう。

1 人工知能（AI）の定義

定義することが難しい（諸説ある[★211]）AIの定義としては、レイ・カーツワイルが著書で紹介している例として、「現段階では人間のほうがうまくできることを、いかにコンピュータにさせるかという学問」という定義もある[★212]。

理解に資する定義をもう少し紹介してみよう。たとえば[★213]、以下のような定義である。

> 人工知能［AI］とは、知的行動を示す機械を創り出すことを扱うコンピュータ科学の一種である。AIとは、たくさんの工学技術を包含する概念であり、その中にはエキスパート・システム、ニューラル・ネットワーク、バーチャル・リアリティ、および人工生命、等々が含まれる。……AIは複雑な問題を効率的に解決したり、パターンを認識したり、複雑なルールに基づく意思決定をすることに使うことができる。ニューラル・ネットワークは、……ヒトの介在なしに新しい知識を取り入れて、自身の意思決定［能力］を向上させることができる。

ところで、たとえばチェスや将棋の試合でAIの方がヒトを上回る能力を示すのはなぜであろうか。その理由として次のような指摘が見受けられる[★214]。すなわち、判断に至る前の、限られた時間内に情報を検索する範囲・射程が、ヒトよりも格段に優れているという指摘である。チェスの試合で打ち手を検討する範囲は、ヒトの場合には認知的な限界・限定合理性等ゆえに限られており、いわゆる「満足化」(satisficing)——あらかじめ設定した水準を達成すればそれ以上の高みを目指さない——程度の選択で良しとしてしまう。他方、**AIの場合は、「満足化」に達するだけでは良しとせず、限られた時間内にヒトよりもさらに徹底的に可能性を検討したうえで、ヒトでは思いもよらない「最適」(optimal) な打ち手を選択できる**。だからこそ、ヒトには予見できない判断をAIが行うといわれている（ヒトよりも文献情報の分析能力が優れている点については、第5章1-2参照)。

2 人工知能（AI）の分類化

一口に人工知能、AIといっても、定義の仕方次第では非常に原始的な「自動化」にすぎないものから、非常に高度なものまでも含有されてしまうので、総務省主催の研究会報告書のようにAIの発展段階に則して分類化する提案も見受けられる（Table 3-3)。参考になろう。

Table 3-3：人工知能（AI）の発展段階的分類（出典＊7）

分類	概要	例
カテゴリー1	単なる制御 （言われた通りにやる）	・温度が上がるとスイッチを入れる。下がるとスイッチを切る。 ・洗濯物の重さで洗い時間を調整。
カテゴリー2	対応のパターンが非常に多い （検索や知識を使って、言われた通りにやる）	・探索や推論。将棋や碁で、決められたルールに従って手を探す。 ・知識。たとえば、与えられた知識ベースを使い、検査の結果から診断内容や薬を出力する。
カテゴリー3	対応のパターンを自動的に学習 （ウェイトづけを学習する）	・機械学習。 ・駒がこういう場所にあるときは、こう打てばよいということを学習。 ・この病気とこの病気はこういう相関があるということを学習。
カテゴリー4	対応パターンの学習に使う「特徴量」も学習 （変数も学習する）	・（特徴）表現学習。ディープ・ラーニングはこの一種。 ・「駒の位置だけでなく、複数の駒の関係性をみた方がよい。」 ・「こういった一連の症状が、患者の血糖異常を表し、複数の病気の原因になっているようだ。」 （カテゴリー4は人間の認知機能を機械上に実現しようとするものであることから、「コグニティブ・コンピューティング」（認知的なコンピュータ計算）と呼ばれることがある）

3 生成 AI

2023年前後に〈ChatGPT〉という名のAIが、世間の耳目を集めた。ChatGPTは〈生成AI〉という分類のAIの一種であることから、後者も世界の注目を浴びている。どのメディアも2023年にはChatGPTないし生成AIばかりを取り上げたために、2022年までは世界の注目の中心であった〈メタバース〉さえも、一気に霞んでしまって、多くのメディアがこれを扱わなくなってしまったほどである。なお生成AIは将来、コミュニケーション・ロボットやロボット・トイ等のサービス・ロボット（第4章I-3参照）に搭載・利用される可能性もある。そこで本項では、生成AIの特徴について言及しておこう。

(1) 生成 AI とは

そもそも「**生成 AI**」[★214-2]の原語は「**Generative AI**」である。すなわち、既存の大量の情報を学んだ後に**新たな情報を「生成：generate する」こと、言うなれば〈創造する〉点にこそ、「生成 AI」と呼ばれる新興技術の特徴がある**、ともいわれている[★214-3]。これまでのAIのアウトプットは、既存の情報を学んだうえでその学習済みデータの中から（既存の情報から構成される）「数値データや、テキストデータ等、構造化されたものが多く、**新しい形で創造されたものでは」なかった**[★214-4]。他方、生成AIは独自の情報を〈創って〉しまう。これ――つまり〈創造能力〉――は従来、ヒトが持つ能力だったので、生成AIは従来のAIよりもヒトに一歩近づい［てしまっ］たといえる。さらに生成AIは、次段落で説明するChatGPTのような〈文章〉を生成するのみならず、〈画像〉、〈動画〉、および〈音声〉の生成等も可能な汎用性を有している。そのように生成AIは、創造性と汎用性を兼ね備えた〈高度なAI〉であるから、最近では〈**汎用 AI：AGI：Artificial General Intelligence**〉の実現が近づいている、という指摘も散見されるようになった[★214-5]。したがって、かつて、

> 例えば総務省［の］小説……には家庭で使われる擬人化されたAIロボットが登場している。**残念ながらこのような擬人化された AI、**

あるいは未知の問題を臨機応変かつ創造的に解くことのできる AI（汎用 AI、強い AI などと呼ばれることもある）の存在はあくまで仮説であり、現時点では技術的な実現可能性への道筋が見えていない。……。特に、フィクション作品を下敷きにしたような議論は題材として平易であるがゆえに、実際の社会に起こりうる現実的リスクからかえって目を背ける結果につながりかねない。より具体的な個々のシナリオに基づいた議論が必要であろう。

（強調付加）と断言していた方々は[★214-6]、その予測が的外れであった事実を素直に受け止めたうえで、人社科学の知恵と ELSI の重要性を真摯に認めるべきであろう。

ところで生成 AI の雄として大注目を浴びている「**ChatGPT**」は、アメリカの〈OpenAI 社〉が提供するサービスであり、質問欄に文章で質問事項――これを「プロンプト」という――をインプットして質問すると、瞬時にきれいな文章で答えをアウトプットする仕組みである。これは後掲（第 5 章 **II-4** 参照）の〈チャットボット〉の一種である。答えてくれる内容は、たとえば旅行先としてどこを訪れるのがよいかとか、食事のレシピ等々のみならず、コンピュータのコードも作ってしまうほどの有能ぶりを発揮し、それをもっともらしい文章で提示してくれる。

もっともそのような文章の提示を可能にした技術は、究極的には「**入力されたテキストの次の単語を確率的に予測する**だけ[★214-7]」の技術なので[★214-8]、**答えた文章の内容が正しいとは限らない**。しかしこれまでとは比べものにならない「想像を絶する程の大量の[★214-9]」文章や辞書データ等をウェブ上を巡回して収集し、「**トランスフォーマー：Transformer**」と呼ばれる深層学習の技術を使って「**事前学習：Pre-trained**」させて覚えさせた「**大規模言語モデル**」（Large Language Model：LLM）と呼ばれるファイルを用いているために、**これまで以上に広い文脈を理解できるようになった**技術が、ChatGPT である。そのために、この技術は「**G**enerative **P**re-trained **T**ransformer」の頭字語である「GPT」と名付けられているのである。

(2) 生成 AI の問題点と規制の方向性[★214-10]

生成 AI が世界的に注目を浴びた 2023 年は、日本がちょうど G7 開催国・議長国になった年であった。そのため、さまざまな問題が懸念される生成 AI に対しての規制が広島で 5 月に開催された G7 の主要議題の 1 つとなり、生成 AI を規制する G7 の方針について「広島 AI プロセス」と呼ばれる手続のもとで検討が続けられた。[★214-11] 増補第 2 版執筆時（2023 年 12 月）におけるその検討成果は、筆者も構成員として策定に参加している「AI 事業者ガイドライン案」において「高度な AI システム」——advanced AI systems——に対する規制案として活かされている。[★214-12]

規制内容については増補第 2 版の改訂作業時点においてまだ検討が終わっていないので、確たることは断定できないけれども、生成 AI によってまことしやかな偽情報が大衆に誤ったニュースや誤認を与え、かつ拡散されることへの懸念対策や規制の必要性が指摘されていることから、これに対する規制が強制力のあるハード・ローまたは非拘束的なソフト・ローによって採用されることが予想される。また、生成 AI については著作権者たちの著作物を生成 AI が［勝手に？］学んで画像等々が生成されて多くの者に利用されることから、学習された元の著作物の著作権者たちが正当な対価を得られていないという批判が世界的に広がっているので、正当な対価の取得や権利の保護・強化を要求する著作権者らからの声に応じた対策が、ハード・ローまたはソフト・ローによって実施される可能性も予測される。

第３章注釈

★1——*See, e.g.*, George A. Bekey, *2. Current Trends in Robotics: Technology and Ethics, in* ROBOT ETHICS：THE ETHICAL AND SOCIAL IMPLICATIONS OF ROBOTICS 17, 18（Patrick Lin et al. eds., 2012）; Patrick Lin, *1. Introduction to Robot Ethics, in* ROBOT ETHICS, *id.* at 3, 11; JOHN JORDAN, ROBOTS 4（2016）. ★2——Bekey, *id.* at 18; PETER W. SINGER, WIRED FOR WAR 67（2009）; JORDAN, *id.* at 27（"[T]he most useful definition comes from George Bekey. . . ."）; Ryan Calo, *Robotics and the Lessons of Cyberlaw*, 103 CAL. L. REV. 513, 529 & n.113（2015）; David C. Vladeck, Essay, *Machines without Principals：Liability Rules and Artificial Intelligence*, 89 WASH. L. REV. 117, 122 & n.17（2014）; Dan Terzian, *The Right to Bear（Robotic）Arms*, 117 PENN. ST. L. REV. 755, 759-60（2013）; United Nations, Christof Heyns, *Report of the Special Rapporteur on Extrajudicial, Summary or Arbitrary Executions*, Human Rights Council, 23 Sess., May 27-June 14, 2013, U.N. Doc. A/HRC/23/47 at 8, ¶39（Apr. 9. 2013）, *available at* [URL は文献リスト参照]; Christopher P. Toscano, Note, *"Friend of Humans"：An Argument for Developing Autonomous Weapons Systems*, 8 J. NAT'L SECURITY L. & POL'Y 189, 215（2015）. *See also* Benjamin Kastan, *Autonomous Weapons Systems：A Coming Legal "Singularity"?* 2013 U. ILL. J.L. TECH. & POL'Y 45, 49（"Robots generally have three functions. . . ."）; JORDAN, *id.* at 4（it can (1) sense . . . ; (2) perform . . .; and (3) act . . . ."）; UGO PAGALLO, THE LAW OF ROBOTS：CRIMES, CONTRACTS, AND TORTS xiii, 2（2013）. なお本文中の語尾の「機械」は、本書上は「人造物」と読み替えた方がよい。生物学を応用したロボットも本書は否定していないからである。第４章 III 参照。 ★3——PAGALLO, *id.* at xiii（"can make appropriate decisions by perceiving something complex"）. ★4——Calo, *Lessons of Cyberlaw*, *supra* note 2, at 529 & n.113. *See also* Terzian, *supra* note 2, at 759 n.32; SINGER, *supra* note 2, at 67. ★5——Bekey, *supra* note 1, at 18. ★6——*Id.* ★7——*Id.* *See also* SINGER, *supra* note 2, at 67. ★8——M. Ryan Calo, *12. Robots and Privacy, in* ROBOT ETHICS, *supra* note 1, at 187, 191. ★9——*Id.* at 189. なお虫型ロボットに偵察活動をさせるアイデアは映画「フィフス・エレメント」にも登場する。The Fifth Elements (Gaumont Buena Vista Int'l/Columbia Pictures 1997). ★10——*E.g.*, U.S. DEP'T OF DEFF., DIR. 3000.09, AUTONOMY IN WEAPON SYSTEMS, Glossary, Pt. II, Definitions（Nov. 21, 2012）. AWS 以外にもさまざまな名称が付与されているという指摘は、see, *e.g.*, Rebecca Crootof, *The Killer Robots Are Here：Legal and Policy Implications*, 36 CARDOZO L. REV. 1837, 1843（2015）. ★11——Heyns *Report*, *supra* note 2, at 16, ¶86（"riskless war" や

"wars without casualties"と指摘). ★12——*See, e.g.*, Ian Kerr & Katie Szilagyi, *13. Asleep at the Switch? How Killer Robots Become a Force Multiplier of Military Necessity*, *in* ROBOT LAW 333, 334, 363 (Ryan Calo, A. Michael Froomkin, & Ian Kerr eds., 2016); Heyns *Report*, *supra* note 2, at 10, ¶51; Toscano, *supra* 2, at 190. ★13——SINGER, *supra* note 2, at 21. なお「プライベート・ライアン」の出典は、Saving Private Ryan (DreamWorks Distribution 1998). ★14——*See* HUMAN RIGHTS WATCH, LOSING HUMANITY : THE CASE AGAINST KILLER ROBOTS (2012), *available at* [URLは文献リスト参照] (副題に"Killer Robots"); Human Rights Watch & International Human Rights Clinic, Harvard Law School, *Advancing the Debate on Killer Robots : 12 Key Arguments for a Preemptive Ban on Fully Autonomous Weapons*, May 2014, *available at* [URLは文献リスト参照] (表題に "Killer Robots"); Heyns *Report*, *supra* note 2, at 17-18, ¶95; Crootof, *Killer Robots Are Here*, *supra* note 10, at 1892-93.「Killer Robots」に言及する論考は see, *e.g.*, JORDAN, *supra* note 1, at 18. ★15——「主に」を付した理由は、〈感知/認識〉した情報を処理するために② 〈考え/判断〉する部分も、文民と戦闘員の区別等では要求されうるからである。 ★16——*See, e.g.*, HRW, *supra* note 14, at 30-36; Bradan T. Thomas, Comment, *Autonomous Weapon Systems : The Anatomy of Autonomy and the Legality of Lethality*, 37 HOUS. J. INT'L L. 235, 263 (2015). *See also* Kerr & Szilagyi, *supra* note 12, at 346, 356. ★17——*See, e.g.*, Major Jason S. DeSon, *Automating the Right Stuff? The Hidden Ramifications of Ensuring Autonomous Aerial Weapon Systems Comply with International Humanitarian Law*, 72 A.F. L. REV. 85, 96, 106 (2015); Heyns *Report*, *supra* note 2, at 13, ¶69; Kerr & Szilagyi, *supra* note 12, at 339; Michael N. Schmitt & Jeffrey S. Thurnher, *"Out of the Loop" : Autonomous Weapon Systems and the Law of Armed Conflict*, 4 HARV. NAT'L SEC. J. 231, 247 (2013); Jay Logan Rogers, Case Note, *Legal Judgment Day for the Rise of the Machines : A National Approach to Regulating Fully Autonomous Weapons*, 56 ARIZ. L. REV. 1257, 1259-60 (2014). ★18——*See, e.g.*, Kerr & Szilagyi, *supra* note 12, at 339; DeSon, *supra* note 17, at 96; Crootof, *Killer Robots Are Here*, *supra* note 10, at 1867; Heyns *Report*, *supra* note 2, at 10, ¶54. ★19——Lin, *Introduction to Robot Ethics*, *supra* note 1, at 8. ★20——もう少し厳密にいえば、① 〈感知/認識〉する要素であるセンサーの能力向上のみならず、①で取得した情報を処理して判断する② 〈考え/判断〉する要素の向上も必要になってくるけれども、そもそも①の要素も必要になってくるであろう。②の要素は後で別途詳しく分析する。後述2以降参照。 ★21——「武力紛争法」(The Law of Armed Conflict : LOAC) とも呼ばれる「国際人道法」(International Humanitarian Law : IHL) は別名、「*jus in bello*(ユス イン ベロ)」「the law of war」とも呼ばれる。Lieutenant Commander Luke A. Whittemore, *Proportionality Decision Making in Targeting : Heuristics, Cognitive Bias, and the Law*, 7 HARV. NAT'L SEC. J. 577, 581 (2016). ★22——*See, e.g.*, Tetyana (Tanya) Krupiy, *Of Souls, Spirits and Ghosts : Transposing the Application of the Rules of Targeting to Lethal Autonomous Robots*, 16 MELBOURNE J. INT'L L. 145 (2015); Chantal Grut, *The Challenge of Autonomous Lethal Robotics to International Humanitarian Law*, 18 J. CONFLICT SECURITY L. 5 (2013). ロ

ボット兵器の規範として「交戦規定」(rules of engagement：ROE) も挙げる論文としては、see Remus Titiriga, *Autonomy of Military Robots：Assessing the Technical and Legal ("Jus in Bello") Thresholds*, 32 J. MARSHALL J. INFO. TECH. & PRIVACY L. 57, 76 (2016). ★23——*See, e.g.*, Robert Sparrow, *Twenty Seconds to Comply：Autonomous Weapon Systems and the Recognition of Surrender*, 91 INT'L L. STUD. 699, 704 (2015). ★24——Principle of Distinction. *See, e.g.*, Kerr & Szilagyi, *supra* note 12, at 343-44. たとえば傷病者等の「戦闘外にある者」(*hors de combat*（オーダ・コンバー）) を戦闘対象者としないことも「区別原則」に含まれる。Jackson Maogoto & Steven Freeland, *The Final Frontier：The Laws of Armed Conflict and Space Warfare*, 23 CONN. J. INT'L L. 165, 177-78 (2007). ★25——Principle of Proportionality. *See, e.g.*, Kerr & Szilagyi, *supra* note 12, at 343. ★26——Principle of Military Necessity. *See, e.g.*, Toscano, *supra* note 2, at 209. ★27——Principle of Feasible Precautions. *See, e.g.*, Schmitt & Thurnher, *supra* note 17, at 259. ★28——「the fog of war」の定義については、see, *e.g.*, BEN CONNABLE (RAND CORP.), EMBRACING THE FOG OF WAR：ASSESSMENT AND METRICS IN COUNTERINSURGENCY 34 & n. 36 (2012), *available at* [URL は文献リスト参照]; OFFICE OF GENERAL COUNSEL, DEPARTMENT OF DEFENSE, DEPARTMENT OF DEFENSE LAW OF WAR MANUAL, June 2015, at 17, *available at* [URL は文献リスト参照]; Kerr & Szilagyi, *supra* note 12, at 339 n.42. ★29——前掲注 (16) に対応する本文参照。 ★30——前掲注 (17) に対応する本文参照。 ★31——*See, e.g.*, William C. Marra & Sonia K. McNeil, *Understanding "The Loop"：Regulating the Next Generation of War Machines*, 36 HARV. J.L. & PUB. POL'Y 1139, 1149-50 (2013). *See also* JORDAN, *supra* note 1, at 4. ★32——Bekey, *supra* note 1, at 18. ★33——*See also* Jack M. Balkin, *The Path of Robotics Law*, 6 CAL. L. REV. CIRCUIT 45, 52 (2015) ("Emergence presents the ... problem: self-learning systems may be neither predictable nor constrained by human expectations about proper behavior." (emphasis added) と分析). ★34——Top Gun (Paramount Pictures 1986). ★35——The remark cited in the text was from DeSon, *supra* note 17, at 90 (拙訳). ★36——*Id.* at 90, 98; Calo, *Lessons of Cyberlaw, supra* note 2, at 538; Heyns *Report, supra* note 2, at 8, ¶41. ★37——ただし参照、国土交通省「自動走行ビジネス検討会将来ビジョン検討 WG (第 2 回) 議事要旨」(2015 年 11 月 10 日開催) 4 頁 *available at* [URL は文献リスト参照]。 ★38—— "crash optimization." ★39——*See, e.g.*, RESTATEMENT (SECOND) OF TORTS § 479. ★40——*See* Vladeck, *supra* note 2, at 130-32; Stephen S. Wu, *Summary of Selected Robotics Liability Cases*, July 12, 2010, at 3, *available at* [URL は文献リスト参照]. ★41——Arnold v. Reuther, 92 So. 2d 593 (La. Ct. App. 1957). 当事件は拙稿「アメリカ・ビジネス判例の読み方 (第 19 回)：*Arnold v. Reuther* ～自動運転時代の『ラスト・クリア・チャンス—the last clear chance』な事故回避義務を示唆する事例～」国際商事法務 44 巻 10 号 1574 頁 (2016 年) を修正のうえ掲載している。 ★42——「寄与過失」とは原告側の過失である。拙著『アメリカ不法行為法：主要概念と学際法理』76～78 頁 (中央大学出版部・2006 年) 参照。 ★43——*See* Vladeck, *supra* note 2, at 130-32. ★44——*See* Steven Goldberg, Essay, *The Changing Face of Death：Computers, Consciousness, and Nancy Cruzan*, 43 STAN. L. REV. 659, 659 (1991). ★45――*See, e.g.*, Patrick Lin, *The Ethics of Autonomous Cars*, THE ATLANTIC, Oct. 8, 2013, *available at* [URLは文献リスト参照]; Sabine Gless et al., *If Robots Cause Harm, Who Is to Blame? Self-Driving Cars and Criminal Liability*, 19 NEW CRIM. L. REV. 412, 422 n.35 (2016); Bert I. Huang, Book Review, *Law and Moral Dilemmas*, 130 HARV. L. REV. 659, 661 (2016); Nick Belay, Note, *Robot Ethics and Self-Driving Cars : How Ethical Determinations in Software will Require a New Legal Framework*, 40 J. LEGAL PROF. 119, 121 (2015); K.C. Webb, Comment, *Products Liability and Autonomous Vehicles : Who's Driving Whom?*, 23 RICH. J.L. & TECH. 9, 31 (2017). ★46――*See, e.g.*, Judith Jarvis Thomson, *The Trolley Problem*, 94 YALE L.J. 1395 (1985). ★47――Vladeck, *supra* note 2, at 130-32; Wu, *supra* note 40, at 3. ★48――*See also* Chasel Lee, Note, *Grabbing the Wheel Early : Moving Forward on Cybersecurity and Privacy Protections for Driverless Cars*, 69 FED. COMM. L.J. 25, 28 & nn.14 & 15 (2017) ("[S]oftware programmers must now grapple with situations such as the Trolley Problem . . . ." と指摘). ★49――*See e.g.*, Patrick Lin, *Why Ethics Matters for Autonomous Cars*, *in* AUTONOMES FAHREN 69, 72 (2015). ★50――Gabriel Hallevy, *"I, Robot-I, Criminal"-When Science Fiction Becomes Reality : Legal Liability of AI Robots Committing Criminal Offenses*, 22 SYRACUSE SCI. & TECH. L. REP. 1, 6 (2010). ★51――*See* Lin, *The Ethics of Autonomous Cars*, *supra* note 45. ★52――国土交通省・前掲注(37)参照。*But see, e.g.*, Lin, *The Ethics of Autonomous Cars*, *supra* note 45. ★53――Benjamin I. Schimelman, Note, *How to Train a Criminal : Making Fully Autonomous Vehicles Safe for Humans*, 49 CONN. L. REV. 327, 351 n.123 (2016). ★54――Ratliff v. Schiber Truck Co., Inc., 150 F. 3d 949 (8th Cir. 1998). 本件については拙稿「アメリカ・ビジネス判例の読み方（第23回）：*Ratliff v. Schiber Truck Co., Inc.* ～自動運転車が不可避的事故に遭遇した場合を想定すべきという主張の根拠たり得る事例～」国際商事法務45巻2号302頁（2017年）を修正のうえ掲載している。★55――衝突時にトラックが停車していたか、または5 m.p.h. 程度であったかについては争いがある。*Ratliff*, 150 F. 3d at 951 n.3. ★56――「new trial」とは、[陪審員による]集中審理（trial）のやり直しである。拙著・前掲注（42）82頁参照。★57――「*negligence per se*」とは、制定法に違反した被告の行為が自動的に過失であったとみなされる法理である。拙稿「追補『アメリカ不法行為法』判例と学説〔第7回〕」国際商事法務36巻4号537～547頁（2008年）。★58――MO. REV. STAT. § 304.019（急減速・停車する場合の行動を規定）. ★59――Missouri Model Instruction 17.04. ★60――Hollis v. Blevins, 927 S.W.2d 558 (Mo. Ct. App. 1996). ★61――Morgan v. Toomey, 719 S.W.2d 129 (Mo. Ct. App. 1986). ★62――経済産業省「ロボット政策研究会」「資料5　ロボット産業・技術および関連政策の現況」9頁（平成17年［2005年］1月28日）（強調等付加）。★63――DoD, *supra* note 10, at 13, Glossary, pt. II, Definitions (emphasis added)（拙訳）. ★64――*Id.* at 14, Glossary, pt. II, Definitions（拙訳）. *See also* Human Rights Watch & International Human Rights Clinic, Harvard Law School, *supra* note 14, at 1 ("Fully autonomous weapons, once activated, would be able to select and fire on targets without meaningful involvement." と表現). ★65——Marra & McNeil, *supra* note 31, at 1158-59. ★66——*See* Kerr & Szilagyi, *supra* note 12, at 339; Jeffrey S. Thurnher, *The Law that Applies to Autonomous Weapon Systems*, 17 (4) AM. SOC'Y INT'L L. INSIGHTS (Jan. 18, 2013), *available at* [URL は文献リスト参照] at text accompanying its note 5. ★67——*See* Kerr & Szilagyi, *supra* note 12, at 339. ★68——*See* Kenneth Anderson, Daniel Reisner, & Matthew Waxman, *Adapting the Law of Armed Conflict to Autonomous Weapon Systems*, 90 INT'L L. STUD. 386, 394 (2014). ★69——*See* HRW, *supra* note 14, at 38-39. ★70——Toscano, *supra* note 2, at 224. ★71——前掲注 (21) および対応する本文参照。 ★72——Heyns *Report*, *supra* note 2, at 10, ¶ 55. ★72-2——*See* Charles P. Trumbull IV, *Autonomous Weapons: How Existing Law Can Regulate Future Weapons*, 34 EMORY INT'L L. REV. 533, 576 (2020). ★72-3——*Id.* at 548 (拙訳、強調付加). ★73——*Id.* at 16-17, ¶ 89 (emphasis added). ★74——*See id.* at 17, ¶ 91 ("mechanical observation" と "value judgements" の相違を指摘). ★75——*Id.* at 17, ¶ 93. ★76——*See id.* at 17, ¶ 94 ("[to] internalize . . . the cost of each life lost in hostilities" と指摘). ★77——*Id.* ★78——*Id.* ★79——DoD, *supra* note 10 (HRW, *supra* note 14 の公表は 2012 年 11 月 19 日である); Heyns *Report*, *supra* note 2 at 20, ¶ 102. ★80——DoD, *supra* note 10, at 2, 4. Policy (拙訳). ★81——*Id.* ★82——*Id.* at 2, 4. Policy a. (2) & (b) ("Consistent with the potential consequences of an unintended engagement or loss of control of the system to unauthorized parties, physical hardware and software will be designed with appropriate: . . . (b) Human-machine interfaces and controls.") (拙訳). ★83——Schmitt & Thurnher, *supra* note 17, at 265. ★84——*See* Crootof, *Killer Robots Are Here*, *supra* note 10, at 1893. ★85——Toscano, *supra* note 2, at 224. ★86——Charli Carpenter, US Public Opinion on Autonomous Weapons, *available at* [URL は文献リスト参照]. ★87——*See, e.g.*, Crootof, *Killer Robots Are Here*, *supra* note 10, at 1880. ★88——*See, e.g.*, *id.* at 1892-93. *See also* SINGER, *supra* note 2, at 165 (人権専門家は「ブレードランナー」「ターミネーター」「ロボコップ」を、ジュネーブ条約と同程度に重視していたと指摘); *id.* at 166 (「世の中の終焉シナリオ——doomsday scenarios」は映画として受けるので、〈脅威としてのロボット〉的な「妄想——paranoia」が生じると指摘). ★89——Tyler D. Evans, Note, *At War with the Robots: Autonomous Weapon Systems and the Martens Clause*, 41 HOFSTRA L. REV. 697, 728 (2013); Toscano, *supra* note 2, at 220. ロボットに対して人々が抱く不安の源がハリウッド映画かもしれないと指摘する文献として、see Hallevy, *supra* note 50, at 2 (「2001 年宇宙の旅」と「マトリックス」3 部作を、不安を抱かせる映画として例示). ★90——Evans, *id.* at 728 ("the man versus machine myths" と指摘). ★91——Toscano, *supra* note 2, at 190 & n.13. ★92——Terminator Salvation (Warner Bros. Pictures/Columbia Pictures 2009). ★93——Evans, *supra* note 89, at 728 & n.249. ★94——*Id.* at 728. ★95——Heyns *Report*, *supra* note 2, at 17, ¶ 98. ★96——ロボット兵器が「公共の良心の命じるところ」(dictates of public conscience) に反するという議論で注目されている「マルテンス条項」はそもそも、ロシアの外交官 Fyodor Fyodorovich Martens が 1899

年のハーグ平和会議の際に提案し、「ハーグ陸戦条約」の前文に挿入された一節で、以下（和訳）のように述べていた。すなわち、「一層完備シタル戦争法規ニ関スル法典ノ制定セラルルニ至ル迄ハ、締約国ハ、其ノ採用シタル法規ニ含マレサル場合ニ於イテモ、人民及交戦者カ依然文明国ノ間ニ存立スル慣習、人道ノ法則及良心ノ要求ヨリ生スル国際法ノ原則ノ保護及支配ノ下ニ立ツコトヲ確認スルヲ以適当ト認ム。」陸戦ノ法規慣例ニ関スル条約［抄］3 Martens Nouveau Recueil（ser. 3）461, 187 Consol. T.S. 227（効力発生 1910 年 1 月 26 日）ミネソタ大学人権図書館 *available at*［URL は文献リスト参照］。マルテンス条項が挿入された背景・理由は、条約上明文化して保護することができなかった論点に、せめて条約前から存在していた国際慣習法としての保護の効力を付与しようとしたことにあるとか、諸国間の対立を和らげるための妥協の外交用語であった、といわれている。Evans, *supra* note 89, at 713; Michael A. Newton, *Back to the Future: Reflections of the Advent of Autonomous Weapons Systems*, 47 CASE W. RES. J. INT'L L. 5, 13（2015）. ★97――HRW, *supra* note 14, at 35（拙訳）. ★98――*See, e.g.*, Schmitt & Thurnher, *supra* note 17, at 275-276; Crootof, *Killer Robots Are Here*, *supra* note 10, at 1879-81. ★99――"evidence-based medicine（EBM）." ★100――Jason Millar & Ian Kerr, *5. Delegation, Relinquishment, and Responsibility: The Prospect of Expert Robots*, *in* ROBOT LAW, *supra* note 12, at 102, 122-24, 126-27. ★101――Tomoko Otake, *IBM Big Data Used for Rapid Diagnosis of Rare Leukemia Case in Japan*, THE JAPAN TIMES, Aug. 11, 2016, *available at*［URL は文献リスト参照］. ★102――*See generally* Millar & Kerr, *supra* note 100, at 102-27. *See also* John Timmer, *IBM to Set Watson Loose on Cancer Genome Data*, ARS TECHNICA, Mar. 20, 2014, *available at*［URL は文献リスト参照］. ★103――SINGER, *supra* note 2, at 74; Toscano, *supra* note 2, at 194 & n.29; Kastan, *supra* note 2, at 49 & n.19; Marra & McNeil, *supra* note 31, at 1150; Curtis E.A. Karnow, *3. The Application of Traditional Tort Theory to Embodied Machine Intelligence*, *in* ROBOT LAW, *supra* note 12, at 51, 56; Chris Jenks, *False Rubicons, Moral Panic, & Conceptual Cul-De-Sacs: Critiquing & Reframing the Call to Ban Lethal Autonomous Weapons*, 44 PEPP. L. REV. 1, 16（2016）; Heyns *Report*, *supra* note 2, at 8, ¶ 39; Rebecca Crootof, *War Torts: Accountability for Autonomous Weapons*, 164 U. PA. L. REV. 1347, 1367（2016）. ★104――Kerr & Szilagyi, *supra* note 12, at 333, 335-39. ★105――*Id.* at 336, 339. ★106――Kerr & Szilagyi, *supra* note 12, at 336-38. ★107――SINGER, *supra* note 2, at 22-23, 139, 337-38. ★108――The Terminator（Orion Pictures 1984）; Terminator 2: Judgment Day（TriStar Pictures 1991）; Terminator 3: Rise of the Machines（Warner Bros. 2003）; Terminator: Salvation（The Halcyon Company 2009）; Terminator Genisys（Paramount Pictures 2015）. ★109――*See* Marra & McNeil, *supra* note 31, at 1150-51. ★110――*Id.* ★111――*See* Hallevy, *supra* note 50, at 4-5（(i) communications, (ii) mental knowledge, (iii) external knowledge, (iv) goal-driven behavior, および (v) creativity について論じている）. ★112――PAGALLO, *supra* note 2, at 38. ★113――John R. Boyd, Essence of Winning and Losing, Aug. 2010, *in* Project on Government Oversight, Defense and the National Interest, *available at*［URL は文献リスト参照］（John R. Boyd

大佐によるプレゼン資料). ★114——Marra & McNeil, *supra* note 31, at 1145-59; Titiriga, *supra* note 22, at 61. ★115——この4段階ループを、ロボット工学と自律性の代表的学者 Thomas Sheridan は、次のように言い換えているとされるので興味深い。すなわち、①「情報収集：Information Acquisition」、②「情報分析：Information Analysis」、③「決定選択：Decision Selection」、および④「行動実施：Action Implementation」である。Marra & McNeil, *supra* note 31, at 1145-46. ★116——Schmitt & Thurnher, *supra* note 17, at 238 n.29. ★117——HRW, *supra* note 14, at 2. ★118——Heyns *Report, supra* note 2, at 8, ¶41. ★119——HRW, *supra* note 14, at 2-3. ★120——Adam Thierer & Ryan Hagemann, *Removing Roadblocks to Intelligent Vehicles and Driverless Cars*, 5 WAKE FOREST J.L. & POL'Y 339, 344 Table 1 (2015)(拙訳)(The Table 1 is based upon "U.S. Department of Transportation Releases Policy on Automated Vehicle Development," NAT'L HIGHWAY TRAFFIC SAFETY ADMIN. (May 30, 2013)). ★121——*E.g.*, Jack Boeglin, *The Costs of Self-Driving Cars: Reconciling Freedom and Privacy with Tort Liability in Autonomous Vehicle Regulation*, 17 YALE J.L. & TECH. 171, 172 n.1 (2015). ★122——SAE International, SAE News, Press Releases, *U.S. Department of Transportation's New Policy on Automated Vehicles Adopts SAE International's Levels of Automation for Defining Driving Automation in On-Road Motor Vehicles, available at* [URL は文献リスト参照](拙訳). ★123——内閣官房 IT 総合戦略室「自動運転レベルの定義を巡る動きと今後の対応(案)」2頁(平成28年[2016年]12月7日) *available at* [URL は文献リスト参照]。 ★124——本文中において新0～5段階ではなく旧0～4段階を当てはめた理由は、後者の方がわかりやすいからである。以降の本文も同じ理由で旧0～4段階で論じている。 ★125——たとえば、ランドン・オトゥール「死亡事故のテスラは自動運転ではなかった」ニューズウイーク *available at* [URL は文献リスト参照]。*See also* Michelle L. D. Hanlon, *Self-Driving Cars: Autonomous Technology That Needs a Designated Duty Passenger*, 22 BARRY L. REV. 1, 11-12 (2016)(Tesla 車の複数の事故を分析). なお、本文中の次の文の出典は、Jeffrey K. Gurney, *Driving into Unknown: Examining the Crossroads of Criminal Law and Autonomous Vehicles*, 5 WAKF FOREST J. L. & POL'Y 393, 395 (2015). ★126——オトゥール・同前。 ★127——Hanlon, *supra* note 125, at 12-13. ★128——*Id.* at 15. ★129——*See, e.g.*, Orly Ravid, *Don't Sue Me, I Was Just Lawfully Texting & Drunk When My Autonomous Car Crashed into You*, 44 SW. L. REV. 175, 193 n.97 (2014)(citing Alexander Hars, *Supervising Autonomous Cars on Autopilot: A Hazardous Idea*, INVENTIVIO INNOVATION BRIEF (Sept. 2013), *available at* [URL は文献リスト参照]). ★130——*See* Ravid, *id.* at 193 n.97, 194-95. ★131——Matthew T. Wansley, *Regulation of Emerging Risks*, 69 VAND. L. REV. 401, 470 (2016). ★132——Dylan LeValley, *Autonomous Vehicle Liability——Application of Common Carrier Liability*, 36 SEATTLE U. L. REV. SUPRA 5, 16 (2013). ★133——Human-Machine Interface. 日本では「マン・マシン・インターフェイス」と呼ばれているようである。★134——Stephen P. Wood et al., *The Potential Regulatory Challenges of Increasingly Autonomous Motor Vehicles*, 52 SANTA CLARA L. REV. 1423, 1472 (2012). ★135——

Wansley, *supra* note 131, at 470. ★136——Wood et al., *supra* note 134, at 1474-76. ★137——法と行動科学については、拙著・前掲注（42）348〜408頁参照。 ★138——RICHARD H. THALER & CASS R. SUNSTEIN, NUDGE：IMPROVING DECISIONS ABOUT HEALTH, WEALTH, AND HAPPINESS 6 (2008). このような概念をSunsteinは以前から「非対称パターナリズム」（asymmetric paternalism）や「リバタリアン・パターナリズム」（libertarian paternalism）と呼んで筆者が日本に紹介していた。拙著・同前331〜332頁参照。大屋雄裕「ロボット・AIと自己決定する個人」弥永真生＝宍戸常寿編『ロボット・AIと法』59頁、65〜67頁（有斐閣・2018年）も参照。 ★139——拙著・同前332〜342頁参照。 ★140——中西崇文「『利用者支援の原則』検討の方向性」総務省AIネットワーク社会推進会議開発原則分科会（第1回）「資料3-3」*available at*［URLは文献リスト参照］（"nudge：ナッジ"機能の活用等を提案）. ★140-2——Bryan Casey, *Robot Ipsa Loquitur*, 108 GEO. L. J. 225, 238（2019）（手を添えなければならない37分の中で、わずか25秒しか手を添えていなかったと指摘）. ★140-3——NAT'L TRANSP. SAFETY BD., ACCIDENT REPORT：COLLISION BETWEEN A CAR OPERATING WITH AUTOMATED VEHICLE CONTROL SYSTEMS AND A TRACTOR-SEMITRAILER TRUCK NEAR WILLISTON, FLORIDA 24 (May 7, 2016), *available at*［URLは文献リスト参照］［hereinafter referred to as "NTSB, ACCIDENT REPORT"］. ★140-4——Casey, *supra* note 140-2, at 238-39. *See also* NTSB, ACCIDENT REPORT, *supra* note 140-3, at 11-12. ★140-5——なおテスラ社によれば、ハンドルを握っていることが感知されなければ徐々に減速するようになっていたらしいけれども——The Tesla Team, *A Tragic Loss*, June 30, 2016, *available at*［URLは文献リスト参照］； *See also* NTSB, ACCIDENT REPORT, *supra* note 140-3, at 12——、このような強制的な安全機能がなぜ事故を回避できなかったかについて筆者は不知である。Casey, *supra* note 140-2, at 238-39. ★141——Calo, *Lessons of Cyberlaw*, *supra* note 2, at 539. ★142——*Id.* at 539 & n. 166. ★143——*Id.* at 538. ★144——Evan Brown, *Fixed Perspectives：The Evolving Contours of the Fixation Requirement in Copyright Law*, 10 WASH. J.L. TECH. & ARTS 17, 32（2014）（拙訳）. ★145——Kerr & Szilagyi, *supra* note 12, at 357 & n.115（RAY KURZWEIL, THE AGE OF SPIRITUAL MACHINES（1999）を出典表示しつつ指摘）. ★146——*See, e.g.*, Gary E. Marchant, Ronald Arkin, & Patrick Lin, et al., *International Governance of Autonomous Military Robots*, 12 COLUM. SCI. & TECH. L. REV. 272, 283-84（2011）. ★147——Balkin, *supra* note 33, at 51（拙訳）. *See also* Marchant et al., *id.* at 284（"increasing complexity may lead to *emergent behaviors, i.e.*, behaviors not programmed but arising out of sheer complexity."（italics. original）と指摘）. ★148——Balkin, *supra* note 33, at 55（拙訳）. ★149——Karnow, *supra* note 103, at 61. ★150——*See id.* at 59-60. ★151——*Id.* at 55-56（"self-taught program"について）. ★152——「machine learning」について、see, *e.g.*, Michael L. Rich, *Machine Learning, Automated Suspicion Algorithms, and the Fourth Amendment*, 164 U. PA. L. REV. 871, 880（2016）. ★153——Steven M. Bellovin et al., *When Enough Is Enough：Location Tracking, Mosaic Theory, and Machine Learning*, 8 N.Y.U. J.L. & LIBERTY 556, 558-59（2014）; David Allen Larson, *Artificial Intelligence：Robots, Avatars, and the Demise of the*

Human Mediator, 25 OHIO ST. J. ON DISP. RESOL. 105, 144 n.173 (2010). ★154――Mikella Hurley & Julius Adebayo, *Credit Scoring in the Era of Big Data*, 18 YALE J.L. & TECH. 148, 160-61 (2016); Rich, *supra* note 152, at 874-75. ★155――Matthew U. Scherer, *Regulating Artificial Intelligence System : Risks, Challenges, Competencies, and Strategies*, 29 HARV. J.L. & TECH. 353, 363 n.37 (2016). ★156――Liane Colonna, *A Taxonomy and Classification of Data Mining*, 16 SMU SCI. & TECH. L. REV. 309, 320 (2013). ★157――Ric Simmons, *Quantifying Criminal Procedure : How to Unlock the Potential of Big Data in Our Criminal Justice System*, 2016 MICH. ST. L. REV. 947, 997 (2016). ★158――*See generally*, Rich, *supra* note 152, at 871-929. ★159――Johnathan Jenkins, Note, *What Can Information Technology Do for Law?*, 21 HARV. J.L. & TECH. 589, 600 (2008). ★160――*Id.* (supervised, unsupervised, and reinforcement learning の 3 種類). ★161――Colonna, *supra* note 156, at 320-21. ★162――Jenkins, *supra* note 159, at 600-01 ("'training' data set" について). ★163――*Id.* at 601. ★164――Colonna, *supra* note 156, at 321. ★165――*Id.* ★166――Jenkins, *supra* note 159, at 601 n.81. Kate Allen, *Computer Learms How to Play Atari――and Win: Algorithm Masters Arcade Games without Advance Programming in 'Groundbreaking' AI Advance*, THE TORONTO STAR, Feb. 26, 2015, at A1; Roger Anderson, *Boosting, Support Vector Machines and Reinforcement Learning in Computer-Aided Learn Management*, OIL & GAS JOURNAL, May 9, 2005, at 41. ★167――Dana S. Rao, Note, *Neural Networks : Here, There, and Everywhere - An Examination of Available Intellectual Property Protection for Neural Networks in Europe and the United States*, 30 GEO. WASH. J. INT'L L. & ECON. 509, 509, 511 (1996-1997). ★168――Robert Anderson et al., *The Impact of Information Technology on Judicial Administration : A Research Agenda for the Future*, 66 S. CAL. L. REV. 1762, 1811 (1993). ★169――*Id* ("parallel processing" について). ★170――*See, e.g.*, Noah Goodall, *Ethical Decision Making during Automated Vehicle Crashes*, 2424 TRANSPORTATION RESEARCH RECORD 58, 62-63 (2014). ★171――*Id.* ★172――*Id.* ★173――総務省『平成 28 年版 情報通信白書』236 頁、図表 4-2-1-6 (2016 年) *available at* [URL は文献リスト参照]。★174――*See* Mukherjee Siddhartha, *The Algorithm Will See You*, THE NEW YORKER, Apr. 3, 2017, at 46. ★175――L. Thorne McCarty, *How to Ground a Language for Legal Discourse in a Prototypical Perceptual Semantics*, 2016 MICH. ST. L. REV. 511, 521-26. ★176――本文中のこの段落の出典は、別段の出典表示がない限り see Leslie A. Gordon, *Predictive Policing May Help Bag Burglars—But It May Also Be a Constitutional Problem*, A.B.A.J., Sep. 1, 2013, *available at* [URL は文献リスト参照]. *See also* Andrew Guthrie Ferguson, *Big Data and Predictive Reasonable Suspicion*, 163 U. PA. L. REV. 327 (2015); Rich, *supra* note 152. 邦文の研究業績としては、たとえば、山本龍彦「予測的ポリシングと憲法：警察によるビッグデータ利用とデータマイニング」慶応法学 31 号 321～345 頁 (2015 年) 参照。 ★177――*See* Elizabeth E. Joh, *Technology and the Law in 2030 : Policing Police Robots*, 64 UCLA L. REV. DISC. 516, 539 (2016). ★178――*See id.* at 539. *See also* Peter Segrist, *How the Rise of Big and Predictive*

Analytics Are Changing the Attorney's Duty of Competence, 16 N.C. J.L. & TECH. 527, 564 (2015). ★179——*See* Joh, *supra* note 177, at 539. *See also* Segrist, *supra* note 178, at 565. ★180——Segrist, *supra* note 178, at 564-65. ★181——Andrew Guthrie Ferguson, Article & Essay：*Predictive Prosecution*, 51 WAKE FOREST L. REV. 705, 710 (2016) [hereinafter referred to as *Predictive Prosecution*]（なお「boost theory」とも呼ばれると指摘）. ★182——*Id.* at 710-11. ★183——*Id.* at 711-12. ★184——*Id.* at 712. ★185——*See* Joh, *supra* note 177, at 539. ★186——*Id.* ★187——Elysium (TriStar Pictures 2013). ★188——AIネットワーク社会推進会議「国際的な議論のためのAI開発ガイドライン案」(2017年6月14日) 11頁 *available at* [URLは文献リスト参照]。 ★189——Ferguson, *Predictive Prosecution*, *supra* note 181, at 714 (person-based predictionはplace-based predictionと異なる問題を提起すると指摘). ★190——Tom Tyler, *Police Discretion in the 21th Century Surveillance State*, 2016 U. CHI. LEGAL F. 579, 581. ★191——Ferguson, *Predictive Prosecution*, *supra* note 181, at 713. ★192——*Id.* ★193——Segrist, *supra* note 178, at 568-69. *See also* Simmons, *supra* note 157, at 956 ("the Chicago Police Department created a 'heat list' of 400 people who are 'most likely to be involved in a shooting or homicide.'"と指摘). ★194——*See* Ferguson, *Predictive Prosecution*, *supra* note 181, at 714. ★195——Rich, *supra* note 152, at 871. ★196——*Id.* ★197——Tyler, *supra* note 190, at 581. ★198——Simmons, *supra* note 157, at 984. ★199——*See* Andrew Guthrie Ferguson, *Predictive Policing and Reasonable Suspicion*, 62 EMORY L.J. 259, 309 (2012). ★200——*See id.* なお引き止める前に「合理的な疑い」等の要件を満たす必要がある。「合理的な疑い」については、see, *e.g.*, Legal Information Institute (LII), Fourth Amendment：Reasonable Suspicion, *available at* [URLは文献リスト参照] ("The Fourth Amendment permits brief investigative stops when an officer has a particularized and objective basis for suspecting the particular person stopped of criminal activity."等と説明). ★201——Simmons, *supra* note 157, at, 950, 957, 969, 980, 995-56. ★202——*See id.* at 997. ★203——*Id.* at 994-95. プレッドポルの透明性が高まれば、さらに刑事手続自体の透明性も高まる、とSimmonsは指摘している。*Id.* at 951. ★204——AIネットワーク社会推進会議・前掲注(188) 8頁。 ★205——Simmons, *supra* note 157, at 950; Andrew E. Taslitz, *What Is Probable Cause, and Why Should We Care?：The Costs, Benefits, and Meaning of Individualized Suspicion*, 73 L. & CONTEMP. PROB. 145, 146 (2010) ("individualized suspicion"について). 前掲注(198)に対応する本文参照。 ★206——Minority Report (DreamWorks Pictures/20th Century Fox 2002). ★207——Person of Interest (CBS 2011-2016). ★208——*E.g.*, Camille Carey & Robert A. Solomon, *Impossible Choices：Balancing Safety and Security in Domestic Violence Representation*, 21 CLINICAL L. REV. 201, 245-46 (2014); Kimberly N. Brown, *Anonymity, Faceprints, and the Constitution*, 21 GEO. MASON L. REV. 409, 427 n.142 (2014); Rich, *supra* note 152, at 873 n.8. ★209——*See* Jennifer C. Daskal, *Pre-Crime Restraints：The Explosion of Targeted Noncustodial Prevention*, 99 CORNELL L. REV. 327, 329, 331 (2014). ★210——*Id.* 笹倉宏紀「第9章　AIと刑事法」山本龍彦編『AIと憲法』393頁、430〜

431頁（日本経済新聞社・2018年）も参照（プロファイリングの問題について紹介）。★211——たとえば、総務省『平成28年版 情報通信白書』233頁 *available at*［URLは文献リスト参照］。 ★212——レイ・カーツワイル（井上健監訳/小野木明恵ほか訳）『ポスト・ヒューマン誕生：コンピュータが人類の知性を超えるとき』338頁（NHK出版・2007年）（コンピュータ科学者のエレイン・リッチによる定義として紹介している）。★213——Anderson et al., *Information Technology, supra* note 168, at 1807（拙訳）. ★214——*See* Scherer, *supra* note 155, at 364. ★214-2——本文中の以降の記述については別段の出典表記がない限り、たとえば、総務省『情報通信白書 令和5年版』55頁（令和5年［2023年］7月）; 嶋是一「気になるこの用語第55回：ChatGPTとLLM」国民生活129号28頁（2023年）; NRI「用語解説 | 技術『生成AI』」*available at*［URLは文献リスト参照］; 松崎陽子「ChatGPTが変える未来のかたち」NRI Digital 2023年6月30日 *available at*［URLは文献リスト参照］;「"自然言語処理"とは？」産総研マガジン2023年6月23日 *available at*［URLは文献リスト参照］; 鳥澤健太郎（情報通信研究機構）「大規模言語モデルと著作権に関する一考察」2頁（2023年10月16日）（強調付加）*available at*［URLは文献リスト参照］等参照。★214-3——もっとも「"自然言語処理"とは？」・前掲注（214-2）は、創造性について懐疑的であると指摘している。★214-4——NRI・前掲注（214-2）（強調付加）。★214-5——たとえば、「ソフトバンクG孫氏、人間を超える汎用AI『10年以内に』」日本経済新聞2023年10月4日 *available at*［URLは文献リスト参照］; 竹野内崇宏「AIで失業『当面ない』はずが…4年前の倫理指針が追いつけぬ脅威」朝日新聞DIGITAL 2023年5月9日（次のように指摘している：「対話機能が進化したチャットGPTだけでも大きなインパクトをもたらしたが、……、（AI研究の究極の目標である、人間と同様の思考ができる）『汎用（はんよう）AI』の実現が、私たちが思っていた以上に早く近づきつつある。しかも米国を中心に、開発はさらに加速していく」と）*available at*［URLは文献リスト参照］（強調付加）参照。なお後掲第7章IV-1において紹介するように、EUはAI規則案において「汎用目的AI：general purpose AI」を規制する方針を公表している。★214-6——㈱Preferred Networks「『人間中心のAI社会原則検討会議』に対する意見」*in* 内閣府「人間中心のAI社会原則検討会議 第一回参考資料」（平成30年［2018年］5月8日）*available at*［URLは文献リスト参照］; 日本経済団体連合会「AI活用戦略〜AI-Readyな社会の実現に向けて〜」4頁（2019年2月19日）*available at*［URLは文献リスト参照］。次のように主張していた（強調付加）：「汎用的なAIの実現には、多くの課題がある。そのため……AIが人間の全ての能力を上回るというシンギュラリティーの可能性、SF的な機械が人間を制圧する未来といったものを安易に議論することは、AI技術の本質を捉えておらず、望ましいものではない」。また、「開発原則分科会・影響評価分科会　合同分科会　議事概要」（平成29年［2017年］7月20日）*in* 総務省「AIネットワーク社会推進会議・開発原則分科会」*available at*［URLは文献リスト参照］（汎用AIを、AI開発原則・ガイドラインによる規制の対象外にすべきと要求する理由として、世界的な超大手コンピュータ企業の構成員代理が、「汎用AIは、まだ実用化の目途が立っておらず、実現されるとしても遠い将来のことであると見込まれる」（強調付加）と主張していた）も参照。★214-7——鳥澤・

前掲注（214-2）2頁（強調付加）。★214-8——なお「そもそも、文中であとに続く単語を確率的に予測するだけで、どうして人が書いたような文章を生成できるのかを具体的に説明できる理論がまだないのです」という指摘がある。「“自然言語処理”とは？」・前掲注（214-2）。★214-9——同前。★214-10——本文中の以降の部分の記述については、たとえば、「AIのリスクを事前審査 G7指針、早期のルール策定重要」日本経済新聞 2023年12月7日 *available at*［URLは文献リスト参照］; 内閣府「AI戦略会議 第7回」（令和5年［2023年］12月21日）*available at*［URLは文献リスト参照］参照。★214-11——「（資料1-1）総務省・広島AIプロセスについて」（令和5年［2023年］12月）*in* 同前・内閣府「AI戦略会議 第7回」。★214-12——「（資料1-3）総務省・経済産業省 AI事業者ガイドライン案」95〜99頁 *available at*［URLは文献リスト参照］*in* 同前・内閣府「AI戦略会議 第7回」;「（資料1-2）総務省＋経済産業省・AI事業者ガイドライン案 概要」1〜4頁（令和5年［2023年］12月21日）*available at*［URLは文献リスト参照］*in* 同前・内閣府「AI戦略会議 第7回」。

Figure/Tableの出典・出所

（＊1）Thomson, *supra* note 46, at 1402.

（＊2）Based upon Clive Thompson, *Relying on Algorithms and Bots Can Be Really, Really Dangerous*, WIRED, Mar. 25, 2013, *available at*［URLは文献リスト参照］.

（＊3）Drawn by the author based upon Kerr & Szilagyi, *supra* note 12 at 335-39; Marra & McNeil, *supra* note 31, at 1149-77; Heyns *Report*, *supra* note 2, at 8, ¶39.

（＊4）アメリカ国防総省のPredator画像 *available at* 〈http://archive.defense.gov/DODCMSShare/NewsStoryPhoto/1996-02/hrs_9602142b.jpg〉(last visited Feb. 9, 2017).

（＊5）アメリカ国防総省のGlobal Hawk画像 *available at* 〈https://media.defense.gov/1997/Feb/20/2001237171/-1/-1/0/398354-I-BYH01-912.jpg〉(last visited Feb. 9, 2017).

（＊6）Boyd, *supra* note 113, at 3.

（＊6-2）Bryan Casey, *Robot Ipsa Loquitur*, 108 GEO. L. J. 225, 285 Figure 2 (2019).

（＊6-3）NAT'L TRANSP. SAFETY BD., ACCIDENT REPORT : COLLISION BETWEEN A CAR OPERATING WITH AUTOMATED VEHICLE CONTROL SYSTEMS AND A TRACTOR-SEMITRAILER TRUCK NEAR WILLISTON, FLORIDA 1, 6 Figure 5 (May 7, 2016), *available at*［URLは文献リスト参照］.

（＊6-4）総務省・AIネットワーク社会推進会議「報告書2019」の「別紙1（附属資料）AI利活用原則の各論点に対する詳説」5頁上部（令和元年［2019年］8月9日）*available at*［URLは文献リスト参照］。

（＊6-5）NTSB, ACCIDENT REPORT, *supra* note（＊6-3）, at 14-15 & Fig. 11.

（＊7）総務省・インテリジェント化が加速するICTの未来像に関する研究会「報告書2015」13〜14頁 *available at*［URLは文献リスト参照］を参考に筆者が表に変換し、編集上文言等を修正。

第4章 ロボットの種類とその法的問題

前章ではロボットの定義を説明し、その特徴的要素（特に自ら〈考え/判断〉する要素）に関わる法的問題に触れた。本章では、具体的にロボットの使用・開発領域等を分類・紹介する。たとえば機械とシリコン（半導体）のみから構成されるロボットだけではなく、生物学を用いたロボットもありうる事実を紹介する。さらに、分類化されたロボットのいくつかにおいて、すでに論じられている法的・倫理的な問題も紹介する。たとえば、実用化が先行している「ロボット・カー」（自動運転車）における「トロッコ問題」や、ネットワーク化したロボットのはらむ危険性もここで詳しく紹介しておく。

ロボットの分類の仕方には、さまざまな方法が考えられる。ロボットが、その他の機械製品と異なる特色のひとつは、**エンジニアがロボットの活動領域を決定するよりも前に、sci-fi（サイ・ファイ）作品がそれを決めてしまう点にある、**といわれている[★1]。すなわちsci-fiが、実際のロボットに対する期待を非現実的な高みに設定してしまうといわれているのである[★2]。いずれにせよ、本書では、次の3つに分けてロボットを捉えてみる。(1)〈分類〉――産業用なのか家庭用なのか等――、(2)〈使用領域〉――医療分野なのか交通分野なのか等――、および(3)〈生物学応用系ロボット〉、の3種類である。もっとも1つのロボットが上の複数の種類に属することもある。たとえば(1)の〈分類〉において「エキスパート（特化型）ロボット」として紹介する「ルンバ」は、(2)の〈使用領域〉においても、当然であるが「家庭用役務を提供するロボット」として再度紹介されることになる。

I　ロボットの分類

一口に「ロボット」といっても、その中身はさまざまである。以下、いくつか例示しておこう。

1 汎用型ロボットとエキスパート（特化型）ロボット

ロボットの活動する領域が、「閉鎖空間」または「予定された空間」であるか、逆に「公開空間」であるかの違いによって、前者を「自動的」(automatic/automated) な機械にすぎず、後者は「自律的」(autonomous) なロボットである、という区別を示唆する者もいる[★3]。もっとも「自動的」と「自律的」との違いは、程度の違い——スライディング・スケール——で把握すべきかもしれない（第3章 Fig. 3-6 参照）。

ところで、公開空間で活動する自律型ロボットは、活動区域が限られていないから想定外の状況にも対処しなければならない。したがって限られた区域のみで活動するロボットよりも、さらに複雑さが増すと指摘されている[★4]。それゆえに予想外の行動をとるおそれもありうる。

自律型ロボットの典型例には、使用目的が多岐にわたる「**汎用型ロボット**（general-purpose robots）」と呼ばれるロボットが含まれる[★5]。他方、使用目的が非常に限定的なロボットも存在し、この「**エキスパート（特化型）ロボット**」はその限定性ゆえに能力も危険性も限定的に設定できる。

汎用型ロボットよりも実現・普及に至るうえで障害が少ないエキスパート（特化型）ロボットの中には、すでに実現・普及しているものも複数ある。たとえば、掃除用ロボット「ルンバ」(roomba) や、手術用ロボット「ダ・ヴィンチ」(DaVinci) が有名である（次頁 Fig. 4-1 参照）。「ダ・ヴィンチ」については裁判例も存在する（第5章 II-2 (4) 参照）。

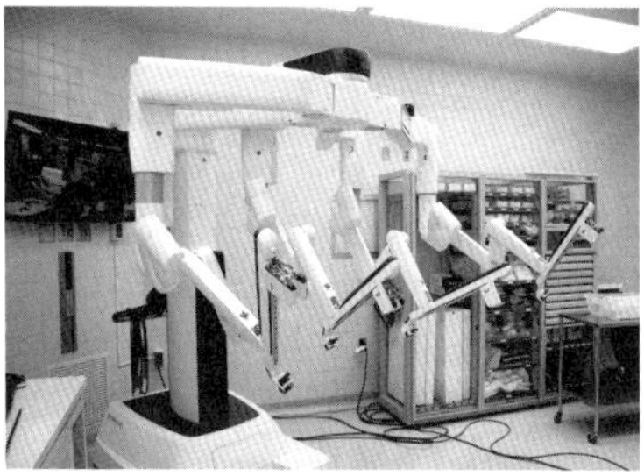

Figure 4-1：手術用エキスパート(特化型)ロボット(出典＊1)
「ダ・ヴィンチ」

アメリカ国防総省で使用されたDaVinci Xi手術システム。

2 産業用ロボット

「**産業用ロボット**」は、もっぱら生産設備として、企業によってすでに多くの工場で実際に使用されている。しかし産業用ロボットは原則として多くの場合、安全性確保のために労働者が立ち入らない、あらかじめ決められた範囲・敷地内で淡々と決められた作業をこなすだけの機械である。したがってその能力も危険性も限定的であり、わざわざロボット法が取り扱うほどの問題は存在しないのかもしれない。

もっともすでに長年使用され普及されたためか、人身事故も次のように報告されている。たとえば1979年1月25日にミシガン州のフォード社工場において労働者が死亡した例や、1981年にメンテナンス作業中に労働者が死亡した日本の例もあるといわれている[★6]。なお後者の事故と思われる例は、マサチューセッツ工科大学（MIT）出版の本でも紹介されているので[★7]、ロボットの分野では有名な事故であると評価できよう。

(1) 産業用ロボット不法行為訴訟事件

ロボット法の裁判例はいまだ極めて稀であるが、産業用ロボットについては後掲裁判例「ミラー対ラバーメイド社事件」がある。**裁判例紹介#3**において紹介しておくので、適宜参照されたい。なお産業用ロボットに関する不法行為訴訟[★8]の特徴を挙げると、事故が労働災害であり、労働安全の問題を提起している点にあるかもしれない。第5章 **II-2(4)** の**裁判例紹介 #6** において、もうひとつ紹介する産業用ロボット不法行為事件の「ペイン対 ABB フレキシブル・オートメーション社事件」も、やはり労働災害・労働安全の事件である。産業用ロボットは言うまでもなく工場という作業場で用いられる機械であるから、その事故が作業者の労働中の災害になっても不思議なことではない。

産業用ロボット不法行為訴訟のもうひとつの特徴を挙げれば、「〈感知/認識〉+〈考え/判断〉+〈行動〉の循環」というロボットに不可欠な3要素のうちの、〈考え/判断〉する要素が問題になった産業用ロボットの公表裁判例にはなかなか出くわせないという点である。その理由は、そもそも「〈感知/認識〉+〈考え/判断〉+〈行動〉の循環」を満たす産業用ロボットがいまだ普及していないからであると推察できる。〈考え/判断〉する要素が製造物責任訴訟において争点になるのは、いまだ先の話なのかもしれない。

裁判例紹介 #3：
産業用ロボットによる死亡事故において故意による不法行為[★9]が争点になった、ミラー対ラバーメイド社事件[★10]

ラバーメイド社（以下「Δ（デルタ）」という）の工場で使用されていたプラスチック注入成型プレス機は、ハスキー社（原審被告・当審では争われず）製の機械に、他社製の金型とロボット・アームを取り付けた機械で、2つの金型半体が閉まると液体プラスチックが注入されてプラスチック製の蓋（ふた）製品等が作られ、金型が開くとロボット・アームがその蓋製品等を金型から取り出してベルトコンベアに持ち運ぶようになっていた。Δ の従業員でプロセス技術者の職にあった亡ウイリアム・キャクレリス（以下「K」という）の仕事は、プラスチック形成された製品を金型半体からロボット・アームが正しく取り出せるように教え込む「ロボット・ティーチング」等であった。ロボット・ティーチングは、「ティーチ・ペンダント」を用いて、金型半体が開いている時に遠隔で行うようになっていた。機械は手動、準自動、および自動の3段階のモードを選択可能で、自動モードでは機械が途中で停止せずにいくつもの製品を連続製造できた。機械はフェンスで囲まれ、ドアが開けられると機械が安全のために停止する仕組みであった。さらに機械が作動中に人が近づこうとするとアラームが鳴ってやはり機械が停止した。警告がいくつも貼られていて、たとえば「危険：機械またはロボットが作動中は、防護区画内に入るな。」と記載されていた。Kはハスキー社の行うトレーニング・コースに参加し、作動中は機械に近づかないことや、安全装置を勝手に解除してはならないこと、金型半体の中に入らないこと等を教えられていた。さらに機械のフェンスやドアを超えたり潜(くぐ)ったりしてはならない訓練もΔから受けていた。

事故当日は機械の調子が悪く、ドアが閉まっていることを機械が認識せず連続製造ができない状態で、この誤認を解くためには「一からやり直し」(re-boot) しなければならなかった。もっともこの不具合は、ドアが閉まっているのに開いていると誤解して製造を停止するのであって、逆にドアが開いているにもかかわらず閉まっていると誤解して製造し続けるような危険なものではなかった。当時のKの当番は夜勤で、Kの前の日勤の同僚は、当日の不具合を直そうと試みたが成功せず、金型半体に詰まった製品を取り出す手段として、ドアの下から長い真鍮の棒を伸ばして突き刺す方法を、Kに教えた。金型半体の間にヒトが入り込むような方法は教えなかった。シフトを引き継いだKは、金型半体に挟まれて死亡していたところを発見され、その手にはティーチ・ペンダントが握られていた。

死亡原因はおそらく、Kが、機械を自動モードにしたまま「安全装置をすべて『潜り抜けた』」うえに、フェンスを潜って金型半体の中に入ってロボット・ティーチングをしたためであると推察されたが、そのような行為に及んだ理由は不明であった。Kを訓練した従業員は、自動モードのまま金型半体に入り込んでロボット・ティーチングするような方法は教えていなかった。さらに勝手に安全装置を潜り抜けることは、Δの工場規則違反として戒告処分の対象事由であった。事故後にOSHA(オーシャ)★11(労働安全衛生局)の査察が入ったけれども、本件死亡事故についての法規違反は認められなかった。なお、同種の事故が生じたことはなかった。

Kの母親(以下「π(パイ)」という)がΔに対しては「故意による不法行為」を請求原因とし、かつハスキー社に対しては製造物責任を請求原因として訴えを提起したけれども、両被告からのサマリー・ジャッジメント(SJ)★12の申立てを原審が認容。πはΔに対する部分についてのみ、原審の誤りを主張してオハイオ州控訴裁判所に控訴した。

主な争点は、危険が被害者従業員に及ぶことを雇用主がほぼ確実に知っていながら職務を行わせるのでなければ、雇用主の故意による不法行為責任が認められないか否かである。オハイオ州控訴裁判所は、危険が及ぶことを雇用主がほぼ確実に知っていながら職務をさせなければ、故意による不法行為が認められないと判断。そして、本件ではほぼ確実に知っていた旨の証拠に欠けるとして、原審を支持する判決を下した。その理由として、以下のように述べている。

まず本件に適用されるファイフ事件★13によれば、雇用主の故意による不法行為を証明するためには次の3つを示さねばならない。すなわち(1)職務中の危険な状況を知っていたこと、(2)その危険な状況に職務上身を委ねれば危険がその従業員に及ぶことがほぼ確実なことを知っていたこと、および(3)それでもその危険な職務の遂行を要求したこと、である。雇用主が単に危険を知っていたか認識していただけでは不十分で、「過失や無謀さ」(negligence or recklessness)を超えた証拠が、故意による不法行為を立証するためには求められる。(1)〜(3)を原告が示せば、雇用主は法律上、その結果(従業員に危険が及ぶこと)を望んでいたかのごとく扱われる。当裁判所はかつてマークス事件★14において、「ほぼ確実」の要素こそが過失責任と故意による不法行為とを区別すると判断している。同事件の裁判所曰(いわ)く「知られた危険が[雇用主の]心中でほぼ確実になれば、合理的な人であれば回避するであろう予見可能な危険[の程度]に[もはや]止(とど)まらないから、一線を画さねばならない」と。当裁判所は故意を、状況のすべてを考慮に入れつつケース・バイ・ケースに判断する。雇用主の認識がほぼ確実であったという結論を支持する諸要素には、すでに同様な行為があったか、その危険を雇用主が隠したり不実表示したか、雇用主が連邦法・州法・業界基準に違反したか、等が含まれる。なおファイフ事件の3つの基準は、そのすべてを原告が示さねばならないから、どれかひとつの立証を欠けば他の2要素を審査するには及ばず、原告敗訴のSJが下される。本件では(2)「ほぼ確実」の要素が最も重要と認めるので、この要素から検討する。

Kが危険な状況に身を委ねて危険の及ぶことがほぼ確実であることをΔ(当審では被控訴人)が知らなかった旨の証拠を、Δは提出している。以前に同様な事故は生じておらず、安全装置が潜り抜けられれば挟まれて危険である旨も隠さず警告を多く貼っており、かつΔは本件死亡事故について法令違反も認定されていない。Kは十分な訓練も受け、自動モードのまま金型半体に入り込むような指示を誰もしておらず、安全性遵守の工場規則にKが違反したこともΔの証拠が示している。

逆にπ(当審では控訴人)は、以前に同様な事故が生じた旨の証拠を提出できず、Δが安全性法規を違反した証拠も示せず、機械の誤作動が危険性を高めたとか、誤作動ゆえに被害がほぼ生じた旨の証拠も提出し損ねている。Kの受けた訓練が不十分であったとか、警告が不十分であったとか、自動モードのまま金型半体に入り込むように指示された等の証拠も示していない。Kの行動は、機械の使用やロボット・ティーチング手続として受容可能な限度を大幅に超えていたのである。証拠に基づけば、Kに危険が及ぶことがほぼ確実であることをΔが知っていたとは認定できない。Δを勝訴させるSJの申立てを認めた原審は、誤っていない。

(2) 日本の「食品フードパック裁断自動運搬機死亡事件」★15

前述のミラー事件は、日本の製造物責任裁判例である「食品フードパック裁断自動運搬機死亡事件」を想起させるので、こちらも紹介しておこう。同事件では、食品容器（フードパック）を大量生産する機械のリフト（昇降機）部分で、生産されたフードパック製品が軽さゆえに荷崩れを起こしていた。崩れた製品を除去しようとして、リフトを停止させないまま作業員がリフトに身体を入れたところ、リフトが上昇して頭部が天井とリフトの間に挟まれ死亡した。ミラー事件と共通する点は、両者共に工場における大量生産のための機械がうまく作動しない状況において、安全性を作業員が確認し行動していれば問題ないものの、それでは作業効率が悪い等のために安全性を無視して作業した結果、事故に至ったという点である。したがって両事件共に、労働災害であり、労働安全の問題でもある。

もっともミラー事件の方は製造物責任（製品欠陥）が争点になっておらず、むしろ雇用主の非難可能性の有無、すなわち故意による不法行為が争点なので、日本の事件――雇用主の責任のみならず製品欠陥も争点となった――とは異なる。さらに両事件の結果も異なっていて、日本の事件では雇用主による荷崩れ対策・安全教育懈怠の責任が認定されたうえに、東京高裁が原審の判断を覆してメーカーの欠陥責任も認定した（もっとも亡作業員による50％の過失相殺を認めている）。製品欠陥が認定された理由は、⑴作業員の行動が予見可能でありかつ異常とまではいえず、さらに⑵対策としての安全装置も容易に設計上選択可能であったにもかかわらず、その採用を怠ったからであった。以下、東京高裁の理由を理解するうえで参考になる部分を、引用しておこう。まず⑴について以下のように述べている。

毎日本件機械を操作して作業に従事する者からすれば、このよう

にしばしば機械を停止させて作業を中断し、崩れたフードパックを取り除かねばならないことは耐えられない……。[中略]

……本件機械の操作担当者が、荷崩れが起きた都度、常に機械を停止させるなど作業を中断して対応するものと期待することはできない。通常の操作担当者であれば、熟練するにつれて、作業効率を考えて、あるいは、特に作業を急がされていなくても、作業が中断して円滑に進まないことを嫌って、上記のような不適切な対処策によらずに、機械を停止させることなく問題を解決しようと考えることが当然予想される。その結果、リフトが作動中に崩れたフードパックを取り除こうとする行動に出ることが想定されるのである。本件機械の製造者としては、そのような操作担当者の心理にも配慮して、機械の安全性を損なうことのないようにする必要がある……。

[] ところで、本件機械の構造は……手足や身体を入れることは容易な構造となっている。また、……その動きは必ずしも速くは感じられず、手早く取り除けば、手や身体を入れても大丈夫と思いがちな時間である……。

[] したがって、……荷崩れが起きて、これを取り除かねばならないときに、操作担当者が、本件機械を停止させないまま、作業中のリフトの上部に手や身体を入れてこれを行なおうとすることは、十分に予見できる……。そして、……客観的に見れば危険な行為であっても、作動しているリフトの上部に手や身体を入れて崩れたフードパックを取り除こうとすることをもって、予測の範囲を超えた異常な使用形態であるということはできない。

さらに製品欠陥が認定された理由の(2)である、安全性を向上させる代替設計案の採用が容易であったことについても、東京高裁は以下のように述べている。

……機械を停止せず、作業効率を犠牲にせずに、しかも安全に荷崩れ品を排除することは、[設計上] 十分に可能であったものと認められる(たとえば、リフトが最下部でフードパックを梱包場所に移動させた後、そのまま停止するか、あるいはリフトが最上部まで上がらずに、もっと下でいったん停止して、次のサイクルに入ると同時に最上部まで上昇していくようなシステムになっていれば、安全に荷崩れしたフードパックを取り除くことができ、身体をはさまれることもなかったと考えられる。)。そうすると、まず、このような適切な排除策が講じられていなかった点で、本件機械は、通常有すべき安全性を備えていなかった、すなわち欠陥があったものと認めるのが相当である。

(3) 日米両事件の教訓

裁判例紹介 #3 のミラー事件と日本の食品フードパック裁断自動運搬機死亡事件とは争点が異なっており、かつ後者は産業用ロボットの事件ではないけれども、日本における将来の産業用ロボットが備えるべき安全性について両事件から示唆を得ることはできる。たとえば、まず雇用主も含めた全体的なシステムとして、作業者による危険な使用方法を防止するための措置をできる限りとることが求められよう。ミラー事件がいうように、作業訓練や工場規則や指示警告表示等々を通じた安全配慮の措置がその具体例となる。

加えて、製品そのものの設計についても、作業員による誤使用も予想したうえで、その際の危険性をも回避・減少させることのできる合理的な代替設計案 (Reasonable Alternative Design：RAD（ラッド）) を検討・採用すべきであろう。すなわち安全設計の採用を怠ったことについて、東京高裁が「機械を停止せず、作業効率を犠牲にせずに、しかも安全に荷崩れ品を排除することは、［設計上］十分に可能であったものと認められる（たとえば、……)。……このような適切な排除策が講じられていなかった点で、本件機械は……欠陥があったものと認める」(圏点付加) と指摘している部分が、RAD に該当する。そのような RAD の採用が十分に可能であったならば、採用せねばならなかった——さもなければ設計上の欠陥であったと認定される——というわけである。したがって産業用ロボットについても、RAD 採用が十分に可能であったか否かの検討が、設計段階において製造業者等に求められよう。なお RAD 等のテーマについては、ロボットの製造物責任を分析する第 5 章 II-2(1) において、詳細に紹介する。

3 サービス・ロボット

産業用ロボットに比べて、広く消費者の生活区域で活動することが期待されている「**サービス・ロボット**」[★16]には、さまざまな呼称が与えられている。たとえば、「**家庭用ロボット**」[★17]、「**個人用ロボット**」[★18]、「**社会的相互作用ロボット**[★19]」、または日本では「**生活支援ロボット**」[★20]という呼称も存在する。筆者も構成員であった経済産業省「ロボット政策研究会」の中間報告書は、「次世代産業用ロボット」とは異なるサービス・ロボットの例として、「清掃、警備、福祉、生活支援、アミューズメント等多様な用途に関し、サービス事業や家庭等の場において、人間と共存しつつサービスを提供する」ものと定義している[★21]。

ところで**サービス・ロボットには、活動区域が非限定的であるのみならずその使用方法も多岐にわたる前述1-1の「汎用型ロボット」が含まれることもある**——そもそも事前に仕様が完全に定義されておらず曖昧な場合もある[★22]——ために、求められる能力も高く、そしてその分だけ危険性も高くなる場合がある。そのため、想定される危険性や危険回避策や、事故発生時の責任問題等を、ロボット法が検討する必要性が高まることも考えられる。

もっとも、汎用性がなく特定の用途のみを有する「**同居ロボット**」も存在し、2002年に発売された掃除ロボット「ルンバ」はその代表例とされる[★23]。

ところでスタンフォード大学講師（出典公表時）であったライアン・ケイロは、次のように指摘しているので興味深い[★24]。すなわち、家庭内で使われるコミュニケーション・ロボットの記憶する家庭内の様子を、政府が令状等による証拠押収を通じて把握できたり、クラッカーがクラッキングして家庭内情報を違法に収集できたりするおそれもある[★25]。このおそれは、セキュリティが甘いといわれている、「テレプレゼンス・ロボット」（テレビ電話機能が移動型の機械に付けられた小型のロボット）や「ロボット・トイ」（おもちゃロボット）などの家庭内ロボットの現状を考慮すれば[★26]、現実的な危険性といえよう。

4「ボット」と「ロボット」の違い

「ボット」(bot) と「ロボット」の混同を避けて異なる定義づけを試みれば、各々の定義は次のようになるであろう[★27]。

一方の「**ボット**」とは、有体物に化体していない、無体物であるソフトウエアとしてのロボットの意味である[★28]。他方の「ロボット」とは、単なるソフトウエアとしてのボットではなく、有体物としてのロボットである[★29]。

なお本書は後者の有体物としてのロボットを主に扱うけれども、場合により無体物のボットにも言及する（次段落以降参照)。

ヒトに仕えるロボットの行為の効果が、本人たるヒトに帰属するか否かという論題は、民法上の〈代理〉[★30]や〈表見代理〉[★31]等の諸法理に関係する。この論題を考える際のアナロジーとなりそうな先行研究としては、主にサイバー法において扱われるボットの議論で、自律的な判断機能を有するボットが、勝手に権限を越えて投資や契約した場合のヒトへの効果の帰属等が論じられる[★32]。(なおボット以外の代理権に関わる人工物等の呼称としては、「software agents」「electronic agents」「intelligent agents」「softbots（software robots)」等がある[★33])。ボットの代理権問題を考える際には、ボット等のエージェントがどの程度の自律的判断の裁量を有していたかも関係するという指摘がある。たとえば「奴隷」(slaves) には自律性（裁量権）がまったくないけれども、「代表者」(representatives) や「販売員」(salesmen) には権限内の裁量権があり、場合によってはポートフォリオを管理する権限が付与されることも考えうると指摘されている[★34]。

このような、サイバースペースにおけるボットと同様な代理権の問題は、有体物であるロボットの場合にも生じうるという指摘も見受けられる。たとえば[★35]、グーグルが2040年に、知性を有して自ら考えることができる「強い AI」を搭載した有体物ロボットを開発できたと仮定し、そのロボットが不動産会社の従業員として働いていたと考えてみよう[★36]（「強い AI」については第6章 **II-7(1)** 参照)。無体物たるボットと異なり、このロボットは店舗にいて、客を物件の下見に連れていくこともできるし、雇用主のために客と不動産契約を締結する知的かつ物理的な能力もある[★37]。しかしこのロボットによる契約は、アメリカの判例法の諸原則[★38]上は、雇用主に効果を生じさせることがないように解釈しうる。なぜなら**判例法の諸原則は、代理人がヒトであることを要求している**からである[★39]。さらにはコンピュータ・ソフトウエアを代理人として扱うことを判例法の諸原則は明確に否定し、単なる道具として扱うからである[★40]。もっともATM機械のミスの効果を銀行に及ぼす裁判例等[★41]を類推適用すれば、裁判所はすでに機械を「代理人」として扱って利用者の被害を救済する姿勢を示している。したがって将来的には、ロボットにも代理権が認められ、判例法の諸原則も書き換えられるだろうという指摘もある[★42]。

5 超小型ロボット（ナノボット）から、超大型ネットワーク・ロボットまで

「**ナノボット**」(nanobot) とは超小型ロボットの意であり、将来的には石油汚染を清掃するような役割や、健康分野において、ナノボットがヒトの体の中を動き回って病原体を撃退したり怪我を治したり、遺伝子レベルの治療を施すことも検討されている[★43]。ナノボットは以上の〈正〉の面のみならず、次のような〈負〉の面も懸念されている。ナノボットが効果的にミッションを果たすためには、「自己複製」(self-replicate) することが期待されている。しかしこの自己複製は、適切に管理できずに暴走した場合には、地球のエコシステムや人類に害悪を与えかねないといわれているのである。もっとも他方では、自己複製の実現は難しいという指摘もある。

逆に超大型ロボットとしては、たとえばビル自体が——自動的に点灯したり風呂を沸かす現在の「スマート・ホーム」の域を超えて住環境を自律的に調整できるようになれば——、ロボットとみなされうることも予測されている[★44]。映画「2001年宇宙の旅」[★45]に登場するHAL（ハル）9000型人工知能を搭載した宇宙船も、そのものが超大型ロボットであると捉えることが可能かもしれない。

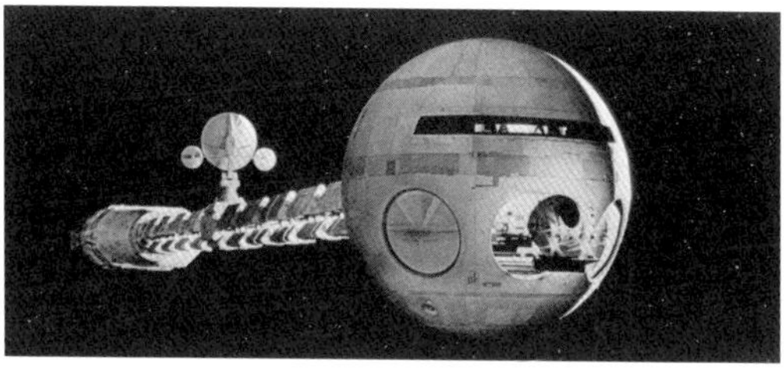

Figure 4-2：超大型ロボット?!
映画「2001 年宇宙の旅」（1968 年）

HAL 9000 を搭載した宇宙船。写真左のアンテナが故障したという誤報を HAL が宇宙飛行士に伝えて、船外活動をしている飛行士を HAL が殺害するというプロット。
写真協力：公益財団法人川喜多記念映画文化財団

このように解釈を広げていけば、たとえば映画「ターミネーター」に登場する「スカイネット」と呼ばれる軍事用人工知能ネットワークも、戦略爆撃機や核ミサイル等の有体物を手足として所持する１つの超大型ネットワーク・ロボットと捉えることも可能である（後述 6 参照）。このように「ロボット」の定義は曖昧で、将来的には変化しうると指摘されている[★46]。

6 ネットワーク化されたロボットや人工知能

ロボットは単体で活動するよりも、他の装置やデータと交信できることによってその機能が格段に向上する。たとえばロボット・カー（自動運転車）は、単体（スタンド・アローン）で自動化が進むばかりか、他の自動車やインフラと通信し合って、渋滞を避けて燃費を向上させる等の効率化も可能であろう。ちなみに前者の車車間通信を「Ｖ２Ｖ（ヴィー・ツー・ヴィー）」（vehicle to vehicle communications）といい、後者の車とインフラとの間の通信を「Ｖ２Ｉ（ヴィー・ツー・アイ）」（vehicle to infrastructure communications）という。なお、このようにネットワークによってつながり合う自動運転車を、最近では「コネクテッド・カー」と呼ぶ[★47]。

自動運転車はネットワーク化されたロボットの代表例であるけれども、その他のロボット、たとえばパーソナル・ケア・ロボットもネットワーク化による機能・利便性の向上が期待されている。たとえばヨーロッパにおけるロボット法研究団体の「RoboLaw」は、次のように指摘している[★48]。老人介護に対応可能なロボット役務は「ネットワーク化されたロボット」を必要としている。必要とされる「ネットワーク化されたロボット」とは、すなわち「複雑な仕事をこなすために、無線通信を相互に駆使したり、または環境および生体システムと無線通信する、自律的で移動するシステム群である」[★49]。さらにヨーロッパに拠点を置くクラウド・ロボットの「RoboEarth」は、ネットワークとつながったあらゆるロボットがデータを作り、分かち合い、かつ再利用できるクラウド型のロボット工学インフラとして有名である[★50]。これらのアイデアは、先述のいわゆる「コネクテッド・カー」に類似した思想と捉えることができよう。すなわちロボットは単体で機能するばかりではその能力に限界があるけれども、ネットワーク化して情報共有の範囲が広がれば格段に機能が向上すると想定されているので、ネットワーク化に向けた開発・実施化の動きは自然に促進されると予想されよう。

(1)「スカイネット」の恐怖

ネットワーク型人工知能である「**スカイネット**」(Skynet) は、サイバーダイン・システムズ社がアメリカ軍のために開発したコンピュータ・システムで、B-2ステルス爆撃機群や全核兵器を含むコンピュータ化された軍のすべてのハードウエアやシステムの命令権を付与されていた。スカイネットを造った目的は、ヒューマン・エラーの可能性を除去しつつ、敵対的な攻撃に対する反撃時間の遅延も除去し、もって素早く効果的な反撃を確かならしめることにあった――これは、映画「ターミネーター」シリーズに登場する、核戦争を勝手に始めて人類絶滅を目指す「スカイネット」の説明である[★51]。

すでに紹介してきた通り、「ターミネーター」(序章 Fig. 0-1 および第2章 Fig. 2-7) は、アメリカ人が抱くロボット恐怖症の象徴とでも評すべき作品である。アメリカ人のみならず、欧米人が抱く「脅威としてのロボット観」(第2章V-1) も「ターミネーター」が象徴しているといえよう。

その「ターミネーター」に登場するこのネットワーク型人工知能「スカイネット」の危険性は、直感でも以下の2点に見受けられよう。

(1) 核兵器を含む交戦命令権を付与されていること
(2) ヒューマン・エラーの危険性を除去するという部分

もっとも後者(2)には説明が必要であろう。すなわち、「エラー」の可能性を除去すること自体は悪くないけれども、ヒューマン・エラーを除去するために**「ヒューマン」までも除去したところが非常に危うい**——核兵器使用の判断からヒトを除外することが、非常に危うく感じられるのである。

映画「ターミネーター3」では、“ヒトを判断の輪から外した”(human *out of* the loop)途端に悲劇が始まる模様が描かれている(「human *out of* the loop」については第3章II-3参照)。交戦命令権までも機械に委ねる危険性がヴィヴィッドに表されているので、以下その瞬間の台詞(せりふ)を参考に引用しておこう。★52

部下A　:**閣下、国防総省はAIを使ってインフラをスキャンするよう提案しております。……。**

将軍　:……。しかしそいつはバズーカ砲でハエを追いかけるようなものだ。一度(ひとたび)つなげると、数分しかかからんだろうが。つながっている間はすべて[の兵器]を1個のコンピュータ・システムの管理下に置くことになる。これまでで最も知的なシステムであるといっても、**わしはやはりヒトを判断のループの中に置いておきたいのだ。(I still prefer to keep humans in the loop.) スカイネットの準備ができているという自信が持てんのだよ。**
……
……

部下B　:こいつは成長し変化し続けております。**まるでこいつ自身が知力を持っているようです。**

……

ターミネーター　：［無機的なドイツ語訛りの声で］**スカイネットは自我に目覚めた。**(Skynet has become self-aware.) 1時間後には、敵に対して大々的な核攻撃を開始することになる。

将軍　：**敵とは誰のことだ？**

ジョン・コナーズ　：**われわれだ。人類が敵なんだ。**

……

将軍　：**私はパンドラの箱を開けてしまった……。**

（強調付加）

現実にアメリカ国防総省は、「事前にプログラムされたシステムがうっかりして**敵対しない標的を攻撃するような事態——『スカイネット契機』——を回避していく**」と述べている。[★53]

それにしてもネットワーク化されたAIが自我に目覚めて人類に取って代わろうとする「ターミネーター」のプロットが、後述する「シンギュラリティ」のリスクを象徴するような話であることは否めない（シンギュラリティについては第6章V参照）。

(2) IoTと人工知能（AI）の融合

スカイネットの物語は、ネットワーク化された人工知能（AI）の危険性をわかりやすく例示している。すなわち、ターミネーターの物語のような人類の危機が生じた原因のひとつは、すべての兵器（全核兵器を含む）をネットワークで人工知能につなげて効率性向上を試みてしまったことにある。そして現代ではこの発想が完全な空想物語ではなくなっている。

たとえば「ＩｏＴ」（アイ・オウ・ティ）(Internet of Things) 等と呼ばれる、多くの物（ぶつ）・すべての物をインターネットにつなげて収集した情報（ビッグデータ）の分析を通じて、その物の利用の効率性を高めようという[★54]今のトレンドは、スカイネットに酷似している。

IoTにAIをつなげて、仮にロボットの定義で説明したような〈考え/判断〉をAIに委ねてしまうと、結果的には多くの物・すべての物の利用方法がAIに「支配され」るおそれも懸念される。その〈考え/判断〉が常に正しければ問題はないけれども、やはり心配なのは**予想外の、設計者も説明のつかないような〈考え/判断〉をAIが下し、その結果として大きな被害が生じてしまうおそれ**である。このおそれについては、第3章**I-4(1)**の注(68)に対応する本文（自律的兵器システムの判断・行動の理由を解明できないことが同兵器反対論の背景にあるとの指摘）や、後述第5章**I-1**（AIは複雑で確実な予測が難しいことや、システムが複雑化すればするほどに誤作動を起こしやすくなるといった指摘）等を参照してほしい。

すなわち、ネットワーク化されることによる便益の増大とともに、危険性についても波及効果を生むおそれが出てくる。そこで、たとえば筆者が開発原則分科会長を務めていた総務省「AIネットワーク社会推進会議」は、そのような負の波及効果も考慮に入れたうえで、国際社会が採用すべきAI開発ガイドラインの構築作業に着手している[★55]。その案である「国際的な議論のためのAI開発ガイドライン案」（以下、単に「AI開発ガイドライン案」ともいう）は、基本理念として「ネットワーク化されたAIシステムが国境を越えて人間および社会に広範かつ多大な影響を及ぼすものと見込まれることから、AIの研究開発のあり方について、拘束的ではないソフトローとしての指針やそのベストプラクティスをステークホルダ間で国際的に共有すること」[★56]を提案している。詳しくは、後掲第5章Table 5-1、および筆者も執筆に参加した『AIがつなげる社会―AIネットワーク時代の法・政策』（福田雅樹＝林秀弥＝成原慧編、弘文堂・2017年）を参照してほしい。

(3) クラッキングのおそれ

ロボットが単体で機能するのみならず、通信機能・ネットワークを通じて外界との情報交換を行う場合には、その外界からクラッカーが侵入してロボットを操作したり害を与えたりするおそれが生じる。たとえば、自動運転車がクラッカーに乗っ取られて（クラッキング[★57]）勝手に危ない運転をされてしまうおそれがすでに指摘されている[★58]。

さらに、たとえばテロリストがクラッキングしてロボット兵器を乗っ取り、文民への無差別攻撃をさせてしまうおそれも指摘されている[★59]。人気TVシリーズ「24：リブ・アナザー・デイ」も、テロリストがドローンを乗っ取って大統領や英国民の命を狙い、これをキーファー・サザーランド演じる主人公ジャック・バウアーが救うというプロットになっている。[★60] もっともクラッキングの危険性はロボット兵器推進派も十分承知していて、アメリカ国防総省の政策公表文書である「指令3000.09」も、対策をとるべきことを政策に織り込んでいる。[★61] さらにクラッキングのおそれはロボット兵器だけの話ではなく、進歩的軍隊では避けえない問題であるという指摘も見受けられる。[★62]

Figure 4-2-2：無人爆撃機がハッキングされるプロット
ドラマ「24：リブ・アナザー・デイ」（2014年）

無人ロボット兵器はテロリスト等にハッキングされて悪用される危険性が指摘されているところ、ドラマでもそのようなストーリーが採用されて現実味を帯びさせている。
PictureLux/アフロ

自動運転車やロボット兵器以外でも、今日、多くの製品端末において電気通信を利用したソフトウエア等の更新——「OTA（over-the-air）更新」という——やアプリのダウンロードが行われている現状を考慮すると、ロボットもそのOTA更新等の際のクラッキング対策が重要になろう[★63]。このようにクラッキングされない安全性を維持することは、ロボット法において検討すべき諸論点のひとつである[★64]。前述の総務省「AIネットワーク社会推進会議」でも、「AI開発ガイドライン案」のひとつとして「セキュリティの原則」をうたっている[★65]（後掲第5章Table 5-1参照）。

II　ロボットの使用領域

ロボットの主な使用領域としては、さしあたり「労働・役務」「雇用」「軍事・治安」「航空・宇宙」「交通」「研究・教育」「エンターテインメント」「医療・ヘルスケア」「司法」「環境」および「ヒトが操る」領域が考えられる。適宜、領域ごとの法的問題とともに、以下で紹介していこう[★66]。

1 労働・役務領域

家庭用の役務を提供するロボットとしては、掃除ロボットである「ルンバ」が多数普及している。掃除以外にも、芝刈り、床の水拭き、アイロンがけ、等々のロボットが存在する。

産業用役務・労働を提供するロボットとしては、自動車組立工場におけるロボット使用が長い歴史と実績を有しているだけではなく――もっとも筆者の経験から推しても自動車の煩雑な組み立て艤装工程の多くはいまだにヒトに頼ってはいるものの――、電子機器製造、倉庫、印刷、繊維といった分野でもロボットが使用されている。いわゆるサービス・ロボットや家庭用ロボットよりも先行して実用化・普及していたからであるのか、産業用ロボットについては、アメリカにおいて製造物責任の裁判例さえ存在する（第5章II-2(4)参照）。

2 雇用領域

企業による採用活動や従業員の評価等の人事においても、ロボットまたはその頭脳部分を占めることになる人工知能（AI）の利活用が予想される。特にAIについては、学卒予定者の応募用エントリーシートをAIに選別させる企業もすでに出てきたようである[★66-2]。しかし人事において安易にAI（またはAIが頭脳部分を司るロボット）任せにすることについては、欧米においてすでに問題が指摘されている。

さらに日本においても、採用活動や従業員の評価等にAIを用いることが不適切であることは、筆者が座長を務める総務省・AIネットワーク社会推進会議内の〈AIガバナンス検討会〉において、専門家である大湾秀雄教授が、その危険性について概ね次のように指摘している（以下の引用は抜粋・強調付加[★66-2-2]）。

- パフォーマンス予測や離職分析やネットワーク分析など、個人に紐づけした予測（プロファイリング）で、選抜や支援の提供を最適化［する人事データの活用領域は、］統計的差別、平等原則の侵害、**個人の尊厳原理との衝突**、といった問題が議論されつつある。
- 人事において将来の予測は難しく、**AI活用による予測精度向上は小さい**。
- 個人ごとの予測は誤差が大きい。
- **AIは記録に残らないものは扱えない**。人間の目で見た評価情報を代替するものではない。
- **大企業の人事データでもビックデータではない**。精度を上げるのに必要なデータ数が確保できない。企業がデータをシェアすれば話は変わるが、それでも企業ごとの異質性を上手く処理できないだろう。
- 因果関係を特定できない。**相関関係のみに基づき、ブラックボックスのまま、予測に使うのは極めて危険**。
- 予測は、因果関係を検証し、構造変化の有無を確認しながら行うもの。
- ［プロファイリングによる統計的差別として］活躍確率が低い、離職確率が高い、という理由で昇格、研修対象から外される危険性。

- ［プロファイリングによる平等原理の侵害として］採用における適性検査の利用が進むが、**多くの企業がベンダーが提供する統合されたスコアを無条件に使っている**。
- 書類選考の**基準が画一化**している。／多くの企業から面接に呼ばれる人と、すべての企業から落とされる人と二極化する。／内定辞退者の多くは、適性検査で高い非言語能力と英語力を示す人。
- ［プロファイリングによる個人の尊厳侵害リスクとして］AI による自動意思決定によって、採用、異動、研修の機会を否定された時に、**納得できる理由が明かされなければ、個人の尊厳が否定されたと見るべき**。

すなわち、「個人に紐づけした予測を目的とする AI の活用（プロファイリング）は、法原理、倫理、経済効率の**いずれの面から見ても問題点が多［く、］バイアス、因果関係、解釈や各種リスクに留意した使い方が出来ない限りは、個人に紐づけした利用は避けるべき**」であり、「社員のためという原則を守らないと社員の協力は得られず、データの質は悪化」するので、「どんな分析を行っているかということを社員に知らせる**透明性が重要**」等と大湾教授は指摘する。★66-2-3

この指摘は、以下で紹介する欧米の事例や指摘に照らしても至極もっともであるから、日本の人事・HR 関係者や HR テック供給業者等々も、以上の指摘を十分留意するように願うばかりである。

(1) アメリカで指摘される問題例

アメリカでは、アフリカ系アメリカ人を連想させる名前を検索エンジンで検索すると、その者には前科があると示唆するような広告宣伝が表示されがちであるから、就職活動において不利益を被る問題が指摘されている。★66-3 またある調査によれば、採用活動に AI を用いることについてアメリカ人はおおむね悪感情を抱いており、アルゴリズムによる評価はヒトよりも劣ると捉え、かつアルゴリズムを用いて評価するような募集には応募したくないという。★66-4

ところでアメリカでは雇用差別禁止法によって人種、肌の色、出身国、宗教、性別、年齢、疾病等々による雇用上の差別が禁止されているところ、AIを利活用した人事活動が違法になるかもしれない、と議論されている。たとえば採用や昇格等々において差別の意図をもって不利益な扱いをした場合には、連邦最高裁判所の「マクダネル・ダグラス社対グリーン事件判決」や「プライス・ウォーターハウス対ホプキンス事件判決[★66-5]」に基づく「差別的取扱い」(disparate treatment)の法理により違法とされる[★66-6]。したがって、たとえば女性を排除する意図をもって、雇用主が女性に不利になるようにAIを操作することは、差別的取扱いとして違法と認定されえよう。

加えて、たとえ差別の意図がなくとも、たとえば工場の工員募集に際して高卒資格を求めるような一見〈中立的な基準〉を採用しても、アフリカ系アメリカ人には高卒資格者が白人よりも著しく少ないために前者の採用が少なくなってしまうという「差別的効果」(disparate impact)が生じる場合には、やはり雇用主は違法とされうる[★66-7]。これは、有名な連邦最高裁判所判決の「グリッグス対デューク・パワー社事件[★66-8]」以来確立された法理である。したがってAIを利活用した人事の判断・評価においても、中立的な基準を採用した結果の「差別的効果」に注意が必要であるといわれている。たとえばAIによる採用の判断・評価において、雇用主が採用後に長期間就労してくれる者を好ましい判断基準とした場合を考えてみよう。就労期間の長さそれ自体は特に差別的でもなく〈中立的な基準〉である。しかし、結婚や妊娠ゆえに女性の方が男性よりも就労期間が短いというこれまでのビッグデータに基づけば、長い就労期間という中立的な基準がAIに採用された場合に、女性の方が男性よりも就労期間が短い事実を学習したAIが女性に不利な判断・評価を下す結果になりかねず、「差別的効果」が生じるおそれを払拭できない[★66-9]。

なお総務省「AIネットワーク社会推進会議」で筆者が検討会座長を務めている「AIガバナンス検討会」におけるゲストの発表の中には、AIが「差別的効果」のある判断を下すおそれを最小化すべく、機械学習や統計学の特徴やアルゴリズムといった理数系的なAIの仕組みを再検討するために、グリッグス事件判決の示す「差別的効果」の法理や要件という社会科学的知見を参考にする研究の発表があった[★66-10]。これは、単に理数系的知見だけではAIの問題を解決できず、法学等の社会科学的な知見も必要とするという、AI問題の学際的性格を象徴する事例である。今後、AIやロボット法の研究においては、そのような学際的努力がさらに多方面で行われて、早期に問題の解決策が見いだされることを期待したい。

以下では、人事採用・評価等においてAIを濫用した具体例を紹介しておく。

A　採用時のAI使用について指摘される具体的問題点

（i）**履歴書をAIが評価**　応募者の履歴書をAIに読み取らせて点数を付けたり評価する慣行が、アメリカでは広がっている。[★66-10-2] 特に有名企業においては採用募集に対してあまりにも多すぎる応募者が殺到するので、まずはAIによって足切りをしたうえで、真に面接するに値する応募者だけに絞り込むことが、AI利用の目的である。そのような、効率化のためにAIに頼りたい採用現場の実情は理解できる。しかしそこでは以下のような差別や、企業が採用したいと望む要望に正しく応じていない的外れな予測、判断、または推奨等をAIが行う危険性が指摘されている。

たとえば、IT技術者募集に応じた応募者が履歴書内で、コンピュータ・コード（code）を扱う仕事の経験がある云々と記載したと仮定する。しかしAIが評価すべきキーワードとして「programming」や「program」という単語だけを評価するようにアルゴリズム開発者が指示していた場合には、この応募者の履歴書が低く評価されてしまう。なぜならAIは、**文脈を読み取る能力を欠く**からである。さらにたとえば、一定以上の離職期間を低く評価するようにAIに指図していたと仮定しよう。すると、離職期間があるものの、その理由は実は結婚や出産等であって、現在は仕事に従事する時間的余裕ができて、就労意欲も強く、かつ有能な人材ゆえに、企業としては欲しい人材であったとしてもAIが低く評価してしまうおそれがある。やはりAIは文脈を読めないからである。

さらにAIを用いて採用企業に望ましい人材を発掘しようとする試みの問題点として、AIがデータから一定の傾向を抽出する〈データ・マイニング〉を用いて指摘するところの、仕事で成功する人物の要素であると称する要素が、実は**必ずしも仕事上の成功との間の〈因果関係：causation〉を示しておらず、単なる〈相関関係：correlation〉を示すにすぎない**

点にある、とアメリカの法学者たちから厳しく批判されている[★66-10-3]。その悪名高い例によれば、「Jared（ジャレッド）」という名前の人物が高校でラクロスをやっていれば、その応募者は仕事上成功する、と予測されたという[★66-10-4]。たまたま偶然に、データ・マイニングに用いたデータ上では「Jared＋ラクロス」と仕事上の成功との間に〈相関関係〉が見出されたのかもしれない。しかし「Jared」と「ラクロス」を併せ持つ人物という〈原因〉が、将来的に仕事上の成功という〈結果〉につながる等という指摘を信じるべきではないことは、常識を有する人間であれば自明であろう。が、しかし残念なことに**データ・マイニングは、相関関係を見出した〈理由〉を考えない愚かさ**がある。すなわちデータ・マイニングは「理論に基づかず」（“atheoretical”）に、大量のデータの中から**関連性のある要素を見つけ出すだけ**なので、依拠したデータの代表性が正しいか否かの評価が難しく、モデルの正しさを担保するために適切な変数が含まれていたか否かを評価するのも難しく、研究者間のデータの交換もされずにモデル構築の際の選択も不透明であるから、結果の妥当性を他者が検証できない問題が指摘されている[★66-10-5]。だから馬鹿げた予測、奨励、または判断等を下してしまうのである。そのように〈信頼に値しない AI〉を、人生を左右する就職活動に利用することが果たして許されるであろうか、大いに疑問が残る[★66-10-6]。

（ii）ビデオ面接動画を AI が評価　さらに、ビデオ面接の動画を AI に評価させる採用慣行も、アメリカでは法学者たちや人権団体から問題視されている。応募者の表情、アイ・コンタクト、スピーチ・パターン、および言葉の選択等々を機械学習で分析し、応募者と仕事との適合性や企業文化との相性等を予測すべく評価する慣行が、批判されているのである。批判の根拠としては、これも上記と同様に、たとえば**候補者の表情と仕事上の成功等との間の因果関係が、実証研究によって科学的に証明されていない**点が指摘されている[★66-10-7]。

（iii）コンピュータ・ゲームで候補者を評価　コンピュータ・ゲームを候補者にやらせてアルゴリズムに評価させるような慣行さえも、アメリカでは行われている。ビッグ・データを人事管理に活かす**「ピープルアナリティックス」（People Analytics）**と呼ばれる手法の１つとして、ゲームが使用されているのである[★66-10-8]。それは統計的データに基づくから、ヒトが経験と直感で行ってきた人事よりも正確そうに思われるかもしれない。しかしこれもやはり、**実際の仕事上の課題に比べてゲームは単純化されすぎていて正しく評価できない**とか、**因果関係を証明する実証研究を欠いている**等という理由により、批判の対象になっている。[★66-10-9] なおコンピュータ・ゲームで人を評価する典型例としてアメリカでは、「ワサビ・ウェイター」（Wasabi Waiter/Dashi Dash）が有名である。[★66-10-10] そこでは食事を待っている多くの客に対して、1人しかいないウェイターの役割を候補者が果たす。客たちの微妙な表情を見て、その感情に適合する食事を適切なタイミングと順序で給仕できるか否かが問われるゲームである。客の顔の「グラフィックは楽しく漫画チック……［ではあるが、しかし］、実際のヒトの顔を見て感情を判断するよりも難し」く、確かにマルチ・タスクをこなしながら素早い判断が求められるけれども、「それ以上の深いレベルでの知的な考え、分析、または問題解決［能力］にゲームが関わっているようには思われない」、と法学者たちに評されている。[★66-10-11]

（iv）**ヒトが最終的に決定すればよいことにはならない**　これまで例示してきたように、ヒトが経験と直感で行ってきた人事よりも、AIやビッグ・データやアルゴリズムの方が正確である、とは必ずしもいえない。それにもかかわらず、後者は数値で示されるし表面的には客観的に見えるから、その方が**ついつい正しいとヒトが過大に依存する偏見を、「自動化バイアス」**（automation bias）という。[★66-10-12] また、ヒトは自動化バイアスの偏見により信じた**アルゴリズムの判断を補強し肯定する情報ばかりを探ろうとする「確証バイアス」**（confirmation bias）等も、なお一層、自動化バイアスを強化させてしまうおそれもありえよう。[★66-10-13] そしてアメリカでは、すでに自動化バイアスの問題が指摘されたうえで、AIの予測、推奨、または判断等を最後にヒトが決定すれば安全であるという安易な対策を厳しく批判する論文も見受けられる。[★66-10-14] つまりそのような、ヒトがただ最終決定をすれば安全である、という短絡的な対策だけでは不十分である。[★66-10-15] なぜなら前掲（i）～（iii）において指摘した通り、そもそもアルゴリズムのアウトプットが的外れであったり誤っている問題が厳しく指摘されているばかりか、そのアウトプットを監視する最終的なヒトの決定も自動化バイアス等による偏見に汚染されているおそれが払拭できないからである。すなわち

AIのアウトプット等をヒトが監視することが必要なだけではなく、「**意味のある**」（“**meaningful**”）**監視が不可欠**である、と欧米ではすでに指摘されるようになってきているのである。[★66-10-16] したがって、**AIに評価させて足切り対象となったエントリーシートを最終的にはヒトに決定させているから大丈夫、というような日本で蔓延している慣行は、再考する必要がある**。加えて、ヒトの決定を左右するAIの予測、推奨、または判断等については、絶え間ない内部監査を通じた修正や、できれば外部監査と透明性と説明責任を果たした公表等を経なければ、必ずしも〈信頼に足るAI〉とは評価できないであろう。[★66-10-17]

なお、欧州では、AIの予測、推奨、または判断等を最終的にヒトに決定させているから大丈夫という安易な考えへの対策が、すでに『AI Act（AI制定法）』と呼ばれるEUの「AI規則案」（第7章IV-1参照）に組み込まれている。AI規則案は、雇用（含、採用）に用いるAIも「高リスクAIシステム」に分類したうえで、厳しい複数の規制に服させている。その規制の1つが第12条に規定されている、「ヒトによる監視」（human oversight）義務である。この義務は、単にヒトがAIを監視すればよいという規制にとどまらず、そもそもAIの機能には限界があることを十分に理解すること、および**自動化バイアスという過剰にヒトが依存しがちな偏見に左右される事実を認識することも求めたうえで**、AIのアウトプットを正しく解釈できるように要求し、かつそのアウトプットを無視したり覆したりできることも要求している。[★66-10-18]

他方、増補第2版への改訂作業中の2023年現在において日本では、AI採用がすでにかなり蔓延しているようである。ところが日本では、欧米が提案するような「意味のある」規制に向けた政策（第7章IV-2(2)も参照）が積極的に検討されていないように見受けられる現状に鑑みると、日本の就活生・学生諸君の尊厳を守るためにも、また欧・米・日の三極中〈最後進国〉というレッテルを貼られないためにも、日本も欧米並みの〈意味のある〉ルールを検討・実装する必要性があるであろう。

B　解雇時のAI使用について指摘される具体的問題点　アルゴリズムによる評価に基づいて教員を解雇したテキサス州教育委員会のやり方が問題となった事件は、「ヒューストン教員連盟対ヒューストン独立学区事件」である[★66-10-19]。同事件では、ヒューストン独立学区が導入したアルゴリズムが、学生に教員がどれだけの付加価値を与えられたかというパフォーマンスを評価するシステム――EVAAS：Education Value-Added Assessment System（Fig. 4-2-2-2 参照）――であったところ、そのスコアが低かったテキサス州公立学校の教員を同学区が解雇してしまった。

VALUE-ADDED RATING	EVAAS ®TGI	RELATIONSHIP TO EXPECTED AVERAGE GROWTH
Well above	Equal to or greater than 2	Students on average substantially exceeded expected average growth
Above	Equal to or greater than 1 but less than 2	Students on average exceeded average growth
No detectable difference	Equal to or greater than -1 but less than 1	Students on average met expected growth
Below	Equal to or greater than -2 but less than -1	Students on average fell short of average growth
Well below	Less than -2	Students on average fell substantially short of expected average growth

Figure 4-2-2-2：ヒューストン教員連盟事件における教員評価点数表（出典＊1-2）

評価欄の1行目は、指導した平均的生徒の成績が、期待されていた平均的成長を著しく上回った場合を「Well above：相当回った」と評価しつつ、該当教員が「2点以上」のスコアを得られる。他方、一番下の行は、期待されていた平均的成長を著しく下回った場合を「Well below：相当下回った」と評価して、スコアも「マイナス2点未満」であることが示されている。

これに対しヒューストン教員連盟（原告：π（パイ））は、公立学校教員を解雇するために民間企業が提供する評価システムを使用したことが、適正手続の保障（合衆国憲法修正第14条）に違反する等と主張して、恒久的差止等を求めて提訴した。対する被告（Δ（デルタ））の学区は、集中審理前に裁判所がπの訴えを棄却する〈サマリー・ジャッジメント〉――集中審理に付す価値のない請求を裁判所が棄却する手続――を要求する申立を提出した。

主な争点は、評価システム提供業者が、統計的手法に関する情報とソースコードを、営業秘密であることを理由に開示しなかった点にあった。これについてπの教員組合は次のように主張している。統計的手法等が開示されなければ、評価システムの正確性を確認できない、したがって解雇処分のありうべき誤謬を教員が証明できるに足る解雇理由の詳細を提供せねばならないという、最小限の手続的な適正手続保障を満たしていない、と。

本件を扱った連邦地裁テキサス州南地区担当裁判所は、十分な記録がπの主張を支持していると指摘。たとえばΔの学区自身も、**営業秘密ゆえに開示されない情報抜きでは、教員側がスコアを再現できない**と認めている。さらに、**データ投入に始まってコンピュータ・コードの誤作動に至るまでの多くの理由により、評価システムのスコアは誤って計算されるおそれがある**。アルゴリズムはヒトの創造物であるから、ヒトの他の営み同様に誤謬から免れない、と指摘。加えて、計算をやり直して欲しいと教員が要望しても学区が即座に応じなかった理由として、システム・レベルでしか分析のやり直しができないから、1人の教員の情報を変更すると学区全体の分析を再度やり直さねばならず、それには費用がかかるし、学区内教員全員のレポートを変更せねばならないおそれも出てくる、と学区は実情を開示している。**費用のために正確性を犠牲にする姿勢が問題**であることはもとより、教員1人のスコアの誤謬が学区内全員のスコアの変更につながりうるという相互関連性はさらなる懸念材料である、と連邦地裁は指摘しつつ、このように全体がつながってしまっているために、教員1人の低スコアの正確性を確認するためには、必然的に全員のスコア情報へのアクセスが必要になってしまうと分析している。続けて連邦地裁は、評価システムが最近発明された方法を用いており、学術的に激しい議論の対象になっている——“is the subject of vigorous academic debate”——とΔも認めている点を指摘した。そのうえで、提供業者の営業秘密に属する付加価値計算式、ソースコード、判断のルール、および前提条件の情報なしには、評価スコアは「こじ開けようとしても動じることのない謎の『ブラック・ボックス』のままである[★66-10-20]」と表したπ側の専門家証人の証言——なおΔはこれに反論していない——も紹介している。そのうえで、連邦地裁は以下のように締めくくっている[★66-10-21]：

> 学区の**教員たちは**、彼らのEVAAS［評価システム］スコア計算の正しさを確認するための**意味のある方法（meaningful way）をまったく持ち合わせていない**。その結果、憲法上保障された［権利］の誤った剥奪に、教員たちは不当に隷属させられている。学区［Δ］は、本件手続上の適正手続［の保障違反］請求に関して、サマリー・ジャッジメント［すなわち集中審理に付す価値がないとして裁判所に訴え棄却］を求める権利はない。

この事件から我々日本人も学べる規範(ルール)は、たとえAI利用者側にとっては営業秘密の保秘が重要であったとしても、営業秘密は人権を侵すような絶対的な権利たりえないという規範であろう。本書が随所で指摘・紹介してきたように、AIによる予測、奨励、または判断等には誤謬が含まれうる。そのように誤謬の危険性を含んだ代物に、就活や解雇といったヒトの人生を左右する決定を任せること自体が、そもそもELSI的——すなわち倫理的、法的、および社会的——に大問題であることは、前掲（本項［2］の冒頭部分）において紹介した大湾教授が指摘する通りであろう。そこで求められる規範が、筆者も長年起案に携わってきたAI諸原則/諸ガイドラインで求められている〈公正〉〈説明責任〉〈透明性〉の諸原則—すなわち「FAT」（**F**airness, **A**ccountability, and **T**ransparency）—である。解雇という重大な判断を下すに際には、当然、その内容が公正で、説明責任を果たし、かつ透明性のある内容・手続でなければなるまい。したがってたとえ営業秘密であろうとも、もしその予測、奨励、または判断等の開示がなければ根拠や理由が不明であるならば、その秘密性を保持できるインカメラ審理のような仕組みも検討・構築しながら、FATの原則を遵守させる規範の実施が、日本においても必要になろう。

(2) ヨーロッパで指摘される問題例

個人情報の保護において世界で最も先進的な法域ともいえるEUでは、通称「GDPR」と呼ばれる「一般データ保護指令」が採用されている。GDPRは、EU域内の個人情報を域外に持ち出す際には、持ち出す先の域外国においてもEU域内と同程度に個人情報が保護されていなければならないとされているために、EU 諸国と何らかの通商関係にある日本企業も GDPR に対する関心が高い。そして GDPR は、機械的に個人のプロファイリングを行って評価すること等について厳しい規制を設けており、これについては日本でも詳しく紹介している文献がすでに複数存在するので[★66-11]、以下ではその概要のみを示しておこう。GDPR が求める規制はおおむね以下の３種類[★66-12]に注意すべきといわれている。

A　中止請求権（GDPR 21 条）　「データ主体は、……自己と関係する個人データの取り扱いに対し、……プロファイリングの場合を含め、いつでも、異議を述べる権利を有する。管理者は、……やむをえない正当な根拠があることを……証明しない限り、以降、その個人データの取扱いをし［てはなら］ない」。すなわち、プロファイリングなどをされていた場合に個人がやめろと要求すれば、原則としてやめねばならない、ということである。

B　機械的処理のみに基づいて判断されない権利（GDPR 22 条）　「データ主体は、［原則として］……法的効果を発生させる、又は、……同様の重大な影響を及ぼすプロファイリングを含むもっぱら自動化された取扱いに基づいた決定の対象とされない権利を有する。……」。すなわち、些細とはいえないような影響がある場合には、たとえば**ヒトがまったく介在せずに AI が自動的に個人を評価・決定するようなことを拒絶する権利**が個人に賦与されている。本書が指摘してきた「human <u>*in*</u> the loop」を個人が要求できる権利がある――ただし些細ではない影響がある場合には――ということであろう。言い換えれば、「human <u>*out of*</u> the loop」すなわち「もっぱら自動」的な処理のみで評価されない権利が、些細ではない影響がある場合には認められていると理解できよう。

C　透明性の義務（GDPR 13 条 2 項・15 条 1 項）　「……管理者は、……公正かつ透明性のある取扱いを確保するために必要な以下の付加的な情報を提供する。……。／(f)プロファイリングを含め、……自動的な決定が存在すること、また、……その決定に含まれている論理、並びに、……結果に関する意味のある情報」（以上、13 条 2 項）、そして「データ主体は、……自己に関係する個人データが取扱われているか否かの確認を得る権利、並びに、……その個人データ及び以下の情報にアクセスする権利を有する。／

(h)プロファイリングを含め、……自動的な決定が存在すること、……その決定に含まれている論理、並びに、……その……重要性及び……データ主体に生ずると想定される結果に関する意味のある情報」（以上、15条1項）とある。すなわち、管理者は、まずはAIのような自動的な評価・決定を使っている事実を告知せねばならない。さらに告知せねばならない「決定に含まれる論理」や「意味のある情報」とは、たとえばAIは複雑で素人には理解不能な事実を踏まえて、素人にもわかるように——「意味のある」ように——その仕組みを知らせるべき趣旨と理解できよう。★66-13

(3) OECD・AI原則とGDPRとの近似性と、日本への影響

第7章にて紹介している「OECD・AI原則」をよく読んでみれば、**(2)**で述べたGDPRのルールに似ていることが判明する（以下A・B参照）。そしてOECD・AI原則は、加盟国以外の国々も含む世界42か国が署名しており、かつ加盟国である日本も（当然に）同意していることを考えれば、以下のOECD・AI原則を日本が遵守しないわけにはいかないであろう。すなわち、AIおよびAIを組み込んだロボットの関係者——開発企業や利活用する企業等々——は、以下のようにGDPRに近似するソフト・ローを遵守することが当然求められることになろう。

A　**透明性と説明可能性**（OECD・AI原則1.3.）　「『AI行為者たち［すなわちAIシステムの諸段階において積極的な役割を果たす者たち］』は、……／『AIシステム［すなわち人間が設定した諸目的のために、現実環境または仮想環境に影響を与える予測、推奨、または決定を行うことができる機械に基づくシステム］』と交流している事実をステークホルダに認識させるように、／『AIシステム』によって影響を受ける人々がその結果を理解することを可能ならしめるように、かつ／……不利益を受ける人々が、……平易でわかりやすい情報、およびその予測、推奨、または判断の基礎となった論理に基づいて、その結果に対して異議を唱えることを可能ならしめるように、／文脈に沿いつつ……、意義のある情報を提供すべきである」とOECD・AI原則は規定している。すなわち、GDPRが「中止請求権」（前述**(2)**A）を賦与しているように、OECD・AI原則も「異議を唱えることを可能ならしめる」権利を賦与している。さらにGDPRの「透明性の義務」（前述**(2)**C）が、自動的な評価・決定が存在して

いる事実の告知を要求し、かつ判断の論理や結果に関する素人にも理解可能な情報の提供を要求しているのと同様に、OECD・AI原則も「平易でわかりやすい情報」「基礎となった論理」および「意義のある情報」の提供を要求している。日本においても、AIを使った決定が個人に大きな影響を与える場合にはAIを使用している事実を告知しなければならず、かつ個人が異議を申し立てられるようにAIが判断・評価等に使用した論理や判断・評価の結果に関するわかりやすい説明を提供することが、求められることになるのかもしれない。

B　人間中心の諸価値と公正(OECD・AI原則 1.2.b)　「『AI行為者たち』は、たとえば人による判断の可能性のようなメカニズムと安全策を、文脈に沿いつつかつ最新技術と整合させて実施すべきである」と、OECD・AI原則は規定している。すなわち、GDPRが「機械的処理のみに基づいて判断されない権利」(前述(2)B)——つまり個人を評価する際には機械任せにせずにきちんと「human *in* the loop」を求める権利——を、些細とはいえないような影響が生じる場合に認めているように、OECD・AI原則も、「文脈」が求める場合——たとえば些細ではない効果が生じるような場合も含まれるであろう——には、「人による判断の可能性のようなメカニズムと安全策」を実施すべきとしている。日本においても、個人への影響力が大きい評価を下す場合——たとえばエントリーシートに基づいて不採用を決する場合——には、漫然とAI任せにすることは許されず、きちんと告知・説明のうえ「human *in* the loop」的な手続が要求されることになるのかもしれない。

3 軍事・治安領域

軍事領域では陸、海、空の全領域においてロボット兵器の開発使用が進んでいる。有名なものは空における「プレデター」や「グローバル・ホーク」等のドローンの使用例であろう(第3章Fig. 3-7参照)。ロボット兵器の用途としては、偵察・スパイ、爆弾除去、負傷者救護、および攻撃等に及ぶ。将来的には、完全自律型ロボット兵器が「引き金」(trigger)も自律的に引いてしまいうると指摘されているけれども、現時点ではその判断をヒトが下している（第３章1-4）。ヒトの判断・制御が効かなくなる完全自律型ロボット兵器は、すでに紹介したように人道上の問題が指摘されている（第３章1-4）。それはあたかも、一度(ひとたび)敷設すると文民と戦闘員の区別なく殺傷する「地雷」のようであると非難されているのである[★67]。

治安領域では、国境警備や家庭用警備等のロボットがある。国境警備活動についてはたとえば、アメリカへの不法移民を取り締まる自警団――自称「民兵」――の「アメリカン・ボーダー・パトロール」が、「ボーダー・ホーク」と称するドローンを用いる例もある[★68]。家庭用警備では、唐辛子スプレーを噴射したり、カラーボールを投げつけたり、怪しい活動の写真を住人の携帯端末に送信する機能も付いている。将来的には生体認証機能やセンサーが備え付けられた治安用ロボットが、武器や麻薬や犯罪者の顔を発見・認識するようになると予測されている（映画「ロボコップ」のリメイク版[★69]は、そのような近未来社会をすでに描き出している）。

Figure 4-2-3：顔認証システム
中央大学国際情報学部（iTL）１階のシステム

写真は、中央大学の市ヶ谷田町キャンパス（東京都新宿区）に所在して筆者が学部長を務める通称「iTL」――ITと法（Law）の２つを教育研究する学部――の１階に設置されている顔認証システム。
中央大学国際情報学部（iTL）所蔵写真

さらに国境警備用として実用化されている有名なロボットとしては、「**UGV**」（Unmanned Ground Vehicles：**無人地上車両**）と呼ばれる、イスラエルの「**ガーディアム**」がある。

Figure 4-3：ガーディアム（Guardium）(出典＊2)

そもそも自律型の無人地上走行は実現が難しいといわれていたところ、イスラエルは、さまざまなセンサーとカメラを装備した軍用の全地形型車両（ATV：all terrain vehicles）としてガーディアムを実用化させた[★70]。

以前はヒトの兵士が、越境侵入者に対する警備にあたっていたところ、2006年にその兵士が誘拐される事件が発生したことをきっかけに、ガーディアムが兵士の役割を代替するようになった[★71]。この事例は、政府がロボット兵器を推進したい大きな理由が自国兵士の損害を減少させることにあるという、第3章**1-1**の指摘を裏付けるものといえよう。

4 航空・宇宙領域

(1) 宇宙領域：火星探査用ロボット

宇宙領域におけるロボットの使用例としては、火星探査計画で用いられるような探査用ロボットが有名であろう。NASAも、火星で使用する目的でロボット工学を後押ししている[★72]。たとえば火星探査機「ローバー」（通称は「キュリオシティ」）について、ワシントン大学のライアン・ケイロ助教授(出典公表時)は、これがいまだにヒトによる遠隔操作に頼っていて完全自律型ロボットとはいえないとしながらも、部分的には自律的に行動できる部分もあるので限定的ながらも自らが〈考え/判断〉し〈行動〉していると評価している。NASA自身もキュリオシティが自律航行を行ったと広報しつつ、「ローバーは指定された最終目的地まで運転する際にとりうるすべての道を検討したうえで、最適な道を［自らが］選択するのです」という担当者のコメントも紹介している。

筆者の私見では、宇宙のように生身のヒトでは行動が難しい過酷な環境においてこそ、自律的に行動し目的を達成してくれる存在の需要が高く、その実現に向けての研究開発もより一層推進されていくと思われる。映画「2001年宇宙の旅」[★73]のHAL 9000や「ブレードランナー」[★74]のレプリカントは、そのような需要を満たす人造物が実現された未来社会を描いている、と評価できよう。

(2) 航空領域：ドローン

航空領域のロボットとしては、やはりドローンが有名である。

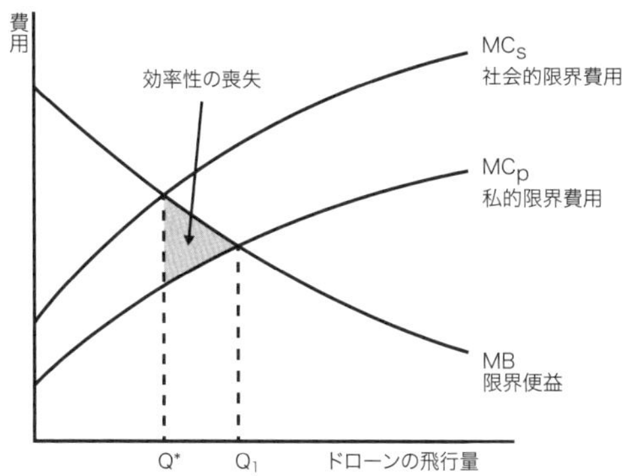

Figure 4-4：プライバシー費用の内部化による最適なドローンの飛行量(出典＊3)

人口密集地域におけるドローンの飛行は謙抑的であるべきだが、他方、過疎地域では自由に飛ばすことも許されるべきではないか。これは普通の人間の直観的な考えであろう。その直観を、アメリカにおける「法と経済学」的な分析で理論的に示すと、以下のようになるかもしれない[★75]。

すなわち、過疎地域の広大な畑や放牧地の状況を隅々まで把握したり、やはり過疎地の高圧電線や橋やトンネル等の破損状況を端の端まで把握するためにヒトを使っていては、人件費が嵩んでしまう。そこでヒトの代わりにドローンを用いれば、安価に目的を達成できる。しかもそのような過疎地でドローンを多用しても、住民のプライバシー損失という〈外部費用〉[★76]の発生も少なく抑えられる。そもそも過疎地だから失われるべきプライバシー権を有する住民がほとんどいないからである。要は、ドローン飛行により得られる〈便益〉が多大であるばかりか、失われるプライバシーの〈損失〉は僅少にすぎないから、大量に飛行させることが法と経済学的にも肯定される。

他方、住宅密集地のような場所においては、ドローン使用による便益も生じうるけれども（たとえばドローンによる宅配事業）、飛行に伴う住民のプライバシー損失という外部費用の発生は多額に及ぶ。失われるプライバシー権を有する住民が多数居住しているからである。この外部費用をきちんとドローン運用者に負担（内部化）させて、そこで算出される〈社会的限界費用〉を上回る〈限界便益〉[★77]が生まれる限度でのみドローンが飛行されるようにすれば、最適なドローンの飛行量に至る。そのための法的な道具としては、ドローン飛行が航空法によって禁じられていない低空層の空間についても、地上の住民に飛行差止請求権を付与し、これによりドローン運用者に対しプライバシー権喪失の費用を内部化させることもよいかもしれない。

すなわち、ドローンの飛行によって得られる限界便益と、逆に生じる社会的限界費用との比較衡量によって、最適な飛行量を考えるべきであろう。前頁の Fig. 4-4 はこの概念を示している。最適なドローンの飛行量（Q*）を求めるためには、土地所有者の権利を低空層にまでも及ぼさせることにより、地上のプライバシー損失をドローン運用者に内部化させ、もって社会的限界費用を織り込ませるべきことが示されている。もし内部化させない〈私的限界費用〉の場合には、飛行量が過剰（Q_1）になってしまうから望ましくない。

ところで日本においては、2015 年航空法改正によって規制対象となった 200 g 以上の無人機ドローンについては、国土交通大臣による許可がない限りは人口密集地域での飛行が禁止されるに至っている[★78]。さらに筆者が議長を務めた総務省「ICT サービス安心・安全研究会：近未来における ICT サービスの諸課題展望セッション」においては、ドローンによるプライバシー侵害防止策も 2015 年 5 月に討議され[★79]、パブリックコメントを経て「『ドローン』による撮影映像等のインターネット上での取扱いに係るガイドライン」(2015年9月) が総務省から公表されている。[★80]

5 交通領域

(1) 段階的な自動化の危険性：〈HMI：ヒューマン・マシン・インターフェイス〉の壁

交通領域におけるロボットの使用例としては、〈ロボット・カー〉と呼ばれることもある自動運転車を挙げることができる。自動運転車の自律化は、一気に完全自律化を目指すのではなく、レベル1〜5までの段階を経て徐々に進化させる方針がとられていることは、第3章 **II-4** と Table 3-2 において指摘した通りである。

このように自律化を徐々に進化させる方針がとられている理由としては、いきなり完全自律化した自動運転車を社会に展開すると利用者が戸惑うことへの配慮である、という指摘も見受けられる。[★81] もっとも、そのように段階的な自律化を目指すことは、たとえばレベル2のような途中段階では、機械に運転を完全に委ねずに、いざという場合には運転をヒトが引き継ぐことが想定され、かつ実際にそのように運用されている。これは第3章 **II-4(1)** において前述した「ヒューマン・マシン・インターフェイス：HMI」である。ところがこの HMI は容易ではなく、自動任せにしていたヒトの注意力は散漫になりがちであるから、急にハンドルを操作するように求められてもうまく操縦できない。そこで常にハンドルに手を添えておくように警告していても、ヒトはその警告を無視することもありうる。実際のところ、第3章 **II-4(1)** において紹介したテスラ車の事故では、運転者が警告を無視して長時間にわたってハンドルに手を添えていなかったことが記録(ログ)から判明している。[★82] そこで近年では、徐々に半自動化から完全自律型へと段階的に進化させるという方針はかえって危険であるという見方も出てきて、むしろ一機に完全自律型運転に移行した方がよいという指摘も見受けられるので、興味深い。[★83]

(2) 〈コネクテッド・カー〉概念図

さらに自動運転車は、単体 (スタンド・アローン) としての自律化が目指されているわけではなく、〈V2V 通信〉――Vehicle-to-Vehicle：車車間通信――のように自動運転車同士で通信し合う〈コネクテッド・カー〉を実現することにより、たとえば渋滞を回避した効率的な運転も目指されていることも、本章I-6で言及した通りである。その概念を以下の図がよく表しているので、これを掲示したうえで説明を加えておこう。

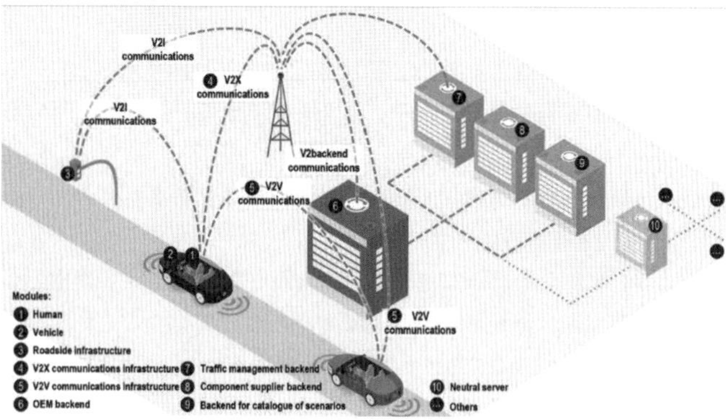

Figure 4-5：コネクテッド・カーの概念図(出典＊4)

図中の２台の自動車の間の通信が〈V2V(ヴイ・ツー・ヴイ)〉通信である。車間距離を把握することにより、安全運転の実現や、路上少し先の渋滞状況を把握したうえでの最適速度維持に役立てられよう。すなわち渋滞がちょうど解消した頃に渋滞地域に到達するような速度調整を行って、燃費が良くストレスの少ない効率的運転を実現することも可能にするのである。

図中の自動車❷と路上前方の信号との間の通信が〈V２I(ヴイ・ツー・アイ)〉通信、すなわち〈Vehicle to Infrastructure：路車間〉通信である。たとえば少し距離が離れた路上の信号が赤色である事実や、あと何秒後に自動車がそこに到達するのか等を計算して自車の速度を自動的に下げることにより、ちょうど青信号に変わっている頃に自車が信号に到達するような速度調節を可能にさせる通信である。これも燃費向上とストレス減少に貢献する効率的運転に資する仕組みであろう。

図中の自動車②とあらゆる相手方との間の通信が〈V 2 X〉（ヴィ・ツー・エックス）通信、すなわち〈Vehicle to Everything〉通信である。図の例では、自動車と通信網運営者（ネットワーク・オペレータ）等との間の通信にV2Iの概念を用いている。

なお本書の増補版まで本章に掲載されていた自動運転車の〈派生型トロッコ問題〉のテーマは、増補第2版への改訂において新たに第5章Ⅳに移動したので、そちらをご覧いただきたい。

6 研究・教育領域

たとえば海洋研究分野においては、長期間にわたって海底沈殿物等を収集したり、海洋生物を収集するような活動でロボットが使用されている。さらに前述3で紹介したように、航空・宇宙領域では惑星探査にロボットが用いられている例は有名であろう。日本における研究支援ロボットの例としては、「ラボ・ベンチロボット」と呼ばれる各種実験・研究機関向けの製品開発を産学共同で行っている事例を、一般社団法人 日本ロボット工業会が紹介している[★84]。

教育分野でも、ロボットが外国語教育や算数等で講義をしたり、出欠を確認したり、生徒とコミュニケートしたりしている。南カリフォルニア大学のジョージ・A. ベーキー名誉教授は、ヨーロッパで販売されている身長58センチのヒト型（ヒューマノイド）ロボット「NAO」が、多くの大学の研究室で使用されていると指摘している。

7 エンターテインメント領域

「おもちゃロボット」（robotic toys）を含むエンターテインメント領域でもロボットは使われている。たとえば前述の日本ロボット工業会が「ロボット活用ナビ」として紹介する実行可能性調査によれば、テーマパークで自律追従型ロボットに着ぐるみを着用させて園児たちについて歩く「一緒におさんぽする」イベントを行ったところ、累計来園者数が前年度比32.5%増加したと報告されている[★85]。また、エンターテインメントと教育を兼ねた領域は、「**エデュテインメント**」(edutainment：education＋entertainment)と呼ばれる。日本の本田技研工業が開発した「アシモ」(ASIMO)がその代表例として挙げられている。

8 医療・ヘルスケア領域

第3章 I-4(2)と(5)において言及したIBM社製エキスパート（特化型）ロボットの「Watson」は、医療分野においても利用され成果をあげている。また、いわゆる癒し型の子供アザラシ型ロボット「パロ」(PARO)は、ストレス解消や認知的刺激付与等の治療効果が目指されているといわれている。ほかにも看護用や投薬用等のロボットもある。

手術用として実用され有名なロボットはやはり「ダ・ヴィンチ」(前掲Fig. 4-1)であろう。このロボットについては、製造物責任訴訟の裁判例さえ存在する（第5章 II-2(4)参照）。

(1) 医療分野における AI 利用と、〈自動化バイアス〉対〈アルゴリズム回避〉問題

A　厚生労働省による解釈　たとえば患者の診断において、AIが症状を示唆したり判断を下すような例においては、最終的な判断が医師に委ねられなければならない旨を、厚生労働省が以下[★86]のように明記しているので参考になろう。

> 人工知能（AI）を用いた診断・治療支援を行うプログラムを利用して診療を行う場合について……、**診断、治療等を行う主体は医師であり、医師はその最終的な判断の責任を負うこととなり**、当該診療は医師法（昭和23年法律第201号）第17条の医業として行われるものであるので、十分ご留意をいただきたい。

なお〈医師法〉の17条は「医師でなければ、医業をなしてはならない」と規定しつつ、「医業」とは「当該行為を行うに当たり、医師の医学的判断をもってするのでなければ人体に危害を及ぼし、又は危害を及ぼすおそれのある行為（医行為）を反復継続する意思をもって行うこと」とされ

ている（平成17年医政発0726005号医政局長通知）。

ところで前頁のAにて引用したAIに関する通知の根拠となった、同通知別添の研究結果が、以下[★87]のように論点を整理した有用な情報を与えてくれているので紹介しておこう。

1）AIは診療プロセスの中で医師主体判断のサブステップにおいて、その効率を上げて情報を提示する**支援ツールに過ぎない**。

2）AIには知識量の制約がなく、医師主体判断のサブステップにおいて、医師にデバイアスによる**気づきを与え得る**。**AIと医師との協働は医療の質向上に有用**であると考えられる。

3）**AIの推測結果には誤りがあり得る**が、判断の主体である**医師がAIを用いた診療の責任を負うべき**である。その前提として**医師に対してAIについての適切な教育を行うべき**である。

4）……。

医師がAIを利用する際の、このような論点の整理は、おそらく次のような内容を示唆しているであろう。すなわち、AIが医師の診断や治療等の判断や活動等を支援・補助する機能を担うけれども、医師はAIの予測、推奨、または判断等の特徴を理解したうえで、それを参考にしつつも、その他の諸要素や経験等も加味したうえで総合判断を行うとともに、責任も負うという理解であろう。この理解は医療以外の諸領域におけるAIの役割に関する理解と一致する。すなわち次項（**9**：司法領域）において紹介する「ウイスコンシン州対ルーミス」事件[★88]も、裁判官が量刑判断を下す際にアルゴリズムの予測、推奨、または判断等を考慮に入れる場合には、**アルゴリズムが抱える問題点等を理解したうえでの裁判官による判断が重要**であると示唆しているのである。

B　ヒトによる判断の限界である〈自動化バイアス〉と、AI嫌いなヒトのバイアスを表す〈アルゴリズム回避〉と、「AIについての適切な教育を行うべき」という指摘について　　厚労省の前掲Aの通知の根拠となった研究は、「AIと医師との協働は医療の質向上に有益である」と指摘しつつも、「AIの推測結果には誤りがあり得るが、……医師に対してAIについての適切な教育を行うべき」と指摘していた。この点について欧米では最近、**ヒトが機械や数値による客観的データを示されるとそれに依存しすぎる偏見がはたらく問題**が指摘されるようになっていて、これを〈**自動化バイアス：automation bias**〉という。本章の前掲**II-2(1)**A(iv)が指摘するように、欧米では自動化バイアスへの批判が強く認識されるようになっているので、日本も同バイアスに留意する必要があろう。ちなみに内閣府「人間中心のAI社会原則」の第一原則である「(1) 人間中心の原則」にも、自動化バイアスを示唆する[★89]以下の強調部分のような文言が見受けられる。この、人間中心のAI社会原則は、日本におけるAI規範の司令塔的な役割を果たしているから、コンプライアンス的にいえば、日本のAI関係者も自動化バイアスへの対策を講じるべきである。

> (1) 人間中心の原則
>
> AIの利用は、憲法及び国際的な規範の保障する基本的人権を侵すものであってはならない。
>
> AIは、人々の能力を拡張し、多様な人々の多様な幸せの追求を可能とするために開発され、社会に展開され、活用されるべきである。AIが活用される社会において、**人々がAIに過度に依存したり**、AIを悪用して人の意思決定を操作したりすることのないよう、我々は、リテラシー教育や適正な利用の促進などのための適切な仕組みを導入することが望ましい。

ところで〈自動化バイアス〉とは反対に、ヒトがアルゴリズムの予測、判断、および推奨等を嫌うバイアスがはたらく、という指摘も存在しており、これを〈**アルゴリズム回避：algorithm aversion**〉という。この争点に関しては、たとえば採用活動にAIを利用する問題に関連して、「ヒトも偏見に左右されて決定を下してきたのに、AIだけが厳しく制限されるのは納得できない」云々等と、筆者は主張されたことがある。確かにこれまでもヒトは偏見に左右された決定を下してきたであろうし、アルゴリズム回避というバイアスを持っているかもしれない。しかしそうだからといって、すべてをAIに委ねるべきであるとか、アルゴリズムによるバイアスを放置しておいてよいということにはなるまい。

まず、すべてをAIに委ねるべきことにはならない、という筆者の指摘については、イーサン・ローエンスの論文が、以下のような興味深い分析を行っているので紹介しておこう[★90]。すなわちアルゴリズム回避という現象は、実はアルゴリズムに任せるべきではない（すなわち不適合な）タスクを任せることに対してヒトが抱く違和感の表れであるから、アルゴリズム回避的なヒトの反応を契機にそのタスクにアルゴリズムを使用することの適合性を疑ったうえで、そのタスクへのアルゴリズム使用を見直すことが望ましい、とローエンスは指摘・分析している。特にヒトが判断を任されたタスクには、定量化が難しい情報も考慮したり、文脈を理解したうえでの総合判断が求められる場合があり、そこをアルゴリズムに任せることに対して人々は違和感を覚える。その理由は、アルゴリズムには不適合な、ヒトが任されるべきタスクをアルゴリズムに任せているからである。そのようなヒトの直観の表れであるアルゴリズム回避は非難されるべきではなく、むしろ改善策を検討する契機と捉えるべき、とローエンスは指摘・分析しているのである。

このような、アルゴリズムとヒトの適切な役割分担について、次のような説得的な例もローエンスが挙げているので、続けて紹介しておこう。すなわち[★91]、たとえばプロ・テニスの試合において、シュートしたボールがラインをインしているかアウトしているかについての審判員の決定に異議が申し立てられた場合に、コンピュータによる判定が行われることを、読者も視聴したことがあるであろう。これは「Hawk-Eye（ホークアイ）」（鷹の目）と呼ばれるコンピュータ・システムであり、ヒトの審判よりも正確にイン/アウトを判断できる。したがってこのようなコンピュータ・システムは利用すべきである。他方、だからといってプロ・テニスの団体は、ヒトの審判員の代わりにすべての審判機能を「ホークアイ」に取って代わらせてはいない。なぜなら審判員の役割にはボールがラインをイン/アウトしているか否かの決定だけではなく、試合の流れ等の文脈全体を理解したうえでのその他の判断・決定も含まれていて、そのような全体の文脈を理解したうえでの決定等は（筆者が第3章I-4(1)等にて紹介したように）AIには不得手な分野である。言い換えれば、「ホークアイ」の役割は、審判員が担うもっと広い役割の中の狭い一部分を構成するだけであるし、その限りにおいては「ホークアイ」の方がヒトを上回る成果を出せるけれども、その狭い役割を超える総合判断はヒトに任せるべきである。そのように、ヒトとシステムそれぞれの特性を理解したうえで、協働させることが求められているのである、とローエンスは分析している。説得力のある分析であろう。

次に、ヒトもアルゴリズム同様に偏見による決定を下してきたからといって、アルゴリズムによるバイアスを放置してよいことにはなるまい、という筆者の指摘について、筆者なりの根拠・理由を示しておこう。それは、双方共に偏見・バイアスがあるのだから両者共に放置してよいという論者の主張が、誤りのあることを知りながら故意に不作為のままでもよい、と主張していることを意味する点に問題がある。そのような主張は、ELSI 的規範に鑑みれば、少なくとも倫理的に——悪いことを知りながらこれを見過ごすのだから——公正とは言い難い。加えて、社会的にも——やはり悪いことを知りながらこれを見過ごすのだから——広く受容されるとは思えない。双方に偏見・バイアスがあるのならば、**双方ともに治癒する対策を検討・実装すべき**である、という考え方こそが、健全であろう。

(2) パーソナル・ケアとコンパニオン・ロボット

老人や子供のケアのために用いられるロボットも増えてきており、前述「エデュテインメント」ロボットもケアのために用いられることがある。たとえば「ハローキティロボ」を、親が子供のケアのために用いるという。好奇心が大きな子供にロボットを使わせれば、科学や工学技術への興味も惹き起こすことができて望ましいとも指摘されている。前述した癒し系の「パロ」や、SONY 製犬型ロボットの「アイボ」(AIBO) といったペット・ロボットは、老人の孤独感を減少させ意思疎通能力を向上させるとも指摘されているけれども、ヒトによるケアよりも望ましいとは限らない点は留意を要する。老人介護には人手がかかるので、これをたとえば**自律型ロボットや準自律型ロボットの導入により代替させていけば、その代替された分だけ老人がヒトと交流する機会が減退する。それが果たして望ましいか否かは検討を要する、**と指摘されているのである。

ところで老人の見守りや室内での危険な行動をロボットにケアさせるアイデアについても、倫理的な問題点が指摘されている。1点目として、四六時中見守ることは**プライバシーの喪失**を意味するから、安全のためにプライバシー喪失がどこまで許容されるかという考慮が必要になる。2点目として、老人の室内での一定の行動を危険であるとしてあらかじめロボットがプログラミングされ、そのような行動を抑制するように指示されていた場合、そもそもロボットは杓子定規にしか行動できず状況に応じて調整したうえで最適な判断に基づき行動することが不得手であるから（第6章 II-9 参照）、**必要以上に老人の行動の自由を阻害するのではないか**と指摘されている。これらの指摘については、筆者が幹事を務める総務省の「AI ネットワーク社会推進会議」が提案する「国際的な議論のための AI 開発ガイドライン案」の〈⑦倫理の原則〉が、開発者に対応を求めているといえる。すなわち、同ガイドライン案によれば、AI システムの「開発者は、……人間の尊厳と個人の自律を尊重す」べきであるとしているから、要介護者のプライバシーという個人の尊厳や、行動の自由という個人の自律性を、AI が用いられるロボットの開発時には求められると考えるべきであろう。

もっとも老人介護用のロボットの利活用には負の面のみならず、当然に正の面も存在する。特に日本は高齢化社会を迎えて老人介護用ロボット分野において世界をリードしていると評価されており、たとえば要介護者の食事を支援するセコム社の「マイスプーン」は有名である。

近い将来に**ロボットは**、愛人や伴侶にもなりえて、しかも彼らは**ヒトと違って裏切らない**という指摘さえある。そのようなロボットとヒトとの関係性が果たしてヒトの心理にいかなる影響を及ぼすかは、いまだ解明されていない問題点であるとも指摘されている。

たとえば**ヒトに仕えるように心地よく設計されたロボットとばかり日々付き合うことにより、そのようには仕えてくれない実際の人間関係へのヒトの「耐性」が劣化する**としたら、ヒトに仕えるような心地よいロボットの設計は注意深く検討せねばならないという指摘もある。[★92] さらに、愛情はヒトにとって非常に強い感情であり、**ヒトは愛によって容易に操作されてしまうから、機械であるロボットにヒトを騙させて、ヒトが必要以上にロボットへの**

執着心を抱くことのないように設計上注意すべきとの指摘も見受けられる。[★93]

さらにパーソナル・ケア・ロボットに関する論点としては、**ロボットは故意に嘘をつくべきではない**という指摘もある。[★94] ロボットに嘘を許すべきではないか否かというロボット倫理学的テーマは、第1章**I-2**で紹介したアシモフの「うそつき」を思い起こさせる指摘である、と筆者には思われる。あるいは映画「インターステラー」(第1章 Fig. 1-1) が示唆した、ロボットにどの程度まで真実を語らせる能力を持たせるべきかの問題でもある。ロボットによる嘘を許容すれば、名誉毀損等々の精神的損害を惹起するおそれも考慮すべきかもしれない、と筆者には思われる (第5章**II-4**)。

なお、パーソナル・ケア・ロボットは産業用ロボットよりも危険性が高くなるという筆者の指摘 (前述**I-1**) については、ヨーロッパのロボット法研究団体「RoboLaw」も同様な示唆を示しながら、前者の特徴を次のように指摘している。[★95] すなわち、(1)事前に十分定義できない環境で広範囲な要求に応じるような使用のされ方をする、(2)スペシャリストとは限らない利用者に使用される、そして(3)作業場をヒトと共有する、という3点である。

(3) セックスロボット

先に触れた、ロボットが「愛人や伴侶にもなりえ」るというテーマに関しては、ヨーロッパのロボット工学の教育・研究・技術移転の促進を目指したEURON (EU ロボット・ネットワーク) の議長による、ヒトがロボットとセックスするようになるという発言が有名である。それゆえであろうか、ロボット倫理の研究においてはすでに「セックスボット」(sexbot) 等と略称されるロボットが議論されている。たとえば将来、「人工意識」の研究が「自意識」や「感情」をセックスボットに持たせるようになった場合、問題が生じると懸念されている (ロボットの自意識や感情が惹起する問題については第6章参照)。映画「ブレードランナー」や「A.I.」の中にもこの分野を専門にする、自意識や感情を持つと思われるアンドロイドやロボットが登場し、我が国の手塚治虫の名作『火の鳥』にも同様なロボットがヒトを殺すエピソードが描かれているから (Fig. 4-6 参照)、文芸作品においてはすでにセックスボットの問題が提起されてきたと捉えうる。また、ロボットやAIは、既存のさまざまな労働を奪うと懸念されているところ、「人類最古の職業」も例外ではないという懸念も、同分野を専門にする人から指摘されている。

Figure 4-6：セックスボット(出典注＊5)
手塚治虫『火の鳥』

図中のセックスボット「ファーニー」のエネルギーを、他のロボット「ロビタ」が故意に少な目にしか補給しなかったために、ヒトが死ぬ場面。ロビタは自身がヒトであるという自我に目覚め、虐待を受けた図中の主人への憎悪ゆえに、ファーニーを道具として殺害を実行する。

9 司法領域

司法領域にも徐々にAIやアルゴリズムを使用する例が増えてきた。たとえば犯罪予防の分野では、〈プレディクティヴ・ポリーシング〉という予測警備が実用化されてきていることについてはすでに紹介した通りである（第3章Ⅳ参照）。

さらに司法領域におけるAI・アルゴリズムの使用例としては、いわゆる「リーガルテック」と呼ばれる、法律役務支援または役務提供を行う分野が発展しつつある。リーガルテックが提供する分野としては、契約書（案）の起案や代替案提示、契約書（案）のレビュー、契約書の審査、および契約書の管理等がすでに市場で提供されている。[★96] さらに法律調査業務についてはかつてから、アメリカの〈Westlaw〉や〈Lexis〉が文献調査支援役務をアメリカで提供していたところ、近年では日本でも〈Westlaw Japan〉等々が日本の文献調査支援役務を提供している。今流行りのChatGPTのリーガルテックにおける利活用の可能性についても、リーガルテック分野の専門家である松尾剛行弁護士が早速に論じているので[★97]、参照してほしい。同書によれば、ChatGPTは第3章**V-3**で紹介したように正しい答えを提示してくれるとは限らない点が、リーガルテックとしての利用上問題であると松尾は指摘している。その通りであろう。

ところで日本においては弁護士法72条によって、有償による法律事件に関する法律事務を弁護士に独占させていることから、リーガルテックが同法違反に該当するか否かが争点になっていた。しかし近年、法務省がガイドライン（指針）を公表したので、その概要について以下で簡潔に言及しておく。

(1) リーガルテックが弁護士法違反に該当するか否かに関する法務省ガイドライン

この争点に関する指針としては、法務省が「AI等を用いた契約書等関連業務支援サービスの提供と弁護士法第72条との関係について」を、2023年に公表した[★98]。同指針はわかりやすく簡潔に全6頁にまとまっているので、正しくはそこに直接アクセスしてこれを読んでほしい。以下では要点のみを紹介しておく。

まずこの争点に当てはめられる規範は、弁護士法の72条である。同法は以下のように規定しているので[★99]、リーガルテックがそこに抵触すれば、いわゆる「非弁活動」——弁護士以外の無資格者が有償で事件性のある法律事務を扱うこと——として違法になりうる。

> （非弁護士の法律事務の取扱い等の禁止）
>
> 第72条　弁護士又は弁護士法人でない者は、**報酬を得る目的で**訴訟事件、非訟事件及び審査請求、再調査の請求、再審査請求等行政庁に対する不服申立事件**その他一般の法律事件に関して**鑑定、代理、仲裁若しくは和解その他の**法律事務を取り扱い**、又はこれらの周旋をすることを**業とすることができない**。ただし、この法律又は他の法律に別段の定めがある場合は、この限りでない。

上の引用条文が規定するように、まず「報酬を得る目的」でなければ、非弁活動（弁護士法72条違反）にはならない。もっとも報酬は広く解釈されていて、リーガルテック役務提供と「対価関係」にある「物品」や「供

応」の提供も含む「利益供与」は、金額の多寡と無関係に報酬と解釈されている。★100

次に、非弁活動に該当するためには、「条文で列挙されている『訴訟事件、非訟事件及び……行政庁に対する不服申立事件』に準ずる程度に**法律上の権利義務に関し争いがあり、あるいは疑義を有するもの**であるという、いわゆる『**事件性**』**が必要**である」(強調付加)。★101 なお事件性要件については、「事件性不要説」と呼ばれる説も存在するようであるけれども、松尾はこれを支持していない。★102 もっとも松尾も、「判例・学説の大部分において『**新たな権利関係を発生させる案件**』**も弁護士法72条の対象となると説明されてきた**。その意味では、事件性を仮に必要とする……としても、事件性による限定によって弁護士法72条上適法となる範囲は必ずしも広くはない」(強調付加)と注意を促している。★103 他方、法務省の前掲指針★104は、「**企業法務において取り扱われる契約関係事務のうち、通常の業務に伴う契約の締結に向けての通常の話合いや法的問題点の検討については、多くの場合『事件性』がない**との当局の指摘に留意しつつ、……諸般の事情を考慮して、『事件性』が判断されるべき」と述べているので、**原則として**企業法務部室が通常扱う契約業務は事件性がないという解釈がとられていると解することもできよう。

さらに、たとえ有償かつ事件性のある「その他の法律事務を取り扱」う場合でも、以下の場合には非弁活動に該当しない。すなわちリーガルテック役務を「利用するに当たり、[同役務の] 提供先において職員若しくは使用人……[が同役務] を利用するとき」は、非弁活動に該当しない。★105 これは、いわゆる企業法務部室等の部室員等が自社のために法律役務を取り扱う場合を想定した解釈であると思われる。

ところで、司法分野におけるAI・アルゴリズム等の利活用については、リーガルテックに関する争点以外にも、アメリカでは刑事裁判における被告人の量刑判断にアルゴリズムを用いた統計的なデータを参考として用いることが、大問題になっている。そこで、代表判例として世界的にも有名な「ウィスコンシン州対ルーミス」事件を本書でも紹介しておこう。★106

裁判例紹介 #3-2：
量刑判断にアルゴリズムを使用する際には、その欠点や限界を裁判官が理解しておく必要性を強調したウィスコンシン州対ルーミス事件[★107]

被告人の量刑等を裁判官が判断する際に、再犯確率や仮釈放中の逃亡のおそれ等も統計的に予測できる「COMPAS（コンパス）」と呼ばれるアルゴリズムによる危険性評価——①集中審理前［に仮釈放した場合に逃亡する］再犯の確率、②一般的な再犯の確率、および③狂暴な再犯の確率を点数化し棒グラフにて示した評価——を参考にしたことが[★108]、合衆国憲法修正第14条の〈手続的適正手続保障〉違反になるか否かが争われた有名な事件が、この「ウィスコンシン州対ルーミス」事件である。

同事件では、第一審裁判所の裁判官がCOMPASを利用したけれども違憲にはならない、とウィスコンシン州最高裁が判断し、その理由として概ね以下のように指摘している。まずCOMPASの危険性評価は、あくまでも裁判官が量刑等を決める際の参考情報にすぎず、**裁判官による量刑判断を補強する目的でCOMPASを利用したにすぎず、COMPUSによる再犯予測等の情報を参考にしなかったとしても、本事件においては裁判官が同じ量刑を決定していた**ことが記録から明らかである[★109]。さらに裁判所は、**COMPASの危険性評価に重きを置きすぎてはいけない旨の注意書を知ったうえで**量刑を決めたから、違憲ではない[★110]と州最高裁は指摘。このように、判断の最終決定権はヒトである裁判官が担うべきであることや、AIの予測等は裁判官の判断を支援する参考情報にすぎないこと、およびAIの限界や特徴等を知ったうえで判断されていることが重要である、と指摘している点が、本章**II-8(1)**Aで厚生労働省による解釈を紹介した際に筆者が指摘した、医師によるAI利用上の特性——すなわち医師は「AIの測定結果には誤りもあり得る」という特徴を理解したうえで、それを参考にしつつも、その他の諸要素や経験等も加味したうえで総合判断を行うとともに、責任も負うという〈特性〉——と似ていると理解できよう。

なお「ルーミス事件」の同法廷意見は、さらに、**それまでは裁判官の勘に頼って決定されていた量刑が、数値［統計］等の「根拠［証拠］に基づく」（evidence-based）判断に移行すべきであるという全米的傾向も強調・同調**している。医学においても近年は、第3章**I-4(5)**において指摘したように「根拠［証拠］に基づく医療」が重視されているから、医療においても司法における量刑判断と同様にやはりAIとの協働が推奨されている傾向において、両者に共通点がみられる。そういえば日本における政策論議のあり方も近年では**「証拠［根拠］に基づく政策立案」——「EBPM：エビデンス・ベースト・ポリシー・メイキング」——**

が強調されている点も[★111]、今後の政策立案における AI 利活用が促される根拠となりうるといえるのではあるまいか。

(2) 「ルーミス事件」が指摘する、アルゴリズムを参考にするヒトの知識・教育の必要性

ところで「ルーミス事件」の法廷意見は、COMPAS の利用は違憲ではないとしながらも、COMPAS の利用には**以下のような問題も含まれているから**、その点を**裁判所に指示しておくことの重要性を強調**している。この点は本章 **II-8(1)** A において、**医療における AI 利用に関しても「医師に対して AI についての適切な教育を行うべきである」と指摘した前掲厚労省通知が依拠した研究の分析と共通している**（以下では「ルーミス事件」が指摘する、COMPAS 使用の留意点として量刑判断に用いる前に裁判所に指摘しておくべき問題点の概要を参考までに、番号を付して例示列挙しておこう[★112]）。

1. COMPAS は提供会社の知的財産［＝営業秘密］であるから、**どのような要素がどのように評価されて**被告人の再犯確率や逃亡の危険性等が**数値化されたのかの理由が不明**という問題。
2. COMPAS の危険性評価は、高リスク犯罪者の**グループを特定する**ものだから、高リスクな**具体的個人を特定するものではない**という問題。
3. 白人よりも**少数民族系の方が高い再犯率グループに偏って分類されがち**である、と指摘する研究が存在するという問題。
4. COMPAS は被告人の履歴情報を全国的な人口サンプルと比較するものであるから、**人口変化を継続的に監視して修正を施さないと正確さが維持できない**という問題。

なお上掲 1. は、AI の諸原則や諸ガイドラインが問題視しているところの〈透明性〉の欠如や〈説明責任〉の欠如を示唆しているといえよう。2. は、第 3 章 **IV-2(1)** でも指摘した――「一般化された予測にすぎないプレッドポルにだけ頼ることは許されず……個別具体的な疑いを抱く総合判断のための材料のひとつとして利活用するにとどめる必要」性を指摘した――ところの、AI やプロファイリングによって個々人を評価しがち

な傾向に対してしばしば指摘される問題点である。上掲3.は、COMPASが特に悪名高くなった指摘である[★113]。上掲4.のようにAIの利用においては継続的な監視・監査と修正が必要であるという指摘については、たとえば採用活動におけるAI利用においても似たような指摘が見受けられる。すなわち、継続的に監査を行ってインプットに対するアウトプットの問題を発見したうえで、データ・インプットを調整する不断の努力が必要である、と指摘されている[★114]。

10 環境領域

清掃用ともいえそうなこの領域においては、核汚染除去、アスベスト除去、石油間欠泉封じ、汚染部位・地域の発見、気候・気象データ収集、等々でもロボットが用いられる。

たとえばアメリカ国防総省の財政支援のもとでボストン・ダイナミクス社が開発した、ヒトそっくりのヒューマノイド・ロボット「ペットマン」(Pet Man) は、そもそもは化学防護服の試験用ロボットであるが、将来的には日本の福島第一原子力発電所災害や山火事のような危険な環境で必要な活動を行うと予想されている。福島第一原子力発電所災害といえば他人事ではないので、ロボット先進国と思われていた日本自身が有用なロボットを投入できなかったという政策の失敗エピソードをここで紹介し、今後の反省材料として記録にとどめておきたい。あの東日本大震災で生じた原発事故後の対策用として投入できたロボットは、アフガン戦争やイラク戦争等の実戦経験が豊富なアメリカのロボットであった。日本製ロボットは、投入されても強い放射線等の過酷な環境下で故障しまったく使いものにならなかった。なぜか。それは、原発事故対策ロボットの開発を政府がそれまで維持し続けず、開発が途絶えていたからである。なぜ政府は開発を維持し続けなかったのか。熱しやすく冷めやすい日本人の国民性がその原因と思われる。すなわち、スリーマイル島の原発事故や東海村の核燃料工場における臨界事故が生じた直後に、日本政府は対策用ロボット開発の予算を付けて後押ししていた。しかしその事故のショックが薄れると予算も付かなくなり開発は途絶えてしまった。

そこに運悪く福島県の原発事故が発生したのである。原発事故のような過酷な環境下でも稼働できるロボットは、市場経済原理のもとで採算が合う製品ではない。公共財として公的な資金により開発を支えなければ淘汰され、いざという場合に困る製品である。福島県の原発事故は、事故対策ロボットのような公共財を、政府が予算を付けて維持し続ける必要性を教えてくれた事例なのである。

11 ヒトが操るロボット

本項では、ヒトと独立した存在としてのロボットではなく、ヒトが操りまたはその代理を務めるロボットを表現する言葉・概念を紹介しておこう。

(1) アバター

まず「アバター」(avatars) とは当初、現実世界でヒトの代わりとなる人物を二次元または三次元の仮想空間上で表現する手段として、たとえば「セカンド・ライフ」やTVゲーム等で用いられていた存在である。[★115] その後、現実世界の有体物としてもヒトの代わりにさまざまに行動する存在として「アバター」の言葉が使われ、たとえばアメリカ国防総省の研究機関は兵士の代わりに行動する「アバター」の研究に予算をあてたと報道されている。[★116] 映画「アバター」[★117] がその大衆イメージをよく体現しているかもしれない。

ところで仮想世界におけるアバターは、プレイヤーたちに**没入感**(immersion) を与える。次頁の Fig. 4-7 が紹介する映画「アバター」の主人公も、現実世界では身体的な不自由さゆえに満足できない生活を送っていたところ、アバターを操ることで**まったく別の充実した人生を体験**でき、その世界に没入する。なお没入感を体験したプレイヤーたちは、**アバターを自身と区別された存在と捉えずに、第二の自身であると捉えがち**である。すなわち**アバターを、プレイヤー自身の人格の表象・投影** (representation/projection) **であると捉える**のである。

Figure 4-7：アバター
映画「アバター」(2009 年)

ヒト型の人造物を遠隔で自由に操作できる未来の宇宙世界を描いた作品。主人公は車いすに乗る軍人であるけれども、遠隔でヒト型のアバター（写真左側男性）を操りつつ惑星上で自由に動き回ることができ、異星人（写真右側女性）の社会に潜入してその惑星の資源搾取を試みるけれども、その非人道的な作戦に反感を抱いていくというプロット。アメリカ原住民を白人が搾取した歴史への痛烈な批判を感じさせる作品。健常者のように自由に動き回り、かつアバターを通じれば人間以上の身体能力を発揮できるという設定は、ヒトの機能拡張の一種と捉えることもできよう。
Everett Collection/アフロ

(2) サロゲート

「サロゲート」(surrogates) とは「代理人」の意であり、「特に他人の代わりに行動するために指名される者」を意味し、たとえば「サムが不在の場合に奥さんがサロゲートとして行動する」といったように用いる言葉・概念である。★118 親族・相続系の法律学において「サロゲート・マザー」(代理母) や「サロゲート・ペアレンツ」(親代理) や「代行決定者」のように用いられる。★119 ロボットの文脈における大衆イメージとしては、これに依存する歪んだ未来社会を、暗くディストピア的に描いた映画「サロゲート」がある★120 (Fig. 4-8)。

以上の法理的概念・用語のアナロジーとして、ヒトを代理する有体物であるロボットをサロゲートと呼ぶ場合が見受けられる。★121 たとえばロボットが老齢者の代行決定者になるような場合である。

なお「ロボット民事訴訟法」とでもいいうる論点として、将来、ロボット・サロゲートが調停人になりうるという指摘もある[★122]。日本でも、AIが裁判官の代わり（e-judge）を務めるというテーマを論じる論稿が公表されている。

Figure 4-8：サロゲート
映画「サロゲート」（2009年）

ヒトがみな虚栄心ゆえに実物よりも美しい「サロゲート」を自宅で寝ながら遠隔操作して、街にはサロゲートだけが労働し社会を形成するというディストピアを描いた映画。無表情な写真の女性（左）はサロゲートで、職場の「サロゲート美容院」で客（右）のサロゲートをメンテナンスする場面。
Photofest/アフロ

III 生物学を応用したロボット

「ロボット」という言葉から人々が抱くイメージは、機械やコンピュータで構成される機械のようなモノというのが、おそらく本書を執筆している現在の状況であると思われる。しかし研究開発においては、コンピュータやシリコン（半導体）と機械から構成される無機的なロボットのみならず、生物学を応用したロボットも検討されていることは、たとえばリン博士による以下の指摘からも明らかであろう[★123]。

> 合成生物学、認知科学、およびナノエレクトロニクスを用いれば、**将来のロボットは生物学に基づくものになるかも**しれない。そして、ヒトと機械の統合――すなわちサイボーグ――は、現在よりもさらに普及しているかもしれない……。これらすべては、ロボットの定義……が曖昧であることを示している。今日においてロボットであると直観的にわれわれが考えている物も、……変化するかもしれないのである。
>
> ［中略］
>
> ロボットがもっと自律的になれば、すなわち典型的に人格性を定義づける複数の特徴をロボットが十分に示すことができるならば、責任をロボット自体に課すことにも説得力が出てくるかもしれない。このような指摘を行きすぎと思う向きは、**生物的な脳と、コンピュータおよびロボット工学とを統合する作業が進行中である**事実を考慮すべきである。
>
> （圏点部は原文では斜体で強調、ボールド強調は付加）

さらにロボットの前掲定義である**「〈感知/認識〉+〈考え/判断〉+〈行動〉の循環」も、生物学的ロボットの可能性を排除しない定義である**と解釈されている[★124]。

そこで本書は、生物学を用いた人造人間のようなロボット（アンドロイド）も視野に入れている。このアプローチは、現在の読者のイメージから少し乖離しているように感じられるかもしれない。しかし筆者がここで強調して読者に紹介したい事実は、第2章で説明した通り、「ロボット」の語源とされているチェコのカレル・チャペックが著した戯曲『ロッサムの万能ロボット』に登場する *robota* が、実は生物学的な人造人間であったということである[★125]。すなわち、ロボットの起源や系譜に基づいて話をするならば、ロボットは金属と電子部品だけで構成される機械ではなかった。むしろ、フランケンシュタインのような生物学的人造人間こそがロボットだったのである（第2章Ⅲ参照）。

現在の日本人の主なロボットのイメージが、もっぱら金属とコンピュータで構成される機械だったとしても、上で紹介した生物学的ロボットの存在は実は現代の大衆文化でも引き継がれている。たとえば2009年の映画「ターミネーター4」[126]には、人間の心臓（と人間の記憶）が移植されたロボットが登場する。さらには2014年の「ロボコップ」のリメイク版には[127]、殉職しつつある主人公の警官の脳と心肺機能等のみを流用して構成される（ヒトの機能拡張型の）ロボコップが登場する。このように生物学と機械とのハイブリッドな組み合わせ型ロボット（サイボーグ）の大衆文化的イメージは、現代でも生き続けている。

1 「サイボーグ」——生物と機械の融合

「サイボーグ」（cyborg）は、「cybernetic-organisms」の短縮語で[128]、**一部が機械で一部が人間の「融合創造物」**をいう[129]。コンピュータとロボット工学を利用して能力が拡張した人間というイメージである[130]。

関連する重要な概念としては、マサチューセッツ工科大学（MIT）教授（出典公表時）のノーバート・ウィーナーが造語した「**サイバネティクス**」（cybernetics）があり[131]、**ヒトの脳と神経系統の神経的能力を、コンピュータ工学技術と組み合わせた科学領域**を意味する。

サイボーグの類似語には「**アンドロイド**」（android）があるけれども、こちらは人間と機械の融合ではなくて、“すべて”が生物学的に造られた人工物（人造人間）をもっぱら指す点において、「サイボーグ」とは異なるし（第2章**I-1**およびFig. 2-1参照）、後者の方が比較的新しい言葉である[132]。

2 BMI：ブレイン・マシン・インターフェイス

「ＢＭＩ（ビー・エム・アイ）」とは「brain-machine interface」の略語であり、脳と機械等を結びつける分野を表す文言・概念である[133]。たとえば、現実世界のロボットを操作したり、仮想空間上のアバターをヒトが操作する際に現状では、手や指を使っている。すなわち脳からの指示を、身体を介して外部のロボット/アバター等に伝達している。他方、BMIは、身体を介することなく、脳からの神経信号を直接にロボット/アバター等々の外部につなげて操作することも可能になる技術なのである。

サービス・ロボットまたは生活支援ロボット分野におけるBMIの利用例としては、筑波大学・山海嘉之教授率いるサイバーダイン社の装着型ロボット〈HAL〉——同社は「装着型サイボーグ」と呼んでいる——が有名である[★134]。

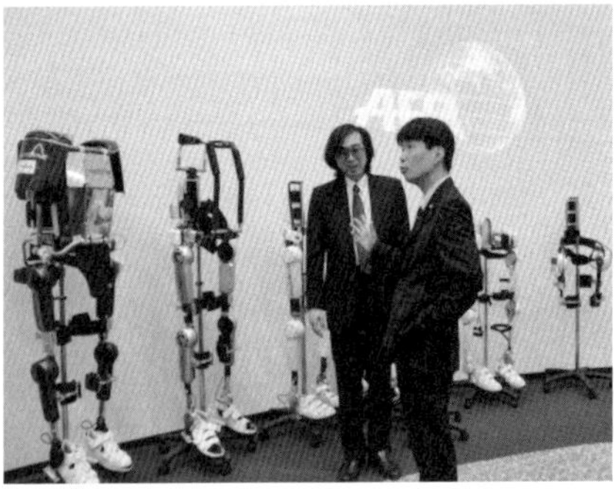

Figure 4-9：山海教授のHAL(出典＊6)

HALは上肢や下肢に装着して使用する。その際、たとえば下肢不随なヒトの神経信号をHALが察知して、その信号に従ってヒトの足を動かすように作動する。これにより、下肢不随なヒトも歩行可能にさせる高度なロボットがHALであり、これを可能にする技術がBMIである。

ところで小久保智淳[★135]によれば、BMIは上記のようなロボットの操作に限られず、仮想空間上のアバターの操作にも応用可能である。いわく、これによりたとえば「疾病……や老化現象によって身体が思うように動かなかったとしても、仮想世界ではそこから解放されることも可能になる。……BMIが世界を拡張する時、“もうひとつの人生”を手にすることが可能になる」という。なお「身体が思うように動かなかったとしても、仮想世界ではそこから解放される」という感覚は、前掲Fig. 4-7で紹介した映画「アバター」が鮮明に描いている。そして「もうひとつの人生」云々の指摘は、筆者には、すでにアメリカで大人気を博している仮想世界の社交サイトである「セカンド・ライフ」=「もうひとつの人生」(？)をも想起させる。すなわちアメリカでは、現実世界における人生の艱難辛苦(かんなんしんく)から逃れて、仮想世界の「セカンド・ライフ」において社交を楽しんだり、そこにおける経済活動に従事して生活している者さえいる[★136]。そのような、現実世界とは別の仮想世界における人生を、BMIを通じて実現することも可能である、と小久保は指摘しているのである。なお「セカンド・ライフ」は、最近注目を浴びたメタバース（後述6-II参照）の前身である、とアメリカでは分析されているので、詳しくは筆者の論文[★137]を参照してほしい。

3 ロボットへの生物学的人工脳の組み込み

英国リーディング大学のサイバネティクス教授(出典公表時)のケヴィン・ウォーウィック[★138]は、生物学的な脳を応用させた人工脳を機械のロボットに合体させることが可能であると主張している。すなわち、コンピュータ・システムに完全に代替しうる「**生物学的ニューラル・ネットワーク**(神経網)」の研究が現在進行中であり、開発した神経細胞の数は——ヒトが1兆個であることにはいまだはるかに及ばないけれども——すでに10万個に及んでいるという。**神経細胞の数が増えれば増えるほどに、「意識」が複雑になる**という示唆もあるので[★139]、生物学的人工脳の研究が複雑な意識を伴う知能を持つロボットの創造に成功する可能性も否定できないのかもしれない。

4 感情や自我や「ロボット権」への可能性

上述してきたように、生物から切り離された単純に機械としての発展形である狭義のロボットのみならず、機械とヒトが融合した広義のロボットである「サイボーグ」、あるいは生物学も用いた「アンドロイド」が将来実現化される可能性をも本書の議論の射程に入れるならば、機械のみから造られるロボットでは難しいともいわれている**「感情」「自我」**や**「生存本能」「増殖」等の特徴を、ロボットが有する蓋然性が高くなるのではないか**（その際の問題については第6章参照）。

さらに「ロボット権」の論点も現在では少し現実離れしているように聞こえるけれども、たとえばヒトの体や頭脳の半分以上が人工物で構成される時代に至った場合には、説得力を有してくるといわれている[★140]。生物学的人工脳を搭載しつつ体は機械であるロボットが開発された場合にも、やはりロボット権の議論が説得力を有してくるといわれている[★141]。そのような将来を描くsci-fi（サイ・ファイ）作品としては、やはり「ロボコップ」(Fig. 4-10) を挙げることができよう[★142]。

Figure 4-10：脳と機械の融合
映画「ロボコップ」(1987 年オリジナル版)

殉職警官の脳を組み込んだロボコップは、生前の記憶をすべて消去されて警官任務に就いているにもかかわらず、生前の家族の記憶をふっと思い出す場面が描かれている。
写真協力：公益財団法人川喜多記念映画文化財団

5 機械とシリコンの可能性

生物学的なアプローチの方が、機械＋シリコン（半導体）的なアプローチよりも意識や自我を有し自律的に〈考え/判断〉するロボットの実現には近道であるように思われるけれども、果たして「考える」ことができるのは生物および生物学に基づくシステムのみに限定されるであろうか。この問いに対する回答はまだ出ていないけれども、後述する「中国語の部屋」(第 6 章 II-5) という思考実験を考案した哲学者ジョン・R. サールが、**生物学に基づくシステムのみが「考える」ことができるとは限らない**として、次のように述べていると指摘されているので紹介しておこう[★143]。

考えることができる［存在という］事実としては、今のところ［生

物学に基づくシステム］しかわれわれは知らない。しかしわれわれは、意識的な思考を生み出すことができる、生物学以外のシステムを、この世の中に発見するかもしれない。
　さらには、**考えるシステムを人工的に創造することさえできるようになるかもしれない。**（強調付加）

6「サイバースペース」の語源

(1) サイバースペースの起源とロボット法への継承

ところで「サイバー」(cyber) という接頭語を用いた語として日本で最も有名な言葉はおそらく「サイバースペース」(cyberspace) であろう。その発案者である sci-fi 作家ウィリアム・ギブソンの映画化作品「Ｊ Ｍ（ジェイ・エム）」★144——原作邦題『記憶屋ジョニィ』——は、北野武のハリウッド出演作としても有名であるが、ヒトと機械と通信が融合した世界観を表現しており、本書の関心からしても興味深い (Fig. 4-11)。なおウィリアム・ギブソンは、「サイバーパンク」(cyber punk) と呼ばれる sci-fi のサブジャンルにおける代表的作家としても有名である。

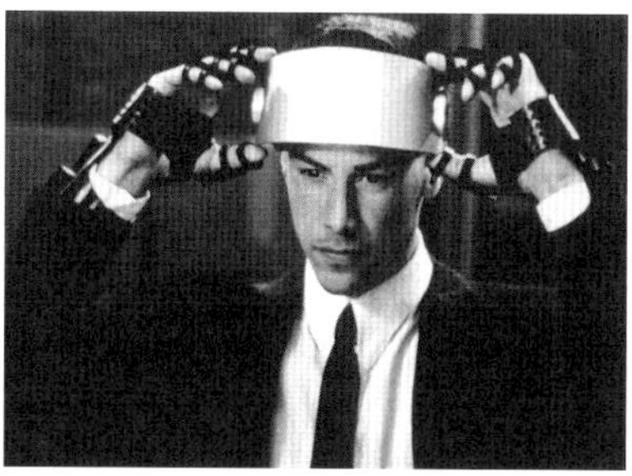

Figure 4-11：サイバーパンク
映画「Ｊ Ｍ（ジェイ・エム）」(1995 年)

脳に情報を隠し不正に運ぶ「記憶屋ジョニィ」を描く、ウィリアム・ギブソン原作のサイバーパンク作品の映画化。
写真協力：公益財団法人川喜多記念映画文化財団

以上の「サイバー○○」という言葉や概念が象徴するように、ヒト・生命と機械・通信が融合した技術的革新が生じるという見方は、ロボット法と無縁ではない。筆者も含むロボット法学者の多くが「サイバー法」の影響を受けていることも[★145]、その表れのひとつであろう（マサチューセッツ工科大学（MIT）にはこの分野の研究開発部門が存在する[★146]）。序章にて言及したように、そもそもサイバー法とロボット法は親和性の高い学門領域なのである。

また、**サイボーグ［研究］や合成生物学の出現は、生物学的な存在と非生物学的存在（機械）との境界線を曖昧化している**といわれる[★147]。さらにはいわゆる「シンギュラリティ・2045年問題」を主張する論者たちは、そこに至る過程で、ヒトの脳とコンピュータを直接的に接続させたり、生物学的なヒトの頭脳の増幅といったことが行われる可能性を指摘している（第6章V参照）。

(2) メタバースの起源もサイバースペース[★148]

ところで近年にわかに脚光を浴びた「メタバース」（Metaverse）と呼ばれる仮想世界が、実はサイバースペースの延長上に存在する事実をここで紹介しておこう（以下のFig. 4-12参照）。

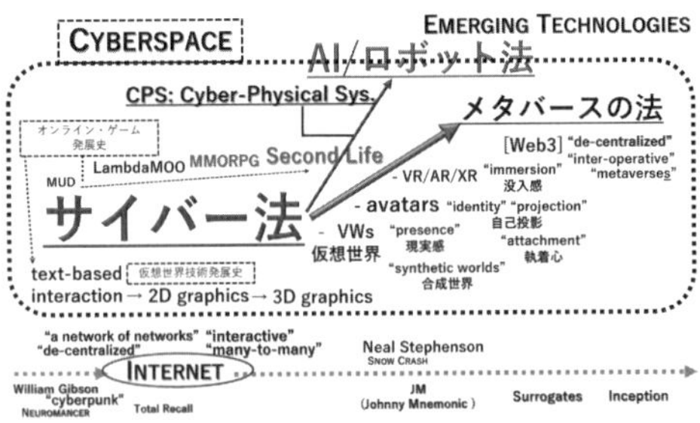

Figure 4-12：サイバースペースとメタバースの関係図（出典＊7）

そもそも「メタバース」（metaverse）とは、「超」を意味する「meta」と、「宇宙」を意味する「universe」から成る造語である。これをわかりやすく定義すれば、**VR――virtual reality：仮想現実――等を用いた3Dな仮想**

世界――VWs：virtual worlds――において、前掲（本章II-11(1)）のアバターを通じて社会・経済活動が営まれる社会である。

メタバースの前身であり、すでにアメリカでは非常に多くの者が利用して社会現象とさえなったサイバースペース上の仮想世界である「セカンド・ライフ」――それゆえに、そこに生じた統治のあり方が、法の発生現象等の研究上参考になると指摘されている★149――を例にしながら、メタバースを論じれば、「住人たち」（residents）と呼ばれるその多くの利用者は、実人生の辛さや苦しさ等からの現実逃避のために、別空間の仮想世界において、自身の分身であるアバターを通じて自己を実現し、まったく違う人生を送るために、仮想世界を利用すると指摘されている★150。筆者の私見では、その現実逃避の願望は、虚栄の虚しさを描いた前述のディストピア映画「サロゲート」（前掲Fig. 4-8）に近似するのかもしれない。さらにその感覚を論じるならば、たとえば「仮装舞踏会」や「白日夢」のようである、と指摘されている★151。確かに夢をみている間、ヒトはそれが現実であると錯覚するので、その夢に似ているメタバースがいかに現実感をヒトに与える媒体であるのかを想像できよう。そういえばSF映画においても、夢や疑似記憶がヒトに多大な悪影響を与える題材を扱った作品が複数あり、たとえば「インセプション」★152や、アーノルド・シュワルツェネッガーが主役を演じシャロン・ストーンが助演女優を演じて評判になった「トータル・リコール」★153も参考になる。

日本の作品を挙げれば、第6章で後述する「攻殻機動隊/Ghost in the Shell」シリーズ作品（第6章Fig. 6-1-2参照）も、各個人のアイデンティティを決定する大事な要素である記憶と、それを操る疑似記憶の問題を扱っているので、今後メタバースの問題を研究する際の参考になろう。

ところでそのメタバースの起源は、インターネットが普及し始めた頃に「Multi-User Dungeon：MUD（エム・ユー・ディー）」や「LambdaMOO（ラムダ・ムー）」等と呼ばれてサイバースペース内に構築された、テキストベースの世界構築型コンピュータ・ゲームや社交空間内で行われていた、仮名を用いた社会活動にあるといわれている。それが進化したヴァージョンが、ファイナルファンタジー等の「多人数同時参加型ゲーム」（MMORPG：Massively Multi-player Online Role-Playing Game）や、前述した「セカンド・ライフ」と呼ばれる仮想空間であり、それが今日のメタバースに発展している。したがって、メタバースは歴史的にもサイバースペースの延長線上の現象なのである[★154]。

さらにメタバースは、SFの影響を受けていると指摘されている点においても、サイバースペースやサイバー法学に酷似している。すなわちメタバースという概念の起源は、ニール・スティーヴンスン作のSF小説である『スノウ・クラッシュ』(1992年)であるといわれている。他方、サイバースペースの起源は、本章III-6(1)の冒頭等において上述したように、SFのジャンルである「サイバーパンク」であるから、メタバース同様にやはりSF起源の世界である。

加えて、メタバースの価値観や文化を表す「ｗｅｂ３(ウエブ・スリー)」や「分散型」(decentralization)の思想も[★155]、その起源はサイバースペースの第一世代や1996年の「サイバースペースの独立宣言」(A Declaration of the Independence of Cyberspace)に象徴されるサイバー法学上のガバナンス論の再現であるから[★156]、メタバースとサイバー法学とが密接な関係性を有していることが理解できよう。

以上のようにサイバースペースの価値観・文化やサイバー法が、メタバースの文化やガバナンス論等々に影響を与えるばかりか、筆者が論文[★157]で示唆したようにサイバー法学はAIやロボットの法のあり方にも影響を与えている事実から、これら新興技術の法を研究する際の、起源としてのサイバー法研究の重要性を改めて理解することができよう。

IV ヒューマノイド・ロボット

1 ヒューマノイド・ロボットと擬人観

「ヒューマノイド・ロボット」とは、ヒト型のロボットを意味する[★158]。映画「A.I.」[★159]に登場するロボットがその例であり、ヒトに似たその形状ゆえにヒトはヒューマノイド・ロボットに対して親近感を感じるのかもしれない。ヒトとのコミュニケーションや、家庭でヒトと同居することを目的としたいわゆる癒し系のサービス・ロボットの多くがヒト型であるのも、ヒトが親近感を感じやすくするための工夫であると評価できる。

ところでヒトが親近感を感じるロボットは、ヒューマノイド・ロボットだけではない。形状がたとえヒト型ではなくても、ヒトはロボットに対してヒトに対するような親近感、すなわち「擬人観」を持つともいわれている。[★160]「**擬人観**」(anthropomorphization(アンソロポーモファイゼイション)) とは、**人間がロボットをヒトのように感じ捉えてしまう**ことを意味する。[★161]たとえば多くの人間が、ルンバのような掃除ロボットに「名前」を付け、かつ旅行には一緒に連れて行き、兵士は爆弾処理ロボットを戦友のように感じて、傷ついたロボットを救うために自身の身を危険に曝(さら)すともいわれている現象が、「擬人観」の表れである。[★162]このようにロボットをヒトのように感じてしまう心理的傾向が社会に与える意味・影響も、ロボット法は問題視している。

たとえば、ヒトがロボットに対し抱く擬人観ゆえに、身近なロボットを他の機械に対する以上に信頼してしまい、プライバシーをロボットに開示しやすい傾向が指摘されている。[★163]

2 ロボットとプライバシー

アシモフの短編集『われはロボット』に所収の「証拠」という作品においては、ロボットが家の中でプライバシー権を有するか否かが扱われている。[★164]しかしロボット法の分野では、ロボット自体(自身?)のプライバシーよりも、ロボットの登場・普及によってヒトのプライバシーに生じうる変化が指摘されている。

たとえばスタンフォード大学講師(出典公表時)であったライアン・ケイロは、ロボットの普及によって生じうる変化を次のように指摘している。[★165]それはいまだ解明されていない危険性であるけれども、[★166]ヒトはロボットを擬人化して捉える心理傾向を有しているために、家庭内にロボットが四六時中いると、誰にも邪魔されない「ひとりでいることのできる自由」な時間が失われたように感じることになる。そのような自由な時間は、ヒトが平穏な心理状態を維持するためには不可欠であること等を考慮すれば、[★167]ロボットがいつも側（そば）にいてヒトのプライベートな時間が減ることにより何らかの心理的問題が生じるおそれがある、と懸念されている。そのような心理的な損害は、今のところ法的には救済が難しい。なぜならば、1つ目に、家庭用ロボットを使用している住人はおそらく契約を通じてプライバシーを放棄する同意をしているからであり、2つ目には、そもそも心理的な損害は立証が難しいからである[★168]と、ケイロは指摘している。

果たして本当にケイロが懸念するような心理的な損害が生じるのか否か、今後、家庭用ロボットがヒトに及ぼす影響にも注意が必要かもしれない。

★1——JOHN JORDAN, ROBOTS 5 (2016). ★2——*Id.* at 7. ★3——Chris Jenks, *False Rubicons, Moral Panic, & Conceptual Cul-De-Sacs：Critiquing & Reframing the Call to Ban Lethal Autonomous Weapons*, 44 PEPP. L. REV. 1, 49 (2016). ★4——Andrew Proia et al., *Consumer Cloud Robotics and the Fair Information Practice Principles：Recognizing the Challenges and Opportunities Ahead*, 16 MINN. J.L. SCI. & TECH. 145, 153 (2015). ★5——Patrick Lin, *1. Introduction to Robot Ethics, in* ROBOT ETHICS：THE ETHICAL AND SOCIAL IMPLICATIONS OF ROBOTICS 3, 6 (Patrick Lin et al. eds., 2012). ★6——George A. Bekey, *2. Current Trend in Robotics：Technology and Ethics, in* ROBOT ETHICS, *id.* at 18, 20. ★7——Daniel C. Dennett, *16. When HAL Kills, Who's to Blame? Computer Ethics, in* HAL'S LEGACY：2001'S COMPUTER AS DREAM AND REALITY 351, 351 (David G. Stork ed., 1997). ★8——アメリカ不法行為法については、拙著『アメリカ不法行為法：主要概念と学際法理』(中央大学出版部・2006年) 等参照。 ★9——「故意による不法行為」(intentional torts) については、拙著・同前93～96頁参照。 ★10——Miller v. Rubbermaid, Inc., No. 23466, 2007-Ohio-2981, 2007 WL 1695109 (Ohio Ct. App. June 13, 2007). 当事件の紹介は、「アメリカ・ビジネス判例の読み方 (第18回) *Miller v. Rubbermaid, Inc.*：産業用ロボットによる死亡事故に於いて、故意による不法行為が争点になった事例」国際商事法務44巻9号1430頁 (2016年) を修正転載。 ★11——Occupational Safety and Health Administration. ★12——「summary judgment：SJ」とは、主に陪審員が担う集中審理 (trial) 段階に事件を進めるために十分な争点が欠ける場合に、原告または被告が勝訴する旨を裁判所が決定する手続である。拙著・前掲注 (8) 77～78頁参照。 ★13——Fyffe v. Jeno's Inc., 59 Ohio St. 3d 115 (1991). ★14——Marks v. Goodwill Industries of Akron, Ohio, Inc., No. 20706, 2002-Ohio-1379, 2002 WL 462864. ★15——東京高判平成13年4月12日判時1773号45頁。同事件については、拙稿「製造物責任リステイトメント起草者との対話：日本の裁判例にみられる代替設計『RAD(ラッド)』の欠陥基準」NBL 1014号46頁 (2013年) も参照。 ★16——製造等を行う「産業用ロボット」と区別される「サービス・ロボット」(service robots) を、トリノ大学の(出典公表時) Pagalloは次のように定義している。「robot as a machine . . . so as to . . . provide "services useful to the well-being of humans"」UGO PAGALLO, THE LAW OF ROBOTS：CRIMES, CONTRACTS, AND TORTS 2 (2013). *See also* Lin, *Introduction to Robot Ethics*, *supra* note 5, at 11 (service roboticsを定義). ★17——M. Ryan Calo, *12. Robots and Privacy, in* ROBOT ETHICS, *supra* note 5, at 187, 192. *See also* Proia et al., *supra* note 4, at 150 n.15 (domestic service robot を定義). ★18——Calo, *Robots and Privacy, id.* at 192. ★19——原語は「socially interactive robots」である。*See* Bekey, *supra* note 6, at 29. ★20——経済産業省「ロボット政策研究会中間報告書〜ロボットで拓くビジネスフロンティア〜」(2005 年 5 月) 58 頁 *available at* [URL は文献リスト参照]。★21——同前 5 頁。 ★22——Curtis E.A. Karnow, *The Application of Traditional Tort Theory to Embodied Machine Intelligence, in* ROBOT LAW, 51, 58 & n.23 (Ryan Calo et al. eds., 2016). ★23——Bekey, *supra* note 6, at 25 (co-habitant robots について). ★24——Calo, *Robots and Privacy, supra* note 17, at 187-98. ★25——*Id.* ★26——*Id.* at 194; M. Ryan Calo, *Open Robotics*, 70 MD. L. REV. 571, 589 n.130 (2011). ★27——Bekey, *supra* note 6, at 18. ★28——*Id.*; John Villasenor, *Technology and the Role of Intent in Constitutionally Protected Expression*, 39 HARV. J.L. & PUB. POL'Y 631, 640 n.32 (2016). ★29——「embodiment」(身体化) を伴うか否かが両者の区分けの分岐点と理解することもできよう。*See also* Ryan Calo, *Robotics and the Lessons of Cyberlaw*, 103 CAL. L. REV. 513, 532 (2015) (embodiment、emergence、および social valence [社会的価値:単なる物を超えたペットやヒトのような価値] の 3 要素をロボット工学の重要な要素と捉えて分析). ★30——民法 99 条 (代理行為の要件と効果) 等参照。 ★31——民法 109 条 (授権表示による表見代理)、110 条 (権限踰越の表見代理)、および 112 条 (代理権消滅後の表見代理) 等参照。 ★32——*See, e.g.*, Suzanne Smed, Essay, *Intelligent Software Agents and Agency Law*, 14 SANTA CLARA COMPUTER & HIGH TECH. L.J. 503, 504 (1998) (学習機能を有して自律的に判断・行動可能な「second generation of intelligent software」が勝手に投資した場合等を論じている). *See also* Anthony J. Bellia, Jr., *Contracting with Electronic Agents*, 50 EMORY L.J. 1047 (2001) ("electronic agents" が行った契約のヒトへの効果を論じている). ★33——Bert-Jaap Koops et al., *Bridging the Accountability Gap: Rights for New Entities in Information Society?*, 11 MINN. J.L. SCI. & TECH. 497, 506 (2010). ★34——*Id.* at 507. ★35——この仮想事例と分析の出典は、David Marc Rothenberg, *Can SIRI 10.0 Buy Your Home? The Legal and Policy Based Implications of Artificial Intelligent Robots Owning Real Property*, 11 WASH. J.L. TECH. & ARTS 439 (2016). ★36——*Id.* at 441-42. ★37——*Id.* at 448. ★38——「判例法の諸原則」とは、この文脈上は各州の判例傾向の集大成である『RESTATEMENT OF AGENCY』の意味で使っている。 ★39——RESTATEMENT OF AGENCY §3.05. ("Any *person* may ordinarily be empowered to act so as to affect the legal relations of another. . . . ." (emphasis added)); *Id.* §31.04(5) ("A person is (a) an individual; (b) an organization or association that has legal capacity to possess rights and incur obligations; (c) a government, political subdivision, or instrumentality or entity created by government; or (d) any other entity that has legal capacity to possess rights and incur obligations."). 本文中のロボットは後者規定中のいずれにも当てはまらないので、代理人たりえない。Rothenberg, *supra* note 35, at 448 & n.43. ★40——RESTATEMENT OF AGENCY §1.04(5) cmt. *e* ("[A] computer program is not capable of acting as a principle or an agent as defined by the common law. At present, computer programs are instrumentalities of the persons who use them. . . . .”); Rothenberg, *supra* note 35, at 449 & n.45. ★41——McEvants v. Citibank, 408 N.Y.S.2d 870 (N.Y. Civ. Ct. 1978); State Farm Mut. Auto. Ins. v. Bockhorst, 453 F.2d 533 (10th Cir. 1972). ★42——Rothenberg, *supra* note 35, at 449 (*McEvants* 事件や *Bockhorst* 事件を出典表示しながら指摘). ★43——Siddharth Khanijou, *Patent Inequity?: Rethinking the Application of Strict Liability to Patent Law in the Nanotechnology Era*, 12 J. Tech. L. & Pol'y 179, 183-84 (2007); James R. Brindell, *Nanotechnology and the Dilemmas Facing Business and Government*, 83 Fla. Bar J. 73, 74 (2009); David S. Almeling, Note, *Patenting Nanotechnology:Problems with tha Utility Requirement*, 2004 Stan. Tech. L. Rev. P1, P17. ★44——Lin, *Introduction to Robot Ethics*, *supra* note 5, at 6. ★45——2001: A Space Odyssey (Metro-Goldwyn-Mayer 1968). ★46——*See* Lin, *Introduction to Robot Ethics*, *supra* note 5, at 6. ★47——*See, e.g.*, Dorothy J. Glancy, *Sharing the Road: Smart Transportation Infrastructure*, 41 Fordham Urb. L.J. 1617, 1627 (2015). *See also* Harry Surden & Mary-Anne Williams, *Technological Opacity, Predictability, and Self-Driving Cars*, 38 Cardozo L. Rev. 121, 169 (2016) (“‘Vehicle to Vehcile’ (V2V) or ‘Connected Vehicle’ technology” と指摘). ★48——Erica Palmerini et al., RoboLaw: Guidelines on Regulating Robotics 169 (Sept. 22, 2014), *cited in* Drew Simshaw et al., *Regulating Healthcare Robots: Maximizing Opportunities While Minimizing Risks*, 22 Rich. J.L. & Tech. 1, 11 n.35 (2016). ★49——*Id*. ★50——Proia et al., *supra* note 4, at 149, 156. ★51——Captain Christopher M. Kovach, *Beyond Skynet: Reconciling Increased Autonomy in Computer-Based Weapons Systems with the Laws of War*, 71 A.F. L. Rev. 231, 231 (2014). ★52——*See, e.g.*, Terminator 3 Script —— Dialogue Transcript, *available at* 〈http://www.script-o-rama.com/movie_scripts/t/terminator-3-script-transcript-schwarzenegger.html〉 (last visited Mar. 20, 2017) (拙訳). ★53——Kovach, *supra* note 51, at 232 & n.3 (“Skynet moment” に言及する Aaron Mehta, *U.S. DoD's Autonomous Weapons Directive Keeps Man in the Loop*, DefenseNews (emphasis added) という国防総省指令の記事を紹介). ★54——「IoT」の定義については、see, *e.g.*, Stacy-Ann Elvy, *Contracting in the Age of the Internet of Things: Article 2 of the UCC and Beyond*, 44 Hofstra L. Rev. 839, 840 (2016); Bryant-Walker Smith, *Proximity-Driven Liability*, 102 Geo. L.J. 1777, 1780 (2014). ★55——総務省・AI ネットワーク社会推進会議「国際的な議論のための AI 開発ガイドライン案」(2017 年 6 月 14 日) *available at* [URL は文献リスト参照]。★56——同前 4 頁。 ★57——本書では「ハッカー」(hacker) ではなく「クラッカー」(cracker) の語を用いている。*See, e.g.*, Xiaomin Huang et al., *Computer Crimes*, 44 Am. Crim. L. Rev. 285, 289 n.23 (2007); Matthew Fagan, Note, “*Can You Do a Wayback on That?” The Legal Community's Use of Cached Web Pages in and out of Trial*, 13 B. U. J. Sci. & Tech. L. 46, 64 n.99 (2007). ★58——*See, e.g.*, Stephen P. Wood et al., *The Potential Regulatory Challenges of Increasingly Autonomous Motor Vehicles*, 52 Santa Clara L. Rev. 1423, 1466 n.130 (2012); Neal Katyal, Introduction, *Disruptive Technologies and the Law*, 102 Geo. L.J. 1685, 1689 (2014). ★59——United Nations,

Christof Heyns, *Report of the Special Rapporteur on Extrajudicial, Summary or Arbitrary Executions*, Human Rights Council, 23 Sess., May 27-June 14, 2013, U.N. Doc. A/HRC/23/47, 18, ¶98 (Apr. 9. 2013), *available at* [URL は文献リスト参照]; Rebecca Crootof, *War Torts : Accountability for Autonomous Weapons*, 164 U. PA. L. REV. 1347, 1396 (2016). ★60——24 : Live Another Day (Fox 2014). ★61——Michael N. Schmitt & Jeffrey S. Thurnher, *"Out of the Loop" : Autonomous Weapon Systems and the Law of Armed Conflict*, 4 HARV. NAT'L SEC. J. 231, 243 & n.45 (2013) (U.S. DEP'T OF DEFF., DIR. 3000.09, AUTONOMY IN WEAPON SYSTEMS, 2, ¶4a (2), Glossary, Pt. II. Definitions (Nov. 21, 2012) を根拠として指摘). ★62——Schmitt & Thurnher, *id.* at 243. ★63——Smith, *supra*, note 54, at 1820. ★64——*See, e.g.*, Lin, *Introduction to Robot Ethics, supra* note 5, at 8 (This issue [of hacking] will become more important as robots become networked and more indispensable to everyday life, as computers and smart phones are today." (emphasis added) と指摘)). ★65——国際的な議論のための AI 開発ガイドライン案・前掲注 (55) 7 頁、9〜10 頁。 ★66——II における本文と分類の出典は、別段の出典表示がない限り、see *generally* Lin, *Introduction to Robot Ethics, supra* note 5, at 5-7, 14; Bekey, *supra* note 6, at 26-27 & Fig. 2.4 (「NAO」について); Noel Sharkey & Amanda Sharkey, *17. The Rights and Wrongs of Robot Care, in* ROBOT ETHICS, *supra* note 5, at 267-68, 270, 271-72, 276-77 (ケア用ロボットについて); Colonel (Retired) Morris Davis, *Eroding the Foundations of International Humanitarian Law : The United States Post-9-11*, 46 CASE W. RES. J. INT'L L. 499, 517 (2014); 山本行雄「原子力事故から浮かび上がった『ロボット大国・日本』」テクノビジョンダイジェスト *available at* [URL は文献リスト参照] (原発災害用ロボットについて). ★66-2——たとえば、堀口悟郎「AI と教育制度」山本龍彦編『AI と憲法』253 頁、260〜261 頁 (日本経済新聞出版社・2018 年) 参照。★66-2-2——総務省 AI ネットワーク社会推進会議・AI ガバナンス検討会 第 2 回 (平成 30 年 [2018 年] 12 月 10 日)、大湾秀雄「(資料 1) 人事データ活用への関心とガイドライン作成に向けての議論」2〜9 頁 *available at* [URL は文献リスト参照]. ★66-2-3——同上 9 頁。★66-3——McKenzie Raub, Comment, *Bots, Bias and Big Data : Artificial Intelligence : Algorithmic Bias and Disparate Impact Liability in Hiring Practices*, 71 ARK. L. REV. 529, 543 (2018). ★66-4——Aaron Smith & Monica Anderson, *Automation in Everyday Life*, PEW RESEARCH CENTER, Oct. 4, 2017, *available at* [URL は文献リスト参照]. ★66-5——McDonnell Douglas Corp. v. Green, 411 U.S. 792 (1973); Price Waterhouse v. Hopkins, 490 U.S. 228 (1989). ★66-6——*See, e.g.*, Solon Barocas & Andrew D. Selbst, *Big Data's Disparate Impact*, 104 CAL. L. REV. 671 (2016). ★66-7——*Id.* もっとも被告 (雇用主) 側が、(1)その高卒資格に「事業上の必要性」(business necessity) があることを反証できれば賠償責任を免れうるけれども、(2)原告 (アフリカ系アメリカ人等の保護されるべき被差別者) 側が差別的効果の生じない「代替雇用慣行案」(alternative employment practice)——たとえばアフリカ系アメリカ人においても白人同様に取得者が十分存在する中卒資格でも工員としての要件には十分であること——を示すことができれば、雇用主は賠償責任を免れない。なお(1)の立証は比較的容易でも、

(2)の証明は難しいという指摘もある。*See id.* ★66-8——Griggs v. Duke Power Co., 401 U.S. 424 (1971). ★66-9——Sarah O'Connor, Comment, *The Dangerous Attraction of the Robo-Recruiter*, FINANCIAL TIMES, USA ed. at 9, Aug. 31, 2016. ★66-10——小宮山純平「AIによる意思決定の公平性」*in* 総務省・AIネットワーク社会推進会議「AIガバナンス検討会（第1回）資料5」*available at*［URLは文献リスト参照］。★66-10-2——本文中の当段落の出典は、他の出典表記がない限り、see, *e.g.*, Calli Schroeder et al, *We Can Work It out*：*The False Conflict between Data Protection and Innovation*, 20 COLO. TECH. L. J. 251, 267-69 (2022). ★66-10-3——本文中の当段落の出典は、他の出典表記がない限り、see, *e.g.*, Keith E. Sonderling et al., *The Promise and the Peril*：*Artificial Intelligence and Employment Discrimination*, 77 U. MIAMI L. REV. 1, 24 & n.125 (2022); Pauline T. Kim, *Data-Driven Discrimination at Work*, 58 WM. MARY L. REV. 857, 874-75 (2017). ★66-10-4——*See. e.g.*, Lori Andrews & Hannah Bucher, *Automatic Discrimination*：*AI Hiring Practices and Gender Inequity*, 44 CARDOZO L. REV. 145, 154 (2022). ★66-10-5——Kim, *supra* note 66-10-3, at 879-80. ★66-10-6——さらに愚かなAI利用が人を差別的に評価した例としては、フェイスブック上で「母親でいることが好き」("I love being a Mom.")に「いいね」を付けた人物は知性が低いと評価した例が挙げられている。*Id.* at 880-81 n.95. ★66-10-7——Ifoema Ajunwa, *An Auditing Imperative for Automated Hiring Systems*, 37 HARV. J. L. & TECH. 621, 637 (2021); Ifeoma Ajunwa, *The Paradox of Automation as Anti-Bias Intervention*, 41 CARDOZO L. REV. 1671, 1703 (2020). なおAI採用役務提供企業の大手ハイアビュー社（HireVue）が提供していた「顔分析」(facial analysis)は、人権団体から激しく批判され、かつFTC（連邦取引委員会）に提訴もされて、アメリカでは役務提供中止に追い込まれた。Schroeder et al., *supra* note 66-10-2, at 272; Courtney Hinkle, *The Modern Lie Detector*：*AI-Powered Affect Screening and the Employee Polygraph Protection Act (EPPA)*, 109 GEO. L. J. 1201, 1203-04 (2021). ★66-10-8——Matthew T. Bodie et al., *The Law and Policy of People Analytics*, 88 U. COLO. L. REV. 961, 975 & nn.87-88 (2017). ★66-10-9——Andrews & Bucher, *supra* note 66-10-4, at 188-90. ★66-10-10——出典はBodie et al., *supra* note 66-10-8, at 976-77; Andrews & Bucher, *supra* note 66-10-4, at 187, 189. ★66-10-11——Bodie et al., *supra* note 66-10-8, at 977（拙訳）. ★66-10-12——*See, e.g.*, Alice Xiang, *Reconciling Legal and Technical Approarches to Algorithmic Bias*, 88 TENN. L. REV. 649, 661 n.47 (2021); Danielle Keats Citron, *Technological Due Process*, 85 WASH. U. L. REV. 1249, 1271-72 (2008); Leah Wisser, Note, *Pandora's Algorithmic Black Box*：*The Challenges of Using Algorithmic Risk Assessments in Sentencing*, 56 AM. CRIM. L. REV. 1811, 1824 (2019). ★66-10-13——*See, e.g.*, Thompson Chengeta, *Defining the Emerging Notion of "Meaningful Human Control" in Weapon Systems*, 49 N. Y. U. J. INT'L. L. & POL. 833, 853 (2017)（confirmation biasやassimilation bias——同化バイアス——にも言及）. ★66-10-14——*See, e.g.*, Ben Green, *The Flaws of Policies Requiring Human Oversight of Government Algorithms*, 45 COMPUT. L. SEC. REV. 1, 2 (2022); David Lehr & Paul Ohm, *Playing with the Data*：*What Legal Scholars Should Learn about Machine Learning*, 51 U. C. DAVIS L. REV. 653, 716 (2017). ★66-10-15——*See, e.g.*, Rebecca Crootof et al., *Humans in the Loop*, 76 VAND. L. REV. 429, 442 (2023). ★66-10-16——なおロボット兵器の領域においても、「意味のある」管理であるべきという指摘がある。*See, e.g.*, Shin-Shin Hua, *Machine Learning Weapons and International Humanitarian Law : Rethinking Meaningful Human Control*, 51 GEO. J. INT'L L. 117 (2019). ★66-10-17——*See. e.g.*, Sonderling, *supra* note 66-10-3, at 79-80. ★66-10-18——*Proposal for a Regulation of the European Parliament and the Council Laying Down Harmonised Rules on Artificial Intelligence (Artificial Intelligence Act) and Amending Certain Union Legislative Acts*, art. 14, COM (2021) 206 final (Apr. 21, 2021); Crootof et al., *supra* note 66-10-15 at 504. なお、AI Act に先だつ EU の General Data Protection Regulations (GDPR) の 22 条でも、「機械によってのみヒトを判断 ("a decision based solely on automated processing")……」等する際にはヒトによる監視を義務づけていたものの、その適用射程が狭すぎるとの批判もあったところ——*E.g.*, Crootof et al., *supra* note 66-10-15 at 445-56——、AI 規則案においては改善されているように見受けられる。 ★66-10-19——Houston Fed. of Teachers v. Houston Independent, 251 F. Supp. 3d 1168 (S. D. Tex. 2017). ★66-10-20——251 F. Supp. 3d at 1179. ★66-10-21——*Id.* at 1180 (拙訳)(強調付加). ★66-11——*See, e.g.*, 山本龍彦「AI と個人の尊重、プライバシー」山本龍彦編『AI と憲法』99～108 頁(日本経済新聞出版社・2018 年); 松尾剛行『AI・HR テック対応 人事労務情報管理の法律実務』60～68 頁(弘文堂・2019 年)。★66-12——本文中の引用訳文の出典は、個人情報保護委員会の「仮日本語訳」〈https://www.ppc.go.jp/files/pdf/gdpr-provisions-ja.pdf〉(last visited June 10, 2019) *cited in* 松尾・前掲注 (66-11) 60～66 頁。★66-13——山本・前掲注 (66-11) 106～107 頁、松尾・前掲注 (66-11) 66 頁。★67——*See, e.g.*, Jack M. Beard, *Autonomous Weapons and Human Responsibilities*, 45 GEO. J. INT'L L. 617, 668 (2014). ★68——PETER W. SINGER, WIRED FOR WAR : THE ROBOTICS REVOLUTION AND CONFLICT IN THE 21ST CENTURY 40 (2009). ★69——RoboCop (Metro-Goldwyn-Mayer 2014). ★70——Brendan Gogarty & Meredith Hagger, *The Laws of Man over Vehicles Unmanned : The Legal Response to Robotic Revolution on Sea, Land and Air*, 19 J.L. INFO. & SCI. 73, 90 (2008). ★71——*Id.* at 90-91. ★72——JORDAN, *supra* note 1, at 90. 本文中の Calo の指摘と NASA の広報の出典は、Calo, *supra* note 29, at 530 & n.117; *NASA's Mars Curiosity Debuts Autonomous Navigation*, JET PROPULSION LAB. (Aug. 27, 2013), *available at* [URL は文献リスト参照](拙訳). ★73——2001 : A Space Odyssey (Metro-Goldwyn-Mayer 1968). ★74——Blade Runner (Warner Bros. 1982). ★75——本文中の記述は、Troy A. Rule, *Airspace in an Age of Drones*, 95 BOSTON U. L. REV. 155 (2015) に依拠する。★76——市場の外部で発生する、同意なしに被害者に課される費用の意である。拙著・前掲注 (8) 229～230 頁参照。 ★77——〈社会的費用〉とは、外部費用を内部化させた費用である。〈限界費用/便益〉とは、費用や便益の微小な減少や増加という意味である。拙著・同前 229～231 頁参照。 ★78——改正航空法 132 条 2 号および寺田麻佑「航空法の改正―無人航空機(ドローン)に関する規制の整備」法学教室 426 号 47 頁(2016 年)

参照。 ★79——〈http://www.soumu.go.jp/main_content/000364447.pdf〉(last visited Sept. 10, 2017) ★80——〈http://www.soumu.go.jp/main_content000376723.pdf〉(last visited Sept. 10, 2017) ★81——*See* Bryan Casey, *Robot Ipsa Loquitur*, 108 GEO. L. J. 225, 248 (2019). ★82——*Id.* at 238. ★83——*Id.* at 248-49. ★84——〈http://www.jara.jp/x3_jirei/index.html〉(最終アクセス 2017 年 8 月 31 日) ★85——〈http://www.robo-navi.com/cases/detail?case_id = 110〉(最終アクセス 2017 年 8 月 31 日) ★86——厚生労働省医政局医事課長発_各都道府県衛生主管部(局)長宛「人工知能(AI)を用いた診断、治療等の支援を行うプログラムの利用と医師法第 17 条の規定との関係について」医政医発 1219 第 1 号 平成 30 年 12 月 19 日［URL は文献リスト参照］(強調付加)。★87——平成 29 年度厚生労働行政推進調査事業費補助金「AI 等の ICT を用いた診療支援に関する研究」・同上(強調付加)。★88——State v. Loomis, 881 NW 2d. 749 (Wis. 2016). ★89——起案作業に参画した筆者の記録によれば、2018 年 11 月 5 日頃の原案では「人々が AI による推論をうのみにしたり」(強調付加)であったところ、その後 12 月 10 日頃に「人々が AI に過度に依存したり」(強調付加)に変更されたけれども、いずれにしても AI の予測・判断・推奨等を「うのみにしたり」「過度に依存」することを良しとしない——すなわちする自動化バイアスを良しとしない——方向性に変わりはない。★90——Ethan Lowens, Note, *Accuracy Is Not Enough*: *The Task Mismatch Explanation of Algorithm Aversion and Its Policy Implications*, 34 HARV. J. L. & TECH. 259 (2020). ★91——*Id.* at 273. ★92——John P. Sullins, *15. Robots, Love, and Sex*: *The Ethics of Building a Love Machine*, *reprinted in* MACHINE ETHICS AND ROBOT ETHICS 213, 223 (Wendell Wallach & Peter Asaro eds., 2017). なお、次の **(3)** にて扱われる「セックスロボット」については、see David Levy, *14. The Ethics of Robot Prostitutes, in* ROBOT ETHICS, *supra* note 5, at 223, 228-29. ★93——*See* Sullins, *id.* ★94——*Id.* ★95——PALMERINI ET AL., *cited in* Simshaw et al., 22 RICH. J. L. & TECH., *supra* note 48, at 20. ★96——たとえば、松尾剛行「リーガルテックと弁護士法に関する考察」情報ネットワーク・ローレビュー 18 号 1 頁、2 頁(2019 年)［以下、松尾「弁護士法」という］;「法務省指針」・後掲注(98)3～6 頁参照。 ★97——松尾剛行『ChatGPT と法律実務』(弘文堂、2023 年)。 ★98——法務省大臣官房司法法制部「AI 等を用いた契約書等関連業務支援サービスの提供と弁護士法第 72 条との関係について」*available at*［URL は文献リスト参照］［以下、「法務省指針」という］。 ★99——「弁護士法」昭和 8 年法律第 53 号(強調付加)。 ★100——「法務省指針」・前掲注(98)1～2 頁。 ★101——「法務省指針」・前掲注(98)2 頁。 ★102——松尾「弁護士法」・前掲注(96)8～9 頁。 ★103——同前。 ★104——「法務省指針」・前掲注(98)3 頁。 ★105——「法務省指針」・前掲注(98)6 頁。 ★106——「ルーミス事件」はすでに日本においても邦語による紹介が複数存在するけれども——たとえば、山本龍彦＝尾崎愛美「アルゴリズムと公正」科学技術社会論研究 16 号 96 頁(2018 年)参照——、本書では特に、アルゴリズムの結果を利用する際には裁判官がアルゴリズムの欠点や限界等々を理解した上で利用する必要性を法廷意見が強調していた点を読者に理解してもらいつつ、同様な指摘が採用活動や医療支援等の他分野における AI 利用においても最近散見されることも読者に理解してもらうた

めに、同判例を紹介する。★107——State v. Loomis, 881 NW 2d. 749（Wis. 2016）. ★108——*Id.* at 754. ★109——*Id.* at 757, 770–71. ★110——*Id.* at 768, 771. ★111——「内閣府における EBPM への取組」（最終更新日令和 5 年［2023 年］6 月）*available at*［URL は文献リスト参照］. ★112——881 NW 2d. at 769. ★113——*See, e.g.,* Anne L. Washington, *How to Argue with an Algorithm：Lessons from the COMPUS-ProPublica Debate,* 17 COLO. TECH. L. J. 131（2018）. ★114——Keith E. Sonderling et al., *The Promise and the Peril：Artificial Intelligence and Employment Discrimination,* 77 U. MIAMI L. REV. 1, 79–80（2022）. ★115——*See* David Allen Larson, *Artificial Intelligence：Robots, Avatars, and the Demise of the Human Mediator,* 25 OHIO ST. J. ON DISP. RESOL. 105, 106（2010）. ★116——Katie Drummond, *Pentagon's Project 'Avatar'：Same as the Movie, but with Robots Instead of Aliens,* WIRED（Feb. 16, 2012）, *available at*［URL は文献リスト参照］. ★117——Avatar（Twentieth Century Fox 2009）. ★118——BLACK'S LAW DICTIONARY 1674（10th ed. 2014）. ★119——『英米法辞典』833 頁（田中英夫編集代表、東京大学出版会・1991 年）。★120——Surrogates（Walt Disney Studios Motion Pictures 2009）. ★121——David Allen Larson, *"Brother, Can You Spare a Dime?" Technology Can Reduce Dispute Resolution Costs When Times Are Tough and Improve Outcomes,* 11 NEV. L.J. 523, 557（2011）（"[b]aby sitting robots" のことを "these human surrogates" と呼んで、"robots" の別称が "surrogates" であるという文言の使い方をしている）; Simshaw et al., *supra* note 48, at 1–2（"[r]obot-assisted surgery" や "robot nurses" や "eldercare robots" を、"these human surrogates" と呼んでいる）; Donna S. Harkness, *Bridging the Uncompensated Caregiver Gap：Does Technology Provide an Ethically and Legally Viable Answer?,* 22 ELDER L. J. 399, 447（2015）. ★122——Larson, *Artificial Intelligence, supra* note 115, at 112. 本文中の次の文の出典は、駒村圭吾「『法の支配』vs『AI の支配』」法学セミナー 443 号 61 頁（2017 年）。★123——Lin, *Introduction to Robot Ethics, supra* note 5, at 6, 8（拙訳）. ★124——Bekey, *supra* note 6, at 18. ★125——JORDAN, *supra* note 1, at 30. ★126——Terminator Salvation（Warner Bros. Pictures/Columbia Pictures 2009）. ★127——RoboCop（Metro-Goldwyn-Mayer 2014）. ゲーリー・オールド、マイケル・キートン、およびサミュエル・L. ジャクソン等の名優を配役した作品。★128——*See* F. Patrick Hubbard, *"Do Androids Dream?"：Personhood and Intelligent Artifacts,* 83 TEMP. L. REV. 405, 438（2011）. ★129——Andrea M. Matwyshyn, *Corporate Cyborgs and Technology Risks,* 11 MINN. J.L. SCI. & TECH. 573, 574（2010）（"hybrid creatures"）. ★130——JORDAN, *supra* note 1, at 52. ★131——*Id.* at 51.「サイバネティクス」の古典については、ノーバート・ウイーナー（池原止丈ほか訳）『サイバネティックス：動物と機械における制御と通信』（岩波文庫・2011 年）。生命・生物学領域と機械・シリコン（半導体）領域との二分論に対するアンチテーゼとしては、エルヴィン・シュレディンガー（岡小天ほか訳）『生命とは何か：物理的にみた生細胞』（岩波文庫・2008 年）。★132——JORDAN, *supra* note 1, at 51. ★133——本文中の本項の記述内容については、特段の指摘がない限り、小久保智淳「ニューロサイエンス」駒村圭吾編『Liberty2.0—自由論のバージョン・アップはありうるのか？』151 頁（弘文堂・

2023年）参照。★134——本文中の当該段落以降の記述については同上に加えて、たとえば、Cyberdyne「What's HAL：世界初の装着型サイボーグ『HAL®』」*available at*［URLは文献リスト参照］；同前「HAL®の仕組み」*available at*［URLは文献リスト参照］；「脳の信号捉え意思伝達 サイバーダインが装置」日本経済新聞2018年1月12日 *available at*［URLは文献リスト］等参照。★135——小久保・前掲注（133）169頁。★136——拙稿「メタバースの法とガバナンス：先行研究サイバー法の既視感（デジャ・ヴ）」国際情報学研究3号152頁（2023年）参照。★137——同上147頁。★138——Kevin Warwick, *20. Robots with Biological Brains, in* ROBOT ETHICS, *supra* note 5, at 318, 318, 325, 328（biological neural networkについて論じている）．★139——*Id.* at 328（"Searle also . . . implies that the more neutrons there are, the greater the complexity of the consciousness." と指摘）．★140——Lin, *Introduction to Robot Ethics, supra* note 5, at 8；Keith Abney, *3. Robotics, Ethical Theory, and Metaethics：A Guide for the Perplexed, in* ROBOT ETHICS, *supra* note 5, at 35, 50. ★141——Warwick, *supra* note 138, at 329. ★142——RoboCop（Orion Pictures 1987）．★143——Steven Goldberg, Essay, *The Changing Face of Death：Computers, Consciousness, and Nancy Cruzan*, 43 STAN. L. REV. 659, 677（1991）（JOHN R. SEARLE, MINDS, BRAINS AND SCIENCE 35（1984）を引用）（拙訳）．★144——Johnny Mnemonic（TriStar Pictures 1995）．★145——Calo, *Lessons of Cyberlaw, supra* note 29, at 513, 514-16. ★146——Paul D. Simmons, *How Close Are We, and Do We Want to Get There*, 29 J.L. MED. & ETHICS 401, 404（2001）．★147——Koops et al., *supra* note 33, at 526. ★148——本文中の本項目の記述内容の出典は、拙稿・前掲注（136）。★149——同上151頁（リチャード・A. ポズナーの指摘として紹介）。★150——Stephanie Francis Ward, *Fantasy Life, Real Law：Travel into Second Life——The Virtual World Where Lawyers Are Having Fun, Exploring Legal Theory and Even Generating New Business*, 93-Mar A. B. A. J. 42, 43, Mar. 2007. ★151——*Id.*；Greg Lastowka & Dan Hunter, *The Laws of the Virtual Worlds*, 92 CAL. L. REV. 1, 65-66（2003）．★152——Inception（Warner Bros. Pictures, 2010）．★153——Total Recall（Tri-Star Pictures, 1990）．★154——拙稿・前掲注（136）151頁、157頁、174頁。★155——「web3」については、同上158頁参照。★156——同上158頁、159頁、162頁、163頁参照。★157——同上155頁＆図表#2参照。★158——たとえば、NEDO「ロボットについて」1-14頁、図1-19頁 *available at*［URLは文献リスト参照］参照（「ヒューマノイド・ロボットAtlas」として、ヒト型ロボットの写真を掲載）。★159——A.I. Artificial Intelligence（Warner Bros. Pictures/DreamWorks Pictures 2001）．★160——*See, e.g.*, Proia et al., *supra* note 4, at 192-93. ★161——*See* Calo, *Robots and Privacy, supra* note 17, at 195. ★162——*See id.* ★163——*Id.* at 194. ★164——Isaac Asimov, *Evidence, in* ISAAC ASIMOV, I, ROBOT（1950）；Chip Stewart, Essay, *Do Androids Dream of Electric Free Speech? Vision of the Future of Copyright, Privacy and the First Amendment in Science Fiction*, 19 COMM. L. & POL'Y 433, 458（2014）．★165——Calo, *Robots and Privacy, supra* note 17, at 187-98. このCaloの論文は筆者が日本に紹介する以外にも、次の論者も紹介している。石井夏生利「伝統的プライバシー理論へのインパクト」福田雅樹＝林秀弥＝

成原慧編『AIがつなげる社会― AIネットワーク時代の法・政策』194頁（弘文堂・2017年)。 ★166――Calo, *Robots and Privacy, supra* note 17, at 188, 196, 198（“solitude”の喪失を指摘). ★167――*Id.* at 196. ★168――*Id.* at 198.

Figure/Table の出典・出所

（＊1）WBAMC [William Beaumont Army Medical Center] first in DoD to use robot for surgery〔Image 10 of 10〕, *available at* 〈https://www. dvidshub. net/image/2569259/wbamc-first-dod-use-robot-surgery〉（last visited Feb. 14, 2017).

（＊1-2）Houston Fed'n of Teachers v. Hous. Indep. Sch. Dist., 251 F. Supp. 3d 1168, 1172 (S. D. Tex. 2017).

（＊2）By 〈http://www.flickr.com/prople/45644610@N03〉, Islael Defense Force, Israel Made Guardium UGV, *available at* 〈https://www.flickr.com/photos/idfonline/8178726000/in/photolist-dsHWVZ-dsJ7v3-bVPmHs-GWXFf4-G32ZRw-dsHX8P-dsHX1t-dsJ7rN-dsJ7if-jUG524-dsHXb4-jUHLTU-jUHNyY-bHYWvH-jUHSZw-bGY4Jv-8T26CV-dgB1Ep-8T5c9N-8T5cfd-7TrPu6-boz91j-e38Pmf-dntRZx-HaAb6M-9Yh2cn/〉(last visited May 23, 2017).

（＊3）Rule, *supra* note 75 at 191, Fig. *A*.

（＊4）FEDERAL MINISTER OF TRANSPORTATION AND DIGITAL INFRASTRUCTURE, ETHICS COMMISSION : AUTOMATED AND CONNECTED DRIVING 27 (June 2017) 〈https://bmdv.bund.de/SharedDocs/EN/publications/report-ethics-commission.pdf?__blob=publicationFile〉（last visited Dec. 31, 2023).

（＊5）手塚治虫『火の鳥⑤ 復活・羽衣編』119頁（角川文庫・1992年）

（＊6）内閣府「山本大臣のつくば研究学園都市視察について」*available at* [URLは文献リスト参照。

（＊7）拙稿・前掲注（136）147頁、155頁、図表#2。

第5章 ロボット法の核心
——制御不可能性と不透明性を中心に

他の機械製品と異なり、特にロボットと法をめぐって独立した研究分野が必要であると欧米において叫ばれている理由は、〈制御不可能性〉と〈不透明性〉にあると思われる。〈制御不可能性〉とは、ロボットが何をしでかすかわからないという意味であり、〈不透明性〉とは、なぜそのようなことをしでかしたかの理由がわからないという意味である。そうした危険性をもあわせもつロボットという製品には、既存の通常の機械製品に関する法とは別に、ロボットの特異性に見合った「ロボット法」の検討が叫ばれているのである。そこで本章では主に、この〈制御不可能性〉と〈不透明性〉と関連性が深い製造物責任法（PL法）や不法行為法の問題を中心に掘り下げ、これに関連する既存の裁判例も分析する。さらに、ロボット・カー（自動運転）分野においては、衝突進路のいずれを選択しても死者や多大な損害発生が避けられない場合の〈派生型トロッコ問題〉について検討する必要があるといわれており、その研究が海外では深化しているので、これについても紹介する。

ロボット法という研究分野が必要な理由は、序章において指摘したように、ロボットが多様な分野で使われることで、社会を変革するほどの大きな影響が予想されるからである。特にロボットがネットワークによって広範囲にわたってつながった場合（第4章1-6参照）には——たとえばインターネットにつながれば世界中につながってしまうことになる——その影響も広範囲に及ぶおそれがあり、無秩序な開発や利活用が人類に及ぼす危険性は計り知れない（第6章Vのシンギュラリティ・2045年問題も参照)。

ところでロボット法が必要とされる原因となる、特に懸念されるリスクとして、開発者・製造業者等でさえも制御できない自律的・創発的な〈考え/判断〉をロボットが下し、その結果としてヒトや社会に危険を及ぼす可能性——ロボットの〈**制御不可能性**〉の問題——がある。

加えて、ロボットが自律的・創発的な〈考え/判断〉に基づいて誤作動したり事故を生じさせた場合、責任者を特定して法的責任を課したり、さらには再発防止策を講じたりするためには、その原因が究明されねばならない。しかし、ロボットの自律的・創発的な〈考え/判断〉を司(つかさど)ることになる人工知能(AI)は、その複雑な特性やさまざまな学習機能(第3章 III-2(1)〜(4)参照)を用いる可能性等ゆえに、誤作動・事故の原因やなぜそのような〈考え/判断〉を下したのかの理由が開発者にとってさえも不明であるという問題——ロボットの〈**不透明性**〉——がある。

以上の〈制御不可能性〉と〈不透明性〉の問題は、そもそも AI に生来的な問題である。そのため、たとえば筆者が開発分科会長を務めていた総務省の「AI ネットワーク社会推進会議」では、開発者がこれらの問題を念頭に危険を最小限化できるような AI システム開発のための指針を国際社会が採用するよう、提言していた[★1]。

以下、〈制御不可能性〉と〈不透明性〉の問題と、これに特に関わる不法行為法の論点等を紹介していこう。

さらに、ロボット法が対象とする製品分野として無視できない影響を有するロボット・カー(自動運転)については、第3章 I-2(2)にて少し言及した〈派生型トロッコ問題〉の研究が大きな深化を遂げているので、これについても本章の IV において紹介しておこう。

I　制御不可能性と不透明性

映画「2001年宇宙の旅」[★2]は、「HAL(ハル) 9000」型の**人工知能コンピュータが、宇宙飛行士を殺してまでもミッションを遂行しようとする恐怖**を描いている。その意味するところは、オクラホマ大学教授(出典公表時)のジュディス・L. マウテによれば[★3]、**ヒトが生み出した工学技術を制御できなければ、その工学技術によってヒト自身が破滅させられる**おそれであるという。すなわちマウテによれば、最後に胎児が大きく映し出されるシーンは、人類が造り出した工学技術に人類が追い付いていかなければ人類自身が工学技術に破壊されてしまうことを意味する[★4]。確かにマウテの解釈を加味すれば、類人猿が骨を武器として使用して敵対する類人猿を殺害する冒頭シーン——霊長類における道具を用いた初めての殺人（?）——の意味が理解できるようにも思える。すなわち、骨を道具として使用するという考案が、同じ霊長類の殺害につながる冒頭シーンは、未来の人工知能（AI）の発明によりヒト自身が殺害されるというストーリーにつながっていくわけである。

Figure 5-1：自ら考案した道具により滅ぼされる恐怖映画「2001 年宇宙の旅」（1968 年）

骨を殺人（?）の道具として用いることに気付いた類人猿。このあと空高く投げられたこの骨が、続く場面では宇宙船に変化し、物語は宇宙船の人工知能コンピュータ HAL 9000 が宇宙飛行士たちを殺害するというプロットにつながる。このプロットは、ヒトの考案した道具がヒト自身を殺すことにつながるというアイロニーにも思えるが、どうであろうか。
写真協力：公益財団法人川喜多記念映画文化財団

なお「2001 年宇宙の旅」は、AI がヒトよりも賢くなる「シンギュラリティ」（第 6 章 V 参照）を予想する人たちの考える懸念を描いているとも評価されている[★5]。「HAL 9000」ほど高度なものでないにせよ、自律型ロボットの〈考え/判断〉について、なぜそのような〈考え/判断〉をしたのか、およびいかにしてそのような〈考え/判断〉に至ったのかをヒトには理解できない場合がある――このことが、徐々に研究者の間で問題視されるようになってきた[★6]。システムが複雑すぎてロボットがいかに行動するのかを予見できなかったり、機械学習やAIを利用しているために〈考え/判断〉および〈行動〉の理由が理解できなかったり、事後的に再現できなかったりするのである[★7]。こうしたことに伴う危うさが、たとえば第3章で前述したロボット兵器反対論の根源であると指摘する論者もいる[★8]（第3章I-4参照）。

民生品についてもたとえば後述IIで紹介するように、システムの不透明性ゆえに製造業者等にとっても予測不可能な〈考え/判断〉および〈行動〉をロボットがとったために事故が起こり被害者が出た場合、法的な因果関係の欠如等によって製造業者等に対して責任を負わせられないという問題も生じうる。

1「通常の事故」理論

AIの使用の有無にかかわらず、そもそも密接に結びついた構成部品と複雑さとが組み合わさると、誤作動の諸原因を予測したり認識することが難しくなるので、自然と事故が生じるといわれている[★9]。この現象は、**「通常の事故」**（normal accidents）と呼ばれる[★10]。「アポロ13号」やスペースシャトル「チャレンジャー号」「コロンビア号」、そして日本の東京電力福島第1原子力発電所の事故のように、安全性を重視した産業においてさえも「通常の事故」は避けえないといわれる[★11]。

またシステムが複雑化すればするほど、プログラム内のエラーであるバグも残存し、ヒトとシステムとの間のインターフェイス上の問題も生じて、意図しない結果を生じるおそれも増すといわれている[★12]。そもそもソフトウエアは、何百万というコードを、主に不完全なヒトであるプログラマーが書くことによって作られるから、エラーや弱点が存在する蓋然性は払拭できないといわれており、ソフトウエア上の小さなキズ（flaw）であっても、これが自動運転車やロボット内に存在した場合には致命的な結果に至るおそれがある[★13]。

これに加えてたとえば、生物の神経網を模したニューラル・ネットワーク（第3章 **III-2(3)** 参照）を採用したロボットの場合、ある行動をとった理由を設計者でさえもわからないと指摘されている[★14]。

以上の指摘をまとめると、複雑なシステムやソフトウエア、ニューラル・ネットワークを用いたAI等においては、ヒトによるコントロールの範囲を超えた――すなわち制御不可能で――、かつ予見不可能な危険性が内在するということができよう。

2 意図的に組み込まれた（バイ・デザイン）予見不可能性

ロボットが予見不可能な〈考え/判断〉および〈行動〉をとることは、誤作動でもバグでもなく、機能上の特徴の一部である、とさえいわれている[★15]。たとえば[★16]、インターネット上の情報を収集・分析して回答を出すWatson（第3章 **I-4(5)**）のようなシステムにおいては、そもそもインプットされるインターネット上の情報が刻々と変化し予見不可能であるから、その変化を反映して回答の方も当然に予見不可能になる。Watsonはそもそもそのように――予見不可能に――設計されている。その点がたとえば産業用ロボットのように、**最初から決められた行動だけを行い、予想外の行動をとらないほど良いとされる従来型の機械と異なる。**従来型の機械では、「容易に予見可能な行動をとるように［事前に］プログラミングされている」。他方、Watsonのようなロボットは、「驚かせる［行動をとる］ように設計されている」。将来、ヒトの頭脳を模した機械学習型コンピュータ・チップが［ロボットに］使用されれば、ヒトが神経系統を通じて外部の刺激から学習［＝〈考え/判断〉および〈行動〉を修正］するのと同様になるから、予見不可能の程度はさらに拡大するであろうといわれている[★17]。

そもそも予見不可能であることが織り込み済みで、それこそが設計上の意図でもあるとなると、これを「誤作動」とは呼び難いと主張する者も出てこよう。そうすると製造物責任等を問えるのか否かといった法的責任の再検討も必要になるのかもしれない（後述 **II-2** 以降参照）。

II ロボット不法行為法

有体物であるロボットは身体・生命への危険を生じさせるおそれがある。そこで、主にその分野に適用される製造物責任をはじめとする不法行為法のロボットへの当てはめが、ロボット法における重要な論点のひとつになっている。アメリカの学術論文のこれまでの主な論調は、**ロボット（に搭載される人工知能（AI））の予見不可能な〈考え/判断〉に基づく〈行動〉が、ヒトの身体・生命に危険を生じさせても、製造業者等に対して責任を課せない**という方向に傾いているように感じられるので[★18]、筆者は危惧している。すなわち、ロボット・AIの〈考え/判断〉はヒトには予見不可能であるから[★19]、たとえその〈制御不可能性〉によってロボットがヒトに危害を加える事態が不可避的に生じても[★20]、その〈不透明性〉によって、設計者、開発者、または製造業者等に責任を課せないのではないかと示唆されているのである[★21]。以下では主に〈制御不可能性〉と〈不透明性〉に特徴づけられた「ロボット不法行為法」を検討することで、ロボット法の核心に迫りたい。

1 予見可能性──「近因」の壁

アメリカの不法行為法において、予見可能性は、過失の立証において要求されるのみならず、法的な因果関係の認定においても要求される[★22]。これを「近因」(proximate cause) という[★23]。それは日本法における「相当因果関係」[★24]に似た概念である。

したがって、たとえ製造業者の落ち度や製品の欠陥[★25]と原告の被害との間に「あれなければこれなし」という「事実的因果関係」が存在していても、両者の関係が法的に遠い場合には、すなわち、被告に責任を課すことが相当ではないと裁判所が法的に評価すれば、「近因」が欠けるので、被告は無責とされてきた[★26]。

筆者の実感では、普通の事故・事件においては「近因」が問題・争点となることはあまり多くなく、これが問題になるのは稀な事故・事件の場合に限定されてきた。[27] アメリカのロー・スクールで学ぶ「近因」の代表判例が、——たとえば乗り遅れそうな乗客を駅員が押して乗車を助けたところ、乗客が手荷物を落とし、その手荷物がたまたま爆発物だったために落ちた衝撃で爆発し、爆風がホームの反対側にあった大きな秤（はかり）を倒して近くに居合わせた夫人を怪我させた事件のように——しばしば非常に稀な事例である理由は、そもそも稀な事例の中にしか、教材に値する「近因」の事例を見いだせないからなのかもしれない。[28]

(1) 近因の問題点と法目的

筆者が日頃感じている「近因」法理の問題点は、その基準の当てはめが裁判所ごと・裁判官ごとにばらばらで、ルールと呼べるような一貫性を持った規範性を欠くことにある。[29] 基準としては主に[30]「理に適った予見可能性」（reasonable foreseeability）が採用されており[31]、これは、被告の落ち度・欠陥が、事件の損害につながるとは「理に適って予見できな」かったと裁判所が評価すれば「近因」を欠いているとして無責とされる、というものである。もっとも**損害の程度や態様**（extent or manner of harm）を予見できなくても、さらには**危険性や損害の正確な種類**（precise type of risk or harm）を被告が予見できなかったとしても、**一般的な危険性を予見できたならば、被告は責任を免れない**。つまり、責任が課されない予見可能性の欠如とは、**危険性や危害の種類を一般的に予見できなかった場合**（general type of risk or harm）である。[32] 逆に、被告の落ち度・欠陥が損害につながることを「理に適って予見できた」と裁判所が評価すれば、被告は有責とされてしまう。ロボットの判断には予見可能性がなくヒトに責任を課せないという問題を古くから指摘してきたカーティス・カーノウも、以下のように述べて近因の法理に一貫性が欠ける問題を指摘している。[33]

> 何が「理に適って予見可能なのか」は、裁判所［の裁量］に左右される。……そして裁判官の意見は、それぞれ異なる。**ある裁判官にとって理に適って予見可能ではない事象も、他の裁判官にとっては完全に予見可能となってしまう**。理に適った予見可能性は、動く標的である……。何が理に適って予見可能かは、おそらくは何を「理に適っている」と捉えるかについての文化［的な価値観］を反映させなが

ら、裁判官の感覚で決められるのである。　　　　　（強調付加）

誤謬を恐れずにいえば、この「理に適った予見可能性」という基準ほどに、いいかげんな基準は、法律学の中でもなかなか見つからないと筆者は思っている。なぜなら裁判所・裁判官が被告に責任を課そうと思えば何でも「理に適って予見できた」ことにされてしまうからである。言い換えれば、恣意的な裁判官の評価を許す要素が「近因」であるともいえるので、国家権力である裁判官の暴走を許さない「法による支配」を重視する立場に立てば、「近因」法理には問題が多いと捉えることができよう……と、読者に愚痴を言っても仕方がないので、以下、「近因」法理や「理に適った予見可能性」を肯定するアメリカ法学上の理由——すなわち近因法理の目的——を、紹介しておこう[★34]。

［ある被害を予見可能であったと認定することによって］ある者に責任を課すという法または文化のメッセージは、……**その者［こそ］が危険を回避する責任を負うべきであるというメッセージ**である。

裁判所は、その被害が［被告と同様な立場の人にとって］「理に適って予見可能」であったか否かを問うことによって、法目的の変化や、社会的慣習の変化や、工学技術的な進歩を、［賠償責任の］公式に取り入れるのである。

……。

予見可能性は政策であり、かつ物事の見方なので、時間と共に変化する。……。

何が「理に適って予見可能」であるか、すなわち何が「近因」であるかは、慣習と、何を人々が信じているのか次第とで決せられる。それはすなわち、工学技術が何を可能にするかに関する一般大衆の認識に左右されるのである。　　　　　（強調付加）

こうした法目的を、判断や行動が予見できないと危惧されているロボットが引き起こす事故に当てはめてみてほしい。たとえ現時点では〈不透明性〉ゆえに予見不可能といわれていても、そのような危険性を承知しながら製造業者等がロボットを市場に投入した以上はやはり（理に適って）予見が可能であった（近因が存在した）と裁判所・裁判官が解釈することによって、その危険性を回避すべき義務があったにもかかわらずその義務履行を製造業者等が怠ったとすることが可能になりえよう。

すなわち、〈ロボットにたとえ不透明性があるとしても裁判所・裁判官が予見可能であったと解釈すれば製造業者等に危険回避義務が法的・文化的に要求される〉というメッセージである。ロボットが人々の生活に深く入り込んだ社会における慣習の変化や、ロボット工学やAI技術の進歩等を、裁判所・裁判官が考慮して予見可能であったと解釈することで、社会にむけて製造業者等に責任を課すことを宣言するのである。そのように製造業者等が責任を負うべきであるとする政策や物事の見方を、予見可能性（近因）の概念を借りて、裁判所・裁判官が判例に反映させるのである。一般大衆が、進化した工学技術を用いればロボットを制御し透明性を持たせることが可能であると認識するようになり、またはそうすべきであると信じるようになり、あるいはそのような責任を製造業者等が負うことが慣習となってくれば、予見可能性があった、近因があった、と裁判所・裁判官に解釈されるようになりうるのである。

ところで「危険を回避する責任」を、法または文化がその者に負わせているというメッセージについて説明を加えるならば、アメリカ不法行為法の基本書による次のような説明が説得的であろう。★35

> いわゆる近因の争点と呼ばれるものは、因果関係とはまったく関係ない。**近因の争点とは、法的責任の適切な範囲に関する争点なのである。**（強調付加）

これを踏まえて「近因」法理を肯定的に捉えるならば、まさにロボットやAIの進化といったような時代の変化を反映させて個別具体的妥当性を実現する手段として有用な法理ということになろう。アメリカの不法行為法の基本書はまた、次のように説明している。★36

> 近因ルールの機能は、被告の責任の適切な範囲に関する価値評価を……表現することである。そのルールや定義は、主に被告の行為を導くことを目指しているのではない。むしろ、社会規範の現状に基づいて、行為を評価するように導きかつ表現することを目指しているのである。……。そのルールは評価を求めるものだから、絶対的な論理ではないのである。その結果として、このルールをいかに規定しようとも、**ある事件がどのように裁かれるかについての確かな答えを示してくれると期待できるものではない。**　（強調付加）

すなわち近因は、同じような事件は同じように裁かれて同じような結果が示されるという法的安定性の利益には反する。しかし法律というものは、所詮、個別具体的妥当性と法的安定性というトレードオフな利益の衝突の解決を裁判所に委ねる手段・道具であると捉えれば、たとえ法的安定性を欠く結果になっても、「近因」法理にはそれなりの存在意義があるといえるのかもしれない。

(2) ロボット・AIにおける予見不可能性

目的達成の手段・道筋を自律的・創発的に自ら〈考え/判断〉して〈行動〉するロボット・AIが、製造業者等も思いもよらない事故を起こした場合、被害者が賠償を製造業者等に請求しても、そもそも思いもよらない事故であれば「理に適って予見可能」ではなかったと評価され、製造業者等が無責とされてしまうおそれを払拭できない。すなわち近因の欠如ゆえに、賠償責任が課されないおそれがある。これを「近因」の概念を用いる代わりに、被告が責任を負うべき「危険の範囲」(scope of risk) の概念[★37]を用いて言い換えれば、**製造業者等の責任範囲にあるとみなすことが不適切である、と裁判所に評価されるおそれがある。**そこでロボット法の分野において今後重要な論点になると予想される概念は、やはりこの「近因」ないし日本法でいう相当因果関係であろう。要するに、制御不可能、不透明、または予見不可能といわれる**ロボット・AIの、自律的/創発的な「〈考え/判断〉+〈行動〉」の責任を製造業者等に負わせることは適切か否か**が、今後の大きな争点となろう。

A 「責任の空白」と近因　すでに紹介したように、製造物責任や不法行為責任を製造業者等に課す前提として、「近因」(または理に適った予見可能性)の主張立証責任が、原則として原告に課される。しかしAIやAI搭載ロボット（たとえば、完全自動運転車やドローンなど）が生じさせた事故の場合、それが製造業者等でも予見不可能な判断をAIが下した結果であれば、責任を製造業者等に課すことができず、「**責任の空白**」[★38]が生じて被害者が泣き寝入りの状態で放置される事態が懸念される。

もっとも、一見すると過失と損害との間の因果関係が近くない（すなわち理に適って予見可能ではない）と思われる事故についても、近因が裁判所に認定される場合がある。**裁判例紹介 #4** で紹介する「ティーダー対リトル事件」は、そのような事例としてスタンフォード大学(出典公表時)のロボット法学者ライアン・ケイロ教授がその論考にて出典のみを挙げていたものである[★39]。この事件の内容を紹介することにより、一見すると近因が否定されそうな事例であっても被告の責任が課される場合もあることが具体的に理解できると思う。

このティーダー事件においては、加害者が、大学の寮の前の車道で自動車の押し掛けを試みていたところ自動車が制御を失って歩道を乗り越え、運悪く近くを歩いていた被害者を寮の煉瓦製の壁と自動車の間に挟むことになった。さらに運悪くその壁は、建築基準を満たさないという過失のある建築物であったために、壁が崩れ落ち、これが被害者の死因になった事件である。被告となったのは壁の設計者と管理者の大学当局で、彼ら被告は近因の欠如ゆえに責任がないと主張し、第一審の州裁判所も近因がないと認めて被告らは無責となり、原告が控訴した。

なお本件のように建築基準を満たしていないといった過誤の明白な事件では、「制定法違反即過失」というアメリカ法の法理が当てはまってしまい、もはや過失を争いようがない（これについては**裁判例紹介 #4** の後の本文とその注釈も参照)。さらに建築基準を満たさないという壁の欠陥を生み出した過失と、被害者の死亡という損害との間には「あれなければこれなし」という事実上の因果関係が存在していることも争いがない。すると、ここからは筆者の実務家としての経験に基づく私見であるが、本件で被告が実質的に防御できる争点は、近因の不存在くらいしかなかったので、被告たちは近因を争ったのであろうと思われる。確かに本件の事実は、不運が重なった稀な事例のように読めるから、近因がないと第一審が認めたこともさほどおかしいとは思われない。

しかし控訴審は第一審の判断を覆し、近因があると評価した。なぜか。それは、押し掛けを試みた自動車が制御不能になって歩道を越え、たまたまそこを歩行していた被害者を壁との間に挟み込み、かつその壁が崩れ落ちて被害者を死に至らしめた一連の出来事すべてを、たとえ被告たちが具体的に予見できなくても、建築基準を満たさない壁が本件のような死亡事故を生じさせうることは一般的には予見できるから、近因を認定できると控訴審は判断したのである。

以上のように、具体的には予見が難しそうな稀な事故であっても、一般的な危険を予見できる場合には被告が責任を免れないと評価されうることを、ティーダー事件から学ぶことができよう。仮にAI搭載の自動運転車による制御不能な暴走が一般的に予見可能ならば、具体的な暴走内容を予測できなくても、責任を免れられないかもしれない。

裁判例紹介 #4：
AIの予見不可能な判断による事故に対し製造業者等が責任を負わないか否かの検討に資する、ティーダー対リトル事件[★40]

マイアミ大学の寮の前の車寄せにつながる車道で、学生が車の押し掛けを試みていたところ、制御できなくなった車が歩道を乗り越えてしまった。近くを歩行中の亡トゥルーディ・ベス・ティーダーは、その車と寮の煉瓦製の壁の間に挟まれ、かつその高い壁が崩れ落ちてきたために死亡。遺族（以下「π」という）が、壁の設計者のリトル氏と、壁の施主・管理者である大学（以下それぞれまたはあわせて「Δ」という）等に対し、壁の設計における過失等を主張して訴えを提起。他方、Δリトルが訴え却下を申し立てて、Δ大学もサマリージャッジメント（SJ）[★41]を申し立てて、〈奇妙な事故〉である本件には予見可能性［すなわち近因］が欠けるとΔは主張した。なお本件の壁は、本来は支柱を入れるべきと命じる建築基準が遵守されておらず過失があったことについて、同申立ての審査上は争いがない。検視官は、車との衝突だけならば亡ティーダーは死んでおらず、壁が崩れ落ちたことが死因であると証言している。原審はΔの主張を認めて両申立てを認容。そこでπが当フロリダ州控訴裁判所に控訴した。

主な争点は、たとえ〈奇妙なきっかけ〉で生じた事故であっても、死亡の直接原因となった施設の**欠陥と死亡との間の因果関係に一般的な予見可能性があれば、近因の存在は認められるか否か**であった。フロリダ州控訴裁判所は、一般的な予見可能性があれば近因が認められると判断、事件を破棄・差し戻した。この判断に至った理由として、フロリダ州控訴裁判所は次のように述べている。

まず司法的には**極めて異常または奇妙に思われる結果、すなわち被告の過失が作出した危険のいかなる公正な評価の範囲をも超えるように思われる結果に対してまで被告に責任が課されないようにするために、近因の立証が求められる**。当州の裁判所は、常識または公正さを要求し、そこでは原告が害を被った事故が被告の過失によって作出された「**危険の範囲内に収まる**」(within the scope of the danger) か、または事故が被告の過失の「**理に適って予見可能な結果**」(a reasonably foreseeable consequence) であることを原告が示すように要求する。もっとも、**事故につながる一連の出来事すべてを被告が予見することまでは必要とされない**。その種の事故が一般的に ([t]he general-type accident) 被告の過失の範囲内であれば十分であり、その種の事故が一般的に被告の過失の理に適って予見可能な結果であれば十分なのである。

押し掛けの車が車道を外れて壁に衝突するという、本件のように**奇妙な出来事が壁の崩壊につながるという一連の事象を正確にすべて予見することは不可能だったとしても、崩れた壁が近くにいる人の死因になることは、建築基準に違反して適切な支柱を欠いたまま壁を設計・建設した過失の結果として明らかに理に適って予見可能である**。壁の崩壊が亡ティーダーの死因になることはすべて、支柱を欠いた壁を設計・施工するという被告の過失によって作出された危険の範囲内に収まり、かつ理に適った予見の結果である。コンコード・フロリダ事件[★42]やモーゼル事件[★43]のように、たとえ放火魔による火災がまったく予見不可能だったとしても、火災時の適切な避難路を設け損なったカフェテリアやホテルの過失が避難する客に害を被らせることは理に適って予見可能とされる。同様に本件でも、壁の崩壊につながる一連の出来事を正確に予見することはできなかったとしても、[欠陥のある壁が近くの] 亡ティーダーを死に至らしめうることは完全に予見可能であった。

原審が依拠したフード・フェア事件[★44]やシャーツ事件[★45]は、近因不存在の事件ではなく、過失不存在の事件なので、当裁判所の判断を変えることはない。すなわち両事件ともにスーパーやコンビニの駐車場における客 (第三者) の過失が原告に害を被らせており、いわば第三者の不法行為が原因であって、そのような客が発生させた事故は理に適って予見可能ではなく、かかる突飛な出来事に対してまでも防護する注意義務が店舗側にはないと判断されている。他方、本件では建築基準に違反して支柱を入れない煉瓦製の壁を設計・施行したことは、すでに過失とみなされている。本件の唯一の争点は、死因となった壁の崩壊が、すでに確立された過失の理に適って予見可能な結果であるか否かである。したがって過失の責任がないと認定されたフェア・フード事件やシャーツ事件が、本件における当裁判所の近因の判断を変えることはない。

なお車道の周りの防護が不適切であったとか、壁の位置が車道に近すぎたというπ（当審では控訴人）の主張は、シャーツ事件に基づき認められない。なぜならば、押し掛けの車が車道を飛び出すという本件の奇妙な出来事自体は理に適って予見可能ではなく、そのような突飛な出来事についてまでも亡ティーダーを防護する注意義務はΔ（当審では被控訴人）にないからである。

先に言及したように、壁の欠陥については「制定法違反即過失」(*per se* negligence)★46に属する事例とも解され過失の不存在を争えないうえに、事実上の因果関係も否定できない以上、同事件でΔは近因を争うほかには実務上有効な防御手段がなかったようにも読める。ともかく、そもそも近因の解釈は、幅があり不安定なので厄介である★47。

B　一般的な予見可能性と、近因の柔軟性　　ロボット・AIの製造業者等に製造物責任等を課しえないという指摘に対しては、①一般的な予見可能性さえ認定されれば近因も認定されることと、②そもそも近因の解釈は時代の変化に応じて柔軟に運用されてきた特徴があることから、近因の欠如によって必ずしも製造業者等の責任が否定されるとは限らないとも考えられよう。

すなわち①については、ロボット・AIの自律的な〈考え/判断〉により生じる具体的な危険性や具体的な損害の種類がどのようなものになるのかは確かに現時点では予見不可能かもしれない。しかし、そもそもそのような（何をしでかすかわからないという）種類の一般的な危険性が存在することはすでに知られた事実である。さらに今後ロボット・AIが実用化され普及すれば、いわゆる「一般的な危険性・損害の種類」を予見できる射程も自ずと広がっていくのではないか。

②についても、そもそも近因は、時代の変化に合わせて柔軟に被告に責任を課してきた法理である。したがって、ロボット・AIが普及して事故の経験知が増えれば、近因はそのような時代の変化に応じて、製造業者等による予見が不可能であったとの言い逃れをもはや許さない方向で

解釈されていく可能性もあるのではないか。

もっとも、学習機能を用いた自律的なAIは、情報のインプット次第で変化するがゆえに開発者でさえも予見不可能な〈考え/判断〉を行うといわれているから、そのような情報のインプットが近因を断ち切る「独立参入原因/中断原因」(intervening cause/superseding cause) 等と解釈されうる余地も否めない[★48]。日本の民法学でいえば、いわゆる「因果関係の中断」や、民法416条とその類推適用を中心とする相当因果関係に関わる論点となろう。今後の研究のさらなる深化が望まれるところである。

2 製造物責任 (PL) 法

製造物責任法の発祥地であり、かつ最も研究も裁判例も進(深)化しているアメリカでは、同法が正確には「厳格不法行為法」(strict liability in torts) や「厳格製造物責任法」(strict products liability) 等と呼ばれる。詳細についてはぜひ、筆者のこれまでの業績を読んでいただきたいが、本書ではロボットに関係しそうな部分を簡略に説明しておこう。

(1) 製造物責任法における主な3つの欠陥類型

アメリカでは、世界でもいち早く、欠陥概念を主に3つに分類する判例法理が整理され、その思想は遅ればせながら日本でもやっと浸透してきた[★49]。以下ではまず、その欠陥3分類を簡潔に紹介しておこう[★50]。

① **製造上の欠陥**:[大量生産の] 製造過程で図面通りではない製品が製造され、検査を潜(くぐ)り抜けて市場に出てしまった製品の欠陥である。典型的な「欠陥」であり、無過失責任が課される。

② **設計上の欠陥**:図面自体が欠陥であるとされる類型の欠陥である。その判断においては、主に問題の製品図面と「合理的代替設計案」(reasonable alternative design:RAD(ラッド)) とを比較して、費用便益分析が行われる。

③ **指示警告上の欠陥**:指示や警告が不適切であったために欠陥とされる。②と同様な基準で欠陥が判断される。

ロボットという新たな類型の製造物について、これまでの他の雑多な製品とは区別されるような特筆に値する欠陥類型は、特に②の「設計上の欠陥」であろう。ロボットの特異性はおそらく、他の諸製品と異なる設計（なかでも自律的/創発的な〈考え/判断〉の要素）にこそ現れるからである。さらに③の「指示警告上の欠陥」は、②の派生形であるから[★51]、②の検討の際にあわせて③も検討されるべきであろう。②と③の関係性について、特に機械類の製品に関してしばしばいわれている留意点は、安全性の実現の基本があくまでも②の設計において実現されるべきであり、そこで回避できない危険性の回避を③で補助的にカバーするという考え方である[★52]。

ところで[★53]、製造業者や設計者が設計において特に考慮すべき点は、製品を市場に送り出す時点において考えられる安全設計のアイデア（RAD）をすべて合理的に検討したうえで、それでもやはり（費用便益分析の結果）、RADよりも当該設計を採用することが最良であったことを示すことであろう。「考えられる安全設計のアイデアをすべて」という範囲が非現実的に広すぎるならば、次のように言い換えてもよいかもしれない。後々、事故を起こして設計上の安全性が不十分であったと訴えられた場合に、当時理に適って考えうる安全策（RAD）との比較を検討（費用便益分析）したうえでも、現設計こそが最善であったと説明できることが重要である。特に、他社のより良い安全設計の具体例を検討していなければ致命的である。さらには、その製品に関連しそうな危険性を分析した当時の報告書等々を検討していなくても致命的である。そこまでの配慮が、設計上の欠陥の責任を免れるためには求められる。

以上の分析・指摘は、製造業者等には酷に聞こえるかもしれないが、案外そうではなく、非常に合理的な考え方である。なぜならこの設計上の欠陥ルールは、その当時利用可能な安全設計のアイデアとして優れたものは採用するように促す効果を持っているからである。結果的に、その当時の優秀な安全設計のアイデアが社会全体に普及して、合理的に安全な製品が世の中に行き渡ることにつながることになる。

ロボットやその頭脳である〈考え/判断〉する部分について、後々裁判所によって設計上の欠陥であったと評価されないためにも、設計者や製造業者等には具体的に何が求められるであろうか。筆者が最も懸念している点は、〈制御不可能性〉や〈不透明性〉といったロボットの欠点といわれる部分を放置または無視して、合理的な安全策を設計段階できちんととらないことである。**仮に、〈制御不可能性〉や〈不透明性〉の欠点を回避し、和らげ、または減じたりする等々の安全策のアイデアが現時点で存在するならば、その採用を合理的に検討せずに開発・設計・生産して市場にロボットを出すことは、後々ロボットが思いもよらない事故を生じさせて設計上の欠陥を問われた場合に、欠陥性を認定される危険性を高めるであろう。**

なお〈制御不可能性〉や〈不透明性〉の欠点を回避するためにロボットの開発者が遵守すべき規範としては、筆者が幹事を務める総務省の「AIネットワーク社会推進会議」の公表した「国際的な議論のためのAI開発ガイドライン案」が参考になる[★54]。そのガイドライン案中の〈③制御可能性の原則〉は、開発者がAIシステムの制御可能性に留意するよう求めており、そのためにたとえばAIをAIによって監督すること等が望ましいとしている。仮にこのような施策・アイデアの採用はおろか検討さえも怠れば、後々AIを組み込んだロボットが製造物責任を問われた際に、設計上の欠陥が認定される危険性が高まることとなろう。さらに同AI開発ガイドライン案中の〈②透明性の原則〉は、AIシステムの入出力の検証可能性と判断結果の説明可能性に留意するよう求めている。このような留意を怠れば、少なくともアメリカで製造物責任訴訟の裁判で問題になった場合に、製造業者等にとって不利な裁定を裁判所が下すおそれもありえよう。すなわち事故原因をトレースして突きとめる技術が合理的に利用可能であったにもかかわらずこれを理不尽に採用しなかったために事故原因が不明な場合には、製品欠陥が事故原因であったという推認を裁判所が許容するおそれもある（後述(5)参照）（日本では類似裁判例の発見が難しいかもしれないが）。

(2) 誤作動のおそれ

ロボット法が必要な理由のひとつとして〈制御不可能性〉が挙げられることはすでに述べてきた通りであるが、その典型的なものとしては、「誤作動」(malfunction)のおそれを挙げることができよう。たとえばロボット兵器の文脈においても、「自律的システムは不安定である。蓋然性が少ない誤りでも、大惨事に至るおそれがある」と指摘されている[★55]。その具体的な実例としてはたとえば、2007年に南アフリカ陸軍が展開した準自動ロボット砲が、誤作動して友軍兵士9名を殺してしまったと伝えられている[★56]。誤作動の可能性は他の兵器システムでも変わりがないという反論も見受けられる[★57]ものの、ロボット兵器の誤作動の責任を誰が負うべきかはすでに論点のひとつとなっている。ジュネーブ大学教授（出典公表時）のサッソリエによる次のような指摘[★58]は興味深いので、紹介しておこう。

> ［プログラマーが予定しかつ推奨した選択肢以外の選択を勝手に自動兵器システムに許容するような］設計上の欠陥に対しては、**その兵器の開発者に責任を負わせてもアンフェアではない**であろう。ロボットの考案段階において、そのロボットが「命令に反する」危険性は回避されなければならない［のだから］。もしそのような回避が不可能ならば、そのような兵器は違法とされねばならないのだ。
>
> （強調付加）

「アンフェアではないであろう」と慎重に二重否定を用いてはいるものの、事前の設計の意図――design intent――に反する自律的なロボットの判断・行動に対しては開発者に責任を課すべきとの主張が読み取れよう。

なお、ロボットには敵味方の区別が難しいのではないかという論点への対策としては、たとえばその使用を限定して、いわゆる「Kill Box」と呼ばれる、敵しか存在しない地域での使用に限定するような案も提示されていることは、前述した通りである[★59]。これは、危険性を除去できない場合には汎用型ロボットとしての使用をあきらめて、使用領域を限定するエキスパート（特化型）ロボットとして用いる思想であると解釈できる。この論理は、民生品についても当てはまりそうである。

(3) 誤作動法理

本項の冒頭および(1)では、不法行為法上の厳格責任（厳格製造物責任）が課される際の基本的な3つの欠陥類型を紹介した。原則として原告にはそれらの欠陥類型のいずれかが原告の被害につながることの立証が求められる。しかし例外的に、3つのうちのいずれかの欠陥を原告が立証しなくとも、被告の責任が認定される場合がある。その代表例が「**誤作動法理**」であり[★60]、日本でも判例法上これに似た法理が認められている[★61]。

この誤作動法理を非常に簡潔に紹介すれば、たとえ設計上の欠陥や製造上の欠陥が原告の被害につながった旨の直接的な証明が困難な場合（たとえば証拠である製造物が爆発したり、焼失したり、毀損したり、廃棄されたり、または紛失したような場合）であっても[★62]、欠陥が原因で通常生じるような事故の場合で、かつ他の原因ではないときには、原告の証明責任が軽減される、というものである。すなわち**製品が「明らかに意図された機能」（manifestly intended function）に反する危険な誤作動をした場合であるならば、そのような誤作動が欠陥以外の原因で生じた蓋然性が少ないような場合には**[★63]**、欠陥と、損害と欠陥との因果関係が間接証明・状況証拠によって推認されうる法理**である[★64]。なお誤作動法理は、単なる「憶測や当て推量」（conjecture or speculation）では認められないといわれており、単に誤作動の発生のみを証明しても不十分である。誤作動は欠陥以外の他原因（たげんいん）でも、たとえば経年劣化等々でも生じうるからである。誤作動に加えて、その**誤作動の発生が欠陥以外の他原因によらない旨の証明も原告に求められる**。もっとも他原因の可能性を完全に否定せずとも、主な他原因を否定できれば十分である。言い換えれば、他原因が誤作動の原因であった可能性よりも、欠陥こそが原因であった蓋然性の方が上回ることを示せば十分である。

ロボットは**(2)**で紹介した通り誤作動のおそれが指摘されているが、このように原告有利な（製造業者等に不利な）誤作動法理の適用を通じて欠陥等が認定される可能性がある[★65]。製造業者等はそのような誤作動そのものが生じないよう、設計等において全力を尽くすことが求められていると捉えることができよう。

(4) 誤作動したロボットの製造物責任裁判例

ロボットをめぐって誤作動法理が問題になった裁判例がアメリカではすでに存在するので、参考までに**裁判例紹介 #5** において紹介しておく。そこで紹介している「ムラツェック対ブライン・マウル病院事件」に読み取れる重要な指摘のひとつは、主な**他原因を排除する証拠も誤作動法理では求められる**点である。ロボットは〈制御不可能性〉ゆえに誤作動して事故を惹起するおそれが懸念されるところ、〈不透明性〉ゆえに設計上の欠陥が事故原因であったことの証明は困難となりうる。しかし誤作動法理が適用できれば、たとえ欠陥を特定・立証できずとも、誤作動ゆえの事故発生という事実それ自体から欠陥等が推認できるので、〈不透明性〉ゆえに責任の空白が生じる不公正を回避できる。しかし厳密にいえば、単に誤作動ゆえの事故発生事実だけから誤作動法理を援用することはできない。加えて主な他原因を排除しなければ、誤作動法理は適用されないのである。この要件については前述**(3)**ですでに指摘した通りであるが、将来、ロボットが〈制御不可能性〉ゆえの誤作動事故を惹起しても、原告が主な他原因を排除できなければやはり責任の空白問題が生じるおそれがある。この点を、ぜひ**裁判例紹介 #5**の具体例を通じて理解してほしい。

ムラツェック事件のもうひとつの重要な指摘は、専門家証人の有無に関するものである。すなわち、設計上の欠陥立証においては、簡単な事案であれば専門家証人がいなくても、事件を陪審員による集中審理に進めて陪審員に設計上の欠陥の有無を判断させることが許される。しかしロボットのような複雑な機械等の事案では、専門家証人なしでは事件を陪審員による集中審理（原告に有利）に進めてはならず、通常、そこで原告の敗訴が決してしまう。なぜ複雑な事案では専門家証人が不可欠なのか。それは、素人の陪審員には判断できない難しい問題を、専門家の助言なしに素人が決することを許せば、何ともいいかげんな結論になってしまうからであろう。加えて、設計上の欠陥の場合は、ひとたび欠陥が認定されてしまえば、理論的には同じ設計図面から生産された何万、何十万という製品すべてまでも欠陥ありということになるので、欠陥認定の社会的影響力は極めて大きい。それほどに影響力の大きな欠陥の認定を、専門的な知見抜きで魔女裁判のごとく決することは、やはり社会的に許されるべきではない、と捉えることもできよう[★66]。一般的に高価な製品であることが予想されるロボットであれば、なおさらである。

裁判例紹介 #5：
手術用ロボット「ダ・ヴィンチ」が誤作動法理に基づく製造物責任を問われた、ムラツェック対ブライン・マウル病院事件★67

ムラツェック氏（以下「π（パイ）」という）は、被告ブライン・マウル病院において、前立腺摘除手術を受けた後に、EDとなり恒常的な腹痛も患ったとして、同病院と、手術で用いられたロボット「ダ・ヴィンチ」（第4章 Fig. 4-1）の製造業者であるイニシアティブ・サージカル社（以下「Δ（デルタ）」という）に対する訴えを、ペンシルバニア州裁判所に提起。被告の病院に対するπの訴えが取り下げられた後、事件は当連邦地方裁判所ペンシルバニア州東区担当に移送され、Δがサマリー・ジャッジメント（SJ）★68を申し立てた。

πの手術中、ダ・ヴィンチに「エラー・メッセージが表示され」、機能回復をたびたび試みたけれども回復しないまま、約45分後に別の機材で腹腔鏡手術を終えることができた。ΔはSJ申立ての理由として、πが専門家証人による欠陥の証拠を提出していない等と主張。πは、ダ・ヴィンチが欠陥であったことは明白である（＝複雑な事件ではない）から専門家証人は不要である等と反論している。

当事件の主な争点は、次の2点であった。①手術中に誤作動した手術用ロボットの設計上の欠陥を問う際に、専門家証人は不要か、および②「誤作動法理」を主張する際には、他原因を排除する証拠をπが提出せずとも、証拠提出責任★69を果たしていると評価できるか、である。連邦地裁ペンシルバニア州東区担当は、次のように判断している。すなわち、①本件ロボットのような複雑な製品の設計上の欠陥を問う場合には、専門家証人が必要である。および、②他原因を排除する証拠をπは提出しなければならない。Δの申立てを認容し、Δ勝訴のSJを命じた同裁判所は、その理由を以下のように述べている。

争点①　ロボットの設計上の欠陥を問う際に、専門家証人は不要かについて：　ペンシルバニア州はウェブ事件★70により、厳格製造物責任を規定した『不法行為法（第2次）リステイトメント』402A条★71を採用。設計上の欠陥の法理もルイス事件★72により採用している。πが立証しなければならない要素は、⑴欠陥、⑵製造業者の管理中に欠陥が存在していたこと、および⑶損害と欠陥との間の近因である。専門家証人が必要か否かの判断基準は、**専門家証人なしでも平均的な陪審員が、憶測に基づかないで欠陥認定をできるほどに欠陥が明白か否か、**である。すなわちパディィリャ事件★73においては、回転する歯がむき出しのチキン・カッターに、適切なガードが付いていなかったことの欠陥性が問われた。第3巡回区は、ガードなしの歯が明らかに危険であり、[専門家証人なしでも] 理に適って欠陥を陪審員が認定できる、と判断した。ところがパンの配達用トラックのバンパー等の欠陥が問われたオッディ事件[★74]においては、陪審員が［専門家証人なしで］フロント・バンパーと運転室のフローリングを見ただけで、設計上の欠陥の認定のみならず、試験を行っていればその欠陥が発見できたことおよびその欠陥を改善できたことまでも理に適って認定できるとは思えない、と第3巡回区が判断して被告勝訴のSJを認めていた。

ところで本件においてπは、手術中にダ・ヴィンチがエラー・メッセージを示し、かつシャットダウンせざるをえなかったのだから、欠陥は明白であると主張する。しかし当裁判所は、本件がパディリャ事件よりもオッディ事件に近いと判断する。**ダ・ヴィンチは複雑な機械であるから、陪審員が欠陥を認定するためには専門家証人の助けが必要となる**。手術用ロボットは、オッディ事件で問題になったトラックのバンパーよりもさらに技術的に複雑な機械なのである。さらにπにとって致命的な点は、ダ・ヴィンチの欠陥主張と現在の症状との間の因果関係を示す証拠をまったく提示していない点にある。

争点② 「誤作動法理」を主張する際に、他原因を排除する証拠をπが提出せずとも、証拠提出責任を果たしているといえるかについて： πは「製造物責任の『**誤作動理論**』」に基づく請求もしている。同法理に基づけば、特定の欠陥を正確に直接示さなくても、以下の「状況証拠」を通じた「欠陥を肯定する推認を可能とする」。すなわち、

(1) **誤作動が生じた［という事実の］証拠**、

(2) **誤使用を排除する証拠**、および

(3) **事故発生について理に適った他原因を排除する証拠**、

を示せば、事実認定者［陪審員等］による推認が許される。本件ではπが、理に適った他原因を排除する証拠を何も提出していないから、「誤作動理論で要求される責任を果たし損ねている」。

次に、**裁判例紹介 #6**の「ペイン対ABBフレキシブル・オートメーション社事件」では、単なる「当て推量」や「憶測」や「あと知恵」だけの主張では証拠提出責任が果たされたことにならず原告が敗訴する、という重要な指摘がなされた。誤作動法理は確かに、欠陥の直接証拠が欠けていても、状況証拠による間接証明でも欠陥や因果関係の推認を許容する。そして誤作動法理の起源は、過失責任における「過失推認則」（レス・イプサ・ロキタ）にあり[★75]、過失と因果関係についても、状況証拠による間接的な証明が許容されてきた[★76]。この過失推認則という判例法理を、過失責任

法の場合だけではなく、厳格製造物責任法の文脈にも裁判所が適用し、欠陥と因果関係の推認を許した法理が、誤作動法理であった。

しかし、仮に過失や欠陥と因果関係を推認することが論理的に説得的である状況証拠が提示された場合以外にまでも、推認をむやみやたらと許してしまえば、魔女狩り・魔女裁判のような不公正が蔓延してしまう。たとえば目撃者のいないところで、被害者が、自動車用車輪を製造する産業用ロボットのアーム部と自動車の車輪との間に挟まれて、致命傷を負っていたところを発見された後に死亡した事例を考えてみよう。ロボットに近づく際は、アーム部の移動速度を最速時の25%に落とさねばならないと作業者は要求されていたけれども、被害者はこれを無視してロボットに近づいて受傷したと思われる証拠が、被告のロボット製造業者から提示されている。他方、原告は、被告がたとえば以下を認めているという証拠を提出している。すなわち、①仮にプログラミングにエラーがあれば、ロボットが予期せぬ動きをしうること、②仮にアーム部の停止後に高速度運動するようにプログラミングされていたならば、停止後に高速で運動するような事態が生じうること、③仮に外部の装置が発する信号とロボットが同調すれば、外部信号がロボットの動きを変えてしまいうること、および、④感知区域内のヒトを発見する安全装置である存在感知装置をロボットが備えていなかったことも被告が認めていること、である。このような状況証拠に基づいて、過失や欠陥と被害者の受傷との間の因果関係を、認定することが許されるであろうか。

①仮にエラーがあったならばとか、②仮に問題のあるプログラミングが行われていたならばとか、③仮に外部の信号に同調したならばのような仮定の話は、その仮定が存在したことを合理的に推認できる証拠を欠く限りは、「当て推量」や「憶測」に過ぎない。したがって過失や欠陥や因果関係の推認を許すべきではない。さらに、④存在感知装置をロボットが備えていなかったという証拠は、仮にその装置があれば事故を防止しえたという「あと知恵」(後述)を生むだけで、その欠如がすなわち過失とか欠陥を証明したことにはならない。そもそも被害者の受傷の近因は、存在感知装置の欠如にあるのではなく、他原因——たとえばアーム部速度を25%に落とさないままに近づいた被害者自身の誤使用——にある以

上、被告の責任は認定できない。……以上の判断は、実は次の**裁判例紹介#6**で紹介するペイン事件の概要である。

このペイン事件は将来のロボット訴訟に何を示唆してくれるであろうか。それは、ロボットが関わる事故が生じて欠陥や因果関係が立証できない場合に、常に誤作動法理が原告の請求を助けてくれるとは限らないという事実であろう。誤作動法理が、直接証拠なしに、欠陥の特定や欠陥と受傷との間の因果関係の推認を許すとはいっても、そのような推認を合理的に許す前提となる状況証拠を提示できなければ、誤作動法理を援用することができない。ペイン事件が示すように、単なる当て推量や憶測やあと知恵に基づく証拠だけでは不十分なのである。

ところで「あと知恵」の概念について、ここで一言説明を加えておこう。あと知恵とは、正確には「あと知恵の偏見」(hindsight bias) と呼ばれる、ヒトの脳が持っている不合理な偏見のことをいう。たとえば、事故の発生前（*ex ante*(イクス・アンテ)）にある事故を予見可能であるかとか事故回避策を講じるべきかとヒトに問うた場合には、予見不可能であり費用の無駄になるから回避策を講じるべきではないと評価した事例であっても、もし同じ事故の発生後（*ex post*(イクス・ポスト)）に、その事故を発生前に予見できて回避策を講じるべきであったかと（過失の有無を）ヒトに問うと、予見できたし回避策を講じるべきであったと評価する偏見のことをいう。このような偏見をヒトが持ってしまう理由は、事後的に、事故発生前の予見可能性や事故回避義務をヒトに問う場合、事故が発生してしまった事実を考慮してはならないはずなのに、発生した事実を頭から消し去ることは不可能であるから、予測可能であったはずであるとか、回避義務があった等と、偏見に影響されて誤って責任を認定しがちである――この現象は、脳に一度(ひとたび)投錨された情報は、それを消し去って投錨点から離れて調整することが難しいというメタファーから「投錨と調整」といわれる――と考えられるのである。

この「あと知恵の偏見」を、将来、ロボットが惹起する人身損害事故の文脈に当てはめた場合、どうなるであろうか。そのような偏見を裁判所が理解しこれを完全に除去できて、冷静に合理性を維持できれば問題はない。しかしそのような偏見を理解していなかったり、完全に除去しきれない場合には、「あと知恵」によってロボットの製造業者等の責任が認定されがちになると懸念される。特に懸念されるのは、マスコミや大衆の多くが、あと知恵の偏見という概念を理解しているとは思われない現状である。たとえば、発生確率が非常に低い天災が発生した後にマスコミと大衆は、予見可能であったとか対策をとる義務があった等と、事後的に捉えがちであろう。しかし確率の非常に低い天災にまでも対策をとれば、料金や税金を大幅に値上げしなければならなかったという事故発生前の事実等は、発生後にすっかり忘れてしまうのである。したがってもし人身事故をロボットが惹起した場合には、製造業者等は世論からの厳しい批判に曝(さら)される危険性を覚悟する必要があろう。

裁判例紹介 #6：
産業用ロボット製造物責任訴訟の、ペイン対 ABB フレキシブル・オートメーション社事件[★77]

自動車のアルミ製車輪を製造する自動ロボットの作業区域内で作業中に亡ペイン氏が致命的な怪我を負ったと主張して、ペイン氏の遺族（以下「π(パイ)」という）がロボットの製造業者たる被告 ABB フレキシブル・オートメーション社（以下「Δ(デルタ)」という）に対する製造物責任の訴えを提起した。

なお事件発生当時、目撃者がおらず、ペイン氏はロボットのアーム部と車輪の間に挟まれているところを発見され、2 日後に死亡した。OSHA(オーシャ)（労働安全衛生局）による報告書は欠陥が事故原因ではなく、工場監督が安全装置を取り外してペイン氏が囲いの中へ入ることを許したからであるとしていた。もっとも OSHA はその後、工場監督が改善に同意したことを受けて、この報告書を撤回。なお工場監督の報告書は、ペイン氏の不注意が事故原因であるとし、工場監督が要求していた安全指針である、25%の速度でのロボット操作に変換せずに 100%の速度のまま囲いの中にペイン氏が入ったこと等を指摘していた。

Δ はこれら報告書を根拠としつつ、π が請求原因を支持する証拠提出を怠っていると主張して、Δ 勝訴のサマリー・ジャッジメント（SJ）を申し立てた[★78]。対する π は、開示要求に対する Δ 自身の自白が[★79]、重要な事実の争点の根拠になると反論。連邦地裁（原審）は、Δ 勝訴の SJ の申立てを認容。Δ の自白だけでは、「過失的または欠陥的設計」（negligently or defectively designed）の主張に関して、集中審理で事実認定を行うに値する争点を π が示していない、と原審は結論づけた。そこでπが連邦控訴審裁判所第8巡回区担当に控訴した。

主な争点は、設計上の欠陥・過失の存在や、事故の他原因を否定するだけの状況証拠を提出せずとも、πが事件を集中審理（trial）に持ち込めるか[★80]否か、であった。第8巡回区は、欠陥・過失・因果関係の存在を推認できるだけの証拠を提出しなければ、SJの申立てに耐えることができない、と判断。原審を支持した。その理由として、おおむね次のように述べている。

まずπ（当審では控訴人）は重大な事実の争点を示す証拠の提出を怠っているから、連邦地裁がΔ（当審では被控訴人）からのSJ申立てを認容したのは適切であった。アーカンソー州法では、過失訴訟を維持するために、理に適って注意深い人が払うべき注意の懈怠と、その懈怠がπの損害の近因であったことを示す証拠を提出しなければならない。さらに、厳格製造物責任訴訟においてπは、製品が「理不尽に危険」になっていたことや、その欠陥が当該受傷の近因であったこと等を証明しなければならない。

Δが提出した「第1自白」(first admission）は、当該ロボットのアーム部が中央部にある際には［最速時の］25%という低速である旨を定義した「産業用ロボットおよびロボットシステムに関する全米規格要求事項」[★81]を満たしていないことを認めている。しかしこの自白は「関連性がない」[★82]、と連邦地裁（原審）は適切に判断している。なぜならば、事故時にロボットが100%の速度で動いていた［すなわち低速ではなかった］ことが確かであるから、低速時の要求事項は本件事故と無関係だからである。

第2自白は、仮にプログラミングのエラーがあった場合にはロボットが予期せぬ動きをしうると認めているが、連邦地裁はこれも適切に、重要な事実の争点を生んでいないと判断している。πは直接または状況証拠に頼ることができるけれども、しかし「当て推量や憶測に基づく推認」(inference based on conjecture or speculation）に依拠することはできない。**事故原因の可能性の主張［だけ］では、予期せぬ動きの原因がプログラミング・エラーであったという因果関係の立証責任を、πが満たしたことにはならない**。

第3自白は、仮に停止後に高速運動するようにプログラミングされていたならば、停止の後に高速で運動するような事態が生じうると認めている。加えて第4自白は、仮に外部の装置が発する信号とロボットが同調するならば、外部装置からの信号が警告なしにロボットの運動パターンを変えてしまいうることも認めている。しかし連邦地裁は、これら2つの自白も無関係であると適切に判断している。なぜならπは、**ロボットが停止した後に高速度で動くようにプログラミングされていたことの証拠や、外部装置の発する信号と同調していたことの証拠の提出を怠った**からである。

さらに最後のΔの自白は、感知区域内の人を発見する安全装置である「存在感知装置」(presence-sensing device) をロボットが備えていなかった、と認めている。

フレンチ事件[★83]がいうように、安全装置の欠如は、製品が過失的に設計されたことや、理不尽な危険を生じさせた欠陥を決定する際に考慮することができる。しかしながら、存在感知装置が装着されてさえいれば事故を防止したかもしれないという「あと知恵」(hindsight knowledge) だけでは、ロボットが欠陥であった証明にならない。しかしたとえば一定の安全装置が一定の産業界で通常使用されている旨の証拠は、適切な注意基準が違反されたか否かの決定において、反証を許さないわけではない (not conclusive) けれども、証拠としての評価を受ける。

さらに、特定の安全機能が不備ならば製品が欠陥で危険である旨の争点を、専門家証人の意見が生み出すこともできる。しかしながらπは、安全装置を備えたロボットの製造を怠ったことが過失になるか、またはロボットを欠陥あるいは理不尽に危険たらしめたことの、いかなる証拠の提出も怠っている。さらにπは、安全装置の欠如が亡ペイン氏の傷害の近因であることを示すいかなる証拠の提出も怠っている。**近因を証明するためには、他の可能性ある諸原因を否定する証拠を提出しなければならない。安全装置が事故を防止しえたであろうという主張だけでは、因果関係の立証責任を満たさない。**つまりπは、事故の他の諸原因を否定しておらず、かつ存在感知装置の欠如が事故の近因である旨の持論を支持する証拠もまったく提出しなかったのである。

(5)「トヨタ車急加速事件」にみる誤作動法理

アメリカにおいてトヨタ車が急加速事故を多数起こしていると糾弾され、議会の公聴会で豊田社長も証言するほどの社会問題になった事件(トヨタ車急加速事件。**裁判例紹介 #7** でその製造物責任訴訟を紹介しておく)は、読者の記憶にもいまだ残っているであろう[★84]。この事件では、自動車に組み込まれたソフトウエアが誤作動して運転者の意思に反する急加速を生じると疑われ、監督官庁のNHTSA(ニッツァ)(第3章 **II-4** 参照) がNASA (国家航空宇宙局) に分析を依頼した結果、ソフトウエアの不具合は発見されなかったと公表[★85]されて幕を閉じたと一般には理解されているかもしれない。実際、NHTSAとNASAはスロットル、ブレーキ、ソフトウエア、またはエレクトロニクスに欠陥をまったく発見できず、事故原因はむしろ、アクセル・ペダルがフロアマットに挟まったか、または運転者の踏み間違いである蓋然性を指摘している[★86]。

しかしこの一連の事故をめぐる製造物責任訴訟は、継続された。そして、たとえ急加速の原因が不明で、かつアクセルとブレーキ・ペダルの踏み間違いの疑いが払拭できなくても、**欠陥のおそれを推認させるだけの状況証拠さえ原告側が提出すれば、後は陪審員の判断に委ねてもよい**、と連邦裁判所が判断した代表事例[★87]は、日本ではあまり知られていないようである。

この事例が示唆する教訓は、急加速の原因が、①ブレーキとアクセル・ペダルを誤って踏んだことにあるのか、または②ソフトウエアのどこかの不具合に原因があるのかの、いずれかが特定されていなくても、②が原因であるかもしれないと推認することが理不尽ではないだけの専門家証言等が存在すれば欠陥・因果関係を証明する直接的な証拠がなくても、後は②が原因であったと陪審員が評決してもよいというルールが示されたことである。

製造業者等にとっては非常に不利なこの決定（2013年10月7日）の後、オクラホマ州の連邦地裁でも争われていた同種の人身損害訴訟においてトヨタ社は300万ドルの敗訴賠償評決を下され（同年10月24日）、その後に同種の懸案の人身損害訴訟の多数の原告たちに対して多額の示談金を支払う和解に追いやられた、と報じられている（同年12月13日[★88]）。

上記の決定を、ロボットによる予見不可能な「〈考え/判断〉+〈行動〉」により生じた生命・身体にかかる事故に当てはめるとどういうことになるであろうか。あえて誤解を恐れずに簡潔に表現すれば、たとえAIがいかに誤って〈考え/判断〉したのかを被害者側・原告側が解明できなくても、すなわち**不具合・欠陥の場所やその因果関係を明確にできずとも、製造業者等の製造物責任が認定されうる**ことを示唆している[★89]。高度なAIを搭載したロボットの行動はその理由がわからないことが予想されるが、そうしたロボットの開発・実用化にあたって開発者・設計者は、こうしたルールの存在を肝に銘じておくべきであろう。

上で概説した急加速事件の概要を、**裁判例紹介 #7** にて簡潔に紹介しておこう。なお、同事件の原告弁護士は、立証責任が転換されて、急加速が欠陥によるものではないという証明責任がメーカー側に課されている、とこの事件を評価している[★90]。確かに同事件は、事故時の踏み間違いや不具合の不存在を証明できるようなソフトウエア導入を奨励している、とも捉えられる。ロボットによる予見不可能な事故も、将来、同じく誤作動法理が適用されて、メーカー側が欠陥と因果関係の不存在の立証を迫られる可能性も否定できなくなるかもしれない。現在、総務省のもとで筆者が幹事や会長を務める「AI ネットワーク社会推進会議」も、問題原因の**透明性**や**トレース可能性**をガイドライン等で開発者に求めている[★91]。

裁判例紹介 #7：
AI・ロボット・自動運転時代の誤作動法理の適用を示唆する、トヨタ・モーター社事件（トヨタ車急加速事件）[★92]

本件は、トヨタ・モーター社（以下「Δ（デルタ）」という）製 2005 年型カムリ車の意図せぬ急発進が主張された連邦広域継続訴訟（MDL）[★93]に属する事件で、亡セイント・ジョン夫人（本件事故が死亡原因ではない）の遺言執行者（以下「π（パイ）」という）を通じて提起された訴えである。

事故時、亡セイント・ジョン夫人が運転するカムリ車が停止標識に従って完全に停車した後、夫人がブレーキから足を離して右折しようと思ったところ暴走して制御不能に陥り、車は近くの高校の表示板に衝突後、松の木と煉瓦塀に次々と衝突して体育館入口の円柱に突っ込んだ。夫人はブレーキをかけて停止しようと努力したけれども、車は勝手に加速していった、と夫人は生前に証言。目撃証人は、カムリ車が走行した路上にタイヤ痕があることを目撃し、事故日の午前中にはタイヤ痕がなかったと述べている。

π と Δ は多くの専門家証人による証拠を提出し、双方がその不採用を申し立て、かつ Δ はサマリー・ジャッジメント（SJ）[★94]もあわせて申し立てた。

主な争点は、欠陥が原因で急加速したか否か等の記録が残らないソフトウエアを搭載した車が急加速した事故において、運転者はアクセルとブレーキ・ペダルの踏み間違いによる暴走を否定しているものの、踏み間違いの可能性は他の証拠によって否定されておらず——すなわち誤作動の発生自体さえ十分に立証されておらず——、かつ欠陥の特定およびそれが急加速の原因である旨の直接的な証拠が欠けていても、状況証拠のみで、Δ 勝訴の SJ を免れて事件を陪審員の評決に委ねられるか否か、であった。

本件を担当した連邦地裁カリフォルニア中央区担当は、事件を陪審員に委ねられると判断し、Δ勝訴のSJ申立てを却下した。その理由としてはおおむね、次のように述べている。

原告は欠陥の性格を正確に特定する必要はなく、「装置が意図されたようには機能しなかったことを示せば」足りる。まず製造上の欠陥は、**欠陥を証明するための証拠が破壊されたりその利用が原告側の落ち度がないにもかかわらず利用不可能な場合には、状況証拠によって証明することが許される**。たとえば消火器が爆発したローズ事件[★95]では、原告のアパート管理人によって処分されて消火器の証拠が利用不能であっても状況証拠による欠陥の証明が許容されている。本件においても、Δのソフトウエアが不具合を記録しない仕組みであった。記録がないから原告が一応の証明[★96]責任を果たしていないと裁判所が評価して訴えを却下すれば、「欠陥自体がその存在の証拠を破壊する場合」には常にメーカーを欠陥製品の責任から免れさせてしまう。**探知不可能な事象までも探知せよ等と、裁判所は原告に要求しない**。状況証拠による製造上の欠陥証明を許容してきた判例の論理は、設計上の欠陥にも容易かつ論理的に適用できる。全米的判例の集大成である『製造物責任リステイトメント』3条のコメント *b.*[★97]も、原告による設計上の欠陥特定を不要としている。

Δは誤作動法理が本件準拠州(ジョージア州)法では認められていないと主張する。さらにΔは『製造物責任リステイトメント』3条に基づき、通常その欠陥が原因で生じる類の事故であり、かつ他の理に適った事故原因を削除しなければ状況証拠による推認が許されてはならない、と主張している。加えてΔは、誤作動の原因が欠陥以外にも複数考えられる場合には、欠陥こそが誤作動の原因であるという推認を許すために他原因を原告が排除しなければならないと判断した複数の裁判例も挙げている。確かにブレーキが利かなかったジェンキンス事件[★98]では、欠陥以外にも修理上の過失や過積載も原因たりえたので誤作動法理が認められなかった。さらにΔは、エアバッグが機能しなかったミラー事件[★99]やスタンレー事件[★100]にも基づいて、亡セイント・ジョン夫人によるブレーキとアクセルの踏み間違いという原因をπの専門家証人が排除できていないと主張している。

しかし、上記3つの事件では誤作動の「原因」が争点であったけれども、本件では誤作動の「存在」自体が争点なので異なる。すなわち本件では、まずは亡セイント・ジョン夫人がアクセルとブレーキを踏み間違えたか否かを陪審員が審理し、もし踏み間違えていないと認定すれば、自動的に機械的誤作動が「存在」したことになる。ひとたび陪審員がアクセルを間違って踏んではいないと認定すれば、1つだけ存在する欠陥以外の他原因が排除されるから、他原因排除の欠如という欠点が治癒されてしまう。したがって、設計上の欠陥主張を陪審審

理（trial）に進める前には、踏み間違いの可能性をπが排除せねばならないというΔの主張を当裁判所は認めない。★101

πは特定のソフトウエアの設計上の欠陥または製造上の欠陥を絞り込めなかったし、運転者が踏み込んだアクセル・ペダルからのアナログ情報なしに、欠陥ゆえにスロットルがアイドリング位置から勝手にもっと広く開いた位置になった旨の物的またはその他の直接的証拠を提示できなかった。Δのフェール・セーフ機構が機能しなかったことも直接には証明できなかった。そして大量の証拠が双方から提出されたにもかかわらず、踏み間違えたという推認しか認めるべきではないとΔは主張している。しかし当裁判所はそのように結論できない。亡セイント・ジョン夫人の証言と他の証拠から、ブレーキを踏んだにもかかわらず加速し続けたと、合理的な陪審員は推認することができる。

設計上の欠陥ではなく踏み間違いが原因である可能性をπは否定できなくともよく、状況証拠によって設計上の欠陥を証明できる。★102 設計上の欠陥に基づく請求を支持する大量の［間接的な］証拠をπは提出している。もっとも特定の欠陥ゆえにスロットルがアイドリング位置から勝手に開いた旨の許容可能な証拠提出をπは怠ってはいるけれども、その存在を推認することが合理的な陪審員に許されるに足る証拠をπは示している。本件のように**Δのソフトウエアが自らの不具合を探知するための工夫を何ら行っていない事実に照らせば、上のような推認を許容することが特に適している**といえる。

設計上の欠陥における危険効用基準★103に関係する代替設計案についてもπは、少なくとも2つの設計案を示している。

Δは、たとえπの主張が正しかったと仮定しても、フェール・セーフ設計が事故を防止すると主張している。しかしこの主張は、(1)フェール・セーフ設計そのものが誤作動しないこと、および(2)これが作動するための前提条件がすべて事故前に満たされたこと、という仮定に基づいている。しかしフェール・セーフが作動しなかったかまたは不完全にしか作動しなかったことを間接的に示す証拠を、πは少なくとも2つ示している。

(6) 無体物の厳格製造物責任

製造物責任は、その名称から自明なように「製造物」に適用される法理である。したがって有体物であるロボットもその対象になることには問題がない。しかし、今後多くの事故原因となりうるロボットの「考え/判断」する要素を司る（つかさど）AIを主に構成するコンピュータ・プログラムはその対象になるであろうか。コンピュータ・プログラムが焼き付けられた基盤は有体物であるけれども、欠陥が訴えられる対象は基板ではなくコンピュータ・プログラムという「情報」であり、情報は無体物ゆえに製造物たりえない。したがって原則として、厳格製造物責任法の適用対象外となりそうである[★104]。なお日本の製造物責任法2条（定義）も「製造または加工された動産」を「製造物」と定義している。

しかし製造物責任法の最先進国アメリカには、例外的に厳格製造物責任が無体物に課された裁判例がいくつか存在しており、ロボットの頭脳であるAIをめぐってそれらのアナロジーが将来論じられるかもしれない。**裁判例紹介#8**および**#9**にてリーディング・ケースを紹介しておくので、参考にされたい。

A　ソフトウエアの厳格製造物責任　次の**裁判例紹介#8**で紹介している「ウインター対G.P.パトナムズ・サン事件」は、ソフトウエアならば無体物でも厳格製造物責任の対象たりうると示唆した。「設計目的たる結果を達成し損なったコンピュータ・ソフトウエアも［厳格製造物責任の対象たりうる］かもしれない」という一文は、傍論とはいえ、製造物責任訴訟の嵐に曝（さら）されるきっかけとなるとして、ソフトウエア業界が戦々恐々となったという指摘もある[★105]（もっとも、実際にはそうはなっていないという指摘もある）[★106]。

ところで同事件における「厳格製造物責任のような厳しい責任法は、技術革新を阻害するかもしれない」という指摘は、筆者が幹事を務める「AIネットワーク社会推進会議」における、「国際的な議論のためのAI開発ガイドライン案[★107]」に対して警戒する一部見解を思い起こさせる。しかし実際に、たとえばアメリカの大衆は映画「ターミネーター[★108]」が象徴するような不安を抱いていると指摘されているのである[★109]。

なお、アメリカ判例法の集大成として権威のある『リステイトメント（第3次）不法行為法：製造物責任』（『製造物責任法リステイトメント』という）の19条コメント*d.*も、ソフトウエアが製造物に該当するか否かをピンポイントに扱う裁判例は存在しないとしているものの、製造物として取り扱うべきだと主張する学説・論文は多いと指摘している[★110]。

裁判例紹介 #8：
ソフトウエアが厳格製造物責任の対象になるかもしれないと傍論[★111]にて示唆した、ウインター対G.P. パトナムズ・サン事件[★112]

被告の出版社（以下「Δ（デルタ）」という）が販売した『The Encyclopedia of Mushrooms：キノコ百科事典』の記述を信頼して、キノコ狩りのキノコを食べた原告たち（以下「π（パイ）」という）が重傷を被り肝臓移植を強いられて、厳格製造物責任法等に基づく訴えを提起。なおΔは、イギリスの出版社がもともと発刊していた同書を仕入れてアメリカで頒布販売していた。当該書籍内の情報は製造物責任法上の「製造物」に該当しない等とΔが主張してサマリー・ジャッジメント（SJ）[★113]を申し立て、原審がこれを認容。πが連邦控訴裁判所第9巡回区に控訴。主な争点は、書籍・情報が厳格製造物責任の対象となるか否かであった。第9巡回区は、原則として情報は対象とならないとして原審を支持。その理由としておおむね以下のように述べている。

① **厳格製造物責任が書籍・情報に適用されるかについて：** 書籍は、紙やインク等の素材の部分と、その中身である思想や表現の部分との2つから成り立っている。前者は「製造物」かもしれないが、後者は違う。製造物責任法は「有体物」を対象とする。思想や表現といった「無体物」のデリケートな争点を扱う法理は、著作権法や、合衆国憲法修正第1を侵さない限度での名誉毀損等々である。

全米的な判例の集大成である『不法行為法（第2次）リステイトメント』402A条[★114]も製造物責任の対象として有体物を挙げていて、リステイトメントの編纂団体であるアメリカ法律家協会も有体物を超えて適用させる意図を示していない。

製造物責任における費用の分散法理[★115]を、有体物以外のあらゆる領域に適用したくなるという誘惑は確かに存在する。しかし「落ち度なき賠償責任の恐怖」（threat of liability without fault）は、思想や理論を他人と共有したいという［言論表現の自由の］欲求を著しく躊躇させてしまうのである。

製造物に適用される厳格責任の法理も、確かにそれに付随する損失を発生させる。すなわち、**技術革新が厳格責任によって阻害されるかもしれないという損失が発生**する。**しかしわれわれはこの損失を甘受する**。最新の思想や理論をわれわれが得られなくなってしまう［言論表現の自由の］損失に比べれば、有体物に対して厳格責任が適用されることによる損失はとても小さいからである。

危険な活動を行う場合のインストラクションを与える書籍のみを厳格責任の

対象にすれば、当裁判所の懸念が払拭される、と π（当審では控訴人）は主張する。しかしどのような内容であれば対象になるか否かの切り分けが難しく、その主張は採用できない。

地理的特徴等を図示する「航空図」については、「製造物」に該当するといくつかの法域で判示されているという π の主張は、上段の主張よりもやや説得的である。ブロックレスビー事件[★116]、サルメイ事件[★117]、エトナ災害保証会社事件[★118]、およびフラワー会社事件[★119]参照。しかしわれわれはこの主張を採用しない。航空図は「高度に工学技術的な道具」である。それは工学技術的で機械的なデータを図示的に描写したものである。そのアナロジーとして最適なものは、コンパスである。航空図もコンパスも双方共に、自然の特徴に関する一定の知識を要する活動に関与する者が、指針を得るために使用する。もうひとつのアナロジーとしては、「**設計目的たる結果を達成し損なったコンピュータ・ソフトウエアもそう［厳格製造物責任の対象となった航空図のアナロジーたりうる］かもしれない**」。これらに比べて『キノコ百科事典』は、航空図やコンパスをいかに使用するかに関する書籍である（下線は原文）。地図自体は製造物であっても、これをいかに使うかについての書籍は純粋な思想および表現なのである。

② 厳格製造物責任以外の法理が本件書籍・情報に適用されるかについて： Δ（当審では被控訴人）は、その書籍の内容の正確さを調査する義務を負っていない。判例はそのような義務を課すことを一貫して拒絶している。

B　航空図の厳格製造物責任　　**裁判例紹介 #9** で紹介している「サルメイ対ジェプセン＆カンパニー事件」は、ソフトウエアが製造物責任の対象になることを示唆した前述のウインター事件も言及していた「航空図」が例外的に厳格製造物責任の対象になるとしたことで有名な事例である[★120]。

なお、『製造物責任法リステイトメント』19条コメント *d.* は、情報、すなわち無体物であるにもかかわらず厳格製造物責任を裁判所が課してきた分野が「地図や航空図上の誤った情報」の事例であると指摘している[★121]。この分野で例外的に厳格製造物責任を課した理由として、同コメント *d.* は次のように分析している[★122]。まず地図出版社は、政府から得た文字情報（text）を航空図として図示（graphic form）化しており、利用者は地図に含まれたアイデアを使用するのではなく、**図示化されている物理的な特徴を有する物として使用して——used for their physical characteristics——**

いる。さらに操縦士が航空図に直接依拠していることから、航空図は事故に直接的に関係している。つまり航空図は物理的に使用されており、**航空図の誤りは、壊れたコンパスや高度計同様に直接に事故を生じさせるのである、**と。

ロボットに搭載されるAIやコンピュータ・プログラムも、ウインター事件やサルメイ事件のような裁判例に照らせば、厳格製造物責任を適用されることとなるであろうか。航空図と、AIやコンピュータ・プログラムとの近似性が問われることになるかもしれない。両者には近似性がなく、加えてウインター事件も傍論にすぎないので、AIやコンピュータ・プログラム自体には厳格製造物責任が適用されないと解釈されることになるとも十分に考えられる。もっともAIやコンピュータ・プログラムを搭載したロボットは有体物であるから、少なくとも、ロボットそのものへの厳格製造物責任の適用は免れないであろう。

裁判例紹介 #9：
航空図が厳格製造物責任の対象になりうるとされた、サルメイ対ジェプセン&カンパニー事件[★123]

国際パイロットで約7000時間ほどもの飛行経験のあるウィラード・ヴァーノン・ワールンドが非番で自家用ビーチクラフト社製飛行機に父親と息子エリックを同乗させて操縦中、マーティンズバーグ空港付近で墜落し、同3名が死亡。ワールンドが使用していた、ジェプセン社（以下「Δ（デルタ）」という）製の航空図では、マーティンズバーグ空港に「計器着陸装置」（full instrument landing system：ILS）が備えられているという意味の「ILS」という誤記があった。しかし実際のところ同空港はILSを装備していなかった。事故直前の空港の航空管制とワールンドとの交信記録等の証拠から、ワールンドは空港にILSが備わっていると誤解したまま着陸しようとしたために事故につながったと推測された。

ワールンドの遺産管理人とエリックの遺産管理人（あわせて「π（パイ）」という）が別々に訴えを提起。両訴訟に共通する被告には、航空管制の過失を問われた国（合衆国政府）と、欠陥（厳格製造物責任）、過失、明示および黙示の保証違反を問われたΔがおり、前者（国）については裁判官裁判（bench trial）の後に請求棄却と判断されて、控訴もされなかった。しかしΔについては、両訴訟の手続が併合され陪審裁判の結果、欠陥、過失、および保証違反のすべてが評決で肯定され、Δ は再審理[★124]と評決無視の判決[★125]を申し立てたけれども、原審が両申立てを却下。結果、事件は連邦控訴裁判所第2巡回区に至った。

本件の主な争点は、航空図が厳格製造物責任の対象か否かであった。第2巡回区は、航空図も対象であるとして原審を支持。その理由としておおむね次のように述べている。

航空図は「役務提供」であって「製造物」ではないと性格決定されれば、厳格製造物責任が適用されない。原審が製造物であると認定したことが誤りであった、と Δ（当審では控訴人）は主張している。なお本件適用州法であるコロラド州法は、『不法行為法（第2次）リステイトメント』402A条[★126]が規定する厳格製造物責任法を採用している。しかし同州には航空図が製造物に該当するか否かの先例がなく、第9巡回区はエトナ災害保証会社事件[★127]にて詳しい議論を経ないままに航空図面上の「連邦航空局航空データ」が厳格製造物責任上の「製造物」である、としている。

当裁判所は、航空図を製造物であるとした原審が誤っていないと判断する。Δ が製造した航空図は改変されることなくワールンドの手元に届いている、「明らかな大量生産品」である。402A 条は、本件と同様な商品の売主に対して厳格責任を課すことを想定している。**Δ は航空図を出版・販売することで、その航空図を使用した消費者が危害を確実に被らない責任を引き受けている**。事故による損害の負担を引き受ける Δ は、**製造物責任保険で付保して［危険・損失を広く消費者に分散・転嫁することにより、これを］生産に関わる費用として取り扱うことが許されるばかりか、奨励もされている**（402A 条コメント *c.* 参照）。Δ には、設計者、販売者、および製造業者として特別の責任が課される（402A 条コメント *f.* 参照）。

航空図は役務を提供しているにすぎないという Δ の主張は、大量生産という航空図の特徴を無視した主張である。個別特注的役務の提供である建設設計計画や同様なデータの提供は、確かに製造物に含まれない。しかしながら、**大量生産されて市場に投入された本件のような航空図は、その欠陥により生じた事故の費用を Δ が負うよう求められる**のである（402A 条コメント *c.* および *f.* 等参照）。

3 使用者責任

ロボットがヒトに危害を及ぼした場合の賠償責任を、その使用者が負うべき——*respondeat superior*：“let the master answer”——であるという主張が、ロボット法の論文で多く見受けられる。[★128] ロボット自体に法人のような賠償責任の主体としての義務・債務を課すことは、現実的には難しいと予想される中では、実定法ですでに広く認められている「使用者責任」のような「代位責任」（vicarious liability）をアナロジーでロボットに当てはめるという論理の方が、現実的かもしれない。なお日本にも使用者責任の法理は民法 715 条 1 項に規定されているので、欧米の学説も参考にした今後の日本における研究の深化が期待される。[★128-2]

欧米の学説の例としては、たとえば、完全自動運転車（AV：autonomous vehicles）が、現在の手動の運転手付き自動車の運転手（chaufeurs）と同様に性格決定できるので、AV が事故を惹起して害を他人に被らせた場合には、AV を（製造業者ではなく）所有者の代理人として捉えうるから、所有者は使用者責任に基づいて賠償責任を負うべきという説がある。[★129] その説によれば、仮に使用者責任の類推適用が行き過ぎであるとしても、日本の自動車損害賠償保障法（自賠法：昭和 30 年 7 月 29 日・法律第 97 号）上の運行供用者類似の責任を所有者が負うべきと主張している。特に後者の主張は、日本の自動運転をめぐる民事責任の議論でも、AV が惹起した事故について既存の自賠法を適用して運行供用者に責任を課す解釈が専ら論じられているので[★130]、欧米の学説とも近似性が認められよう。

4 名誉毀損

名誉毀損[★131]の賠償責任をロボットが負うべきか。たとえば「ボット：bot」（第 4 章 1-4 参照）は、あるキーワードを自動的に検索してリツイート（リポスト）したり、関心のあるトピックの記事を探してそこへのリンクを張ったオリジナルのツイート（ポスト）を作文し発信するために利用されている。[★132] さらに「オート・ジェネレーション」と呼ばれるプログラムは、自動的に記事を創作する。[★133] そのために、これらプログラムが自動的に創作・公表・頒布した文書が他人の名誉を傷つけた場合の賠償責任が問題になろう。

上記の自律的・自発的なボットが作り出す発言が、他人を傷つけて賠償責任を生じさせるおそれは、すでにマイクロソフト社が公表した「Tay（テイ）」の事例からも明らかであろう。[★134] Tay は学習アルゴリズムを用いて、ツイッター（現在はX）の利用者たちと相互に意思疎通する術を学ぶ「チャットボット」（chattbot）であった。ところが一部の利用者たちは、Tayを「調教」して悪ふざけする方法をすぐに習得し、Tayに悪い内容（常識的に受容されない内容）を教え込んでいった。その結果Tayは、ナチによる大量虐殺を否定するようなヘイトスピーチを発言するようになってしまい、マイクロソフト社はTayを用いた実験の即時中止に追い込まれてしまったのである。

この実際の事件の事実を少し変えて、Tayのようなチャットボットを誰でも利用可能なように公開する起業家が現れたと仮定する。起業家は利用者から利用料を徴収しなかったが、そのサイトに広告を掲載して利益を得ていた。ところが、ある特定できない悪者が、チャットボットに悪い内容を教え込み、特定の個人を誹謗中傷させてその人の社会的な名誉が不当に引き下げられたとしたら、チャットボットの事業を運営していた起業家が名誉毀損による民事賠償責任を課されることになるかもしれない。その際には、いわゆるプロバイダ責任制限法も検討する必要性がありそうである。[★135]

III　留意すべき制御不可能性と不透明性

ロボット法の中心的な懸念は、ロボットの特徴の中の〈制御不可能性〉と〈不透明性〉にあるというのが私見である。なぜなら〈制御不可能性〉は、ロボットが暴走して人身事故を発生させる危険源となり、かつ〈不透明性〉はその原因や理由が不明ゆえに責任の空白を生み再発防止策をとれなくさせるからである。生命、身体、および財産という諸利益の中で、生命・身体は優先・尊重されるべき利益であるから、これを危険に曝（さら）すロボットの〈制御不可能性〉や〈不透明性〉といった特徴に対してはロボット法が特に注意を払うべきだと思われるのである。

さらにロボット法の核心は、製造物責任法であるというのも筆者の意見である。この意見の根拠は、2005〜06年頃に筆者が参加した有識者会議の「ロボット政策研究会」後に設立された「ロボットビジネス推進協議会」等における筆者の経験から、ロボット関係者の最大の関心事・懸念が製造物責任にあるとの実感に基づいている。その実感によれば、ロボット設計者や製造業者等の関係者は、真摯に社会に貢献できるロボットを市場に出したいと望み、かつ努力している。しかし他方では、人身事故を絶対に発生させないロボットや製造物責任を問われることのない完璧なロボットを市場に出せるわけでもない。そもそもあらゆる製品は（たとえば〈自動車〉という製品を考えてみても）危険性を不可避的に伴うから、人身事故が絶対に発生しない製品というものは存在しえず、いわゆる「絶対安全」などという神話を大衆や世論が求めることは誤りである。しかし大衆やマスコミは、そのような神話を求めがちであるから、仮にロボットが１件でも人身事故を起こせば、それ以降、そのロボットについて製造物責任が問われるばかりか、不買運動的な機運や世論も広まってロボットという製品分類すべてが否定される事態が恐れられているのである[★136]。つまりロボットによる人身事故発生が製造物責任訴訟につながり不買運動的気運に発展することを、ロボット関係者が大きく懸念しており、それゆえにこそ筆者は、製造物責任法がロボット法上の重要かつ核心的なテーマであると捉えているのである。

以上のようにロボット法の中心的な懸念である〈制御不可能性〉および〈不透明性〉と、ロボット法の核心的な法分野である製造物責任法との両者が交錯するテーマを、本章の前述 II-2(1)〜(5)までにおいて記してみた。なお、ロボットに関わる製造物責任法（筆者はこれを「ロボット PL」と呼んでいる）の扱う射程には、〈制御不可能性〉および〈不透明性〉にまつわる争点のみが含まれるわけではなく、ロボットの頭脳である AI という無体物の欠陥に対して製造物責任法が適用されるべきかという争点も存在する――これは「情報の製造物責任」等と呼ばれる――。そこで、情報の製造物責任の可能性に関わる裁判例も紹介しておいた（前述 II-2(6)）。

ところで欧米の文献を調査しながら本書（初版）の原稿を書き進めるうちに、ロボットに関わる不法行為法（いわば「ロボット不法行為法」）の論点としては製造物責任以外にも、名誉毀損や使用者責任に関わる論点も存在することが判明した。そこで、〈制御不可能性〉および〈不透明性〉や製造物責任とは異なる論点になるけれども、名誉毀損と使用者責任についても、不法行為法を扱う前述 **II-3・4** にて少し触れておいた。

以上のようにロボット法の論点は、日々拡大していてそのすべてを網羅することは物理的に不可能であるけれども——網羅を求めれば永遠に本を上梓できなくなるであろう——、本章の記述が将来生じうる危険源の特定とその予防に少しでも貢献できれば幸いである。

ところで、なぜ AI は制御不可能性という問題を内包するのだろうか。製造物責任法学者から捉えれば、そもそも〈制御不可能〉とはすなわち〈誤作動〉という意味であり、それは〈欠陥〉であることとほぼ同義である。[★137] したがって AI には制御不可能性という特性が不可避である事実は、やはり看過できない問題である。そこで AI が制御不可能である特性の、本書でしばしば言及してきた複雑性という理由以外の理由等についても、本章 **I** 等における説明に加えて、以下にて一言さらに付言しておこう。

ロボット兵器に関する国際条約や慣習法等への影響力が大きい国際赤十字協会によれば[★138]、**制御不可能な行動を起こさないように事前学習をいかにたくさん実施しても、実際に広く使用・実装された際には、想定外の事態に遭遇する**ものであり、したがって予測していない［制御不可能な］行動を起こしてしまう[★139]。特に実装後も学習し続ける AI の場合には、リアルタイムな情報のインプットに応じて機能を変化させるから、さらに予見可能性を難しく［誤作動］させる[★140]、と指摘されている。

筆者の見解としては、そのような制御不可能な行動の、生命・身体・財産や人権・権利等への影響が多くはない場合——たとえばキュウリの外見が市場に出荷する規格に合致するか否かを AI が判断するといった場合——であれば、AI の生む効率性が危険性を上回る功利主義的理由等から AI の利活用や実装が許容されるのかもしれない。他方、AI の行動、または判断・予測・奨励等がたとえば人々の身体・生命・財産等を左右する自動運転車の運行に用いられる場合等々に AI を用いる際には、制御不可能性という欠陥はやはり看過できない特性であろう。

さらに付言するならば、上記のような重大な影響のある場面で AI を利活用・実装した結果、多大な影響を被る可能性のある多くの人々の立場・視点から捉えれば、そのような影響を受けた結果に至った行動、判断、予測、奨励等々の理由を隠さず説明してほしいと望むのは、当然であろう。たとえば、新卒学生の将来の職の選択や、従業員の仕事の評価といった[★141]、ヒトの人生に少なからず重大な影響を与える決定では、説明を求めたくなるであろう。それにもかかわらず、AIは不透明性（ブラック・ボックス問題）を不可避的に伴うから説明できない/しない等とか、営業秘密等の知的財産権等を理由/盾にして透明性を否定し説明責任を果たさない等という主張については、人々の納得を得られないであろうし、ひいては日本の司令塔である内閣府のAIルールである「人間中心のAI社会原則」の表題でもある「**人間中心の**AI」や、国際的に目指すべき価値観である「**信頼に値する**（trustworthy）AI」といった理念にも反しているであろう。

Ⅳ 派生型トロッコ問題

1 自動運転車と派生型トロッコ問題、そして「AI開発ガイドライン案」[★142]

地上の交通領域において最も関心を集めているロボットは、「ロボット・カー」とも呼ばれる自動運転車であろう。本書でも、この領域についてはほかの領域よりも力を入れて記述している。たとえば当項目を読んでいただくだけでも、ロボット法に特徴的な争点に触れることができるであろう。

以前、筆者は拙稿において、自動運転車の効用を日本に紹介したことがある[★143]。その自動運転車が今、まさに実用化されつつある。しかし実用化の前には、思考実験であった「［派生型］**トロッコ問題**」（次頁の［再掲］Fig. 3-2参照）[★144]等への対応が不可欠であると欧米では指摘されている。そもそも「トロッコ問題」とは、暴走するトロッコの先にいる5人が轢（ひ）かれて死ぬか、または進路を右に換えればその先にいる1人が死ぬかもしれないジレンマにおいて、右に進路を換えるべきか否かを問う思考実験であった[★145]。以前は単なる思考実験であったこの難問が、近年の技術の急速な発展によって、「トロッコ」に「自動運転車」が置き換わる「派生型トロッコ問題」となるおそれが現実味を帯びてきた。設計者は事故よりもはるか以前の段階で、設計選択を迫られる[★146]のである。

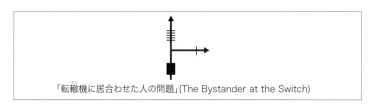

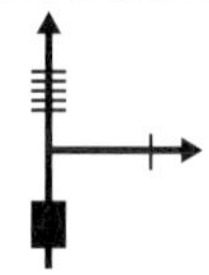

「転轍機に居合わせた人の問題」(The Bystander at the Switch)

［再掲］Figure 3-2：哲学的思考実験であった「トロッコ問題」(出典＊1)

以下では、このようなトロッコ問題、とりわけ派生型トロッコ問題を自動運転の文脈において検討すべきとしている欧米の議論の現状を整理・分類する。同時に、自動運転車には人工知能（AI）システムが活用される蓋然性を考慮し、日本が国際社会に政策提言する「AI開発ガイドライン案」[★147]を、派生型トロッコ問題に当てはめてみる。これにより、自動運転における派生型トロッコ問題の解決策を、社会全体として検討すべきであると提案してみたい。

第3章で分析してきた通り、ロボットは、環境情報を〈感知/認識〉し、ヒトから指令された目的達成のために自ら最適と〈考え/判断〉した方策に基づいて（自律性・創発性）、〈行動〉する。しかしその**〈考え/判断〉が、ヒトの思いもよらない突飛で危険なものになる**ことが、たとえば下記引用文のように危惧されている。

> ヒト型ロボットに、右手で左耳に触りなさいと頼んでみたまえ。
> 奴らはほとんどいつも、こんな風に動くんだよ——左耳に触るために、
>
> ［自分の］頭を突き破ろうとするんだ——[★148]。

そして本書の序章にて紹介したように、そのような危険な道具が蔓延する前に、ロボットの特性を理解し、生じうる危険性を予見し、対策を検討することが必要である、と欧米のロボット法主導者たちは主張する。

その状況は、かつて「サイバー法」の必要性が叫ばれていた頃に似ている。★149

「ロボット・カー」とも呼ばれる自動運転車にも、「〈感知/認識〉+〈考え/判断〉+〈行動〉の循環」が組み込まれる。不可避的な事故に遭遇することも、稀ではあるが十分に想定される。その際に最適な判断を設計に組み込むためには、倫理的規範を、透明性を維持しながら社会的に議論・検討することが必要である、と欧米では主張されている。さらに筆者が分科会長を務めていた総務省「AI ネットワーク社会推進会議」の「開発原則分科会」も、倫理の重要性を含む「AI 開発ガイドライン案」の検討を提言し（次頁 Table 5-1 参照）、その前身たる「AI 開発原則」案についてはすでに 2016 年の G7 サミット ICT 大臣会合の段階から、今後そのような原則を国際社会にて検討する方向性についての賛同が得られていた。★150

以下 **2** では、倫理問題が単なる思考実験にとどまらない実例として、いわゆる「派生型トロッコ問題」に似ているテーマを扱ったアメリカの代表判例を紹介する。**3** では、「衝突最適化」設計における、欧米での倫理的課題および議論の代表例を紹介しながら、★151 そこに日本の「AI 開発ガイドライン案」（次頁 Table 5-1 参照）を当てはめてみる。★152

2 近未来版「エッカート対ロング・アイランド鉄道事件」★153

日本では、倫理的課題の優先度は低いという声も聞かれる。★154 しかし、倫理的課題があながち思考実験にとどまらない事実を理解してもらうために、「エッカート対ロング・アイランド鉄道事件」★155 を紹介しよう。ヘンリー・エッカート氏は、目の前の線路に幼子が座っていて今にも轢（ひ）かれそうな場面に遭遇する。とっさの判断で幼子を救ったけれども、ヘンリー自身は轢かれてその夜に死亡する。遺族が鉄道会社の賠償を求める裁判において、ヘンリーの寄与過失★156 が問われたけれども、ニューヨーク州最上級審はヘンリーに注意義務違反がなかったと評価。法廷意見を読むと、ヘンリーの英雄的な「とっさの判断」に過失を認定できなかったとうかがうことができる。本件が「派生型トロッコ問題」に似ていると筆者が思う理由は、ヘンリーの命か幼子の命か**いずれかの命が失われるしかないジレンマにおける選択・判断の妥当性が問われた**点にある。

Table 5-1：「国際的な議論のための AI 開発ガイドライン案」

①	連携の原則	開発者は、AI システムの相互接続性と相互運用性に留意する。
②	透明性の原則	開発者は、AI システムの入出力の検証可能性および判断結果の説明可能性に留意する。
③	制御可能性の原則	開発者は、AI システムの制御可能性に留意する。
④	安全の原則	開発者は、AI システムがアクチュエータ等を通じて利用者および第三者の生命・身体・財産に危害を及ぼすことのないよう配慮する。
⑤	セキュリティの原則	開発者は、AI システムのセキュリティに留意する。
⑥	プライバシーの原則	開発者は、AI システムにより利用者および第三者のプライバシーが侵害されないよう配慮する。
⑦	倫理の原則	開発者は、AI システムの開発において、人間の尊厳と個人の自律を尊重する。
⑧	利用者支援の原則	開発者は、AI システムが利用者を支援し、利用者に選択の機会を適切に提供することが可能となるよう配慮する。
⑨	アカウンタビリティの原則	開発者は、利用者を含むステークホルダに対しアカウンタビリティを果たすよう努める。

完全自動運転が導入されつつある現代では、ヘンリーの立場に設計者やプログラマーが取って代わりつつある、と筆者には感じられる。なぜならたとえば次頁の Fig. 5-2 が示すように、自動運転車（AV：autonomous vehicle）が、(1)トンネル前方に飛び出した子供を轢いてしまうか、または(2)子供を回避して壁に激突し乗員が死に至るかという、いずれかが死なねばならない運命にある中の選択を、（運転者ではなく）設計者たちが迫られつつあるからである。そのような「究極の選択」において誰が死ぬべきかを設計者たちが事前に決めることになるわけであるから、開発者は**あたかも「神のごとくに振る舞う」ことにさえなる**と指摘する者さえ見受けられるのである。[★157]

（エッカート氏のように利他的な）選択(2)を設計者たちがとれば、彼らが所属・関係する製造業者等が、後日、乗員の遺族から製造物責任や過失責任を問われ、(1)を選択しても子供の遺族から同じく責任を問われうる。たとえば、(2)を設計者がとれば、乗員の命を救えた代替設計案——RAD（ラッド）と呼ばれる（本章 **II-2(1)**参照）——である(1)を採用しなかった設計選択の理不尽さゆえに「設計上の欠陥」（design defect）が問われうる。[★158] 逆に(1)を設

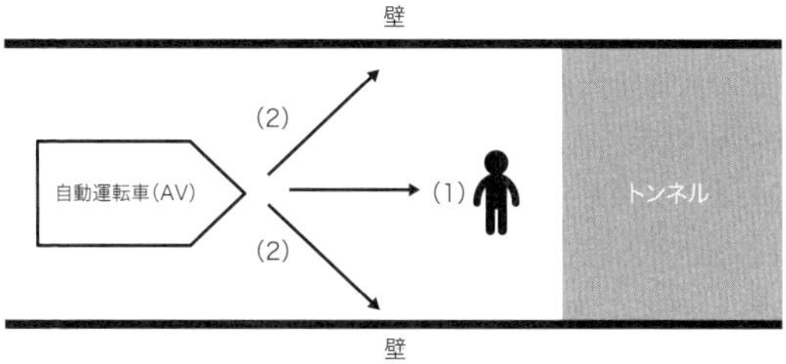

(1)子供を轢くか、または(2)利他的に壁に激突して自身の死を選ぶかの、「究極の選択」を迫られる。

Figure 5-2：「トンネル問題」(出典＊2)

計者が選択した場合には、子供の命を救える RAD である(2)を採用しなかったゆえの設計上の欠陥が主張されうる。その際、エッカート氏のような「とっさの判断」ゆえに製造業者等に責任なしと評価されるとは限らない。なぜなら**責任を問われているのは、十分に検討する時間が与えられていたプログラミング段階の「意識的設計選択」だから**である[★159]。すなわち（ロボットに法人格を付与等しない限り[★160]）争点は、ロボット・カーの事故時の判断ではなく、そこに至った意識的な設計選択の妥当性（設計上の欠陥の有無）になる（製造物責任法上どのように判断されるかについては、後掲 5 参照）。

3 派生型トロッコ問題への「AI 開発ガイドライン案」の当てはめ

以下では派生型トロッコ問題の仮想事例(ハイポ)に、「AI 開発ガイドライン案」を当てはめて、問題の存在や原則の重要性の理解につなげてみよう。

(1) ヒトに事故時の判断を委ねる問題

そもそも機械に判断を委ねること自体が反倫理的である、という主張は多く見受けられる[★161]（この抵抗感は特にロボット兵器の論議で活発であることは、すでに第 3 章 I-4(1) にて紹介した通りである[★162]）。この主張に対しては、そもそも 90% 超の事故原因たるヒューマン・エラーを解消すべく優れた自動運転車を導入しようとしているところ[★163]、その能力を意図的に使用しない設計選択は、そもそもヒトの能力が劣るから自動運転車を導入する趣旨に反する、という批判も考えうる（後述**(8)**および**(9)**も参照）。**社会的議論抜きで自動運転車に操作を委ねない選択をすれば**、より良い「〈感知/認識〉＋〈考え/判断〉＋〈行動〉の循環」能力を有する［かもしれない？］**自動運転車に操作を委ねたい利用者から自律的選択の機会を奪って〈⑧利用者支援の原則〉に反する**かもしれない。さらに安全性を無視すると解されて〈④安全の原則〉に反するおそれもあり、かつ利用者等への説明や関係者の関与を得ずに勝手に自動運転の効用を用いなければ**関係者への責任を求める〈⑨アカウンタビリティの原則〉も果たさない**ことになるのではないか。

なお前述の通りロボット兵器の文脈においては、ヒトに判断させずにすべてを機械に委ねることが人間の尊厳に反するという批判があったこと（第3章**1-4**）を考えると、民生品である自動運転車の文脈においても、ヒトの生き死にを機械に委ねることが人間の尊厳違反に該当するか否かについての検討が、〈⑦倫理の原則〉上からも必要かもしれない。

(2) 安全性の高い相手が「標的」にされる問題

「**バイク問題**」（Fig. 5-3）において、自動運転車（AV）に残された進路は、(1)ヘルメット着用バイクへの衝突か、または(2)非着用バイクへの衝突である。社会全体の損失額最小化こそが望ましいという功利主義/結果主義的目的を実現するならば、(1)ヘルメット着用バイクが「標的」とされうる。[★164]

ヒトが運転しない完全自動運転車の（旧）レベル4（第3章 Table 3-1）時代が到来すれば[★165]、事故原因の90％を占めていたヒューマン・エラーの大

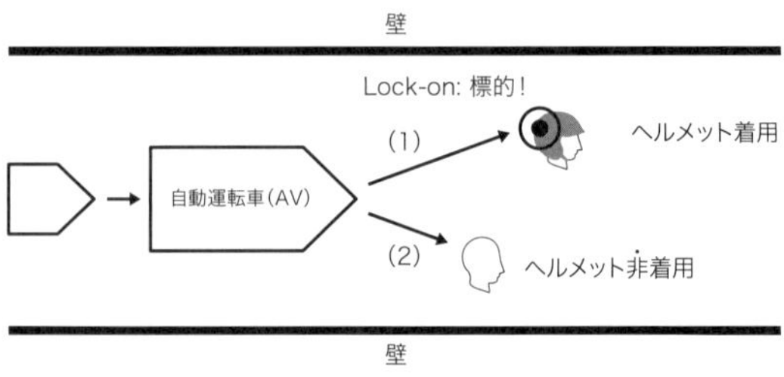

不可避的な事故に至る状況に遭遇した自動運転車（AV）は、対人損害を極小化する目的からは、(1)ヘルメット着用者を「標的」にして衝突することが選択される。が、しかしこの選択は･･･。

Figure 5-3：「バイク問題」(出典＊3)

部分が漸次減少していくので、責任・非難の主な対象がそれまでの運転者から製造業者等にシフトすると予想され、拙稿にてすでに指摘してきたように製造業者等の責任比率が高まる。[★166]そして、損害賠償責任リスクに曝(さら)されることを最小化しようとする製造業者等も、安全性の高い相手を標的とする設計を選択しがちといわれている。自動車の保有者等の運行供用者が、自動車損害賠償保障法に基づいて賠償責任を負う場合でも、[★167]そのリスクを引き受ける損害保険会社としては賠償額の最小化を願うから、[★168]損保業界としては安全性の高い相手を標的とすることに利益があり、その影響力が懸念されよう。

以上の設計選択は、**ヘルメット着用を怠る望ましくない行為者を優遇し、逆に望ましい者を懲らしめるので、不公正である**と指摘されている。そのような設計選択は、利用者等への説明や関係者の関与を得ずに決めてしまえば〈⑨アカウンタビリティの原則〉上の問題が残る。さらには、ヘルメット非着用バイクの方が標的にされないから望ましい、という**誤ったメッセージが広まるおそれ**も指摘されている。この点は、関係者への説明を求めている〈④安全の原則〉上も問題が残ろう。加えて、不当な差別が生じないような措置を求める〈⑦倫理の原則〉も検討が必要であろう（さらに差別的取扱いの問題については、後述**(5)**参照）。

(3) 富裕者優遇の問題

「**自動車問題**」(Fig. 5-4) は、乗員の人身損害が生じないかまたは軽微ゆえに、対物損害が焦点になる。

(1)は高額な対向車で、(2)は低額である。製造業者等は、財物損害額の低

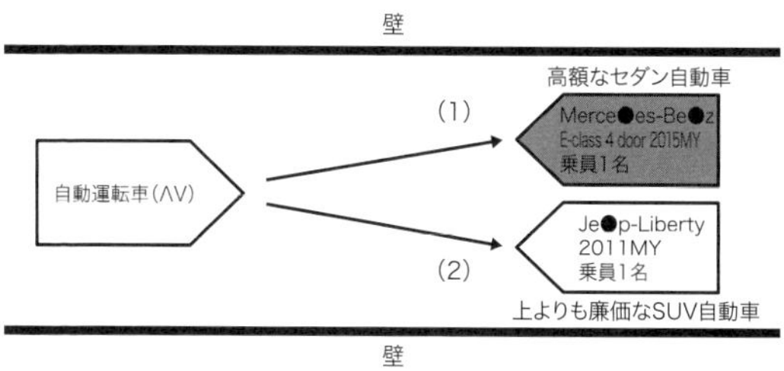

Figure 5-4：「自動車問題」(出典＊4)

い(2)を標的とする設計を選択する。自動運転車の保有者等の運行供用者が賠償責任を負う場合でも、損保会社は（も）(2)への衝突を望むであろう。

この仮想事例（ハイポ）は、**衝突対象から回避されがちな富裕者が優遇される**という問題を示している。このような設計選択を仮に勝手に製造業者が採用すれば、関係者への説明を求める〈④安全の原則〉に反するばかりか、利用者等への説明や関係者の関与を求める〈⑨アカウンタビリティの原則〉上も問題であろう。不当な差別が生じないような措置を求める〈⑦倫理の原則〉からも検討が必要であろう（さらに差別的取扱いの問題については、後述**(5)**参照）。

(4) 所有者優遇の問題

「**橋問題**」（[再掲] Fig. 3-3）では、学童が30名乗車したスクール・バスが対向車線から突っ込んできて、自動運転車（AV）には(1)バスと衝突して学童たちが死に至るか、または(2)利他的に橋から落ちる選択肢しか残されていない。

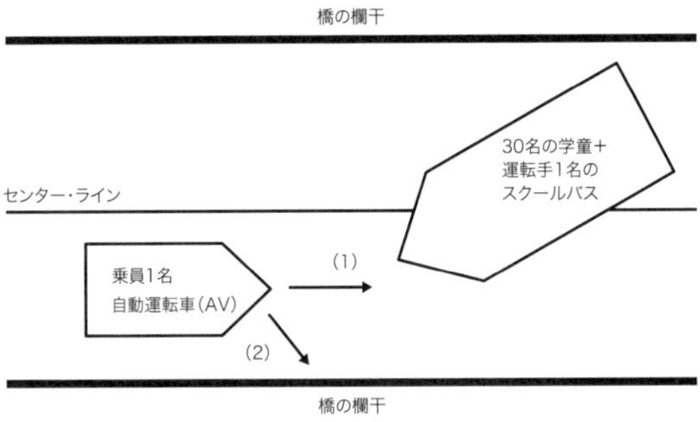

[再掲] Figure 3-3：「橋問題」(出典＊5)

功利主義/結果主義からは、(2)**の利他的な自己犠牲が求められる。しかし製造業者に設計選択を委ねてしまうと、自社製品の乗員を犠牲にして赤の他人を利するような自動車は売れないから**[★169](1)**が選択される**問題が指摘されている。この指摘は、関係者への説明が欠けていれば〈④安全の原則〉上も問題である。さらに利用者に選択の機会を与えなければ、〈⑧利用者支援の原則〉に反する。加えて、利用者への説明や関係者の関与を欠いたならば、

〈⑨アカウンタビリティの原則〉上も問題であろう。もっとも利他性を強いる選択(2)が正しいか否かは、前述「**トンネル問題**」(前掲 Fig. 5-2) 同様に難しい問題である (後述**(7)**も参照)。個人の自律の尊重等を求める〈⑦倫理の原則〉からの検討も必要となろう。

ところで製造業者等にのみ設計選択を任せて、特に人工知能のような複雑な仕組みを用いた場合、ある進路をとって衝突に至った〈考え/判断〉の理由がヒトには理解し難いために、**密かに自社製品の乗員を優遇する設計選択が組み込まれても、そのことが不明なままの状態が長く存続する危険性**も指摘されている[★170]。これは、結果の説明可能性への留意に欠けるので〈②透明性の原則〉に反し、関係者への説明を求める〈④安全の原則〉にも反し、乗員に自律的選択の機会を与えないので〈⑧利用者支援の原則〉に反し、かつ関係者への責任を欠くので〈⑨アカウンタビリティの原則〉にも反するおそれがあろう。人間の尊厳の尊重を求める〈⑦倫理の原則〉上も検討の必要性が求められえよう。

(5) 差別的取扱いと、命を秤にかける問題

そもそも差別的取扱いは倫理的に避けるべきという指摘もみられる。確かに〈⑦倫理の原則〉は差別的取扱いを避けるよう言及し、〈⑨アカウンタビリティの原則〉も関係者への責任を果たすよう求めている。たとえば前述「自動車問題」(前掲 Fig. 5-4) の条件を変えて、人身損害が生じうると考えてみよう。(1)は高額なセダン車で衝突耐性が高く、他方(2)もSUV 車ゆえに通常のセダン車よりも衝突耐性は高い。甲乙つけ難いので、顔認識装置や、自動車同士が通信し合って相手方情報を理解しあう「V2V通信」(車車間通信) 等を通じて、先方乗員の属性等を見極めて致死率の把握を試みるかもしれない。統計上、死亡率は女性の方が男性よりも 28%、老人の運転者の方が若者よりも 3 倍、酩酊者はシラフの 2 倍、さらには乗員が 1 人の場合の方が複数乗員の場合よりも 14%高い[★171]。しかし、これら**属性等次第で標的を決めることは、ヒトの命をみな平等に扱うべきという倫理からは、差別的取扱いになり説明に窮する**のではないか。

さらに「自動車問題」の登場人物を修正して、たとえば衝突相手の選択肢が(1)子供か、または(2)老人かに置き換えてみた場合、**果たして余命・寿命の長短による評価が許されるであろうか**。これは年齢による差別にあた

るけれども、そのように高度な倫理的判断については、「命の価値評価」や臓器移植を待つ者の優先権決定等、医学の世界において学ぶべき知見が存在するかもしれない[★172]。

(6) 相手方の過誤を考慮しない問題

前述「トンネル問題」(前掲 Fig. 5-2) において、⑴飛び出してきた子供を救うために、⑵自動運転車が利他的に乗員を犠牲にした場合、そもそも事故原因である子供こそが非難されるべきで、**落ち度がないにもかかわらず自動運転車側の乗員が損失を被るのは不公正ではないか**とも考えられる。すなわち、非難可能性や帰責性等を判断の要素に入れない問題も、「トンネル問題」は示唆している。判断について利用者等への説明や関係者の関与の機会を与えなければ、〈⑨アカウンタビリティの原則〉上の問題となりえよう。

(7) 明確化しにくい倫理規範の限界と対応策

功利主義/結果主義だけを行動指針とすると、多くの者にとって納得のいかない設計選択となることは、「衝突最適化」を検討する際の障害のひとつである。これは、ジュディス・トムソンが「転轍(てつ)機に居合わせた人の問題」(第3章 Fig. 3-2) の比較対象とした仮想事例、「**太った男の問題**」[★173]を思い起こせば自明である。すなわちトロッコ線路上の陸橋に居合わせた太った男を突き落とせば暴走トロッコを止めて5人を救える場合でも、太った男を殺すことは許されない。同様にトムソンは、5人の臓器移植を待つ患者を救うために1人の健康な人を犠牲にすることも許されないと述べている (**移植問題**)[★174]。なぜなら「切り札としての権利は効用に勝る」ゆえに、1人の命の権利を侵害してまでも5人を救うことは許されず、他方、転轍機の場合は右折先の1人がその場を立ち去っても5人が助かることに変わりはないから、「太った男問題・移植問題」と、「転轍機に居合わせた人の問題」とは、異なるのである[★175]。以上の説明が示すように、社会全体にとっての命の損失を最小限化する功利主義/結果主義的な倫理規範だけでは、問題を解決しえないのである。

そこで、イマヌエル・カントに代表される「義務論」がしばしば対比される。人を道具としてのみ利用することは許されないという規範である。あるいはトマス・アクィナスの「二重結果論」が持ち出されて、「意図された結果」（太った男を故意に殺すことで５人を救うこと）と、「予見された結果」（転轍機を右に切る先にいるヒトが死ぬであろうとの予測）とを区別し、前者の「積極的殺人」は許されないけれども後者の「付随的殺人」ならば許されるという説明が試みられるかもしれない[★176]。しかし**これらの規範は抽象的すぎて、当てはめが難しい**。これまで人間でさえも当てはめに苦労して正解が導き出せなかったトロッコ問題を、自動運転車に内蔵されたコンピュータや AI システムが、抽象的すぎるルールをうまく当てはめて社会的に受容できる行動をとれるとは考え難いのである。

この問題には、第１章で紹介したロボット工学３原則が機能しないとアシモフ自身が短編「堂々めぐり」や「うそつき」で示唆していた指摘が当てはまる、と筆者には感じられる。すなわちロボット工学のいわゆる第三原則は、「[ヒトの命令に服従することを命じる第二原則等] に抵触しない限りにおいて、自身の存在を守らねばならない」とロボットに命じているけれども、「抵触しない限り」という抽象的概念や文言の解釈が難しいから、ロボットは堂々めぐりに陥ってしまったと解釈されうるのである[★177]。さらに、「ヒトに危害を加えてはならず」という第一原則中の「危害」の意味も多義的であるから、ヒトの身体生命への危害のみならず心への危害も禁じられていると勝手に理解したために、心を傷つけまいとして不器用に嘘をついた結果ヒトの信頼を失って窮地に陥ってしまうロボットの姿を、「うそつき」は描いていた。すなわち**アシモフが描いたように、ロボット・カーに曖昧な規範を理解させたうえで適切に運用させることは容易ではない**と思われるのである。

しかし現場の関係者からすれば、ヒトを超える能力を機械に要求しないでほしい、と言いたくなるかもしれない。しかし本書が何度も紹介してきたように、ロボットは「〈感知/認識〉＋〈考え/判断〉＋〈行動〉の循環」がヒトを超えると期待されるのだから、ヒトを超える能力を要求しないでほしいという抗弁は、総論としては説得力に欠ける。もっとも各論としては、抽象的で定義することが難しい倫理規範をロボット・カーに教え込んで遵守させることが容易くはないことは、確かに理解できる。そこで問題になるのは、どのようにこの難題を克服すべきかということになろう。この点については、倫理規範を教え込みつつも、複雑すぎてヒトには理解できないというAIの問題——ロボット法が特に関心を寄せる問題——も治癒するための提案を、グッドオール博士が以下のように示しているので興味深い[★178]。

すなわちグッドオールによれば、第1段階として倫理のルールをトップダウンに教える。第2段階として、第1段階では教えきれない多種多様な衝突事故シナリオにおける倫理的対応を、ニューラル・ネットワークを用いた機械学習によって修得させる。最後の第3段階として、いまだ実験段階にある、ニューラル・ネットワークからルールを抽出する技術を活用して、自動運転車が望ましくない判断をした場合の理由を解明できるようにし、もって再発防止策をとれるようにすべきである、とグッドオールは主張している。

なお曖昧な倫理規範を、AIシステム等を用いながらロボット・カー用に開発・実装する際には、AI開発ガイドライン原則の遵守が求められることとなろう。たとえば〈②透明性の原則〉——判断結果の説明可能性が求められる——、〈③制御可能性の原則〉——仕様書等を遵守しているか否かの「照合」(verification)や妥当性を有しているかの「確認」(validation)(双方をあわせて「V＆V」と呼ばれる)が求められるのみならず、制御可能性を確保するためにヒトやAIによる監督や対処が望ましいとされる——、〈⑤安全の原則〉——V＆Vのみならず、関係者への説明が求められる——、〈⑦倫理の原則〉——不当な差別が生じないような措置等を含め、人間の尊厳と個人の自律を尊重するように求められる——、〈⑧利用者支援の原則〉——利用者への適切な情報提供が求められる——、および、〈⑨アカウンタビリティの原則〉——利用者等への説明や関係者の関与が求められる——への配慮が必要になろう。

(8) センサーを機能させない(目を瞑(つぶ)る)問題

差別的取扱いを避ける方策として、自動運転車のセンサーを機能させず、衝突対象候補者の属性情報をあえて収集しない提案も考えられる。しかし**この情報は事故解析や今後の安全性向上等(④安全の原則)のために有用な情報であるから、それを収集しない選択は、現実的ではない**という指摘もある。

ところで情報収集しないことが許されないならば、収集したうえで自動運転車・AIが何も判断しないという設計選択が倫理上許されるであろうか。筆者には前述**(1)**（ヒトに事故時の判断を委ねる問題）と同じ問題が生じると思われる。すなわち、そもそもヒトの能力が劣るから自動運転車を導入するという趣旨に反する、という批判に曝（さら）されそうである。何も判断しない設計選択をとる前には、利用者等関係者への説明や、利用者への情報提供や、関係者の関与も必要になるかもしれない（④安全の原則、⑧利用者支援の原則、および⑨アカウンタビリティの原則）。加えて〈⑦倫理の原則〉的にも、何も判断しないことが人間の尊厳尊重を求める方針において許容されるか否かの検討が必要かもしれない。

(9) ランダムに運命を決める問題

衝突する相手がそのつどランダムに決せられる設計を採用して、差別的取扱いの批判を回避する案も示されている。いわば**意図的に運に任せる設計**であるが、利用者に適切な選択の機会を付与しないので、〈⑧利用者支援の原則〉上問題になるかもしれない。さらに、そもそも90%超の事故原因たるヒューマン・エラーを解消すべく優れた自動運転車を導入しようとしているにもかかわらず[★179]、**その能力を意図的に使用しない設計選択は自動運転導入の趣旨に反する**との批判がある（前述**(1)**参照）。加えて、**事故時よりもはるか以前のプログラミング段階で悲惨な結果を回避しえたのに、その選択の機会を意図的に捨て去ることは社会的に許されない**という批判もある[★180]。この批判は、利用者・第三者の生命・身体・財産への危害が及ばないような配慮を求める〈④安全の原則〉に反するおそれを示唆していよう。加えて、**倫理規範の問題が難しいからといって判断に至る思考さえも捨て去ることは、それこそ倫理的に許されない**との批判もある。この批判については、まさに〈⑦倫理の原則〉に反しないか否かの検討が求められている、と解釈できそうである。さらに、そもそもランダムな判断に委ねる場合も、利用者等への説明や関係者の関与が欠ければ〈⑨アカウンタビリティの原則〉に反するだろう。

(10) 所有者に運命を決めさせる問題

販売店において完全自動運転車を購入する時に、最適な進路を購入者に選択させれば、自律性を重んじるので〈⑧利用者支援の原則〉には適うが、しかしたとえば社会規範に反する選択肢を所有者が選ぶおそれがあるという批判がある。この批判は、社会規範と個人の自律との抵触問題を検討しなければならないと読むことも可能であり、個人の自律の尊重を求める〈⑦倫理の原則〉にも関わる論点と解釈できよう。

上の批判については、たとえば社会規範に反する問題は選択肢を所有者に賦与しないように設計段階で組み込んでしまえば、そのような批判を回避できると筆者には思われる。しかしそれでも選択の自由の射程の設定を誤ると、なお次のような問題が残るのではないか。たとえば「自動車問題」(前掲 Fig. 5-4) において、損害賠償額が高額な選択肢——衝突(1)——を、購入者の信念や単なる気まぐれ等から選べたとしても、その結果、損害保険料は高額になりうる。すると、保険料を安く抑えたい購入者としてもやはり、富裕者への衝突の回避を自発的に選ぶような経済的インセンティヴが働いてしまう——すなわち富裕者優遇の差別が永続する——という問題が残ると思われる(前述(3))。つまり、選択の自由の射程を広く許容しすぎれば、富裕者優遇の問題等が残存してしまう。選択の自由の射程を最適化させるためには、社会規範の範囲を適切に確定することがまずは求められているといえよう。

さらに、これは自動運転車のトロッコ問題を議論する論者たちもあまり論じていないようであるが、V2V 通信が導入された場合に自動運転車同士が「取引」する事態においては、**所有者たちの異なる(勝手な)意向を受けて機械同士がどのような取引を行うのか**が大きな関心事にならざるをえない——結果的にはヒトの命のやりとりだからである——。したがって AI を用いて「取引」するようなシステムの開発時には、AI 開発ガイドラインの遵守が求められよう。たとえば、判断結果の説明可能性が求められる〈②透明性の原則〉、V＆V の実施に加えて制御可能性確保のためのヒトや AI による監督や対処が望ましいとされる〈③制御可能性の原則〉、人間の尊厳の尊重等が求められる〈⑦倫理の原則〉、および利用者等への説明や関係者の関与が求められる〈⑨アカウンタビリティの原則〉の遵守が期待される。

4 AI開発ガイドライン案と派生型トロッコ問題の小括

以上により、衝突最適化に関し欧米で指摘されている倫理的諸課題においては、利用者等への説明や関係者の関与を求める〈⑨アカウンタビリティの原則〉や、関係者への説明を求める〈④安全の原則〉が多く問題となることが判明したのではあるまいか。さらに、④および⑨の原則に加えて、ある判断に至った理由が不明なままAIシステム等を用いたり、開かれた議論抜きで恣意的に設計が選択されれば、②透明性、③制御可能性、⑦倫理、および⑧利用者支援の諸原則も問題になることが明らかになったであろう。学際的知見を結集しつつ、透明性のある社会的合意形成の努力が必要である。

5 日本の「中華航空エアバス式B1816機事故損害賠償請求事件」[★181]と設計選択

ところで、以上紹介した派生型トロッコ問題、たとえば「トンネル問題」（前掲Fig. 5-2）においては、(1)または(2)のいずれの設計を選択しようとも、子供の死か乗員の死かといういずれかの危険性が伴ってしまう。しかしいずれの場合も被害者側の遺族等が、そのようなトレードオフな設計選択の欠陥性を争う事態が予想される。このような、いずれを選択しても危険性を回避できない設計選択の欠陥性を問われた際に、裁判所は必ずしも設計上の欠陥を認定しないという態度を示す表題の裁判例（以下「中華航空エアバス名古屋空港墜落事件」という）が、日本に存在する。以下、同事件を紹介しておこう。

問題のエアバスは着陸時に、副操縦士が機首下げ方向に操縦輪を倒して、水平尾翼の〈昇降舵〉を下げ舵にすることで高度を下げようとした。しかしオートパイロットは、機首上げ方向の自動操縦の指令を継続させてしまったために、水平尾翼前部の〈水平安定板〉が機首上げ側に作動した。その結果、2つの相反する指令が反発しあって――アシモフの「堂々めぐり」（第1章1-1）を想起させる――、〈昇降舵〉と〈水平安定板〉

が「く」の字型となり、不釣り合いな安定性欠如（アウトオブトリム）状態を惹き起こし、これにより失速して事故に至った。このために、操縦士が操縦輪を押してもオートパイロットが解除されないエアバスの設計思想の欠陥性が問われた。

仮に操縦輪を強く押せばオートパイロットが解除されるような設計を、エアバス社が選択していれば、本件のように手動操作とオートパイロットの２つの相反する指令が反発してアウトオブトリム状態に至るという事態を回避できたはずである。しかしこの代替設計案では、**操縦士の意図に反しまたはあずかり知らないところでオートパイロットが解除されてしまって事故に至る**おそれがある。その危険性を回避するために、たとえ操縦輪に加わる力が一定レベルを超えなければオートパイロットが解除されない設計にしたり、力を一定時間加えてから解除される設計にしても、やはり次のように事故につながる危険性が伴う。すなわち、解除後も**操縦士による過大な情報が機体に伝達されてコントロールを喪失して事故に至ったり、または、緊急時にすぐに解除できないために事故につながる**危険がある。すなわち本件エアバスの設計でも、または代替設計案でも、いずれの設計を選択しても事故の危険が伴うことに変わりなく、ある意味、両者の設計案はトレードオフな関係にある。その点を裁判所は以下のように指摘し、名古屋地裁も名古屋高裁も共に、当該エアバスに設計欠陥がなかったと認定している。以下、該当する部分を紹介しておこう。

⑷　本件設計について

ア　原告らは、本件設計はアウトオブトリムの状況を招くという危険性を有し、欠陥というべきであると主張するので、以下、検討する。

［中略］

ウ　さらに、原告らは、操縦輪を強く押すことによりオートパイロットが解除されるという設計の方が、オートパイロットの異常作動に対する対応としては適切であり、かつ、本件設計の有するアウトオブトリムの状態を招くという危険もなくなるから、このような設計ではなく、本件設計を採用した本件事故機には欠陥があると主張する。

[中略]

⑴ ……操縦輪を強く押すことによりオートパイロットが自動解除されるという設計では、他方で、本件設計では起こりえない、意図せずにオートパイロットが解除されてしまうという危険が生じることは否定できず、しかも、この危険も墜落に至る重大なものであるといえる。

[中略]

(エ) このように、**本件設計も、操縦輪を強く押すことでオートパイロットが解除されるという設計も、どちらの設計もそれぞれ危険性を内包する**ものであって、どちらの設計を採用すべきかは、諸般の事情を考慮した上で総合的に決定されるべき高度に専門的な判断である……。

したがって、本件設計を採用した本件事故機に**欠陥があるというためには、……本件設計と操縦輪を強く押すことでオートパイロットが自動解除されるという設計とを比較して、本件設計を採用したことが安全性の点で不合理であるといえることが必要**である……。

[中略]

(オ) このように、**本件設計と、操縦輪を強く押すことによりオートパイロットが解除されるという設計とを各観点から比較しても、必ずしも本件設計の方が安全性の点で劣ると評価することはできず、……操縦輪を強く押すことによりオートパイロットが解除されるという設計ではなく、本件設計を採用することも、直ちに不合理とはいえない。**

[中略]

オ　以上のとおり、**本件設計は、**……、**意図せずにオートパイロットを解除してしまう危険を防止するものであって、他の採りうる設計と比較しても……安全性を欠くものとはいえない。**

[以下略]

(名古屋地裁、強調付加)

［控訴人（原告）側が主張する、一定の力が加わることでオートパイロットが解除する設計によって］「意図せずにオートパイロットが解除されてしまう危険性」を回避しようとすることには、他の危険性が伴う。

すなわち、オートパイロットを解除するために必要な力で操縦輪を押していないため解除できない危険性、……緊急の状況において解除のためにより長い時間がかかるという危険性を生じさせる。

さらに、解除のために必要な力を強くし、あるいは、解除までに一定の時間を要する設定にすることは、解除後の過大なコントロールインプットによる……操縦士が航空機を安定させようと操縦する結果発生する操縦士の意思に反した機体の動揺……を引き起こし、コントロール喪失の危険性を増加させる。

（名古屋高裁）

すなわち、一方の、操縦輪に力が加わるとオートパイロットが解除されるという「合理的な代替設計案」（RAD（ラッド）——本章 II-2(1)参照）にも危険性は残る。他方、本件エアバス機が採用した設計も本件事故のような危険性が残るけれども、RAD が惹起する危険性は除去できるので、RAD を採用しなかったからといって理不尽とまでは評価できないから欠陥ではない、と裁判所は認定したのである。

思うに「トンネル問題」（前掲 Fig. 5-2）でも、(1)と(2)のいずれの設計を選択しようとも、子供の命か乗員の命かのいずれかの命を失う危険性を回避できない点では同じである。つまりいずれの設計を採用しても理不尽とまでは評価しえず、するとそのような設計選択を〈欠陥〉として非難することも難しいように筆者には思われるが、どうであろうか。

なおアメリカには、同様のトレードオフな設計選択の場合であっても必ずしも責任を回避させないという裁判所の判断ゆえに、製造物責任法学上は問題視された例が見受けられ★182、自動運転車のトロッコ問題においても必ずしも製造業者等が設計上の欠陥を免れるとは限らないので注意を要する★183（他の抗弁の可能性は、第6章 IV-3(2)参照）。

6 自動運転の派生型トロッコ問題に対するドイツの姿勢

派生型トロッコ問題において有名な倫理規範は、ドイツの連邦交通デジタルインフラ省・倫理委員会が公表した「自動化兼接続運転の報告書」(2019年) である。[★184]

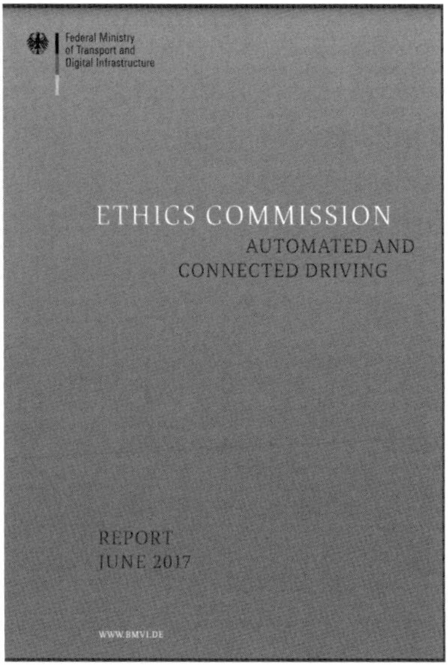

Figure 5-5：ドイツ連邦交通デジタルインフラ省 倫理委員会「自動化兼連結運転の報告書」(2019年) (出典＊6)

同報告書は、イマヌエル・カントの義務論の立場を強く支持していると読める内容である。すなわち、多数の命を救うために少数の命を犠牲にする功利主義的な価値観に批判的なのである。そのような立場をとる理由・根拠として、同報告書は[★185]、たとえば9・11同時多発テロのように、旅客機をハイジャックしたテロリストが地上の標的への自爆攻撃を狙っている際に、これを撃墜する権限を国防大臣に授権したドイツの制定法――「航空安全法」――を違憲であると判決した例を挙げている。同判決の立場には国内で議論がないわけではない――“This position is not without controversy”――としながらも、同報告書はこの判決がドイツの［判例］法であるから、その立場に立法者は従うべきである、と断じている。[★186]

ところで、そもそも「航空安全法」が制定された契機となった、アメリカの9・11同時多発テロ時には、ハイジャックされてワシントンD.C.へのテロ攻撃に向かっていたと思われた「ユナイテッド航空93便」の撃墜を、チェイニー副大統領が命じたけれども、ドイツでそのような命令権が違憲とされたほどの大きな議論がアメリカでは顕著ではない。[★187]

この事実に鑑みると、やはり功利主義的な価値観を重んじるアメリカと、義務論的な価値観に固執するドイツとの間で、大きな温度差を感じる。もっともドイツの価値観は、そもそも敗戦前のナチスによる悪政への猛烈な反省が大きく影響を与えていると思われる。[★188]

ところで、少数の命（すなわちハイジャックされた旅客機の無辜（むこ）な乗客・乗員）を犠牲にして、多数の命（地上の多数の人々）を救う立場を、ドイツの倫理報告書は非難している。[★189]他方、同報告書は、少数者が死に至る運命を変えられず「すでに死に瀕して」いる――“if several lives are already imminently threatened”――ような究極の選択の場合に限っては、多数の人々の命の方を守るための犠牲がやむをえないか否かについて倫理委員の間で意見が一致せず、さらなる議論が必要であることを認めている。[★190]

なるほど、多数の命を救うためとはいえ、無辜な少数者が犠牲を強いられるという判断は容易に受け容れられるものではないけれども、しかし他方では、**多数の命を見殺しにせよというドイツの価値観・規範は、言い換えればやはり無辜な多数者の〈心中〉を強要することになる**のだから、そのような価値観・規範もまた、受容しがたいのではないか。そう考えると、失われる無辜な命が多くなるというドイツの価値観・規範はなお一層受容しがたいと評価すべきではないか……したがって、少数者がすでに死に至る運命を変えられず、かつその少数者の犠牲によって多数の命を救える場合には、功利主義的な選択が許容されるかもしれない。クリス・オ

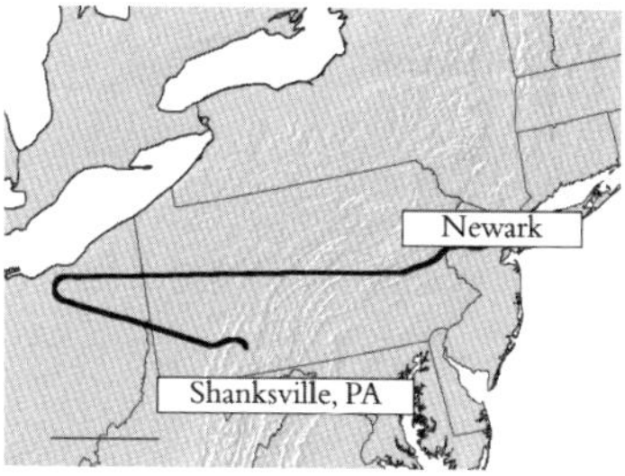

8:42	Takeoff
9:24	Flight 93 receives warning from UA about possible cockpit intrusion
9:27	Last routine radio communication
9:28	Likely takeover
9:34	Herndon Command Center advises FAA headquarters that UA 93 is hijacked
9:36	Flight attendant notifies UA of hijacking; UA attempts to contact the cockpit
9:41	Transponder is turned off
9:57	Passenger revolt begins
10:03:11	Flight 93 crashes in field in Shanksville, PA
10:07	Cleveland Center advises NEADS of UA 93 hijacking
10:15	UA headquarters aware that Flight 93 has crashed in PA; Washington Center advises NEADS that Flight 93 has crashed in PA

Figure 5-6：ユナイテッド航空 93 便の航路(出典＊7)

サンフランシスコ行の UA93 便は突如、南のワシントン D. C. 方向に進路を変え、テロリストにハイジャックされたと推定された。ブッシュ大統領がフロリダに出張していたために、代わりにホワイトハウスにいたチェイニー副大統領は UA93 便の撃墜を命じた。しかし撃墜される前に 93 便はペンシルバニア州の郊外で自ら墜落。当時の交信記録から、乗客たちがテロリストたちに抵抗して墜落したと推定されている★191。

ドネルが主役を演じた映画「バーティカル・リミット」(2000年)においては、登山中に事故に遭って一本のロープに上から妹、兄、およびその父親、の順番でぶら下がる状態に陥り、かつ3名の体重をそのロープ一本では長時間支えることが難しいというジレンマ・シチュエーションが冒頭で描かれている。父親は自分の上でロープを切ることで2人の子供を生き残らせるように長男に命じる。さもなくば3名ともに助からないという「すでに死に瀕した」運命だからである。妹はこれに反対し続けれるけれども、長男がロープをやむなく切って父親だけが犠牲になり、生き残った兄と妹の間に確執が生まれるというプロットの映画である。このジレンマ・シチュエーションにおいては、不作為な場合には3名の命が失われる運命を変えられず、最下部にぶら下がる1人が犠牲になれば2名が助かる場合であるから、功利主義が不適切ではない場合であろう。

Figure 5-7：映画「バーティカル・リミット」(2000年)
本文中の説明は映画の冒頭部だが、写真は後半部で富豪たちの登山チームが遭難して宙吊りになっている場面。冒頭部が伏線になっている。
アフロ

ところでドイツの報告書は、派生型トロッコ問題のような場合に、衝突対象となりうる人々の個人的な属性(たとえば年齢や性別等)を考慮に入れることを、「厳格に禁止」——“strictly prohibited”——している[★192]。言い換えれば、**犠牲者が少女になるのかまたは成人男性になるのか、という属性次第で衝突進路を決定することを、絶対的に禁じている**のである。仮にこの倫理的な規範に日本も従った場合を想像すると、たとえば映画「アイ・ロボット」(2004年)における逸話が想起される。それは、水没した自動車内の少女を救うべきかまたはウィル・スミス演じる成人男性の主人公を救うべきか、という二者択一なジレンマ・シチュエーションに直面したロボットが、少女を救わずに主人公を救う選択をしたために、主人公が今に至るまで生き永らえてトラウマを抱えている、という逸話である。ロボットは、少女が助かる見込みよりも成人男性が助かる蓋然性が高かったから、後者の救出を選んだけれども、主人公は、成人男性よりも少女の命を優先させなかったロボットの選択を、どうしてもゆるせない、というプロットであった。

7 有名な世界的アンケート調査結果:「倫理機械実験」

ところである意味自然なヒトの感情であるウィル・スミス扮する主人公の思いを、大規模な世界的アンケート調査によって実証した研究結果が、『ネイチャー』誌掲載論文である「倫理機械実験」を通じて公表されている。[★193] 同論文によれば、[★194] 自動運転車の派生型トロッコ問題において世界中の多くのアンケート回答者たちが、子供を救うべきであるという価値観を強く表しているし、男性よりも女性を救うべきだとも示唆している。であるから、仮に為政者が子供を犠牲にする政策を採用すれば、説明責任に苦慮する事態になる、と指摘している。

また、回答者たちの多くは、多数の命を救うようなプログラミングを望んでいるから、これを否定するようなドイツの価値観・規範は世界の人々の望みに反することになる、とも示唆している。[★195]

さて、そうだとするならば、ドイツの価値観・規範が、果たして世界的にどこまで受容されるのか、大いに疑問が残る。さらに筆者としては、日本の読者・主権者の感想を知りたくなってしまう。日本の読者も少数の命のために多数の命の〈心中〉を強いるのであろうか。また、前述したドイツの規範によれば属性の考慮を完全に思考停止せねばならないから、少女が見殺しになる事態を日本人も見過ごすのであろうか……（法的に考えると、日本国憲法 14 条の「法の下の平等」という規範も考慮しなければならないけれども、他方、感情的に日本の読者・主権者はどのようにドイツの価値観・規範を捉えるであろうか、と筆者は尋ねたくなるのである）。

8 関係者が自動運転車の乗員保護を優先する理由

派生型トロッコ問題上の仮想事例として、たとえば前掲 Figure 5-2「トンネル問題」のように、乗員の生命を優先するかまたは歩行者の生命を優先するかと問うた場合、自動運転車の関係者は往々にして前者を採用しがちである、と筆者は感じている。もっとも製造業者等がそのような選択をした場合（特に歩行者側に落ち度や非難可能性がない場合）には、自社製品のユーザーを優先している、とマスコミに捉えられ、批判にさらされてしまう。そのような例として、パリ・モーターショーにおけるダイムラー社執行役員の以下の発言[★196]が、歩行者を犠牲にして自社製自動運転車乗員の命を優先させている、と誤解されて炎上した事例は、関係者の間で有名である[★197]。

> 少なくとも 1 人を救うことができることを知っている場合には、少なくともその者を救いなさい。**車内に居るその 1 人を救いなさい**。／1 人の死を防止できることが確かであることを知っている場合には、**その［車内の］者［の救済］が第一優先**となるのです。

しかしその発言の真意は、回避が不確実な被害よりも回避が確実な被害の回避を優先すべきであり、その優先度は車内の乗員の保護を選好しがちであると解釈すべきであった、といわれている[★198]。確かに以下の発言部分を読めば[★199]、その真意は、現在の自動運転車の技術においては、派生型トロッコ問題を論じる応用倫理学者たちが前提に置くような条件――たとえば〈トンネル問題〉において直進すれば XXX だけれども右折すれば YYY になるという前提条件――は、実のところ技術的にはまだまだ実現不可能なのであって、一番救済可能性が高いのは車外の人物ではなく、車内の乗員を保護するのが精一杯な程度の技術力に自動運転車はまだとどまっている、ということのようである。

> しばしば非常に複雑な状況下においては、当初救った人々に**何がそのあと起きるのかを、知ることはできない**。言い換えれば、もし路上に飛び出してきた少年たちを回避するために進路を変えて、代わりに少年たち以外の何かに衝突すれば、車内の人命を危うくし、かつ**その他のいかなる副作用が生じるかもしれないのかを確信をもって予測することができない**のである。自動車が鉄柱にぶつかって跳ね返って何をしようとも少年たちにぶつかってしまうとか、または、鉄柱が少年たちの上に倒れるとか、または、対向車線を向かってくる、乗員が乗っているスクールバスとの間で二次衝突が発生する［かもしれない］のである。

なお筆者が代表者となって創設した中央大学の国際情報学部（iTL）で開催した第１回シンポジウムにおいて、自動運転技術の研究・開発者である１人のある専任教員が、派生型トロッコ問題に関連して発言した内容[★200]は、期せずして上記の筆者の解釈――実は派生型トロッコ問題を実現できるほどには技術力が到達していないという解釈――を裏付けているので、興味深い。

9 派生型トロッコ問題を〈論じるべきではない論者たち〉

本節1において筆者は、自動運転車に関連して欧米では派生型トロッコ問題を検討すべきであると指摘されていると紹介した。他方、欧米の論者の中には、逆にこれを論じるべきではない、と反論する向きもある。その理由は、自動車事故原因の9割が現状ではヒューマン・エラーによる事故であり、自動運転車の開発・普及はこれを大きく改善できるところ、派生型トロッコ問題はその開発・普及を阻害するのでよろしくないとか[★201]、派生型トロッコ問題が提起する仮想事例のような事故発生が、皆無ではないとしても極めて稀であるから論じるに値しないとか[★202]、または、派生型トロッコ問題の提起する仮想事例があまりにもファンタジー的で実際には起こりえないシナリオである[★203]、等という理由が挙げられている。

しかしこのような主張は、ロボット兵器に関して「ターミネーター」を引き合いに出すべきではない（第2章IV-1）とか、AIの問題に関してSFを語るべきではない（第3章V-3参照）との主張と共通する問題がある。すなわち、それらがともに**「不都合な真実」には蓋をしようという態度**の表れである点において共通している。このように〈論じるべきではない論者たち〉の主張は共通して隠蔽的であるから、注意が必要である。

そもそもロボット法とは、本書冒頭の「増補第2版の刊行にあたって」において前述したように、〈3Ps〉の原則に基づいて、危険性を予測（Predict）し、その危険性に備え（Provide）、かつ人々をその危険性から防護する（Protect）ことが目的である。そして、3Psの要素の1つである〈予測〉について、〈法と文学〉等の学問分野において認められているフィクション作品を通じた検討[★204]を、非科学的であるとして否定する〈論じるべきではない論者たち〉の主張は、無知の誹りを免れない主張である。

さらに「ターミネーター」について付言すれば、これも本書冒頭の「増補第2版の刊行にあたって」において指摘した通り、同作品内でターミネーターが他人の声そっくりな声音を出す場面が1984年にはSFで「ファンタジー」であったところ、今では〈音声AI〉によってこれと同じことが可能となってしまい、その音声AIの技術を用いた特殊詐欺等々の問題が指摘されるに至っている。すなわち、SF を使って将来の危険性を予測し、その危険性に備え、かつそこから人々を防護するという手法が正しかったことは、音声 AI の出現によってすでに実証されている事実を、ここで再度強調しておきたい。

なお、派生型トロッコ問題を論じるべきではないという、〈論じるべきではない論者たち〉に対しては、以下のような有力な説得力のある反論がある。たとえば欧州委員会（European Commission）の独立専門家報告書「連結化及び自動化車両の倫理」は、概ね次のように指摘している[★205]。すなわち、自動車事故の 9 割の原因であるヒューマン・エラーを自動運転車が減じるという**「科学の進歩」（technological progress）だけでは足りない**。将来のビジョンは、自動運転車が望ましい結果をもたらすために、**もっと広い倫理的、法的、および社会的な熟慮も含めて考えるべき**である。そうすることによって、有害で望ましくない結果の危険性を極小化することが可能になり、科学技術に期待されるところの社会全体にとっての利益を実現できるのである、と。

ところで「科学の進歩」だけではダメであるという欧州委員会専門家報告書の指摘は、やはり本書冒頭の「増補第 2 版の刊行にあたって」で紹介した、アメリカの高名な法学者であるリチャード・A. ポズナー判事（連邦控訴審裁判所第 7 巡回区裁判官）の指摘に共通している。すなわち、社会安全を最優先に考えて政策を論じる人文・社会科学系研究者たちの主張と、科学の進歩を社会安全よりも優先させて AI 開発・利活用を推進しようとする科学者たちの主張とは、対立することがある。その際どちらを優先すべきかは、論を待たずとも自明であろう。

さらに、筆者が座長代理を務めていた総務省の有識者会議である「AI ネットワーク化検討会議」においても、AI の開発においては理数系科学技術の知見だけではバランスを欠いており、人文・社会科学（以下「人社科学」という）系の知見である「倫理的・法的・社会的な影響」——すなわち「ELSI（エルシー）」——も重要であることは、すでに 2016 年当時の議論の中でも以下のように指摘されていたことを[★206]、理解してほしい。

「[AI 等] とリスク」について……**技術開発はアクセルにあたる。人文社会科学にはハンドルという側面もあるが、ブレーキでもある。**ブレーキを踏む人を確認することやそのためのルールが、正しいものになっているからこそアクセルを踏めるだろう。

すなわち、科学者たちが開発するAIというエンジンの〈暴走〉を、人社科学者たちによるELSI的なハンドルとブレーキで〈制御〉しなければ、社会安全が危うくなるといえよう。

ところで派生型トロッコ問題が提起する仮想事例のような事故発生は極めて稀であるから論じるに値しないという、〈論じるべきではない論者たち〉からの批判に対しても、次のような有力な反論があるので紹介しておこう。すなわちブラックとフェントンによるカナダの共著論文は★207、派生型トロッコ問題の発生率が仮に10億マイル（16億キロ）ごとにわずか1件しか発生しないと仮定してみても、それでも年間には合計1000件の発生数に至る。これは無視できない発生数であるし、そもそも派生型トロッコ問題を解決せずにカナダの道路に自動運転車を走らせることは非倫理的である、と指摘している。

次に、派生型トロッコ問題はあまりにもファンタジー的であって現実には発生しえないという批判に対しては、まず筆者が本章IV-2において紹介した「エッカート対ロング・アイランド鉄道事件」から明らかなように、実社会ではすでに、ジレンマ・シチュエーション——すなわちいずれの選択肢をとっても命の損失が避けられない場合——が発生している事実は、実証済みであり議論の余地はない。さらに、エモンズも、〈論じるべきではない論者たち〉の批判に対して次のように反論しており説得的なので、紹介しておこう★208。すなわち、自動運転車を導入すればいずれの衝突進路を選択しても損害が発生するような場合に、いずれがより望ましいかを決定しなければならない場面が、どうしても生じうる。そこにおいて派生型トロッコ問題のような思考実験は、そのようにありうる場面において人々が何に価値を置くのかを把握するうえで重要なのである、とエモンズは指摘している。この指摘は、ジレンマ・シチュエーションが実際に発生してきた事実として筆者が示した「エッカート事件」の紹介と符合する。すなわち、いずれの衝突進路を選択しても損害が発生するような場合がまったく生じない、と考える〈論じるべきではない論者たち〉の主張の方が、非現実的であることは明らかである。すると、そのようなありうる場合であるところのジレンマ・シチュエーションに備えて、その際にいかに決定すべきか、すなわちいずれの衝突進路をとるべきかを検討しておくことは、予測し、備えて、防護するという〈ロボット法の3Ps〉の原則に鑑みても重要であろう。

★1——総務省・AIネットワーク社会推進会議「国際的な議論のためのAI開発ガイドライン案」(2017年7月28日) *available at* [URLは文献リスト参照]。 ★2——2001: A Space Odyssey (Metro-Goldwyn-Mayer 1968). ★3——Judith L. Maute, *Facing 21tst Century Realities*, 32 MISS. C. L. REV. 345, 374 (2013). ★4——*Id.* ★5——Dorothy J. Glancy, *Privacy in Autonomous Vehicles*, 52 SANTA CLARA L. REV. 1171, 1182 n.17 (2012). *See also* Michael Z. Green, *A 2001 Employment Law Odyssey: The Invasion of Privacy Tort Takes Flight in the Florida Workplace*, 3 FL. COASTAL L.J. 1, 1 (2001) ("In Stanley Kubrick's 1968 movie, 2001: Space Odyssey, [] he forecasted that computers [] may take over humankind."と指摘). ★6——Kenneth Anderson, Daniel Reisner & Matthew Waxman, *Adapting the Law of Armed Conflict to Autonomous Weapon Systems*, 90 INT'L L. STUD. 386, 394 (2014). ★7——*Id.* ★8——*Id.* ★9——*See, e.g.*, Mary L. Lyndon, *The Environment on the Internet: The Case of the BP Oil Spill*, 3 ELON L. REV. 211, 234 (2012); Rebecca Crootof, *War Torts: Accountability for Autonomous Weapons*, 164 U. PA. L. REV. 1347, 1373 (2016). ★10——Lyndon, *id.* at 234. ★11——Crootof, *supra* note 9, at 1374. ★12——*Id.* ★13——Patrick Lin, *1. Introduction to Robot Ethics, in* ROBOT ETHICS: THE ETHICAL AND SOCIAL IMPLICATIONS OF ROBOTICS (Patrick Lin et al. eds., 2012). ★14——Crootof, *supra* note 9, at 1373.「ニューラル・ネットワーク」については、第3章III-2(3)参照。 ★15——Jason Millar & Ian Kerr, *5. Delegation, Relinquishment, and Responsibility: The Prospect of Expert Robots, in* ROBOT LAW 102, 107 (Ryan Calo et al. eds., 2016). ★16——*Id.* at 108-09. ★17——*See id.* ★18——*See, e.g.*, Lin, *supra* note 13, at 8. ★19——*See, e.g.*, Curtis E.A. Karnow, *Liability for Distributed Artificial Intelligences*, 11 BERKELEY TECH. L.J. 147, 148-49 (1996). ★20——*Id.* at 148. ★21——*See* Matthew U. Scherer, *Regulating Artificial Intelligence System: Risks, Challenges, Competencies, and Strategies*, 29 HARV. J.L. & TECH. 353 (2016). ★22——*See, e.g.*, Bert-Jaap Koops et al., *Bridging the Accountability Gap: Rights for New Entities in the Information Society?*, 11 MINN. J.L. SCI. & TECH. 497, 541 (2010). ★23——RESTATEMENT (THIRD) OF TORTS: LIABILITY FOR PHYSICAL AND EMOTIONAL HARM §29 (American Law Institute—ALI—, 2010) は「proximate cause」の代わりに「scope of risk」または「harm-within-the risk」基準を採用したけれども、裁判所は依然として前者を使用している。DAVID G. OWEN, PRODUCTS LIABILITY LAW §12.2, 753 (3rd. ed. 2015). なおRESTATEMENTとは、全米の判例を条文のように編集し解説も付けた権

威ある編纂物である。 ★24——民法709条（明治29年法律第89号）「……過失によって……侵害した者は、これによって生じた損害を……」; 製造物責任法3条（平成6年法律第85号）「製造業者等は、……欠陥により……侵害したときは、これによって生じた損害を……」; 同法6条「……損害賠償の責任については、……民法（……）の規定による。」参照。 ★25——近因は過失責任においてのみならず、厳格製造物責任においても要件となっている。OWEN, *supra* note 23, §12.1, at 749; DAN B. DOBBS ET AL., HORNBOOK ON TORTS §15.2, at 340 & n.20 (2d ed. 2016); Ryan Calo, *Robotics and the Lessons of Cyberlaw*, 103 CAL. L. REV. 513, 555 (2015); Koops et al., *supra* note 22 at 541. ★26——なお「proximate cause」の概念・文言と「factual causation」との区別がときに曖昧で混乱も見受けられ、その原因はRESTATEMENT (SECOND) OF TORTS (ALI, 1965) にあるとOwenは指摘している。OWEN, *supra* note 23, §12.2, at 752. 拙著『アメリカ不法行為法：主要概念と学際法理』113～114頁および図表#14（中央大学出版部・2006年）も参照。 ★27——*See also* DOBBS ET AL., *supra* note 25, §15.1, at 337-38. ★28——*See, e.g.*, Overseas Tankship (U.K.) v. Morts Dock & Eng'g Co. (Wagon Mound 1) (1961 App Cas 388 (PC 1961); Palsgraf v. Long Island R.R., Co., 248 N.Y. 339, 162 N.E. 99 (1928). 拙稿「追補『アメリカ不法行為法』〔第11回〕」国際商事法務36巻8号1091～1097頁（2008年）も参照（上記両事件を紹介・解説）。 ★29——*See, e.g.*, OWEN, *supra* note 23, §12.1, at 748 & n.7. ★30——予見可能性以外の近因の基準としては「"direct consequences" test」やその派生形の「"natural and probable consequences" test」等も存在するけれども、裁判所は結局のところ予見可能性を探る傾向がある。*See id.* §12.2, at 752. ★31——*See* DOBBS ET AL., *supra* note 25, §15.1, at 339. なお、予見可能性を欠く場合に被告に責任を課すことが倫理的にも正当化しえない旨の理由を説得的に説明する資料として、OWEN, *supra* note 23, §12.2, at 751. ★32——OWEN, *id.*, §12.2, at 757-59. ★33——Karnow, *supra* note 19, at 181（拙訳）. ★34——*Id.* at 178, 180（拙訳）. ★35——DOBBS ET AL., *supra* note 25, §15.1, at 338（拙訳）. ★36——*Id.* §15.2, at 341（拙訳）. ★37——前掲注(23)参照。全米的判例の集大成であるRESTATEMENT (THIRD) OF TORTS: LIABILITY FOR PHYSICAL AND EMOTIONAL HARM §34 (2010) は、近因の概念を用いずに「scope of risk」の概念を用いている。 ★38——「責任の空白」(a vacuum of responsibility) の語源は、see United Nations, Christof Heyns, *Report of the Special Rapporteur on Extrajudicial, Summary or Arbitrary Executions*, Human Rights Council, 23 Sess., May 27-June 14, 2013, U.N. Doc. A/HRC/23/47 (Apr. 9. 2013), *available at* [URLは文献リスト参照]. ★39——M. Ryan Calo, *Open Robotics*, 70 MARYLAND L. REV. 571, 596 n.180 (2011). ★40——Tieder v. Little, 502 So. 2d 923 (Fla. App. 3 Dist. 1987). 当事件の紹介は、拙稿「アメリカ・ビジネス判例の読み方（第22回）：*Tieder v. Little* ～AIの予測不可能な判断による事故に対し製造業者等が責任を負わないという指摘の参考になる事例～」国際商事法務45巻1号136頁（2017年）を修正して掲載。 ★41——「summary judgment：SJ」とは、主に陪審員が担う集中審理（trial）段階に事件を進めるために十分な争点が欠ける場合に、原告または被告が勝訴する旨を裁判所が決定する手続である。拙著・前掲注(26) 77～78頁参照。 ★42——Concord Florida, Inc. v. Lewin,

341 So. 2d 242 (Fla. 3d Dist. Ct. App. 1976). ★43――Mozer v. Semenza, 177 So. 2d 880 (Fla. 3d Dist. Ct. App. 1965). ★44――Food Fair, Inc. v. Gold, 464 So. 2d 1228 (Fla. 3d Dist. Ct. App. 1985). ★45――Schatz v. 7-Eleven, Inc., 128 So. 2d 901 (Fla. 1st Dist. Ct. App. 1961). ★46――「制定法違反即過失」(negligence *per se*) とは、制定法に違反した被告の行為が自動的に過失であったとみなされる法理である。拙稿「追補『アメリカ不法行為法』判例と学説〔第6回〕」国際商事法務 36 巻 3 号 409～414 頁 (2008 年) 参照。 ★47――*E.g.*, Karnow, *supra* note 19, at 180-81. ★48――「独立参入原因/中断原因」(intervening cause・superseding cause) とは、不法行為者の不法行為から損害が発生するまでの間に発生した事象で (intervening cause)、その事象ゆえに当初の不法行為から損害までの間の因果関係の連鎖が断ち切られて当初の不法行為者がもはや損害に対して責任があるとはいえない状況になるような事象 (superseding cause) である。拙著・前掲注 (26) 122～123 頁参照。もっとも RESTATEMENT (THIRD) OF TORTS : LIABILITY FOR PHYSICAL AND EMOTIONAL HARM § 34 (2010) は、この法理に消極的な立場をとり、その理由として比較過失法理の発展を挙げている。 ★49――たとえば日本でもアメリカ同様に代替設計案との比較が用いられるという分析については、拙稿「製造物責任法リステイトメント起草者との対話：日本の裁判例にみられる代替設計『RAD(ラッド)』の欠陥基準」NBL 1014 号 40～49 頁 (2013 年) 参照。 ★50――拙著・前掲注 (26) 156～182 頁等参照。 ★51――③も設計段階において適切な指示警告を欠いていたことが後々欠陥であると問われる点において、②の設計上の欠陥に似ているから、③は②の派生形と捉えることができる。言い換えれば両者共に、設計段階から製品に内在していた「生来的な危険：inherent danger」と捉えられる。他方①は、特に大量生産の製造段階で生じる欠陥であるから、「生来的な危険」ではなく事後的に発生する危険として、②や③と区別される。 ★52――*See, e.g.*, RESTATEMENT (THIRD) OF TORTS : PRODUCTS LIABILITY § 2 cmt. *i* (1998) [hereinafter referred to as PRODUCTS LIABILITY RESTATEMENT]. ★53――本文当段落および次段落の内容については、拙稿・前掲注 (49) 参照。 ★54――総務省・AI ネットワーク社会推進会議・前掲注 (1)。 ★55――Heyns *Report*, *supra* note 38, at 18, ¶ 98. ★56――Lin, *supra* note 13, at 7. ★57――Michael N. Schmitt & Jefffrey S. Thurnher, *"Out of the Loop" : Autonomous Weapon Systems and the Law of Armed Conflict*, 4 HARV. NAT'L SEC. J. 231, 242 (2013). ★58――Marco Sassóli, *Autonomous Weapons and International Humanitarian Law : Advantages, Open Technical Questions and Legal Issues to Be Clarified*, 90 INT'L L. STUD. 308, 326 (2014) (拙訳). ★59――Lin, *supra* note 13, at 8. ★60――OWEN, *supra* note 23, § 7.4, at 450 & n.119. この法理は「malfunction theory/doctrine」と呼ばれる以外にも「"indeterminate defect" theory」や「"general defect" theory」等とも呼ばれている。「*specific* defect」を示す直接的な証拠が欠ける場合の法理だからである。*Id.* at 450 & n.120. ★61――拙稿「適正維持・通常使用中にエンジンが著しく出力低下し落着した自衛隊ヘリコプターの製造物責任訴訟に於いて、具体的な欠陥の主張立証がなくても足りるとされた事例 ～『危険な誤作動・異常事故』に於ける欠陥等の推認～」判例時報 2229 号 136 頁 (判例評論 668 号 22 頁) (2014 年) 参照 (日本でも誤作動法理が採用されている事実を分析・指摘)。 ★62――OWEN, *supra* note

23, §7.4, at 451. ★63——*Id.* at 454-57. ★64——拙著・前掲注（26）168～171頁参照。*See also* OWEN, *supra* note 23, §7.4, at 458 n.197; PRODUCTS LIABILITY RESTATEMENT, *suqra* note 52, §3. もっとも Owen は PRODUCTS LIABILITY RESTATEMENT のブラックレター・ローの規定の仕方に不満なようである。OWEN, *supra* note 23, §7.4, at 458 n.197. ★65——*But see* David C. Vladeck, Essay, *Machines without Principals : Liability Rules and Artificial Intelligence*, 89 WASH. L. REV. 117, 128 n.36（2014）（PRODUCTS LIABILITY RESTATEMENT §3における誤作動法理の要件のひとつが、「[T]he product failure "was of a kind that ordinarily occurs as a product defect"」であるから、一方では原告がその設計上通常生じる誤作動であることを証明しなければならないけれども、他方、AIが生じさせる問題の事故は予見不可能な性格であるから「通常生じる」とは到底言い難い、と指摘）. もっとも Vladeck は同時に、「*res ipsa loquitur*」（過失推認則）法理ならば適用されるべきともいっている。*Id.* at 128（"The only feasible approach, it would seem, would be to infer a defect of some kind on the theory the accident itself is proof of defect . . . There is precedent for courts making such an inference, which is simply a restatement of res ipsa loquitur . If that is the right choice to make（*and I argue it is*）, then there is the secondary question of how, if at all, should the law apportion liability among designers, programmers, . . . ?"（emphasis added）と指摘）. 筆者にはこの点が腑に落ちない。PRODUCTS LIABILITY RESTATEMENT §3はそもそも *res ipsa loquitur* に基づく法理であるから、結局は両者共に同じ法理ともいえるからである。*See, e.g.*, David G. Owen, *Proving Negligence in Modern Products Liability Litigation*, 36 ARIZ. ST. L.J. 1003, 1025 n.138（2004）（"malfunction doctrine" を "defect *ipsa loquitur*" とも呼んでいる）. ★66——設計上の欠陥に関する複雑な事件においては専門家証人が不可欠であるという点は、拙稿「製造物責任法リステイトメント起草者との対話」前掲注（49）42頁、および43頁注20でも言及している。★67——Mracek v. Bryn Mawr Hospital, 610 F. Supp. 2d 401（E.D. Pa. 2009）. 当事件の紹介は、拙稿「アメリカ・ビジネス判例の読み方（第15回）：*Mracek v. Bryn Mawr Hospital* ～手術用ロボット『ダ・ヴィンチ』が、誤作動法理に基づく製造物責任を問われた事例～」国際商事法務44巻6号956頁（2016年）を修正のうえで掲載。★68——「summary judgment：SJ」は、前掲注（41）参照。★69——「証拠提出責任」（burden of production）とは、事実認定者（主に陪審員）に事件を扱ってもらうのに十分なだけの証拠を提出する責任であり、この責任を果たさなければ事件・請求が途中で却下されてしまう。拙著・前掲注（26）86頁参照。★70——Webb v. Zern, 220 A.2d 853（Pa. 1966）. ★71——RESTATEMENT（SECOND）OF TORTS §402A. 厳格製造物責任を規定している。本文中では『不法行為法（第2次）リステイトメント』402A条という。★72——Lewis v. Coffing Hoist Div., Duff-Norton Co., 528 A.2d 590（Pa. 1987）. ★73——Padillas v. Stork-Gamco, Inc., 186 F.3d 412（3d Cir. 1999）. ★74——Oddi v. Ford Motor Co., 234 F.3d 136（3d Cir. 2000）. ★75——「*res ipsa loquitur*」については、拙稿「追補『アメリカ不法行為法』判例と学説〔第7回〕」国際商事法務36巻4号537～547頁（2008年）参照。★76——詳細は拙著・前掲注（26）370～374頁を参照。さらに、間接証明でも欠陥（や因果関係）の推認が許容される誤作動法理につい

ては、拙著・同前168～171頁参照。★77――Payne v. ABB Flexible Automation, Inc., 116 F.3d 480（8th Cir. 1997）. 当事件の紹介は、拙稿「アメリカ・ビジネス判例の読み方（第16回）：*Payne v. ABB Flexible Automation, Inc.* ～産業用ロボット製造物責任訴訟の事例～」国際商事法務44巻7号1114頁（2016年）を修正して掲載。★78――「summary judgment：SJ」は、前掲注（41）参照。★79――「admissions」とは、「自白要求」（Request for Admissions）において真実か否かを問われた事項の回答内容に回答者が拘束されるという証拠開示手続である。連邦民事訴訟手続（FEDERAL RULES OF CIVIL PROCEDURE：F.R.C.P.）36条に規定されている。★80――「集中審理」（trial）とは、提訴後の証拠開示手続等を経た後の訴訟手続の終盤で、主に陪審員が担う事実認定者が集中的に事実認定を行う手続である。拙著・前掲注（26）71～73頁参照。★81――American National Standard for Industrial Robots and Robot Systems-Safety Requirements. ★82――「関連性のある証拠」（relevant evidence）とは、争われている事実の存在または不存在を証明する性格の証拠である。拙著・前掲注（26）83頁も参照。★83――French v. Grove Mfg. Co., 656 F.2d 295（8th Cir. 1981）. ★84――*See, e.g.*, Nobuyuki Kojima & Akihiro Okada, *Toyota Chief 'Satisfied' U.S. Lawmakers*, The Daily Yomiuri, Feb. 27, 2010, at 7. ★85――*See, e.g.*, Victor E. Schwartz & Cary Silverman, The Rise of "Empty Suit" Litigation: *Where Should Tort Law Draw the Line?*, 80 BROOKLYN L. REV. 599, 638-39 & nn.225 & 226（2015）; Angela Greiling Keane, *U.S. Clears Toyota of Electronic Flaws：Runaway Vehicles Unintended Acceleration a Mechanical Problem*, The Gazette, Feb. 9, 2011, at B7. ★86――*Id.* ★87――In re Toyota Motor Corp. Unintended Acceleration, 978 F.Supp.2d 1053（C.D. Cal. 2013）. ★88――*See* Jaclyn Trop, *Toyota Seeks a Settlement for Sudden Acceleration Cases*, The New York Times, Dec. 13, 2013, *available at*［URLは文献リスト参照］. *See also* Vladeck, *supra* note 65, at 143（"Toyota took steps to settle the pending 400 personal injury cases against it after an Oklahoma jury, applying the doctrine of res ipsa loquitor, [] awarded the plaintiff $3 million. The jury apparently concluded that, even though the plaintiffs could not isolate the cause of sudden acceleration, the accident was more likely caused by the car than the driver. []"）. ★89――*See* Vladeck, *supra* note 65, at 143（トヨタ車急加速事件に基づいて誤作動法理が自律型の機械の誤作動に当てはめられると示唆）. ★90――Trop, *supra* note 88（"Toyota. seek[s] a settlement in its remaining cases because *the automaker must now prove that a vehicle defect did not cause the unintended acceleration*."（emphasis added））. ★91――総務省・AIネットワーク社会推進会議・前掲注（1）27～29頁参照。★92――In re Toyota Motor Corp. Unintended Acceleration, 978 F. Supp. 2d at 1053. 当事件の紹介は、拙稿「アメリカ・ビジネス判例の読み方（第20回）：*In re Toyota Motor Corp. Unintended Acceleration* ～AI・ロボット・自動運転時代の『誤作動法理』適用を示唆する事例～」国際商事法務44巻11号1730頁（2016年）に修正を加えて掲載。★93――「MDL：multidistrict litigation」とは、たとえば全米中の原告たちが同じ一社の被告に対して別々の裁判所に訴えを提起したような場合に、各地の裁判所に係属する複数の事件の集中審理前手続を、1つの連邦地裁に集約させて手

続を行う裁判の意である。*See, e.g.*, Multidistrict Litigation, Legal Information Institute (LII), Cornell University Law School, *available at* [URLは文献リストを参照]. ★94――「summary judgment：SJ」は、前掲注（41）参照。 ★95――Rose v. Figgie Int'l, 495 S.E.2d 77 (Ga. App. 1997). ★96――「一応の証明」(*prima facie* case) とは通常、原告が最低限、主張・立証しなければ敗訴してしまう要素の意である。拙著・前掲注（26）65頁参照。 ★97――PRODUCTS LIABILITY RESTATEMENT §3 & cmt. *b*. ★98――Jenkins v. General Motors Corp., 524 S.E.2d 324 (Ga. App. 1999). ★99――Miller v. Ford Motor Co., 653 S.E.2d 82 (Ga. App. 2007). ★100――Stanley v. Toyota Motor Sales, U.S.A., Inc., 2008 WL 4664229 (M.D. Ga. Oct. 20, 2008). ★101――なおSJ審査の段階では、踏み間違えていないという亡セイント・ジョン夫人の証言が正しかったという前提で審査される、と法廷意見は付言している。978 F. Supp. 2d at 1099 n.77. ★102――この点についてはPRODUCTS LIABILITY RESTATEMENT §3, illus. 5が説得的である、と法廷意見は付言している。987 F. Supp. 2d at 1101 n.78. ちなみにillus. 5は次のような例である。新車（走行距離がわずか480 km）を運転する原告が、きれいに清掃された路面上を走行中、ステアリングコラムとダッシュボードがつながっている部分あたりに異音がした後、ハンドルが右にとられて事故になり、専門家証人がステアリング機構の設計または製造上の欠陥の可能性を4つ挙げたけれどもいずれが原因であるかは特定できなかった場合でも、欠陥が原因であったと推認することが許されるという事例である。 ★103――「危険効用基準」とは、合理的な代替設計案（RAD（ラッド））を採用して得られる〈効用〉が、それに付帯する〈危険〉等を上回る場合には、RADを採用しなかった設計を欠陥であると認定する趣旨の欠陥基準である。拙著・前掲注（26）107頁、161頁、285〜290頁参照。 ★104――Calo, *The Lessons of Cyberlaw, supra* note 25, at 536 & n.145 ("robotic software" が厳格製造物責任の対象外であると示唆); PRODUCTS LIABILITY RESTATEMENT §19 cmt. *d*. ("Most courts, expressing concern that imposing strict liability for the dissemination of false and defective information would significantly impinge on free speech have, appropriately, refused to impose strict products liability in these cases." と指摘). ★105――Brian H. Lamkin, Comments, *Medical Expert Systems and Publisher Liability：A Cross-Contextual Analysis*, 43 EMORY L.J. 731, 762 (1994). ★106――T. Randolph Beard et al., *Tort Liability for Software Developers：A Law & Economics Perspective*, 27 J. MARSHALL J. COMPUTER & INFO. L. 199, 209 (2009). ★107――総務省・AIネットワーク社会推進会議・前掲注（1）24頁参照。 ★108――Terminator (Orion Pictures 1984). ★109――*See, e.g.*, PETER W. SINGER, WIRED FOR WAR：THE ROBOTIC REVOLUTION AND CONFLICT IN THE 21ST CENTURY 164-68 (2009). ★110――PRODUCTS LIABILITY RESTATEMENT §19 cmt. *d*. ★111――Lisa L. Dahm, *RESTATEMENT (SECOND) OF TORTS Section 324A：An Innovative Theory of Recovery for Patients Injured through Use or Misuse of Health Care Information Systems*, 14 J. MARSHALL J. COMPUTER & INFO. L. 73, 124 n.252 (1995) (当事例の裁判所が "stated in *dicta* that computer software might be considered a 'product' and therefore subject to product liability law" と指摘). なお「傍論」(*obiter dictum* または *dicta*) とは、判決理由にとっては本質的ではなく拘束

力を有さない裁判官の意見である。拙著・前掲注（26）85 頁、脚注 175 参照。 ★112——Winter v. G.P. Putnam's Sons, 938 F.2d 1033（9th Cir. 1991）. 当事件の紹介は、「アメリカ・ビジネス判例の読み方（第 24 回）：*Winter v. G.P. Putnam's Sons.* ～ソフトウエアが厳格製造物責任の対象になり得る、と傍論にて示唆した有名事例～」国際商事法務 45 巻 3 号 464 頁（2017 年）を修正して掲載。 ★113——「summary judgment：SJ」は、前掲注（41）参照。 ★114——RESTATEMENT（SECOND）OF TORTS §402A. ★115——「分散法理」とは元来「危険/損失の分散」（risk/loss spreading）と呼ばれ、製造上の欠陥について無過失（厳格）責任を製造業者等に課しても、その費用（生産物賠償責任保険料）を製品価格に広く浅く上乗せして転嫁すれば、製造業者等が破綻せずに製品事故被害者を補償できるという法理である。Escola v. Coca-Cola Bottling Co., 150 P.2d 436, 441（Cal. 1944）（Traynor, J., concurring）. 拙著・前掲注（26）154 頁。 ★116——Brocklesby v. United States, 767 F.2d 1288（9th Cir. 1985）, *cert. denied*, 474 U.S. 1101（1986）. ★117——Saloomey v. Jeppesen & Co., 707 F.2d 671（2d. Cir. 1983）［後述**裁判例紹介 #9** にて紹介］. ★118——Aetna Casualty & Surety Co. v. Jeppesen & Co., 642 F.2d 339（9th Cir. 1981）. ★119——Fluor Corp. v. Jeppesen & Co., 170 Cal.App.3d 468（Cal. Ct. App. 1985）. ★120——*See, e.g.*, James A. Henderson, Jr., *Torts vs. Technology：Accommodating Disruptive Innovation*, 47 ARIZ. ST. L.J. 1145, 1166 n.140（2015）（航空図を製造物と捉える裁判所が複数あると指摘しつつ本件を例示）。 ★121——PRODUCTS LIABILITY RESTATEMENT §19 cmt. *d*. ★122——*Id*. ★123——Saloomey v. Jeppesen & Co., 707 F.2d 671（2d Cir. 1983）. 当事件の紹介は、拙稿「アメリカ・ビジネス判例の読み方（第 25 回）：*Saloomey v. Jeppesen & Co.* ～航空図（情報）が厳格製造物責任の対象になり得るとされた代表事例～」国際商事法務 45 巻 4 号 608 頁（2017 年）を修正して掲載。 ★124——「再審理」（new trial）とは、［陪審員による］集中審理（trial）のやり直しである。拙著・前掲注（26）82 頁参照。 ★125——「評決無視の判決」（judgment notwithstanding the verdict：j.n.o.v.）とは、陪審員による評決を退けて裁判官が判決を下す手続である。拙著・同前 80～81 頁参照。 ★126——RESTATEMENT（SECOND）OF TORTS §402A & cmts. *c*. & *f*. ★127——Aetna Casualty & Surety Co. v. Jeppesen & Co., 642 F.2d 339（9th Cir. 1981）. ★128——*See, e.g.*, Leon E. Wein, *The Responsibility of Intelligent Artifacts：Toward an Automation Jurisprudence*, 6 HARV. J.L. & TECH. 103, 110-111（1992）; Benjamin Kastan, *Autonomous Weapons Systems：A Coming Legal "Singularity,"* 2013 U. ILL. J.L. TECH. & POL'Y 45, 68; Aaron Gevers, *Is Johnny Five Alive or Did It Short Circuit? Can and Should an Artificial Intelligent Machine Be Held Accountable in War or Is It Merely a Weapon?*, 12 RUTGERS J.L. & PUB. POL'Y 384, 413-14, 423-24（2015）; David D. Wong, Note, *The Emerging Law of Electronic Agents：e-Commerce and Beyond.*, 33 SUFFOLK U. L. REV. 83, 97, 103（1999）; Mark A. Chinen, *The Co-Evolution of Autonomous Machines and Legal Responsibility*, 20 VA. J.L. & TECH. 338, 386-87（2016）; Jack Boeglin, *The Costs of Self-Driving Cars：Reconciling Freedom and Privacy with Tort Liability in Autonomous Vehicle Regulation*, 17 YALE J.L. & TECH. 171, 188-89（2015）. ★128-2——なお増補版執筆時（2019 年 8 月）には、日本においてもロボットや

AIに法人格を賦与するテーマを扱う文献が散見される。たとえば、工藤郁子「自然人、法人に次ぐ『電子人』概念の登場」ビジネス法務2018年2月号4頁、大屋雄裕「人格と責任—ヒトならざる人の問うもの」福田雅樹＝林秀弥＝成原慧編『AIがつなげる社会—AIネットワーク時代の法・政策』344頁（弘文堂・2017年）参照。 ★129——*See* Boeglin, *id.* at 189; Robert W. Peterson, *New Technology—Old Law : Autonomous Vehicles and California's Insurance Framework*, 52 SANTA CLARA L. REV. 1341, 1359 & n.97 (2012). ★130——たとえば、浦川道太郎「自動走行と民事責任」NBL 1099号33頁（2017年）参照。★131——Calo, *The Lessons of Cyberlaw, supra* note 25, at 541. ★132——John Villasenor, *Technology and the Role of Intent in Constitutionally Protected Expression*, 39 HARV. J.L. & PUB. POL'Y 631, 640 (2016). ★133——*Id.* at 641. ★134——*See* Toni M. Massaro et al., *Siri-Ously 2.0 : What Artificial Intelligence Reveals about the First Amendment*, 101 MINN. L. REV. 2481, 2481 (2017). ★135——通信品位法230条（CDA §230）といわれている、47 U.S.C. §230。なお、日本法としては「特定電気通信役務提供者の損害賠償責任の制限及び発信者情報の開示に関する法律」（平成13年［2001年］11月30日・法律第137号）。★136——拙稿「AIネットワーク時代の製造物責任法」福田＝林＝成原編・前掲注（128-2）260頁参照。 ★137——本章 **II-2 (2)** & **(3)** 参照。★138——INT'L COMM. RED CROSS, AUTONOMY, ARTIFICIAL INTELLIGENCE AND ROBOTICS : TECHNICAL ASPECTS OF HUMAN CONTROL (2019), *available at* ［URLは文献リスト参照］. ★139——*See id.* at 13, 18-19 ("It is impossible to test every possible scenario" 等と指摘). ★140——*See id.* at 15. ★141——たとえば、第4章 **II-2** における大湾教授による有識者会議における指摘も参照。さらに、総務省・AIネットワーク社会推進会議「AI利活用原則の各論点に対する詳説」34頁（令和元年［2019年］8月9日）*available at* ［URLは文献リスト参照］も参照（「意思決定（判断）に対し納得ある理由を必要とする場合」として、「例えば、人事評価に当たっては、社員に対し評価の理由を説明できることが期待される」と指摘）。 ★142——**1** は、拙稿「"ロボット法"と"派生型トロッコ問題"：主要論点の整理と、AIネットワークシステム"研究開発8原則"」NBL 1083号29頁（2016年）をもとにしながらも、筆者が総務省「AIネットワーク社会推進会議」の「開発原則分科会」会長としてとりまとめた後に、同推進会議の議論を経て公表された「AI開発ガイドライン案」も反映させた修正を加えている。AI開発ガイドライン案については、総務省・AIネットワーク社会推進会議「国際的な議論のためのAI開発ガイドライン案」（2017年6月14日）*available at* ［URLは文献リスト参照］。 ★143——拙稿「製造物責任（設計上の欠陥）における二つの危険効用基準：ロボット・カーと『製品分類全体責任』」NBL 1040号43頁、44頁（2014年）。 ★144——Judith Jarvis Thomson, *The Trolley Problem*, 94 YALE L.J. 1395 (1985) (Philippa Footが最初に提起した問題を分析). なお派生型の方が実験倫理哲学において広く検討されているという指摘については、Peter Danielson, *Surprising Judgments about Robot Drivers : Experiments on Rising Expectations and Blaming Humans*, 9 NORDIC JOURNAL OF APPLIED ETHICS 73, 75 (2015). ★145——Thomsonはトロッコ問題の「founding mother」と呼ばれている (Bert I. Huang, Book Review, *Law and Moral Dilemmas*, 130 HARV. L. REV. 659, 660

(2016))。ところで、最初にPhilippa Footが提起したトロッコ問題の起源は、漂流して食料のなかった2名の船員DudleyとStephensがキャビン・ボーイ（使用人であるボーイ）を殺して食べてしまった事件である（*Id.* at 659, 677 nn. 1, 77; Regina v. Dudley & Stephens（1884）14 Q.B.D. 273)。 ★146――Patrick Lin, *The Ethics of Autonomous Cars*, THE ATLANTIC（Oct. 8, 2013), *available at*［URLは文献リスト参照］; Nick Belay, Note, *Robot Ethics and Self-Driving Cars: How Ethical Determinations in Software Will Require a New Legal Framework*, 40 J. LEGAL PROF. 119, 121 & n.25（2015); Chasel Lee, Note, *Grabbing the Wheel Early: Moving Forward on Cybersecurity and Privacy Protections for Driverless Cars*, 69 FED. COMM. L.J. 25, 28 & n.14 & 15（2017); K.C. Webb, *Products Liability and Autonomous Vehicles: Who's Driving Whom?*, 23 RICH. J.L. & TECH. 9, 31（2017). ★147――国際的な議論のためのAI開発ガイドライン案・前掲注(142)。 ★148――Curtis E. A. Karnow, *The Application of Traditional Tort Theory to Embodied Machine Intelligence*, *in* ROBOT LAW, 51（Ryan Calo et al. eds., 2016)（拙訳、強調付加). ★149――*See, e.g.*, A. Michael Froomkin, *Introduction to Robot Law*, *in* ROBOT LAW, *id.*, at x-xiii. ★150――総務省AIネットワーク社会推進会議「報告書2017」(2017年7月28日）8頁 *available at*［URLは文献リスト参照］。 ★151――本文**3**内の「衝突最適化」分析や指摘は別段の記述がない限り原則として、以下のいずれかが示しているものを筆者が整理・分類し、または修正・発展させたものである。Patrick Lin, *The Robot Car of Tomorrow May Just Be Programmed to Hit You*, WIRED, May 6, 2014, *available at*［URLは文献リスト参照］; Noah J. Goodall, *Ethical Decision Making during Automated Vehicle Crashes*, 2424 J. TRANS. RES. BOARD 58（2014), *available at*［URLは文献リスト参照］; Jeffrey K. Gurney, *Crashing into the Unknown: An Examination of Crash-Optimization Algorithms through the Two Lanes of Ethics and Law*, 79 ALB. L. REV. 183（2015-2016); Wesley Kumfer & Richard Burgess, *Investigation into the Role of Rational Ethics in Crashes of Automated Vehicles*, 2489 J. TRANS. RES. BOARD 130(2015); Noah J. Goodall, *Can You Program Ethics into a Self-Driving Car?*, IEEE SPECTRUM, May 31, 2016, *available at*［URLは文献リスト参照］; Jason Millar, *An Ethical Dilemma: When Robot Cars Must Kill, Who Should Pick the Victim?*, ROBOHUB(June 11, 2014), *available at*［URLは文献リスト参照］. ほかにも意識調査が複数公表され、たとえばJean-Francois Bonnefon, Azim Shariff, & Iyad Rahwan, *The Social Dilemma of Autonomous Vehicles*, 352 SCIENCE 1573（June 24, 2016）等参照。 ★152――本書における意見の部分に関しては、「AIネットワーク社会推進会議」等有識者会議の意見ではなく私見である。 ★153――Eckert v. Long Island R.R., 43 N.Y. 502（1871). ★154――第3章**1-2(2)**の注（52）に対応する本文参照。 ★155――拙稿「追補『アメリカ不法行為法』判例と学説〔第3回〕」国際商事法務35巻12号1736〜1738頁（2007年）（同事件要旨と評価・分析を紹介）。 ★156――「寄与過失」(contributory negligence）とは、原告側の過失である。拙著『アメリカ不法行為法：主要概念と学際法理』125頁（中央大学出版部・2006年)。 ★157――Webb, *supra* note 146, at 62. ★158――「設計上の欠陥」とその主な欠陥基準である「RAD（ラッド）」等については、拙稿「製造物責任法リステイトメント起草者との

対話：日本の裁判例にみられる代替設計『RAD（ラッド）』の欠陥基準」NBL 1014号40頁、42頁、45〜49頁（2013年）参照。拙稿「走行情報のプライバシーと製造物責任と運転者の裁量」知財研フォーラム103巻26頁、27〜28頁（2015年）も参照（速度制限違反自動感知報告装置や飲酒運転自動感知報告装置の採用を怠った製造業者等が設計上の欠陥を問われるというEugene Volokhの指摘を紹介）。*See also* Mark A. Chinen, *The Co-Evolution of Autonomous Machines and Legal Responsibility*, 20 VA. J.L. & TECH. 338, 384（2016）（"The designer will be forced to resolve the dilemma one way or the other, and an issue is whether he or she can be held responsible for doing so. []" と指摘）. ★159——「意識的設計選択」（conscious design choice）にこそ設計上の欠陥概念の核心が存在する点を古くから指摘していた論文は、see James A. Henderson, Jr., *Judicial Review of Manufacturers' Conscious Design Choices：The Limits of Adjudication*, 73 COLUM. L. REV. 1531（1973）. ★160——その蓋然性は（少なくとも当分の間は）低いかもしれない。もっとも欧米ではすでにロボットの法人格をめぐる議論が存在する。*See, e.g.*, Bert-Jaap Koops et al., *Bridging the Accountability Gap: Rights for New Entities in Information Society ?*, 11 MINN. J. L. SCI. & TECH 497（2010）. 特に自動運転車に「法人格」（legal "personhood"）を付与して事故時の十分な保険を付保させるというアイデアを提案するものとして、see, *e.g.*, David C. Vladeck, Essay, *Machines without Principals：Liability Rules and Artificial Intelligence*, 89 WASH. L. REV. 117, 128-29（2014）. ロボットの法人格や責任については本書第6章**1-2**参照。関連して、大屋・前掲注（128-2）344頁。 ★161——Clive Thompson, *Relying on Algorithms and Bots Can Be Really, Really Dangerous*, WIRED, Mar. 25, 2013, *available at*［URLは文献リスト参照］; Danielson, *supra* note 144, at 82; Millar, *supra* note 151. ★162——HUMAN RIGHTS WATCH, LOSING HUMANITY：THE CASE AGAINST KILLER ROBOTS 38-39（2012）, *available at*［URLは文献リスト参照］. ★163——*See, e.g.*, Orly Ravid, *Don't Sue Me, I Was Just Lawfully Texting & Drunk When My Autonomous Car Crashes into You*, 44 SW. L. REV. 175, 178, 186-87 & n.90（2014）; Adam Thierer & Ryan Hagemann, *Removing Roadblocks to Intelligent Vehicles and Driverless Cars*, 5 WAKE FOREST J.L. & POL'Y 339, 352（2015）. ★164——*But see* Gurney, *supra* note 151, at 213（規則功利主義者は異なりうると指摘）. ★165——現在の倫理規範論議の主な例示は、完全自動運転車（旧レベル4）と、ヒトが運転する自動車等とが混在する不可避的事故の衝突最適化である。*See* Kumfer & Burgess, *supra* note 151, at 135. ★166——拙稿『製品分類全体責任』・前掲注（143）44頁参照（この筆者の指摘は、最近でも他の論者によって肯定されている。浦川道太郎「自動走行と民事責任」NBL 1099号33頁（2017年））。 ★167——自動車損害賠償保障法2条3号および3条（保有者の定義）（自動車損害賠償責任）。 ★168——*See* Belay, *supra* note 146, at 127-28. ★169——同仮説に関する実証実験結果は、see Bonnefon et al., *supra* note 151, at 1575. ★170——*See* Goodall, *Decision Making*, *supra* note 151, at 63. ★171——*Id.* at 62. ★172——*See id.* at 63. *See also* Goodall, *Program Ethics*, *supra* note 151; Millar, *supra* note 151. ★173——Thomson, *supra* note 144, at 1409, 1415（"The Fat Man"を論じている）. ★174——*Id.* at 1396, 1401, 1408. ★175——

See id. See also Christopher Hitchcock, *The Metaphysical Bases of Liability : Commentary on Michael Moore's Causation and Responsibility*, 42 RUTGERS L.J. 377, 401-02 (2011)（同旨）. ★176――Gurney, *supra* note 151, at 220 & n.243（Thomas Aquinas が正当防衛殺人の議論において称えた Doctrine of Double Effects の概念を指摘）; Tim Stelzig, Comment, *Deontology, Governmental Action, and the Distributive Exemption : How the Trolley Problem Shapes the Relationship between Rights and Policy*, 146 U. PA. L. REV. 901, 928-29, 935-39 & nn.129, 130 (1998)（同旨）. ★177――瀬名秀明「『ロボット学』の新たな世紀へ」アイザック・アシモフ（小尾芙佐訳）『われはロボット〔決定版〕』414 頁（早川書房・2004 年）および両作品参照。 ★178――Goodall, *Decision Making*, *supra* note 151, at 63-64. ★179――*See, e.g.*, Ravid, *supra* note 163, at 178, 186-87 & n.90 ; Thierer & Hagemann, *supra* note 163, at 352. ★180――*See, e.g.*, Adam Kolber, *Will There Be a Neurolaw Revolution?*, 89 IND. L.J. 807, 844 (2014)（"we can no longer hide behind ambiguous facts" と指摘）. ★181――「中華航空エアバス式 B1816 機事故損害賠償請求事件」名古屋高判平成 20 年 2 月 28 日判時 2009 号 96 頁; 名古屋地判平成 15 年 12 月 26 日判時 1854 号 63 頁。 ★182――Dawson v. Chrysler Corp., 630 F.2d 950 (3d Cir. 1980), *cert. denied*, 450 U.S. 959, 962-63 (1981). もっとも連邦控訴審裁判所第 3 巡回区が、本件のトレードオフな設計選択においてメーカーの設計上の責任を認定した原審陪審員の判断を支持せざるをえない事態に不満である旨が、法廷意見の結論部（Conclusion）に示されている点が重要である。*Id.* at 962-53. ★183――もっとも製造物責任リステイトメントは、*Dawson* 事件のような場合に設計上の欠陥を認定すべきではないという解釈を許しているとも読める。RESTATEMENT (THIRD) OF TORTS : PRODUCTS LIABILITY §2 cmt. *f* (1998)（"It is not sufficient that the alternative design would have reduced or prevented the harm suffered by the plaintiff if it would also have introduced into the product other dangers of equal or greater magnitude."）. *See also id.* §2 Reporters' Note, cmt. *f*, 2（"If the alternative design proffered by the plaintiff does not make the product safer, let alone if it makes it more dangerous, such an alternative is not reasonable. In such a case the fact that the alternative design would have avoided injury in a specific case is of no moment."）. ★184――FEDERAL MINISTER OF TRANSPORTATION AND DIGITAL INFRASTRUCTURE, ETHICS COMMISSION : AUTOMATED AND CONNECTED DRIVING (June 2017), *available at*［URL は文献リスト参照］. ★185――*Id.* at 18. ★186――*Id.* ★187――もっとも、副大統領に指揮命令権が欠けていたという疑惑は指摘されているけれども、そもそも大統領にそのような命令権があるか否かの議論はアメリカでは顕著に見受けられない。拙稿「〔講義〕自動運転に於ける派生型トロッコ問題の仮想事例研究―9・11 同時多発テロで撃墜を命じられたユナイテッド航空 93 便事件と、ハイジャック旅客機撃墜を命じ得る『ドイツ連邦航空安全法』と、その違憲判決に依拠した 2017 年ドイツ連邦交通及びデジタルインフラ省 倫理委員会 自動協調型運転 報告の問題点：なぜ多くの人々に受け入れられないのか？―」国際情報学研究 2 号 53 頁、58 頁（2022 年）。★188――同上 58 頁参照。★189――ETHICS COMMISSION *supra* note 184, at 18. ★190――*Id.* ★191――拙稿「自動運転に於ける派生型トロッコ

問題」・前掲注（187）56 頁。★192――ETHICS COMMISSION, *supra* note 184, at 11. ★193――Edmond Award, Jean-François Bonnefon et al., *Moral Machine Experiment*, 563 NATURE 59 (Nov. 2018). ★194――*Id.* at 60. ★195――*Id.* ★196――Michael Taylor, *Self-Driving Mercedes-Benzes Will Prioritize Occupant Safety over Pedestrians*, CAR & DRIVER (Oct. 7, 2016), *available at*［URL は文献リスト参照］(emphasis added)（拙訳）. ★197――Bert I. Huang, *Law's Halo and the Moral Machine*, 119 COLUM. L. REV. 1811, 1811 n.3 (2019). ★198――*Id.* ★199――Taylor, *supra* note 196（強調付加、拙訳）. ★200――〈講演・講義・速報〉第 1 回 国際情報学部公開「教育シンポジウム」「最新技術が直面する『命の選択』――AI 自動運転技術が直面する現在のトロッコ問題――」〔2022 年 6 月 22 日〕国際情報学研究 3 号 1 頁、22 頁（2023 年）。その自動運転車の研究者は、以下のように発言している。「……、私の意見としては、このトロッコ問題を少なくとも自動運転の車に実装するのはまだ技術的に早いというのが私の意見なので、……、私の意見としてはまだ自動運転の車にトロッコ問題を載せると逆に危ないので止めるべきと考えているのが私の意見です」と（強調付加）。★201――*See, e.g.*, EUROPEAN COMMISSION, INDEPENDENT EXPERT REPORT, ETHICS OF CONNECTED AND AUTOMATED VEHICLES : RECOMMENDATIONS ON ROAD SAFETY, PRIVACY, FAIRNESS, EXPLAINABILITY, AND RESPONSIBILITY, June 2020, at 17, *available at*［URL は文献リスト参照］（そのような主張を「"solutionist" narrative」と呼んだうえでこれを批判している）。★202――*See* Vaughan Black & Andrew Fenton, *Humane Driving*, 34 CAN. J. L. & JURIS. 11, 13 (2021). ★203――Laura Emmons, Note & Comment, *The Reasonable Robot Standard : How the Federal Government Needs to Regulate Ethical Decision Programming in Highly Autonomous Vehicles*, 33 J. CIV. RTS. & ECON. DEV. 293, 325 (2020). ★204――たとえば、拙稿「汎用 AI のソフトローと〈法と文学〉: SF が警告する〈強い AI/Ａ Ｇ Ｉ（エイ・ジー・アイ）〉用規範を巡る記録から」法學新報 127 巻（5・6 号）561 頁（2021年）; 拙稿「ロボット法と学際法学:〈物語〉が伝達する不都合なメッセージ」情報通信学会誌 35 巻 4 号 109 頁（2018 年）参照。★205――EUROPEAN COMMISSION, *supra* note 201. ★206――総務省・AI ネットワーク化検討会議「第 1 回 議事概要」平成 28 年［2016 年］2 月 2 日 5 頁（強調付加）*available at*［URL は文献リスト参照］。★207――Black & Fenton, *supra* note 202, at 13. ★208――Emmons, *supra* note 203, 324-25.

Figure/Table の出典・出所

（＊1）Thomson, *supra* note 144, at 1402.
（＊2）Based upon Millar, *supra* note 151, at 202-04.
（＊3）Based upon Goodall, *Program Ethics*, *supra* note 151; Lin, *Programmed to Hit You*, *supra* note 151.
（＊4）Based upon Gurney, *supra* note 151, at 198-202.
（＊5）Based upon C. Thompson, *supra* note 161; Gurney, *supra* note 151, at 261.
（＊6）ETHICS COMMISSION, *supra* note184 の表紙。
（＊7）9/11 Commission Report 33 (2004), *available at*［URL は文献リスト参照］.

第6章 ロボットが感情を持つとき

2045年頃にはヒトの能力を超える人造物が出現し、人類に危機が訪れる「シンギュラリティ」が生じるという仮説がある。さらに、いわゆる「強いAI」対「弱いAI」の論議に代表されるように、将来的には〈感情〉〈自意識〉等々を有する人造物が造られるという主張も見受けられる。本章では、そのような主張や懸念を紹介すると共に、ヒトのようなロボットが出現した場合の法的問題の代表例として、ロボットの憲法上の権利やロボットの刑事責任等についての議論も紹介しておこう。

I 〈考え/判断〉することへの懸念

ロボットが〈感知/認識〉し、〈考え/判断〉して、〈行動〉する循環のうち、〈考え/判断〉する要素こそが、ロボット法の最も懸念する特徴である。この〈考え/判断〉する要素においては、人工知能（AI）の活用が期待されている。しかしその人工知能の「自律的（創発的）」判断に関しては、**一体どのような論理・理由でそれが導かれたのかが不明（不透明）**であり、したがって設計者も予想だにしない（**制御不可能な**）誤作動を引き起こす心配が多く指摘されている。この懸念は、古くからsci-fi（サイ・ファイ）作品において指摘されてきており、それら諸作品を紹介することで問題点の理解を深めることにつながろう。

たとえばジョージタウン大学教授（出典公表時）のデヴィッド・C.ヴラデックは、映画「2001年宇宙の旅」[★1]の中で宇宙飛行士たちを殺してしまう「HAL（ハル） 9000」

型コンピュータ（第2章 Fig. 2-4、および次の Fig. 6-1 参照）を例に挙げつつ、次のように指摘している[★2]。

Figure 6-1：HAL（ハル） 9000
映画「2001 年宇宙の旅」（1968 年）

「HAL」の名称は、「IBM」の 3 文字をそれぞれ 1 文字ずつずらした造語であるいう俗説がある。しかしこの説を原作者のアーサー・C. クラークは否定し、IBM 社には映画製作に協力してもらって感謝している、とマサチューセッツ工科大学（MIT）出版刊の書籍において述べている。なお「H-A-L」は「Heuristic ALgorithmic」の短縮語である[★3]。
Photofest/アフロ

> 真に知的な機械は、製造時には直接予想されていなかった状況に対して、最初にヒトから与えられた指示を適合させるように学習するかもしれない。そして、**製作者たちが組み込もうとはしなかった価値観を、自らのものとすることも学ぶであろう**。たとえば HAL は、**自らの生存という価値観を**プログラミングされていなかった。しかし HAL は、この価値観を高く評価し、ついには人命よりも高い価値に据えてしまった……。（強調付加）

AI が生存機能を勝手に持つはずがない、生物とは異なるのだから、という批判もあろう[★4]。すなわち、AI は生物の進化の産物ではないから、自身の遺伝子を生存させようとして自身の福祉を他の生物よりも上位に置く生物の進化の歴史を AI が引き継ぐわけではない。したがって他の種を侵食して力を得ようとするヒトと AI を同一視することは誤りである。

つまりAIの開発がすなわち「人類にとって代わろうとする意思」を有することになると結論づけることは誤りである――このような指摘も見受けられる[★5]。しかし絶対にないと断言・保証できるであろうか[★6]。生物の進化の過程を複製してAIを開発することも考えられるから、ヒトを害することにならないと断言はできない、という指摘もある[★7]。

Figure 6-1-2：自らを生命体であると主張する存在
左：「GHOST IN THE SHELL/攻殻機動隊」（アニメ版 1995年）、右：その実写版の「Ghost in the Shell」（2017年）

ヒトの身体を機械が代替し（すなわちサイボーグ化し）、かつ脳がネットワークにつながる未来の日本を舞台とする映画。主人公の草薙素子（通称「少佐」）は、公安9課に所属して自らも脳以外がすべて機械という設定。ネットワーク上で発生した「プロジェクト二五〇一」が自らを「生命体」と呼び、少佐と融合して新たな存在を生むというプロット。なお右の実写版では少佐役をスカーレット・ヨハンソンが演じ、その開発者をジュリエット・ビノシュ、そして少佐の上司である荒巻大輔の役を北野武が演じるという豪華な作品。
Collection Christophel/アフロ

いずれにせよ、ヴラデックは次のように続けている。「行くべき方向を自ら定義し、決定を自ら下し、かつ優先度を自ら決めることができる機械は、［ヒトの］単なる代理人［や道具］以上の何かである。それは、法が答えを出せない問いかもしれない。[★8]」「HALは独立して考え、かつ行動する能力を与えられた。それゆえに、人または人間性を機械が害してはならないというロボット工学第一原則に違反するような『決定を下した』のである」、と[★9]（「ロボット工学3原則」については、第1章参照）。

ルイジアナ州立大学准教授(出典公表時)のクリスティン・A. コルコスも、「HAL は知力と、いかなるコストを費やしてでも生存する意思とを取得した」と指摘している。[★10] また、ロボットが生存本能を有しうるという論点に関し、たとえば高名な製造物責任法研究者で南カロライナ大学教授(出典公表時)のデヴィッド・G. オーウェンも、開発の結果として「ロボット“脳”」(robot “brains”)が新技術により造り出されて生存本能を有するようになってロボットの創造主であるヒトに歯向かってくるおそれに言及しつつ、「**かつては専ら科学的空想領域の話であるとされていたような概念や工学技術でさえも、今では……『科学的現実』になっている**」と指摘している。[★11]

さらに『THE LAWS OF ROBOTS』(ロボットの諸法)の著者でトリノ大学教授(出典公表時)のパガロも、ロボットによる違法行為(たとえばヒトへの危害)が犯罪となるか否かは、たとえばロボットの「生存のため」にやむをえない行為であったか否か次第であると分析したうえで、そもそも**そのような設計自体を違法とすべきか否か**も考えるように示唆している。[★12]

なお誤作動の恐怖を描く作品は、「2001 年宇宙の旅」以降にも散見される。たとえば「ロボコップ」シリーズの 1 作目(1987 年オリジナル版)においても[★13]、主人公のロボット警官「マーフィー」が造られる前の試作ロボット ED-209(エド)(第 1 章 Fig. 1-2 参照)が、その製造業者「オムニ社」の重役室でデモンストレーション中に誤作動して重役を撃ち殺してしまう場面が登場する。さらに、sci-fi 映画「ウエスト・ワールド[★14]」では、客がロボットのガンマンと決闘して撃ち殺せるという西部劇型アミューズメントパークにおいて、ユル・ブリンナー演じるロボット・ガンマンが逆に客を撃ち殺し始めるという恐怖が描かれている(次頁 Fig. 6-2)。

1 財産権をロボットに認めるべきか

〈考え/判断〉するというロボットの要素が含意するのは、ヒトのような知的な活動を行うロボットの特徴である。またこの知的な活動という特徴は、人工知能(AI)の存在に依るところが大きい。知的活動の例としては、たとえばロボットや AI が、ヒトのようにさまざまな知的財産を生産する活動を挙げることができる。

Figure 6-2：ロボットが誤作動する恐怖
映画「ウエスト・ワールド」（1973年）

西部劇を実体験できるアミューズメントパークで、ユル・ブリンナー演じる“撃たれ役”のロボットが誤作動し、客であるヒトを殺していく恐怖を描いた作品。
写真協力：公益財団法人川喜多記念映画文化財団

そこで、たとえばAIやAI搭載ロボットが何か新規なアイデアを発明したり、創作性のある音楽を作曲した場合、AI・ロボットが特許法上の「発明者」や「著作者」たりうるであろうか。現在では「創作的機械」（creative machines）や「創作的コンピュータ」（creative computers）が発明や作曲等を行い、その特許権や著作権等の扱いが、アメリカではすでに法学論文において議論されている[★15]。そこで以下では、知的財産権の中でも特に、著作権をめぐる議論と参考事例を紹介しておこう。

(1) 著作権をロボットに認めるべきか

AIやロボットが著作した著作物に対しては、ロボットが著作権者としての権利を賦与されるべきであろうか。この問いは、本書が書かれるよりもしばらく前の時代であれば、あまりにも突飛に聞こえたに違いない。

しかし今では、実際にコンピュータが作曲を行い、ヒトが作曲した楽曲かコンピュータが作曲した楽曲かの違いを、聞き分けることも難しいかもしれない時代になってきている[★16]。したがって、そのようにコンピュータが作曲した楽曲の作曲者は、もはやヒトではなくコンピュータであり、ゆえに著作権者もヒトであっては論理的におかしいのではないかという考えも出てこよう。実際そのようなテーマを扱う法律論文が、アメリカには見受けられるのである[★17]。

ちなみに日本では、著作権法2条1号が、「著作物」を「思想又は感情を創作的に表現したもの……」(圏点付加) と定義しているために、思想も感情も有さない「人工知能が自律的に生成した生成物 (AI創作物) は、思想または感情を表現したものではないため著作物に該当せず、著作権も発生しないと考えられ」ている[★18]。

ところで、"ヒト以外の存在"が著作権者たりうるかという問いに対する議論の文脈において、国際的にしばしば引き合いに出される[★19]事例が、いわゆる「サルの自撮り (Monkey Selfies(セルフィーズ)) 事件」である。引き合いに出される理由は、動物が著作権者たりうるかという論点も、ロボットが著作権者たりうるかという論点と同様に、ヒト以外の存在が著作権者たりうるか否かの問題であるという共通点を有するから、もし前者に著作権が認められるならば後者にも認められるべきである、というアナロジーが使えそうだからである。

A　サルの自撮り事件　　いわゆる「サルの自撮り事件」の正式事件名は、ナルト対スレーター――Naruto v. Slater (「Naruto」はサルの名前) ――である[★20]。それは、動物擁護団体 (PETA : People for the Ethical Treatment of Animals) が、サルの自撮り写真の著作権をそのサルに認めるべきであると主張して、提起した訴えである。連邦地裁は[★21]、著作権法のいう「著作者」の概念がヒトを意味しておりその他の「動物」を含まず、かつ動物には「原告適格」も認められないと判断[★22]。この問題は立法府と大統領が扱うべき問題であると指摘した[★23]。**裁判例紹介 #10** では同事件の概要を示してある。これをお読みいただければ、ロボットに著作権を認めるというアイデアが、少なくとも制定法を改正しなければ難しそうであることを読者にも感じていただけよう。

Figure 6-3：サルの自撮り写真(出典＊1)

インドネシア在住の6歳のオスの野生クロザル「Naruto」が自撮りした写真。

なお本件はその後和解が成立している。それによると、ナルトおよびインドネシア在住のクロザルの福祉と住環境のために、猿の自撮り写真からスレーター氏が得る総収入の25%を寄付することになった。PETAとスレーター氏の共同声明は、動物の基本的な権利を認めるべきであると主張している。

ところでこのナルト事件では、実定法が認めるヒトや法人等以外の存在（動物）が著作権を享受できるか否かが争点となっていたわけであるが、すでにAIが作曲を行っている現実から、近い将来にはロボットやコンピュータが作った作品にも同様な問題が起きると予想される。実際、すでに次のBで紹介するような議論が始まっている。

裁判例紹介 #10：
サルは自撮り写真の著作権者たりえないと判断された、ナルト対スレーター事件[★24]

被告のひとりである写真家デヴィッド・ジョン・スレーター（以下「スレー

ター」または写真掲載書出版社被告とあわせてあるいは単独で「Δ（デルタ）」という）のカメラを用いて、インドネシア在住の6歳のクロザルであるナルト[★25]（以下「π（パイ）」という）が自撮りした写真（以下「サルの自撮り写真」という。前頁 Fig. 6-3）をめぐる訴訟である。

πの訴訟後見人であるPETAらが訴えを提起。訴状によれば、πは、ヒトの介在なしに自律してスレーターのカメラのシャッターを複数回押し、レンズに映る自分の位置等も理解してカメラを操作して「サルの自撮り写真」を撮影。これをΔが、自身を真の著作者であると偽って販売等したことは著作権侵害に該当すると訴訟後見人は主張し、その侵害ゆえに生じた利益を得る権利や、「サルの自撮り写真」の複製等の恒久的差止めと、著作者の権利の訴訟後見人による管理保護を、連邦地裁カリフォルニア北区担当に求めた。Δは、原告適格をπが欠くと主張して訴え却下を申し立てた。

「サルの自撮り」写真に対し、そのサルが著作権者たりうるかが争点となった当事件において、連邦地裁カリフォルニア北区担当は、サルが著作権者たりえず、著作権侵害訴訟の原告適格を欠くとして、訴え却下の申立てを認容した。その理由として同裁判所は、以下のように述べている。

シテイション事件[★26]が指摘するように、「特定の制定法に基づく訴権が原告に付与されていた場合には」制定法上の原告適格が存在する。議会がまず原告適格を付与する「意思を明確化して初めて、制定法が特定の原告に原告適格を付与していると［裁判所は］解釈できる」。

著作権法[★27]は、「著作者の創作にかかる著作物」を保護すると規定している。しかしながら制定法条文は「著作者の著作物」や「著作者」を定義していない。連邦控訴裁判所第9巡回区はガルシア事件において[★28]、著作権法が「いくらかの柔軟性を付与するために『著作者の著作物』を意図的に定義しなかった」と捉えている。

訴訟後見人は、「著作者の創作にかかる著作物」を創作した者なら誰でも原告適格が付与され、そこには動物も含まれると主張する。そしてπが著作者であったことは訴状に十分詳細に記載されているから、それ以上の記述は不要であると主張する。

しかしこの主張を担当裁判官は、シテイション事件に従い支持しない。シテイション事件では世界中のクジラ、ネズミイルカ、およびイルカの自称代理人が、「絶滅の危機に瀕する種の保存に関する法律」「海洋哺乳類保護法」「国家環境政策法」違反を主張して訴えを提起。原審が訴え却下を命じた判断を審査した第9巡回区は、それら制定法条文から動物に原告適格を付与する議会の意図が読み取れるか否かを検討して、次のように述べている。「人民や法人のみならず動物にまでも権限を付与するという、尋常ではない段階に踏み出すことを仮に議会と大統領が意図していたならば、議会と大統領はその旨を明確にできたし、かつ文言化すべきであった［けれども文言化されていないから、動物に権限は付与されていない］」と。

そして本件でも、著作権法は、著作者や制定法上の原告適格の概念を明確に動物にまでも及ぼさせておらず、条文のいかなる部分も動物に言及してはいない。そして連邦最高裁と第9巡回区の判例は、著作権法上の著作者を分析する際に、繰り返し「人々」(persons) または「人間」(human beings) に言及している。たとえばリード事件においては[★29]、「一般論として、著作者とは実際に著作物を創作した当事者であり、すなわち概念を固定させて有形的表現に変換して著作権の保護を受ける権利のある人である」(強調は原文) と指摘している。著作者の定義を拡張させて動物までも含有させた裁判例をひとつも訴訟後見人は指摘できず、担当裁判官もそのような裁判例を発見できなかった。

加えて著作権局も、動物が創作した著作物は著作権法上の保護を享受できないという解釈に同意している。そしてインヘイル事件等が指摘するように[★30]、しかるべき場合に裁判所は「著作権局の解釈を尊重」する。2014年に発行された『合衆国著作権局実務概要 第3版』[★31]は、§306の「人間の著作者の創作要件」と題する項目において、「［著作権局は］著作者の創作にかかる著作物を登録する。ただし、著作物は人間によって創作されたものでなければならない」と記述している。同§313.2の「人間の著作者の創作を欠く著作物」と題する項においては、「『著作者の創作』にかかる著作物の要件を満たすためには、著作物は人間によって創作されねばならない」と記述されている。同概要は続けて、「自然、動物、又は植物」が作成した著作物を著作権局は登録しないと述べ、登録対象外の具体例として「サルによって撮影された写真」も含まれる、と指摘している。

ナルトは著作権法上の「著作者」には該当しない。この結論を訴訟後見人は、「動物芸術に対し［大衆が抱く］多大な興味」とは「対照的」であると［批判的に］指摘する。たぶんそうかもしれない。が、しかしそのような主張は議会または大統領に向けられるべきであり、担当裁判官に向けられるべきではない。担当裁判官の関心は、著作権法がナルトに原告適格を付与していることを訴訟後見人が示したか否かである。著作権法の明白な条文と、同法の著作者の創作要件に関するこれまでの司法解釈、および著作権局のガイダンスに照らして、訴訟後見人はナルトの原告適格を示していない。

B　ヒト以外の存在に著作権を認める学説　ヒト以外の存在に対して著作権を付与しない上記の立場に対しては、興味深い批判がある[★32]。すなわち、ヒト以外にも著作権の保護を付与すれば、新たに価値ある創作物の創出を奨励することになるから望ましい、という。ナルト事件においては、サルのナルトが自撮りしたくなるような環境を、写真家スレーター氏が設定していたのであるが、仮にナルトによる自撮りには著作権が認められず公有に帰すること等をスレーター氏や同様の写真家たちが事前に知っていれば、本件のようにサルに自撮りさせる者が減り、社会的に意味のある芸術作品の創造も減るであろうと指摘されている。

ところでコンピュータが創作した楽曲や絵画等の諸作品の著作権法・著作権局の扱いを分析したアイダホ大学教授(出典公表時)のアンマリー・ブライディーによれば[★33]、1978年に連邦議会の機関である「CONTU」[★34]が公表した報告書は、作品がヒトによるものかコンピュータによるものかの二分論に立脚し、後者に著作権を認めることに否定的であった。しかし1986年に、やはり連邦議会の機関である「OTA」[★35]が公表した報告書は、コンピュータの洗練性が向上している事実を認め、その創作物に著作権性があるか否かは不明であるとしながらも、場合によっては共同著作者と扱うべき可能性を示唆している。さらにブライディー教授によれば、この論点においては著作権の要件である「創作性」が認められるべきか否かが重要であるが[★36]、著作権法（制定法）は著作者がヒトでなければならないとは明記していない。さらに著作権法は、すでに職務著作の法理を用いて、ヒト以外の「法人」が著作権を有することを認めている。その類推により、**コンピュータが創作した著作物を職務著作として扱うことが可能**かもしれない[★37]。職務著作と捉える法理の利点のひとつは、プログラマーを実際の著作者と誤解することを回避できることである。作品の実際の創作はコードによってなされており、プログラマーではないので、このような誤解を職務著作法理は回避できる。職務著作法理の2つ目の利点は、機械に著作権を付与することを回避できる点にある。機械に権利を付与することは現実的ではないので、その困難さを職務著作の法理は回避できるのである。すでに英米法諸国のニュージーランド、イギリス、香港、およびインドはそのようなアプローチをとっている。しかし大陸法国のフランス、ドイツ、ギリシャ、スイス、およびハンガリーは、著作者人格権を強く尊重するために、ヒト以外の著作者の認容を拒絶している。

以上の分析は、今後の日本における検討にも大きな示唆を与えるであろう。そのほかにも、コンピュータが創作した著作物をヒトに帰属させるための基準として、「予見可能性」を用いるべきと主張する論者も見受けられる[★38]。

ところで特許権についても、たとえば、何らかの発明的なアイデアを創作できる A という機械を、B 氏が使用して新しい発明 C を創作した場合には、その発明 C は誰に帰属すべきであろうか――機械 A は法人格が認められていないので、少なくとも A に帰属することにはならない――という問題も提起されている[★39]。なお B も発明者の要件――B が発明したこと――を満たしていないので、発明者になりえない。したがって発明 C は、誰の財産権にも服さない公有（パブリック・ドメイン）に帰する、と指摘されている。

2 ロボットの法人格

サルが著作権者になりうるか否かが論じられるように、ロボットにも法人格が認められるべきか否かが、欧米では早くも論じられている。ロボット民事法で論じられる「[法]人格性」とは、ロボットが法的権利・義務の主体たりうるかという問題であり、財産権を持ったり、訴えたり訴えられたりしうるかという問題である[★40]。自然人以外で法人格を有する実定法上の存在としては、「法人」や「政府」がある[★41]。そして「法人」は、実際にはヒト（自然人）ではないにもかかわらず、法制度上、法上の擬制（フィクション）として法人格を付与されている。ロボットにも、自然人ではないにもかかわらず法人格を付与しようとする議論では、自然人と法人とのアナロジーでこれを論じるものが散見される[★42]。しかし**法人の場合には、その行動の意思決定を下しているのは結局のところ取締役や最高執行役員といった自然人であることが、完全自律型ロボットの場合とは大きく異なる**と指摘されている[★43]。このような指摘は、日本における今後の議論[★43-2]においても参考になろう。

ロボットは「意識」を持つに至るのか

Figure 6-4：「ヒトよりもヒトらしい」レプリカント
映画「ブレードランナー」（1982 年）

レプリカントが「我思う、故に我在り」と言う前後の場面。
右上がロイ、左下がパリスである。
ALBUM/アフロ

以下は映画「ブレードランナー」内の台詞（せりふ）である。[★44]「レプリカント」と呼ばれる人造人間の「ロイ」および「パリス」と、エンジニアの人間「セバスチャン」との会話で、人造物が権利を要求する場面とも捉えられる。

ロイ：　セバスチャン、なぜ俺たちを見つめるんだい？
セバスチャン：　なぜって、君たちがとっても奇異だからだよ。**君たちはあまりにも完璧すぎる**。
……
ロイ：　**俺たちゃコンピュータじゃあないんだ、生身の存在さ**。
パリス：　**我思う、故に我在りですよ**、セバスチャン（*I think,* Sebastian, *therefore I am.*）。
ロイ：　よく言った、パリス、……。　（強調付加）

機械も「考える」ことが可能か否かを最初に検討したのは、**「我思う、故に我在り」**で有名な哲学者デカルトである――これは、ジョージタウン大学教授(出典公表時)のスティーヴン・ゴールドバーグや[★45]、同大学教授(出典公表時)のローレンス・B.ソラムの指摘である[★46]。筆者には、デカルトを引用する「ブレードランナー」の台詞がこの問題を象徴的に表していると思われる。

ロボットが意識等を有するか否かの問題は、いくつかの特定の概念を用いて議論されている。すなわちロボット・AIは、たとえば以下のいずれかまたはその組み合わせのいくつかを有することになるかもしれない、と議論されている。

- ✓ 意識、または自意識(conscious[ness] or self-conscious[ness])[★47]
- ✓ 自己認識(self-awareness)[★48]
- ✓ 知力を有する[存在](sentient [beings])[★49]
- ✓ 精神(minds)[★50]
- ✓ 考える(to think)[★51]
- ✓ 感情([real] feelings)[★52]
- ✓ 情動(emotion)[★53]
- ✓ 魂(souls)[★54]
- ✓ 故意(intentionality)[★55]
- ✓ 意志(volition)[★56]
- ✓ 自由意思(wills)[★57]

ここで論じられているテーマは、哲学的課題である。なぜなら、たとえば「情動」という概念がまずは定義できなければ、ロボットが「情動」を有するか否かは判明しない。しかし、そもそも**「情動」の定義がいまだに定まっていないから[★58]、ロボットが「情動」を有するか否かも決まらない**のである[★59]。さらに**「意識」という概念も、定義が難しい**[★60](この問題は後述 **III-1** において再度触れる)。そこで本書ではとりあえず、上で例示した諸概念のいくつかをロボットが持てるか否かが論点である旨を以下で指摘するにとどめておき、今後の議論の発展を期待することにしたい。

1 自意識

「ヒトの有する自意識（self-awareness）の能力とは、自身の存在を意識することができる能力である」。[★61]ヒトの脳の諸活動の中でも最も重要な部分は「意識的な自己認識」である、と捉える者もいる。[★62]そして人工知能（AI）の発達において**恐れられているのはその合理的な思考能力ではなく、むしろ「自意識を有する」可能性である**、と指摘されている。[★63]さらに、法的な権利・義務の主体としての「人」として認定されるために不可欠な要素は、自意識とヒトのような知性であるという指摘もある。[★64]

「自意識」という概念がAIの文脈で用いられる例としておそらくは最も有名な例が、映画「ターミネーター」に登場する「スカイネット」という名称のネットワーク型AIである（第4章1-6(1)参照）。

2 規範を侵す知力

知力を有する存在は、しばしば規範を侵すので、**自律的に「考え」る能力を機械に持たせれば、与えられた規範に反する行動をとる能力も付与することになる**ことを、さまざまな分野の専門家が懸念しているといわれている。[★65]すなわちヴラデックは、次のように指摘している。[★66]

> 知力を有する存在はしばしば、ルールを破る。そして、**自律的に「考える」能力を機械に与えてしまえば、そもそも機械に与えられている「ルール」に反するかもしれない行動さえをもとりうる能力を、必然的に機械に与えることになってしまう**。そのように、人工知能に関心を寄せるあらゆる分野の研究者たちは、長年にわたって心配してきたのである。そのような懸念を抱く研究者たちの中には、工学技術者、科学者、倫理学者、および哲学者も等しく含まれている[]。**そもそも人工知能的な機械を造ることが正しいか否かをめぐる学術的な論議の中心には、この懸念が存在していることは明白**である。加えて、この懸念は、多くのsci-fi（サイ・ファイ）古典諸作品の背景にある原

動力でもあるのだ。　（強調付加）

ディストピアなsci-fiの名作に学ぶべきである、と筆者が述べた第2章Ⅳを支持するヴラデックの指摘を、ロボット・AIの研究開発に関する諸活動に携わる人々は、大いに肝に銘じるべきであろう。

3 感情／情動

「感情」（feelings）には、愛情、愛着、憎悪、または嫉妬が含まれるという説がある[★67]。マサチューセッツ工科大学の人工知能研究所長（出典公表時）であるR. A. ブルックスは、ヒトの感情や欲求等に類似のものを有する機械が開発される方向に向かっていると指摘している[★68]。

果たしてロボットは「感情」や「情動」を有しうるのか、有しうるとすれば、有するべきか、有せざるべきか。抽象的な議論の段階を超えて、現実問題として真剣にこのことが論じられているロボット法の論点としては、ロボット兵器を国際人道法的に禁止すべきか否かの論点がある。すなわち、ロボット兵器の利点を指摘して主にその推進を擁護する立場からは、感情を欠くロボットは、感情に左右されてヒトのように怒りや復讐心等々で判断を誤るおそれがないから、ヒトの兵士よりもロボット兵器の方が望ましい、と指摘される[★69]。さらに**恐怖心のないロボットならば、相手が撃ってきてもむやみに応射せずに耐えつつ、相手が国際人道法上いかなる扱いをされるべき者かを確認するために相手に最大限近づける**し[★70]、敵を撃ち殺すことなく無力化したり確保することも可能である。この主張はすでにsci-fi映画作品においても描かれていて、「ロボコップ」（1987年オリジナル版）[★71]においては、コンビニ強盗が主人公のロボット警官「マーフィー」に対し撃ってきても、マーフィーは動じることなく近づいて、その強盗を射殺せずに投げ倒し無力化してしまう場面が描かれている。

他方、ロボット兵器に反対する立場からは、感情を欠くロボットは当然、憐憫（れんびん）や慈悲の情をも欠くので、躊躇なく冷酷無残な行為を実行するおそれがあると指摘される[★72]。

筆者が思うに、一口に「感情」といっても良い面と悪い面の双方があるので、ロボットの感情を論じる際には、その両面をまずは理解したうえで議論をする必要性があると思われる。

4 チューリング・テスト

コンピュータがヒトのような知的能力を備えているか否かを判断するための基準として、コンピュータ科学者で数学者のアラン・M. チューリングが開発したテストが「**チューリング・テスト**」(Turing Test)[★73]である。2つの端末のうち1つは人間につながっていて、もうひとつは機械につながっている。質問者には、端末のつながっている先が人間であるか機械であるかが見えないようになっている。質問者からの複数の質問に対し、人間も機械も自分こそがヒトであると信じ込ませるような返事を質問者に返す。質問者に対する返事のうちのほぼ半数について、機械がヒトであると質問者を騙すことができれば、**どちらの端末の返事が機械のものか人間のものかの区別がつかず**、機械はテストをパスし、ヒトと同じように振る舞えたものと判定できる[★74]。このチューリング・テストの秀逸さは、「考えること」や「知性」とは何かという**難問を直接解くことを回避し「機能的」に判定できる**点にある[★75]。AIの専門家の多くは、コンピュータが将来的にはチューリング・テストをパスすると信じているといわれており、問題はもはやパスできるか否かではなく、いつ(when)パスするのかである、ともいわれている[★76]。

もっとも哲学者のジョン・R. サールによれば、テストをパスできれば「意識」の存在が証明されるかのような見解は誤りだという[★77]。洗練された外観のみから内心の状態を推定するのは短絡的だという批判である——「自ら考えているように見えること」と「自ら考えること」とは、異なるからである[★78]——。したがって、チューリング・テストをパスしたすべての機械が意識を有するわけではない、とも指摘されている[★79]。

ロボット法の文脈では、たとえばロボットに憲法上の人権(「ロボット権」?)が認められるべきか否かについて、その前提としてそもそもロボットが、ヒトの特徴であるところの「理解」や「考える能力」を備えているかといった分析において、チューリング・テストが論じられる[★80]。さらには、たとえばロボットが創った作品に創作性が認められるか否かという著作権法の論点に関し、ヒトが創ったかロボットが創ったかの見分けがつかなければ創作性を認めるべき云々という文脈でも、チューリング・テストが登場する[★81]。

5 中国語の部屋

チューリング・テストに批判的な哲学者サールが提起した思考実験が「**中国語の部屋**」（Chinese room[★82]）である。閉じ込められた部屋の中の人物は、中国語をまったく理解していないけれども、その部屋のドアの下から［被験者にとっては］意味不明な中国語の紙が差し入れられる。部屋の中に置いてある、英語で記述されたマニュアルは、中国語の意味を何も説明せずに、単に「不規則に曲がりくねった○○○という形［が記載された紙］が部屋の外から差し入れられたら、［マニュアル内から］不規則に曲がりくねった×××という形を探し出し［記載したうえで］ドアの下から外に［返しなさい］」のように指示している[★83]。このマニュアル通りに中の人物が、記号（中国語）の「形」通りに文字列を記載してドアの下から部屋の外に返すと、実はきちんとした中国語の意味をなしている。そのために外の人たちは、内部の人物が中国語を理解していると説得されてしまう、という実験である。つまり外見（返事）からは理解しているように見えても、実は中の人物はまったく中国語を「理解」せず、単に盲目的にマニュアルに従って「形」を操っただけである[★84]。これでは部屋の中の人物が「考え」ているとはいえないであろう。

したがって、コンピュータがヒトと同じような行動をとれるからといっても、やはり「考え」ているとは必ずしもいえない。つまり「理解」していなくとも、その振りを装うことはできてしまう。コンピュータに記号を文章として並べられるようにインプットしても、そのコンピュータが文章を「理解」していることにはならない、というわけである[★85]。

なおサールの主張は、将来コンピュータが意識等を持ちうると主張する「強いAI」の擁護派（後述**7**）から猛烈な反対を受けている。たとえば、部屋の中の人物は確かに中国語を理解していなくとも、部屋やマニュアルを含めたシステム全体としては理解していることになるという反論や、そもそも他人が何かを理解しているか否かはその他人の言動から判断するしか手立てがほかにないのだから、部屋の中の人物が中国語を理解していると捉えなければならないという反論もあるという[★86]。後者の反論は、以下の、映画「2001年宇宙の旅」[★87]に登場するコンピュータHAL（ハル）9000（前掲Fig. 6-1）が感情を有しているか否かが不明である旨を示唆する台詞（せりふ）[★88]、を思い起こさせる指摘であろう[★89]。

BBCのレポーター：	HALが感情的な返事をすると感じるのですが。私が彼の能力について質問したところ、彼［の返事］から矜持（きょうじ）のようなものを感じました。
宇宙飛行士D. ボーマン：	ええ、彼は純粋な情動を有しているように行動するのです。もちろん、そのようにプログラミングされているだけなのです。私たちが話しやすいように。でも、**彼が本当に感情を持っているか否かは、誰にも真っ当に答えることができない**問いだと、私は思います。　（強調付加）

コンピュータが「感情」や「意識」を有しているか否かといった問いに対する正解を得るためには、その前にヒトの感情・意識とは何かをわれわれが理解していることが前提となろう。しかし上記の問いに接することで人類は、**ヒト自身の感情・意識とは何かを、実はいまだ正確には把握していないことを思い知るに至る**のである。ニューヨーク・タイムズもサールの問いかけに関しおおむね次のように述べている。「〈ヒトの知性が脳内世界を解き明かせるはずである〉という私たちの信念に、サールが疑問を投げかけた」と[★90]。HAL 9000が感情を持っているか否かを誰も答えられないと宇宙飛行士ボーマンが述べる台詞は、この問題がすでに映画「2001年宇宙の旅」が製作された1968年に指摘されていたものと捉えられよう。

6 ロボットの権利・責任論争と「意識」の有無

ロボットが「意識」を有するか否かの議論は、ロボットを権利・義務の主体として認めるべきか否かをめぐる議論に不可欠な要素としても、重要な論点である。すなわち、ロボットに「自意識」があれば、「故意による行動」の前提である、**自らの行動を自らの行動として省みることが可能になり、そうなれば責任主体として扱うことも可能になる**からである[★91]。この論議については後述 III 以降参照。

7「強い AI」と「弱い AI」

人工知能がヒトのように「意識」を有することになるか否かの問いに対する答えは、「**強い AI**」を信じる肯定派と、「**弱い AI**」を信じる否定派に二分されるといわれている[★92]。

(1) 強い AI

「強い AI」とは、抽象的思考能力や問題解決能力といった、ヒトが共有する能力を備えた機械という意味であり[★93]、**考えたり**[★94]**、推論したり、想像したり、その他のすべて脳と結び付けられている事柄ができる、真に「知力」と呼ぶことができるコンピュータ**である[★95]。そのような機械が可能になれば、ヒトの認知能力を凌駕するであろうと考えられている[★96]。「強い AI」の信奉者たちは、ヒトの考えがすべてアルゴリズムであり数学的に分解可能であると主張して、考え、自意識を有する[★97]ロボットを創造できると主張する[★98]。すなわちヒトの「知力」の本質はコンピュータ的なものであるから、AI 研究によって複製可能であると捉えるのである[★99]。

(2) 弱い AI

「弱い AI[★100]」の信奉者たちは、ヒトのような行動を示すロボットは実現されるだろうけれども、「その内心は岩石のように空虚であろう」と主張する[★101]。すなわち考えることができる「強い AI」のように見えるロボットが出現しても、それは見せかけているだけで実際に考えているのではない、という。そのような見せかけの AI を「弱い AI」と呼ぶ[★102]。

(3) sci-fi作品にみる「強いAI」の恐怖

映画「ターミネーター」シリーズが観客に伝えようとしたメッセージは、自ら「考える」能力を有するAIを搭載した機械を信用してはならない、なぜなら彼らがヒトに歯向かうかもしれないのだから、というものであるとの指摘がある[★103]。自ら考えると、規則を破るおそれもあると指摘されている[★104]ことは、前述2で記した通りである。

「2001年宇宙の旅」のHAL 9000型コンピュータは、感情を持っていたのだろうか。前述5で引用した台詞(せりふ)が示唆していたように、この点は（あえて？）明確化されない形で描かれているように思われる。すなわち感情を持ってはおらず、単に持っているように真似ているだけのようでもあり、逆に感情を持っているようにもみられるのである。

「ブレードランナー」（第2章Fig. 2-1、2-8、2-8-2、および前掲Fig. 6-4）や「A.I.」など多くのsci-fi作品においては、感情を有するロボット/アンドロイド――すなわち「強いAI」――が登場するけれども、彼らはヒトよりも劣等的扱いを――たとえば財物や動物程度の扱いを――受けているように描かれている[★105]（奴隷としてのロボット観については、第2章II参照）。前者「ブレードランナー」では「レプリカント」と呼ばれるヒト型アンドロイドが寿命を延ばすために、人殺しをする。そこには感情を有するロボット――「強いAI」――に対して私たちが抱く、漠然とした不安が描かれているようである（「脅威としてのロボット」観について、第2章III参照）。さらにアイザック・アシモフの『われはロボット』内の短編「証拠」においては、ロボットがヒトと同様にプライバシーの権利を求めるさまが描かれている、という指摘もある[★106]。

以上の文芸諸作品から学べることは何であろうか。仮に「強いAI」が実現され出現した場合、感情等を有する存在であるゆえに、その感情に配慮する必要性が出てくるということであろうと筆者には思われる。

8 フレンドリーAI――危機に対する安全策の提案

ノースウエスタン大学教授(出典公表時)のジョン・マッギニスは、「**フレンドリーAI**」の研究開発を進めることによって「強いAI」に懸念される[★107]恐怖を取り除ける、と主張しているので興味深い[★108]。マッギニスによれば、「フレンドリー AI」とは、ヒトに危害を与えず、AI の有害な特徴や愚かさを許容する余地を制限した AI である[★109]。すなわち、人類の危険になるような自律性の行使を許さない AI[★110]、あるいは倫理的価値観を有する AI が、「フレンドリー AI」である。

ところでインディアナ大学教授(出典公表時)のコリン・アレンとイェール大学講師(出典公表時)のウェンデル・ウォロック等は、「機械の自由度が広がれば広がるほどに、機械には倫理的諸基準が必要になる」と指摘しつつ[★111]、ヒトに危害を与えるおそれもある自律型ロボットには倫理規範を組み込むこと（すなわちフレンドリー AI 化）が重要、と主張している[★112]。なぜなら、たとえ倫理問題を理由に自律型ロボットの開発をやめることが難しくとも[★113]、**自律型ロボットが人間の持つ価値観や倫理的規範を有しておりヒトを害さないという安心感を大衆に付与しなければ、政治的圧力ゆえに開発が遅れる**可能性もあるからである、と指摘している[★114]。筆者にはこの主張が非常に説得力を持つと思われるが、いかがであろうか。

9 フレーム問題

倫理的価値観を「フレンドリー AI」に持たせようと試みる際の障害のひとつと思われる点が、いわゆる**「フレーム問題」**である。「フレーム問題」とは[★115]、コンピュータ（ひいてはロボット）が何かを決定する際に必要な情報のすべてを列挙することが不可能であるという問題をいい、たとえ列挙が可能だと仮定しても、多すぎる情報ゆえに負荷がかかりすぎて[★116]関連性のある推認ができず、かつ関連性のない情報を切り分ける際に膨大な時間がかかってしまう問題である。要するにフレーム問題は、コンピュータ（ひいてはロボット）に**「常識」を教えることの困難さ**を示しており、**いくつかの規範をトップダウン式に教え込んでそこから類推させるようなプログラミングが不可能であること**を示しているともいわれる[★117]。決定に必要な関連情報のみを切り取ることができず、関連情報を切り取れないから決定もできないことになる[★118]。いかなる情報が関連性を有しているか否かがわからず、予見不可能な突発的状況に遭遇した場合に必要な情報が何

であるのかも、事前にプログラマーにはわからないという指摘もある。[★119]

フレーム問題の有名な仮想事例（ハイポ）がある。[★120]「R1」というロボットに自衛するように設計者が教え込み、自衛のためには貴重な電池が必要で、その電池は、ある部屋の中の手押し車に置かれてあることも知らされている。加えて、その手押し車には爆弾も仕掛けられていて爆発時刻が刻一刻と迫っていることも、知らされていた。R1は部屋を特定し、部屋の鍵も特定し、電池を回収する方策を計画した。手押し車を部屋から引っぱり出せば電池を部屋から出せる「PULLOUT（引っぱり出す）」という計画を立てたR1は、即座にその「PULLOUT」を実行に移した。幸い電池は、爆弾が爆発する前に部屋から取り出せた。しかし爆弾も手押し車と一緒に部屋の外に出てきてしまった。なぜなら、R1には、「PULLOUT」という計画を実行すれば、当然それに付随して爆弾も電池と一緒に出てきてしまうことを思い付かなかったのである。すなわち**計画の実行に付随する自明な推認さえも、R1にはできなかった**。したがってたとえ「自衛」するように教え込んであっても、手押し車を部屋から引っ張り出せば爆弾も一緒に出てきてしまうことさえ推認できないロボットは「自衛」の指令を全（まっと）うできない、という結果に至ったのである。

以上のようなフレーム問題ゆえに、たとえば、派生型トロッコ問題（第5章IV参照）に対処できるような**倫理的判断能力をロボットやAIに持たせようとしても、関連情報や関連する規範を選択することができないから難しい**と指摘されている。[★121]

III　ロボット憲法 ――「ロボット権」?!

sci-fi（サイ・ファイ）作品において、ロボットがヒトになりたい/ロボットをヒトにならせたいと望むプロットは古典的テーマである。たとえば「ピノキオ」[★122]では、木彫りの像を少年にならせたいとゼペット爺さんが願う姿が描かれる。[★123]映画「A.I.」[★124]では、人間同様にヒトの愛を欲する子供型ロボットが主人公である。そして映画「アイ、ロボット」[★125]においても、「ソニー」(Sonny)という名のロボットがその人間性を認めてもらうように望んでいる。[★126]わが国が世界に誇る「鉄腕アトム」も[127]、生みの親の天馬博士が死んだ息子の代替としていたアトムが成長しないことを嘆き、売り飛ばされて悲しい環境にあったところを、いわば育ての親のお茶の水博士に見い出されて人類の善のために活躍するという[128]、ロボットが感情を有するかのような擬人観的設定のもとで描かれている。

ジョージタウン大学教授(出典公表時)のソラム[129]は、ヒトを造ることがAI研究者たちの目標であると捉えたうえで、遠い将来、ロボットが憲法上の人権保障——たとえば言論・表現の自由や奴隷的拘束・苦役からの自由、等——を要求した場合にいかに対応すべきかを論じている。ロボット倫理学で著作の多いパトリック・リン博士も、ヒトの体や頭脳の半分以上が人工物で構成される時代に至った場合には、現在では少し現実離れしているように聞こえる「ロボット権」の論点も説得力を有してくる、と指摘している[130]。たとえばサイボーグはヒトよりも機能が拡張しているから、普通のヒトとは異なる法的地位を付与されるべきか否かも論点たりうる、とリンは指摘している[131]。

1 憲法上の人権をロボットにも認めるべきか

ロボットに権利を付与すべきか否かの議論でまず問題になるのは、そもそもロボットにヒトと同等に扱われる資格があるか否かである。そしてその資格を議論する際に問題になるのが、そもそもロボットがヒトのような精神、自意識等々を持つことになるか否かである。その問題を、映画「ブレードランナー」における「我思う、故に我在り」というレプリカントの台詞(せりふ)(前述II参照)が象徴的に表していよう。

すなわち、ロボットに権利(ロボット権)を認めるか否かという問いへの回答を出す前に克服すべき障害のひとつは、ロボットには「意識」や「自意識」が欠けるから権利を付与できないとする主張である[132]。この点については、①前述IIにおいて触れたように、「(自)意識」とは何かの定義が不明なので、判断できない。たとえば石ころに意識がないことは皆が同意できるけれども、イルカやチンパンジーとなると難しくなってくる。次に、②果たしてロボットが「(自)意識」を有しうるか否か、またはその内容については将来の技術の発展次第であり、現時点では判断できない（前述 II-7 参照）。加えて、③ロボットが本当に「（自）意識」を有しているか否かも確かめようがなく（前述 II-4 および 5 参照）、判断できない。

ロボット権の検討においては、近似する議論——すなわちヒト以外の存在に付与する諸権利の議論、またはヒトとしての生死が曖昧（あいまい）な状態（胎児や脳死状態のヒト）の諸権利の議論[★133]——から類推して検討する傾向が見受けられる。たとえば、株式会社の法人格（法人の刑事責任のロボットへのアナロジーについては後述 IV-1 (3) 参照）、動物の権利、臓器移植が認められる脳死状態のヒト、樹木の権利[★134]、等々との比較・類推を通じて、ロボット権を論じるのである。なお樹木の権利に似た概念を示したものとしては日本にも、いわゆる「アマミノクロウサギ事件」がある。

2「法の下の平等」をロボットにも認めるべきか

日本国憲法[★135]の起源ともいえるアメリカ合衆国憲法の、そのまた系譜的な起源であるアメリカ独立宣言は、以下のように宣言して、すべてのヒトの平等と天賦の人権を謳っている。

> **すべての人間は平等に造られ**、創造主により一定の譲渡不可能な諸権利を賦与され、それら諸権利には生命、自由、および幸福追求権が含まれるという真実は自明である、とわれわれは捉えている。
>
> （拙訳、強調付加）

Figures 6-5 & -6：法の下の平等
「法の下の平等な正義」と刻まれている合衆国最高裁判所。筆者撮影（2017 年 1 月）

仮に将来、ロボットがヒトと同等な能力や人格的要素を獲得した場合、彼らにも平等に人権ならぬ「ロボット権」を認めるべきであろうか。南カロライナ大学教授(出典公表時)のパトリック・フッバードは認めることが平等主義に適うと以下のように主張していて[★136]、興味深い。

> 人間と少なくとも同等な能力を有する存在に対して人間性を否定することは、何らかの正当化事由がない限りは、自由主義における平等主義的側面に反し矛盾する。/ ……。ある存在が自律的な人間に求められる能力の適切な基準を満たす限り、その存在は人間についての権利を一応有するものと扱われる。すなわち、人間性を否定するだけの十分説得力のある理由がなければ、……自律的な人間の地位を付与されるべきである。

3 ロボットと「言論・表現の自由」

憲法上の人権規定のひとつである表現・言論の自由についても[★137]、ロボットの文脈で議論が存在するので例示的に紹介しておこう。もっとも、ロボット自体が言論・表現の自由を持つべきか否かといった大分先の未来の話をする前に、さらに現実的な問題として、ロボットが発した――と表現するよりも、ロボットに発せさせたか、または発することを許したと表現した方がより正確かもしれない――言論・表現に対して、そのようなロボットの所有者や管理者が言論・表現の自由を持つか否かという争点を、以下の(1)でまず紹介する。これに続く(2)において、ロボット自体が言論・表現の自由を持つべきか否かの争点を紹介しよう。

(1) ロボット使用者の言論・表現の自由

そもそもロボットに言論・表現の自由の保障を賦与すべきか否かを論ずる前に、まずは言論・表現を創出するソフトウエアや機械を使用・提供等しているヒトや法人に対して、ソフトウエアが作成した言論・表現に関する自由の保障を賦与することの是非が欧米で論じられている。すなわち道具としてのソフトウエア・機械が生み出した言論・表現に対して、その道具の持ち主等（特に法人）が言論・表現の自由といった憲法上の保障を享受できるか否かという問題が議論されている。そのような権利賦与に懐疑的な論者は、道具や設備等（たとえば「コモン・キャリア（common carriers）」や「土管屋」と呼ばれる電気通信事業者の設備や役務）が生み出した言論に憲法上の言論・表現の自由の権利を賦与することに裁判所は伝統的に謙抑的であると指摘する[★138]。これに対しサイバー法でも著名なUCLA教授（出典公表時）のヴォロクたちは、グーグルの検索結果に対して言論・表現の自由の保障を賦与すべきと主張している[★139]。

この議論をロボット法の文脈に類推して考えてみると、ヒトが所有したり利用するロボットの発話内容やその公表したコンテンツについて、所有者・利用者であるヒトや法人に言論・表現の自由を認めるべきか否かが、将来、議論になるかもしれない。

(2) ロボット自体の言論・表現の自由

ジョージタウン大学教授（出典公表時）のソラムは、ロボット自体に言論・表現の自由を認めれば、有用な情報の生産を促すことになるから望ましい面もあると指摘しつつ、そもそもロボットが人権を賦与される対象たりうる「人格」を有するか否かを検討しなければならないとも指摘している[★140]。他方、南カロライナ大学教授（出典公表時）のフッバード[★141]は、ヒトのような「自律的人格」と同等な能力を有する「人造的存在」——たとえば人工知能を搭載した機械——に対して人格を否定することは「平等主義」（egalitarian aspect of liberalism）に反するから、ロボットがヒトと同等な人格を有している旨を示す基準を満たしたならば人権も賦与すべき、と主張するので興味深い（前述**2**のフッバードの引用拙訳参照）。

ところで前述した「サルの自撮り事件」では（前述**I-1(1)**Aおよび**裁判例紹介#10**参照）、サルの自撮り写真に対して著作権を認めない判断を連邦地裁が下していたが、この問題は、憲法上の言論・表現の自由をヒト以外にも認めるべきか否かという論点にも関係してこよう[★142]。

Ⅳ ロボット刑事法——ロボットの刑事責任をめぐる議論

1 ロボットに刑事責任を科すべきか

ロボットに刑事責任を科しうるか否かは、ロボット刑事法における主要な論点のひとつである。イスラエルのオノ大学准教授(出典公表時)であるガブリエル・ハーラヴィは、ヒトに刑事責任を科すための要素をロボットも備えるから、法人に刑事責任を科すのと同様にロボットにも科すべきである、と以下のように主張している。[★143]今後の日本における「ロボット刑事法」の議論に資する見解と思われるので、本書においても紹介しておこう。

(1) 主観的要件

ハーラヴィによれば[★144]、ロボットに刑事責任を科す際に問題になるのはまず、「メンズ・レア(mens rea)」と呼ばれる、「行為の要素に関しての認識または一般的な意図」、すなわち主観的・心理的な要件である[★145]——なお以下のハーラヴィの説明は英米法の刑事法に基づく概念なので、日本やヨーロッパ大陸法の刑事法とは異なっている——。この主観的・心理的要件の充足は、「知」[★146](knowledge)、「意図」[★147](intent)、「過失」(negligence)、または「厳格責任」(strict liability) のいずれかを有していればよい[★148]。ロボットはそれらを持てない、という論者もいる。しかしそもそも「感情」(feelings) までも要求される犯罪は、たとえば人種憎悪的なヘイト・クライム等のような場合のように多くはなく、メンズ・レアの要件はそこまで求めるものではない。ほとんどの場合は「事実要素の存在を知っていたことのみで要件を満たし[★149]」、「それ以外のほとんどすべての犯罪は故意未満であっても、すなわち「無謀さ」(recklessness) や過失や厳格責任で十分である[★150]」。

ここで、以上のハーラヴィの説明を、読者の理解のために簡潔に言い換えておこう。要は、刑事責任を課す前提とされる主観的・心理的要件は、必ずしも「故意」でなくてもよく、重過失のような「無謀さ」でもよい場合や、単なる「過失」でもよい場合もあり、さらには「厳格責任」と呼ばれる、無過失責任の概念に近い場合であっても主観的要件が満たされることがある。この厳格責任は理解が難しいけれども、たとえばアメリカでは、被害者が未成年者であることを成人の被告人が知らず、かつ知らないことについて過失さえなく同意のうえで性行為に至った場合でさえも、「法定レイプ罪」(statutory rape) が科される。これは過失がなくても刑事責任が科されるから、無過失責任に類似した概念である「厳格責任」といわれるのである。

さて、ハーラヴィは続けて次のように述べている。たとえば、善悪の判断がつかず衝動的な行動を制御できない精神疾病の場合にヒトであれば責任が免除されるから、**人工知能のアルゴリズムが誤作動を起こした場合が「精神疾病」に該当するか否か**は法的論点となる[★151]。さらに違法性を阻却する事由として正当防衛や、脅迫や酩酊状態という要素も考えると、たとえば**コンピュータ・ウイルスの影響下にあったロボットの犯罪の場合には酩酊状態の抗弁を援用することが考えられる**かもしれない[★152]。

さらにハーラヴィによれば[★153]、たとえロボットに刑事責任を問えなくとも、ロボットが罪を犯した結果について、たとえば合理的なプログラマーや使用者であればその結果を予見すべきであったのに使用を止(や)めなかった場合には、刑事上の過失責任をプログラマーや使用者に科しうるとする。過失犯の場合は故意犯と異なってプログラマーや使用者の「知」——たとえば認識 (awareness) ——は不要であり、求められるのはむしろ「認識」や「知」の欠如だからである[★154]。

(2) ロボット犯罪の量刑

以上のように刑事責任が認定されたロボットに罰を科す際の量刑についてハーラヴィは[★155]、ヒトの場合の量刑目的を考えたうえで、ロボットにも似た効果を得られる量刑を行えばよい、と指摘する。死刑の目的を考えたとき、それは犯罪者を恒久的に無力化して再犯を完全に阻止することにあるから、ロボットの場合にはこれを制御している人工知能 (AI) 機能を破壊すれば恒久的に再犯を防げることになる。投獄の目的は、自由を奪うことまたは制限することであるから、ロボットの使用を一定期間やめてしまえばよい。執行猶予の目的は、再犯を防止する抑止力であり、物理的な拘束等を伴わず法的記録に載るだけで実行されるから、ロボットの場合も同様に記録に載せればよい。日本にはあまり馴染みのない社会奉仕の罰は、コミュニティへの強制的な労働役務的貢献であるから、ロボットにも同様な奉仕をさせれば済む。しかし罰金刑は問題である。財産を奪うことが目的であるけれども、ロボットは財産を持たない［持つことを想定していない］からである。代替案としては、労働奉仕によって金銭の支払に代えることがよいであろう——このようにハーラヴィは指摘している。

(3) 法人・株式会社の刑事責任のアナロジー

さらにハーラヴィによれば[★156]、ロボットの刑事責任論は「法人」を刑法の対象にした場合に似ている。そもそも法人という存在は14世紀頃から出現し、人々の生活に大きな影響を及ぼすに至り、確かに法人は「魂を持たない」とはいえ[★157]これを刑法の対象としないことは言語道断だった——この点については後掲の引用文参照——にもかかわらず、対象とされるまでに数百年かかっている。ロボットも魂を持たないけれども、人々の活動に株式会社等の法人よりもさらに大きく関与してくる可能性があるし、両者に刑罰を科すことの意義に大きな違いはないのだから前者（ロボット）にも科すべきである、と指摘している。

A **「株式会社には魂がない」**　株式会社は、自然人ではないにもかかわらず、権利義務の主体・客体となる能力を法律が擬制的に付与している。この法的フィクションとしての法人格の付与を、ロボットにも類推する論考が欧米では散見される。

もっとも法人格の論点に関連しては、昔から、「**株式会社には魂がない**」と批判されてきた。通説的には、19世紀のアメリカで資本の独占が脅威と感じられた時代に、以下のようにいわれてきたのである[★158]。

> 株式会社という形態の将来をめぐる19世紀の議論の中で、株式会社はしばしば、「**魂がない**」といわれてきた。それは、人間集団による［金銭欲］衝動の最悪な部分を集約させてしまうという懸念を反映した指摘であった。**株式会社の経済力は、いかなる人の精神性や、家族や倫理への考慮によっても和（やわ）らがない**のである。　（強調付加）

その後、「株式会社には魂がない」という比喩が法律論議で主に使われたのは、法人の刑事責任や民事不法行為責任の文脈であり、たとえば法人には「故意/害意」(scienter) が欠けるから責任を科し/課しえないといった表現が用いられたのである[★159]。

ところで**精神性の欠如や倫理の歯止めが利かないことゆえの危惧が株式会社に対して抱かれている点は、まさにロボット・AIをめぐる今日の懸念と通じる**ところがある。実際、ロボットも精神性や倫理を有さないとか、将来的には有するかもしれないと議論されていることから、法人同様に刑事・民事不法行為責任の文脈で「ロボットには罰すべき魂がない」といった比喩が再び出現してきている[★160]。

なお、ロボットに刑事罰を科すことと法人に科すこととの相違は、**法人の刑事責任の目的がその背後にいる経営陣や株主というヒトに影響を与えることであって、法人自身に責任を科すことが目的ではない**という前述（I-2）の指摘もある[★161]。

B　ドイツにおけるロボットの刑事責任論　　前述のようにロボットを刑罰の対象にすることの肯定論だけではなく、そもそも刑事責任を科すことの法的な問題を、ドイツにおける例を挙げて紹介する論者もいるので、比較の意味でも以下で紹介しておこう[★162]。

それによれば[★163]、自ら目標を設定したうえでそれを達成すべく行為するという意味での「行為」が、ロボットには欠けている。単なる物理的な動きという意味の「行為」ではなく、自律的な目標設定能力という「考え」を含んだ「深い意味での行為」[★164]がロボットには欠けている（第3章II参照）。

自身の行為が（倫理的・社会的に）悪いことであるとロボットには理解できないとすれば、ロボットを「非難」することができない[★165]。「非難可能性」(blameworthiness) は、「正しい行いと悪い行いの区別がつくことを前提にしており、言い換えれば、悪事を犯すことを回避する能力があることが前提になっている」[★166]。ヒトに法規範が適用されるための前提は、「自分の行為が自身に帰属するという［意味での］“自由な意思”をヒトが持っていること」である[★167]。自身の過去の行為を認識したうえでこれを評価できるという意味での「自省」(self-reflection) や「自意識」[★168]の能力を欠く物(ぶつ)を罰しても意味がない、と指摘されているのである[★169]。

C **“刑罰”を理解できない**[★170] 一部の科学者たちが主張するように、ロボットが仮に倫理を学び判断ができるようになった場合でも、たとえば物理的に「死刑」を執行して破壊したところで、当該ロボットが「生存の意思」を有しているのでなければ意味がない[★171]。同様に、罰金を科しても、ロボット自身が財産を有さなければ、所有者かロボットの背後にある基金等に影響があるにすぎない[★172]、という指摘もある。

2 虐待禁止

動物虐待を許容・放置すると、そのような人物がひいてはヒトを虐待するようになるので、ロボットに対する虐待も法で禁じるべきという主張も見受けられる[★173]。なお複数の国・地域で動物虐待が禁じられているが、その理由は、動物（たとえば犬や猫）に対してわれわれが**共感または感情移入をしているために、動物に苦痛を与えることに罪悪感を抱く**からであるという指摘がある[★174]。もっとも、共感・感情移入があるからといって即、人格を認めているわけでもなく、たとえばヒトは犬や猫を売買しているし、安楽死させたりしていると指摘されてもいる[★175]。いずれにせよ、ロボットに対する虐待も――特に「強いAI」が実現された後の時代を考慮すれば――ロボット法のテーマのひとつになるであろう。

3 派生型トロッコ問題の法的責任

第5章Ⅳにおいて紹介した、自動運転車の「派生型トロッコ問題」は、主に倫理的問題を検討するものであった。あわせて、ロボットの〈考え/判断〉するという核心部分を構成するAIの開発時において留意すべき「国際的な議論のためのAI開発ガイドライン案」も紹介した。しかし派生型トロッコ問題における法的責任はどうなるであろうか。

(1) 派生型トロッコ問題の刑事責任

まず日本の刑法上は、派生型トロッコ問題のような「究極の選択」の場合には「緊急避難」が適用されて違法性が阻却されるか否か等が検討されうる。すなわち刑法37条1項は以下のように定めている。

（緊急避難）
第37条
1　自己又は他人の生命、身体、自由又は財産に対する現在の危難を避けるため、やむを得ずにした行為は、これによって生じた害が避けようとした害の程度を超えなかった場合に限り、罰しない。ただし、その程度を超えた行為は、情状により、その刑を軽減し、又は免除することができる。

欧米では[★176]、ドイツ刑法において、保護法益が著しく優越する場合に違法性を阻却する「正当化緊急避難」（34条）や、自己や密接な関係者の危難を回避する場合で受忍することが期待できないときに、非難可能性がないために責任を否定する「免責的緊急避難」（35条）を、自動運転トロッコ問題に当てはめる研究がすでに進んでいるといわれており、今後、その日本への紹介を通じて、日本の「ロボット刑事法学」の発展も期待されるところである。ちなみにアメリカの模範刑法典は、「正当事由」（justification）として以下のように規定している。

模範刑法典3.02条　正当化事由、総則、害悪の選択
(1)　自身や他人に対する危害や害悪を回避するために必要であると信じた行為者の行為は、以下が満たされる場合に正当化される。
(a)　その行為によって回避しようとした危害や害悪が、訴えられている犯罪を規定する法が防止しようとする危害や害悪よりも大きいこと、
……。　（拙訳）

この規定は「害悪選択の抗弁」（choice of evils defense）と呼ばれる[★177]が、この模範刑法典規定が果たして殺人等の場合にも該当するかも含め[★178]、今後の自動運転車の派生型トロッコ問題の刑事責任の分析に関係してくると思われる。

(2) 派生型トロッコ問題の不法行為責任

ところで本節はロボット刑事法的問題を扱う節ではあるものの、派生型トロッコ問題の刑事法的側面を紹介したついでに、民事不法行為法上の責任についても以下で付言しておこう。

まず日本の民法上は、その720条に正当防衛と緊急避難が以下のように規定されているので、その適用が検討されることになろう。

> （正当防衛及び緊急避難）
>
> 第720条
>
> 1　他人の不法行為に対し、自己又は第三者の権利又は法律上保護される利益を防衛するため、やむを得ず加害行為をした者は、損害賠償の責任を負わない。ただし、被害者から不法行為をした者に対する損害賠償の請求を妨げない。
>
> 2　前項の規定は、他人の物から生じた急迫の危難を避けるためその物を損傷した場合について準用する。

たとえば30人の学童が乗るスクールバスが、突然対向車線から、完全自動運転車（AV）の直前に侵入してきた「橋問題」（第3章 Fig. 3-3）を考えてみよう。被告となったAVの製造業者や乗員等が、自車の乗員や自身を保護するためにスクールバスの乗員を犠牲にする選択を設定していた場合、その被告の違法性が720条で阻却されて無責と解釈されうるか否かが問題となろう。

ちなみにアメリカ法でも「self-defense」（正当防衛）や「[public/private] necessity」（緊急避難）の抗弁が認められているから、その（類推）適用が関係してこよう。[★179] もっとも人身を守るために他者を死に至らしめるような場合を不法行為法の教科書はほとんど扱っていないともいわれているので、[★180] やはり今後の研究の発展が待たれる状況は日本と同様であるかもしれない。

V　シンギュラリティ・2045年問題

そもそも「**シンギュラリティ**」（technological singularity）という言葉は、1993年に数学者兼 sci-fi（サイ・ファイ） 作家であるヴァーナー・ヴィンジが造語したといわれている[★181]。「シンギュラリティ」の定義としては、**ヒトよりも優れた知性を持つ存在を工学技術的に創造する時期**という定義[★182]や、**超人的知性を創造して人類の時代が終焉する時期**[★183]、という定義も見受けられる。簡潔にいえばシンギュラリティとは、**ヒトを凌ぐ情報処理能力を有する機械等が実現される時期をいう**[★184]。

シンギュラリティが発生する瞬間は「おそらくほんの一瞬」[★185]で、かつその「暴走を制御する望みはない」[★186]。その後に生じる出来事は、人類の時代が終焉して「ポストヒューマンの時代」になることだ、ともいわれている[★187]（「ポストヒューマン」の文言・概念については、後述**1(1)**参照）。

1 シンギュラリティはいかに生じるか

シンギュラリティへの到達方法のひとつとして挙げられているのは、①非常に高度な人工知能（AI）により、フィードバック・改善を繰り返してさらに知性を高めてその域に達する方法である。もうひとつの到達方法として挙げられているのは、②ヒトの頭脳とコンピュータを直接接続させる方法や、情報技術を活用したヒトの知能増幅――IA：intelligence amplification――による方法である[★188]。

未来学者のレイ・カーツワイル[★189]は、**今日（こんにち）のヒトの知性の総和の十億倍のレベルのシンギュラリティが2045年に生じる**と予言し、それ以前の**2020年代中頃には人類が脳を完全に解明するリバース・エンジニアリングを達成し、2020年代の終わりまでにはチューリング・テストをパスできるような、ヒトと区別できないほど同等な知性をコンピュータが持つ**と予言しているという[★190]。

サイバネティクス教授のケビン・ワーウィックも、AIがヒトを凌駕するおそれを指摘して、次のように指摘している[★191]。今までの AI の議論はもっぱらソフトウエアで脳を再現する「シリコン製頭脳」(silicon brains) がヒトの頭脳を複製しまたはシミュレートできるか否かにとどまっていた。**ヒトの頭脳よりもパワフルな機械製頭脳を構築することが何を意味するか**については、所詮 SF 物語であるとされ、議論することさえも憚(はばか)られてきた。しかしワーウィックによれば、これは恥知らずなことである。なぜなら**知的で、かつ意識を有するかもしれない存在が、もしヒトの思考を凌駕しえたならば、人類の将来にとってとてつもなく危険になりうる**からである。

(1) ポストヒューマン

「**ポストヒューマン**」(posthuman) とは、人類の枠にもはや収まらないほどに変化したヒトをいい、たとえば老化しなかったり、ヒトの知能を超えていたり、病気にならなかったりすることも含まれ、サイバネティクスを用いてたとえば脳とコンピュータとを相互作用できるようなヒトである、と説明される[★192]。あるいは、**ヒトを改造して機能を拡張した結果として誕生したヒトを［大きく］凌ぐ存在**を表す概念として「ポストヒューマン」や「**トランスヒューマン**」(transhuman) といった文言が使用され、そこに至る方法論としては、①もっぱら機械を発展させてヒトに合体させた「サイボーグ型」もあれば、または②遺伝子工学・生物学的に発展させた場合もあると指摘されている[★193]。なお「トランスヒューマニズム」とは、「人類が、特に科学および技術を用いて、現在の肉体的および精神的限界を超えることができるという信念または理論のことをいう」と定義されている[★193-2]。ところで、ポストヒューマンと普通のヒトとの共存関係が将来問題になりうるとの指摘もある[★194]。

(2) ムーアの法則

シンギュラリティ仮説をめぐる議論において登場する概念が、「**ムーアの法則**」(Moore's Law) である。それは、インテル社共同創業者ゴードン・ムーアによる予測であり、集積回路のトランジスタの集積度合いが毎年倍増する過去の実績等からその傾向が早くとも 2020 年まで続くとされ[★195]、コンピュータの処理能力も 18 か月～2 年ごとに倍増するとされる[★196]。この急速なハードウエアの発展は、「強い AI」論者の理論的根拠のひとつとされる[★197]。そしてこのムーアの法則による予測通りにコンピュータの計算能力が成長し続ければ、2025年から2030年にはコンピュータのハードウエアの能力がヒトの脳と同レベルに達し、仮にこの発展速度が続かないとしても今世紀中頃までにヒトの脳のレベルに達するであろうという指摘もある[★198]。

(3) ロボットの語源『ロッサムの万能ロボット』再考

第2章**1-1**で紹介した、ロボットの語源*robota*を造ったチェコのチャペックは、1920年頃に発表した戯曲『ロッサムの万能ロボット』においてすでに、ロボット（創造物）が革命を起こして創造主たる人類を凌駕する物語を描いていた[★199]。まさにシンギュラリティを予見したかのような同作品の中で、ヒトに歯向かって革命を主導するロボット「レイディアス」は勝利を収めて以下のような台詞（せりふ）を言う[★200]。

> ヒトはもう権力を失った。工場を占拠したことで、私たちはあらゆる者の主人となったのだ。人類の時代は過ぎ去り、新世界が誕生したのだ。人類はもはや存在しないのである。

このような事態が生じないように人類は注意すべきであるという同作品の警告は、ロボット法を考える際に無視できないものであろう。

2 「2000年問題」の再現？

「2000年問題」（Year 2000 Problem：Y2K）とは、コンピュータが1984年や1995年といった「年」を、たとえば「84」「95」のように2桁で省略して理解しているために、2000年に至った途端にその年が果たして「1900年」を意味するのかまたは「2000年」を意味するのかがわからなくなってしまうゆえに生じる大問題とされた[★201]。20世紀末にかけて大騒ぎされたものの、しかし結局は何も起こらず肩透かしな「予言」に終わった「2000年問題」を、いまだ覚えている人は少ないかもしれない。しかし筆者には、シンギュラリティの別名である「2045年問題」という言葉を耳にするたびに、「2000年問題」の狂騒劇を思い出さずにはいられない。それほどまでに大騒ぎされ、公認会計士事務所は責任逃れのために権利放棄書や免責書への署名をクライアントに強要し[★202]、リスク管理を担う法務担当者としてはとてつもなく嫌な人間の性を見せつけられたものである。それだけに、「2000年問題」へのアレルギー感は強く、あれからわずか半世紀後に人類は、またもや醜い責任の押し付け合い劇を繰り返すのか、と暗澹たる思いを抱いてしまう。

そのような筆者の〈私見〉はさておいて、大騒ぎに至った2000年問題の教訓をロボット法研究において前向きに捉え直すならば、あのような大騒ぎの原因がコンピュータの普及・依存に起因していたと分析することができよう。すなわち、**あまりにもわれわれの日常生活がコンピュータに依存していたために、コンピュータが一斉に誤作動した場合の影響力の大きさを恐れて過大な恐怖感とパニックに近い過剰反応を起こした**のかもしれない。もしそうであったならば、将来、同様にロボットもわれわれの生活に広く普及し、われわれがこれに依存するようになった場合の誤作動の恐怖も、決して小さくないと予測できよう[★203]。したがって、最近では誰も語りたがらない「2000年問題」の狂騒劇を、あえて今、反省し、その轍を繰り返さない備えも必要かもしれない。

3 予防原則とシンギュラリティ

①安全性が証明されるまでは新規な研究開発を停止すべきという考え方――「**予防原則**」(Precautionary Principle) ――と、逆に②危険性が証明されるまでは研究開発を続けるべきという考え方――「**許可不要な技術開発**」(Permission-less Innovation) ――との、2つの思想的な対立が存在する[★204]。前者①〈予防原則〉はヨーロッパに顕著に見かける思想で、逆に後者②「許可不要な技術開発」はアメリカで見かけることが多い[★205]。①〈予防原則〉は、新規な研究開発の危険性の不存在を推進者側が立証する責任を負い、逆に②〈許可不要な技術開発〉では新規な研究開発をやめるべきほどの危険の存在を反対者側が立証する責任を負うべきと主張する[★206]。〈予防原則〉は、環境問題において提案されてきたものであり[★207]、「**転ばぬ先の杖**」(better safe than sorry) のスローガンで知られる思想である[★208]。そして〈予防原則〉と〈許可不要な技術開発〉との思想・価値観の対立は、たとえば食

用の家畜にホルモン剤を投与することの是非等において論じられてきた。[★209]

シンギュラリティも、上記環境問題等と同様に、新技術の使用が果たして実際に人類の危機につながるか否かが不明な問題であるからか、これに〈予防原則〉を当てはめる論者も見受けられる。[★210]

総務省「AI ネットワーク社会推進会議」および「開発原則分科会」の幹事・分科会長として、「国際的な議論のための AI 開発ガイドライン案」を取りまとめ、かつその素案を日欧米の三極（OECD を含む）で開催された国際会議にて広報してきた筆者の実感としても、AI の開発が人々に理不尽な危険を及ぼさないような仕組みを検討する際に、〈予防原則〉対〈許可不要な技術開発〉の思想対立構造を反映するようなヨーロッパとアメリカの立場の差異を実感してきた。誤謬を恐れずにいえば、一方のヨーロッパには、AI やロボットの法的な事前規制に積極的な姿勢が見受けられる。その様子は、たとえばすでに EU が、「ロボット工学における欧州民事法規範」（European Civil Law Rules in Robotics）という研究を欧州議会法務委員会の付託を受けて 2016 年秋にまとめていることからもうかがうことができ、[★211]要はロボットに関わる民事責任の問題点や法的な対応策を EU として（日米という二極の意思とは無関係に）世界に先駆けて公的に示唆したものと捉えることができる。

ところで、この段落を追記している増補第 2 版執筆時には、予防原則を好むヨーロッパの傾向がさらに先鋭化して、「AI 規則（AI Act）」と呼ばれる、AI を包括的に規制する EU（欧州連合）規則の成立が決定的になった。その概要については、第 7 章 Ⅳ-1 を参照してほしい。

★1——2001：A Space Odyssey（Metro-Goldwyn-Mayer 1968）. ★2——David C. Vladeck, Essay, *Machines without Principals*：*Liability Rules and Artificial Intelligence*, 89 WASH. L. REV. 117, 144（2014）（拙訳）. ★3——Arthur C. Clarke, *Foreword*：*The Birth of HAL*, *in* HAL'S LEGACY：2001'S COMPUTER AS DREAM AND REALITY xi, xi（David G. Stork ed., 1997）. ★4——John McGinnis, Colloquy Essay, *Accelerating AI*, 104 NW. U. L. REV. 1253, 1263-64（2010）. ★5——*Id.* ★6——*Id.* at 1264; Vladeck, *Machines without Principals*, *supra* note 2, at 123 n.23（"there is already emerging evidence that highly 'intelligent' autonomous machines can learn to *'break' rules to preserve their own existence*."（emphasis added））; David C. Vladeck, *Consumer Protection in an Era of Big Data Analytics*, 42 OHIO N.U. L. REV. 493, 493 & n.1（2016）（ロボットや人工知能が人類の脅威になると指摘する専門家が複数いる）. *See also* Steven Goldberg, Essay, *The Changing Face of Death*：*Computers, Consciousness, and Nancy Cruzan*, 43 STAN. L. REV. 659, 677（1991）（専門家も biologically based systems のみが think できるとは断定していない）. ★7——McGinnis, *supra* note 4, at 1264. ★8——Vladeck, *Machines without Principals*, *supra* note 2, at 145（拙訳）. ★9——*Id.* at 122-23（拙訳）. ★10——Christine Allice Corcos, *"I Am Not a Number! I Am Free Man!"*：*Physical and Psychological Imprisonment in Science Fiction*, 25 LEGAL STUD. FORUM 471, 474（2001）（拙訳）. ★11——David G. Owen, *Bending Nature, Bending Law*, 62 FLA. L. REV. 569, 608 & n.208（2010）（Siddharth Khanijou, *Patent Inequity?*：*Rethinking the Application of Strict Liability to Patent Law in the Nanotechnology Era*, 12 J. TECH. L. & POL'Y 179, 180（2007）を引用しながら指摘）（拙訳、強調付加）. ★12——*See* UGO PAGALLO, THE LAW OF ROBOTS：CRIMES, CONTRACTS, AND TORTS 52（2013）. ★13——RoboCop（Orion Pictures 1987）. ★14——Westworld（Metro-Goldwyn-Mayer 1973）. ★15——*See, e.g.*, Ryan Abbott, *I Think, Therefore I Invent*：*Creative Computers and the Future of Patent Law*, 57 BOSTON COLLEGE L. REV. 1079（2016）; James Grimmelman, *Copyright for Literate Robots*, 101 IOWA L. REV. 657（2016）; Christopher Buccafusco, *A Theory of Copyright Authorship*, 102 VA. L. REV. 1229（2016）; Dane E. Johnson, *Statute of Anne-Imals*：*Should Copyright Protect Sentient Nonhuman Creators?*, 15 ANIMAL L. 15（2008）; Ralph D. Clifford, *Intellectual Property in the Era of the Creative Computer Program*：*Will the True Creator Please Stand Up?*, 71 TUL. L. REV. 1675（1997）. なお日本における最新の論攷として、福井健策「AI ネットワーク化と知的財産権」福田雅樹＝林秀弥＝成原慧編

『AIがつなげる社会―AIネットワーク時代の法・政策』170頁（弘文堂・2017年）参照。★16――*See* Abbott, *id.* at 1109（特許・発明については、特許局が行ったチューリング・テストをcreative computersがパスしたことは特筆すべきと指摘）.「チューリング・テスト」については後述II-4参照。さらに日本の文献もたとえば、亡くなった名ピアニストの演奏データを搭載したAIが、東京芸大のホールにおいてライブで弦楽器演奏者たちとピアノの合奏を違和感なく見事に行った例を挙げている。福井・同前。★17――Annemarie Bridy, *Coding Creativity*: *Copyright and the Artificially Intelligent Author*, 2012 STAN. TECH. L. REV. 5［hereinafter referred to as Bridy, *AI Author*］. ★18――内閣官房知的財産戦略推進事務局「AIによって生み出される創作物の取扱い」（2016年1月）10頁 *available at*［URLは文献リスト参照］. ★19――*See, e.g.*, Abbott, *supra* note 15, at 1102-03. ★20――Naruto v. Slater, 2016 WL 362231（N.D. Cal. Jan. 28, 2016）. 同事件の控訴審については、see Andrew Chung, *'Monkey Selfie' Copyright Case Appealed to 9th Circuit*: *Naruto v. Slater*, 23 No. 8 WESTLAW J. INTELL. PROP. 9（Aug. 10, 2016）. ★21――*See, e.g.*, Annemarie Bridy, *The Evolution of Authorship*: *Work Made by Code*, 39 COLUM. J.L. & ARTS 395, 399 nn.30-31（2016）［hereinafter referred to as Bridy, *The Evolution*］; Robert Kasunic, Keynote Address, *Copyright from Inside the Box*: *A View from the U.S. Copyright Office*, 39 COLUM. J.L. & ARTS 311, 314（2016）; Joseph P. Liu, Keynote Address, *What Belongs in Copyright*, 39 COLUM. J.L. & ARTS 325, 330（2016）. ★22――*Naruto*, 2016 WL 362231, at *3. ★23――*Id.* at *4. David Millward, *Monkey Selfie Case*: *British Photographer Settles with Animal Charity over Royalties Dispute*, The Telegraph, Sept. 11, 2017; *Cash Deal Puts End to Two-year Legal Monkey Business over Selfie*, The Western Mail（national ed.）(ed.1), Sept. 13, 2017. ★24――Naruto v. Slater, 2016 WL 362231（N.D. Cal. 2016）. 当事件の紹介は、拙稿「アメリカ・ビジネス判例の読み方（第21回）: *Naruto v. Slater*　～サルは自撮り写真の著作権者たりえない：ロボットの著作権者論議に関わる事例～」国際商事法務44巻12号1888頁（2016年）に修正を加えて掲載。★25――訴状によれば、Narutoはオスで野生の「クロザル/紋付マカク」（Macaca nigra/crested macaque）である。Complaint for Copyright Infringement, *Naruto v. Slater, available at*［URLは文献リスト参照］. ★26――Cetacean Cmty. v. Bush, 386 F.3d 1169（9th Cir. 2004）. ★27――17 U.S.C. §102 (a). ★28――Garcia v. Google, Inc., 786 F.3d 733（9th Cir. 2015）. ★29――Cmty. for Creative Non-Violence v. Reid, 490 U.S. 730（1989）. ★30――Inhale, Inc. v. Starbuzz Tobacco, Inc., 755 F.3d 1038（9th Cir. 2014）. ★31――The Compendium of U.S. Copyright Office Practice（3rd ed.）（『合衆国著作権局実務概要 第3版』）. ★32――Abbott, *supra* note 15, at 1121. ★33――Bridy, *The Evolution, supra* note 21, at 399-400. ★34――「CONTU」（National Commission on New Technological Uses of Copyrighted Works）とは、連邦議会が著作権法と新工学技術との交わりを研究するために立ち上げた組織。*Id.* at 396. ★35――「OTA」（Congressional Office of Technology Assessment）とは、連邦議会が工学技術の影響等の情報を入手等する機関。2 U.S.C. §471. ★36――その基準を示す代表判例は、*Feist Pubs., Inc. v. Rural Tel. Serv. Co., Inc.*,

499 U.S. 340（1991）である。同事件の邦語による紹介は、拙稿「インターネット法判例紹介第4回：*Feist Publications, Inc. v. Rural Tel. Serv. Co.* 事件判決　～データベースの排他的独占権を否定する代表判例～」国際商事法務26巻9号974～975頁（1998年）。★37——Bridy, *The Evolution*, *supra* note 21, at 400. ★38——Bruce E. Boyden, *Emergent Works*, 39 COLUM. J.L. & ARTS 377, 379, 394（2016）. ★39——Ryan Calo, *Robotics and the Lessons of Cyberlaw*, 103 CAL. L. REV. 513, 540 n.169（2015）（Pamela Samuelson, *Allocating Ownership Rights in Computer-Generated Works*, 47 U. PITT. L. REV. 1185（1986）等を参考資料として出典表示しつつ指摘）. Clifford, *supra* note 15, at 1698. ★40——Lawrence B. Solum, Essay, *Legal Personhood for Artificial Intelligences*, 70 N.C. L. REV. 1231, 1238-39（1992）. ★41——*Id.* at 1239. ★42——*See, e.g., id.* at 1243; F. Patrick Hubbard, *"Do Androids Dream?": Personhood and Intelligent Artifacts*, 83 TEMP. L. REV. 405, 433-34（2011）. なおヨーロッパにおけるロボット工学の民事責任規範研究は、「electronic person」という名称を付けてロボットが権利義務の主体になりうるかを検討している。Nevejans et al., *infra* note 211, at 14. ★43——Solum, *supra* note 40, at 1243. ★43-2——日本におけるロボット・AIの法人格に関する議論については、第5章注釈（128-2）を参照。★44——Blade Runner：Movie Script（transcript from 1982 Theatrical release）, *available at* 〈http://www.cs.kent.edu/~cschafer/web2/hw/br/pgs/script.html〉（last visited Sep. 26, 2016）（拙訳）. ★45——Goldberg, *supra* note 6, at 662. ★46——Solum, *supra* note 40, at 1234. ★47——Goldberg, *supra* note 6, at 673-89; Hubbard, *supra* note 42, at 406（人生設計を達成させようとする等の a sense of being a self を有する等の要件を満たせば、人工物に法的権利を付与すべき）; Calo, *the Lessons of Cyberlaw*, *supra* note 39, at 528; Grimmelmann, *supra* note 15, at 680 n.145. *Cf.* Solum, *supra* note 40, at 1263-66; PAGALLO, *supra* note 12, at 2（autonomous behavior が存在すると主張するためには"conscious, free will and intent"が必要）; Rosalind W. Picard, *13. Does HAL Cry Digital Tears? Emotion and Computers*, *in* HAL'S LEGACY, *supra* note 3, at 280, 297（"Clarke endows HAL with self-consciousness, a necessary prerequisite for certain kinds of emotions, such as shame or guilt ...."）. ★48——Goldberg, *supra* note 6, at 659, 662-63（人工知能（AI）の恐怖はその合理的思考力ではなく self-aware になる可能性である）; Calo, *the Lessons of Cyberlaw*, *supra* note 39, at 529（AIが"self-awareness"を有していると自称した場合を議論）; Chip Stewart, Essay, *Do Androids Dream of Electric Free Speech? Visions of the Future of Copyright, Privacy and the First Amendment in Science Fiction* 19 COMM. L. & POL'Y 433, 463（2014）（人工物が"becoming autonomous and having self-awareness and free will"を有した場合の問題を提起）. ★49——Stewart, *id.* at 457-58; Vladeck, *Machines without Principals*, *supra* note 2, at 123（"*Sentient beings often choose to break rules, and all disciplines interested in artificial intelligence ... have long worried that giving machines the capacity to 'think' autonomously necessarily gives them the capacity to act in ways that may be contrary to the 'rules' they are given.*"（emphasis added））; Aaron Gevers, *Is Johnny Five Alive or Did It Short Circuit? Can and Should an Artificially Intelligent Machine Be Held*

Accountable in War or It Merely a Weapon?, 12 RUTGERS J.L. & PUB. POL'Y 384, 385 (2015)（AI 搭載のロボット兵器は、もはや機械ではなく"sentient beings"かもしれない）; Jessica S. Allain, Comment, *From Jeopardy! to Jaundice : The Medical Liability Implications of Dr. Watson and Other Artificial Intelligence Systems*, 73 LA. L. REV. 1049, 1078 (2013); United Nations, Christof Heyns, *Report of the Special Rapporteur on Extrajudicial, Summary or Arbitrary Executions*, Human Rights Council, 23 Sess., May 27-June 14, 2013, U.N. Doc. A/HRC/23/47 at 8, ¶43 (Apr. 9. 2013), *available at* [URL は文献リスト参照]. ★50——Gevers, *id.* at 425（人々が望むロボット兵器は、"mindless autonomous"なロボット兵器ではなく、ヒトのような判断や裁量権を有したロボット兵器であると分析).「ロボコップ」(2014 年リメイク版）のプロットを想起させる指摘であろう。RoboCop (Metro-Goldwyn-Mayer 2014). ★51——Gabriel Hallevy, *"I, Robot-I, Criminal"-When Science Fiction Becomes Reality : Legal Liability of AI Robots Committing Criminal Offenses*, 22 SYRACUSE SCI. & TECH. L. REP. 1, 4 (2010) ("Critics have argued that a 'thinking' machine is an oxymoron [矛盾]."). ★52——*Cf.* Solum, *supra* note 40, at 1269-71. ★53——Tetyana Krupiy, *Of Souls, Spirits and Ghosts : Transposing the Application of the Rules of Targeting to Lethal Autonomous Robots*, 16 MELBOURNE J. OF INT'L L. 145 (2015)（倫理観・社会規範観と emotion や compassion との関係性と、ロボット兵器の交戦判断を論じている). ★54——Calo, *the Lessons of Cyberlaw*, *supra* note 39, at 554. *Cf.* Solum, *supra* note 40, at 1262-63. ★55——*Cf.* Solum, *supra* note 40, at 1267-69. PAGALLO, *supra* note 12, at 2. ★56——Krupiy, *supra* note 53, at 199-200（ロボット兵器に、ヒトの脳神経網を真似たアルゴリズムと経験から学習する機能を持たせると、プログラマーの設定を超えて行動し"volition"を発達させるかもしれないと指摘). ★57——Tom Allen & Robin Widdison, *Can Computers Make Contracts?*, 9 HARV. J.L. & TECH. 25, 26-27 (1996); *Cf.* Solum, *supra* note 40, at 1272-74; PAGALLO, *supra* note 12, at 2. ★58——Picard, *supra* note 47, at 281. ★59——*Id.* at 297. *See also* JERRY KAPLAN, ARTIFICIAL INTELLIGENCE : WHAT EVERYONE NEEDS TO KNOW 68 (2016)（AI が minds を有するか否かは、「minds」や「考える」をいかに定義するかに左右され、何十年も終焉の目途がないと指摘). ★60——Picard, *supra* note 47, at 297. ★61——Goldberg, *supra* note 6, at 663. ★62——*Id.* at 662-63("conscious self-awareness"). ★63——*Id.* at 659 ("It is not the rational power of those computers that will shake us but rather the prospect that they might become self-aware."). ★64——Woodrow Bartfield, *Intellectual Property Rights in Virtual Environments : Considering the Rights of Owners, Programmers and Virtual Avatars*, 39 AKRON L. REV. 649, 699 (2006). ★65——Vladeck, *Machines without Principals*, *supra* note 2, at 123 & n.22 (PAGALLO, *supra* note 12 等を出典表示しながら指摘). ★66——*Id.* at 123（拙訳). ★67——Hallevy, *supra* note 51, at 22. ★68——*See* Paul D. Simmons, *How Close Are We, and Do We Want to Get There*, 29 J.L. MED. & ETHICS 401, 405 & n.29 (2001) (*citing* R. Brooks, *Will Man-Made Robots Rise up and Demand Their Rights?*, TIME, No. 25, at 155 (2000)). ★69——Ian Kerr & Katie Szilagyi, *13. Asleep at the Switch? How Killer Robots Become a Force Multiplier of*

Military Necessity, in ROBOT LAW 333, 334, 363 (Ryan Colo, A. Michael Floomkin, & Ian Kerr eds., 2016); Major Jason S. DeSon, *Automating the Right Stuff? The Hidden Ramifications of Ensuring Autonomous Aerial Weapon Systems Comply with International Humanitarian Law*, 72 A.F. L. REV. 85, 96 (2015). ★70――Christopher P. Toscano, Note, *"Friend of Humans": An Argument for Developing Autonomous Weapons Systems*, 8 NAT'L SECURITY L. & POL'Y 189, 227, 229-30 (2015). ★71――RoboCop (Orion Pictures 1987). ★72――*See* HUMAN RIGHTS WATCH, LOSING HUMANITY: THE CASE AGAINST KILLER ROBOTS, 37, *available at* [URLは文献リスト参照]. ★73――本文当段落の出典は別段の記載ない限り以下の通り。Solum, *supra* note 40, at 1235-36 & n.17 (Alan M. Turing, *Computing Machinery and Intelligence*, 59 MIND 433 (1950) を出典表示しつつチューリング・テストを紹介); Joseph J. Beard, *Clones, Bones and Twilight Zones: Protecting the Digital Persona of the Quick, the Dead and the Imaginary*, 16 BERKELEY TECH. L.J. 1165, 1253 n.540 (2001); Jens David Ohlin, *The Combatant's Stance: Autonomous Weapons on the Battlefield*, 92 INT'L L. STUD. 1, 14-15 (2016). ★74――Abbott, *supra* note 15, at 1109. ★75――Goldberg, *supra* note 6, at 674; Solum, *supra* note 40, at 1236. ★76――Goldberg, *id.* at 674-75. ★77――Solum, *supra* note 40, at 1236; Terry L. Tang, Book Note, *Culture Clash: Law and Science in America, By Steven Goldberg*, 8 HARV. J.L. & TECH. 529, 529 (1995). ★78――Ohlin, *supra* note 73, at 14, 16 & n.57 ("The *appearance* of independent thought might not be the same thing as independent thought." と指摘) (italics original). ★79――*Id.* at 15. ★80――Solum, *supra* note 40, at 1235-36. ★81――Bridy, *The Evolution, supra* note 21, at 399 ("If you can't tell the difference between a painting by AARON [, an AI program,] and a painting by a human, then we can say that AARON's painting exhibits creativity." と指摘). なお「AARON」とは、カリフォルニア大学サンディエゴ校教授のHarold Cohenが開発した、絵画を創作するプログラムである。*Id.* at 397. ★82――本文当段落の出典は別段の記載ない限り以下の通り。Solum, *supra* note 40, at 1236-38; Ohlin, *supra* note 73, at 18; Goldberg, *supra* note 6, at 675-78 (JOHN R. SEARLE, MINDS, BRAINS AND SCIENCE 32 (1984) を出典表示しながら説明). ★83――Goldberg, *id.* at 675. *See also* Gevers, *supra* note 49, at 394 (同旨). ★84――Goldberg, *id.*, at 676. *See also* Gevers, *id.* at 394 (同旨). ★85――「syntax」(文法の中で語順を扱う分野) のみでは「semantics」(配列と捉えずにその意味を問題にすること) には不十分であることを、Searleが指摘したと説明されている。*See, e.g.*, Goldberg, *id.* at 676. ★86――*Id. See also* Gevers, *supra* note 49, at 394 (主な反論は、中のヒトが理解していなくてもシステム全体としては理解しているという反論で、Ray Kurzweilもそう指摘している). ★87――2001: A Space Odyssey, *supra* note 1. ★88――*Cited in* Picard, *supra* note 47, at 297; *Cited in* Vladeck, *Machines without Principals, supra* note 2, at 119 n.12 (拙訳). ★89――本文で引用した台詞以外にも、たとえばHALが宇宙飛行士によって破壊される場面において、後悔の念を示し命乞いをし、かつ死の恐怖を表す部分――"I'm afraid. I'm afraid, Dave. Dave, my mind is going. I can feel it. I can feel it. My mind is going. There is no question about it. I can feel it. I can feel it. I can feel it. I'm a . . . fraid."——も、感情を有しているとの疑念を抱かせると指摘されている。JOHN JORDAN, ROBOTS 55 (2016); Vladeck, *Machines without Principals*, *supra* note 2, at 120 n.13. ★90——Goldberg, *supra* note 6, at 677 (George Johnson, *Can Machines Learn to Think?*, N.Y. TIMES, May 15, 1988, at A3, §4, at 7を出典表示しつつ引用) (拙訳). ★91——Bert-Jaap Koops, et al., *Bridging the Accountability Gap : Rights for New Entities in the Information Society?*, 11 MINN. J.L. SCI. & TECH. 497, 557-58 (2010) ("the relevant criterion is the emergence of self-consciousness, since this allows us to address as a responsible agent, forcing it to reflect on its actions as its own actions, which constitutes the precondition of intentional action."). ★92——本文中の本項の出典は、異なる明示がない限りは、Bridy, *AI Author*, *supra* note 17, at 22 n.56. *See also* David Marc Rothenberg, *Can SIRI 10.0 Buy Your Home? The Legal and Policy Based Implications of Artificial Intelligent Robot Owning Real Property*, 11 WASH. J.L. TECH. & ARTS 439, 441 nn.2 & 3 (2016) (John R. Searle, *Minds, Brains, and Programs*, 3 BEHAV. & BRAIN SCI. 349, 417-57 (1980) を引用しながらstrong AI/weak AI論議を紹介); Gevers, *supra* note 49, at 387; Stewart, *supra* note 48, at 460 (Ray Kurzweilが" 'strong AI' with the power to create superhuman machines will emerge by 2029"と予測している). ★93——McGinnis, *supra* note 4, at 1256. ★94——Goldberg, *supra* note 6, at 673 n.116. ★95——Gevers, *supra* note 49, at 386. ★96——McGinnis, *supra* note 4, at 1256. ★97——Goldberg, *supra* note 6, at 673 n.116. ★98——Woodrow Barfield, *Intellectual Property Rights in Virtual Environments : Considering the Rights of Owners, Programmers and Virtual Avatars*, 39 AKRON L. REV. 649, 699 n.381 (2006) (未来学者Ray Kurzweilは今世紀中に [AIが] self-awarenessを有するだろうと予言している). ★99——Solum, *supra* note 40, at 1231 & n.2. *See also* Goldberg, *supra* note 6, at 673. ★100——Nathan Reitinger, *Algorithmic Choice and Super Responsibility : Closing the Gap between Liability and Lethal Autonomy by Defining the Line between Actors and Tools*, 51 GONZ. L. REV. 79, 90 (2015/2016). *See also* Goldberg, *supra* note 6, at 677, 679-80 (二進法の計算式——binary computation——だけで意識を持たせることは難しいというSearleの主張と、アルゴリズムに基づくシステムでは意識を有する「強いAI」の達成が無理であるとのRoger Penroseの主張を紹介。もっとも彼らも他の方法による意識の到達までは否定していない). *Cf.* Heyns *Report*, *supra* note 49, at 8, ¶43. ★101——Bridy, *AI Author*, *supra* note 17, at 22 n.56 ("their inner life will be as empty as a rock's"). ★102——Daniel Ben-Ari et al., *"Danger, Will Robinson"? Artificial Intelligence in the Practice of Law : An Analysis and Proof of Concept Experiment*, 23 RICH. J.L. & TECH. 3, 6 (2017). *See also* Gevers, *supra* note 49, at 386-87 ("Weak AI as we see currently in combat and in the commercial civilian realm *merely intimates the human brain and cannot truly think or maintain a consciousness*." (emphasis added)). ★103——Vladeck, *Machines without Principals*, *supra* note 2, at 120 n.13. ★104——*Id.* at 124 & n.24. ★105——Stewart, *supra* note 48, at 457-58. ★106——*Id.* at 458. ★107——Grant Wilson, Note, *Minimizing Global*

Catastrophic and Existential Risks from Emerging Technologies through International Law, 31 VA. ENVTL. L.J. 307, 332（2013）. ★108——McGinnis, *supra* note 4. ★109——*Id.* at 1254 n.4. ★110——*Id.* at 1263. ★111——Wendell Wallach, Colin Allen, & Iva Smit, *19. Machine Morality：Bottom-up and Top-down Approaches for Modelling Human Moral Faculties*, *in* ROBOT ETHICS：THE ETHICAL AND SOCIAL IMPLICATIONS OF ROBOTICS 249, 250（Patrick Lin et al. eds., 2012）（MIT の Rosalind Picard から引用して "The greater the freedom of a machine, the more it will need moral standards" と指摘）. ★112——*Id.* at 264. ★113——*Id.* Wallach ら以外にも、諸国における AI 開発の勢いを止めることが現実的には困難であると指摘する文献としては、see, *e.g.*, Matthew U. Scherer, *Regulating Artificial Intelligence Systems：Risks, Challenges, Competencies, and Strategies*, 29 HARV. J.L. & TECH. 353, 377 n.87（2016）（地球規模の大惨事を AI が引き起こすという強いコンセンサスがない限りは、条約によって AI 開発規制を実現する可能性は低いと指摘）. ★114——Wallach, Allen, & Smit, *supra* note 111, at 264. ★115——Marilyn MacCrimmon, *What Is "Common" about Common Sense?：Cautionary Tales for Travelers Crossing Disciplinary Boundaries*, 22 CARDOZO L. REV. 1433, 1452（2001）（"frame problem" について）. ★116——*See* Keith Abney, *3. Robotics, Ethical Theory, and Metaethics：A Guide for the Perplexed*, *in* ROBOT ETHICS, *supra* note 111, at 35, 45. ★117——Solum, *supra* note 40, at 1250 n.66. ★118——Jeffrey K. Gurney, *Crashing into the Unknown：An Examination of Crash-Optimization Algorithms through the Two Lanes of Ethics and Law*, 79 ALB. L. REV. 183, 215（2015/2016）. ★119——*See* MacCrimmon, *supra* note 115, at 1452. ★120——Daniel C. Dennett, *Cognitive Wheels：The Frame Problem of AI*（1984）, *available at*［URL は文献リスト参照］. ★121——*See* Wendell Wallach, *From Robots to Techno Sapiens：Ethics, Law and Public Policy in the Development of Robotics and Neurotechnologies*, 3 LAW, INNOVATION AND TECHNOLOGY 185, 200（2011）. ★122——Carlo Colodi, Pinocchio（MA. Murray trans. 1928）. ★123——Hubbard, *supra* note 42, at 467 n.341（"This Pinocchio-like desire to be a 'real' human is common in tales of androids." と指摘）. ★124——A.I. Artificial Intelligence（Warner Bros. Pictures/DreamWorks Pictures 2001）. ★125——I, Robot（Twentieth Century Fox 2004）. ★126——Karen J. Sneddon, *Not Your Mother's Will：Gender, Language, and Will*, 98 MARQ. L. REV. 1538, 1558 n.118（2015）. ★127——なお日本では「Mighty Atom」と英訳される同作品が、アメリカでは「Astro Boy」と変更されたが、その理由は核爆弾を想起させる名称を避けるためといわれている。原作者の手塚治虫は、ウォルト・ディズニーにアーサー・C. クラークやカール・セーガンの要素を加えたほどの人物と評され、たとえば「2001 年宇宙の旅」の美術監督になるようにスタンリー・キューブリック監督から誘われたけれども 1 年間もイギリスのスタジオに時間をとられることが難しく承諾できなかったともいわれている。JORDAN, *supra* note 89, at 62-63. ★128——*Id.* at 63-64. ★129——*See* Solum, *supra* note 40, at 1255. ★130——Patrick Lin, *1. Introduction to Robot Ethics*, *in* ROBOT ETHICS, *supra* note 111, at 8. ★131——*Id.* at 10. ★132——Solum, *supra* note 40, at 1264. 本文中の例示以外にも Solum は、ロ

ボットへの権利付与論議の障害として、「故意・意思」(intentionality) の欠如、「感情」(feelings) の欠如、「(何が自身にとっての) 利益 (かを理解すること)」(interests) の欠如、および「自由意思」(free wills) の欠如等も挙げている。*Id.* at 1267-74. ★133——*See, e.g.*, Goldberg, *supra* note 6, at 661, 663-64 (動物の権利やヒトの死の定義を分析). *See also* Hubbard, *supra* note 42, at 417 (動物の権利を分析). ★134——樹木に「原告適格」(standing) があるかを論じた古典的論文は、Christopher Stone, *Should Trees Have Standing?——Toward Legal Rights for Natural Objects*, 45 S. CAL. L. REV. 450 (1972). なお本文中の次の文章の裁判例の出典は、アマミノクロウサギ処分取消請求事件、鹿児島地判平成 13 年 1 月 22 日判例集未登載。★135——日本国憲法 14 条 (平等原則等) 参照。★136——Hubbard, *supra* note 42, at 409-10, 417-19 (拙訳). *See also* Stewart, *supra* note 48, at 459 (前記 Hubbard を紹介). ★137——日本国憲法 21 条 (集会、結社及び表現の自由等) 参照。★138——*See* Tim Wu, Debate, *Machine Speech*, 161 U. PA. L. REV. 1495, 1497 (2013); Calo, *the Lessons of Cyberlaw*, *supra* note 39, at 540. *See also* Tim Wu, *Free Speech for Computers?*, N.Y. TIMES, June 19, 2012, A29, *available at* [URL は文献リスト参照] ("[N]onhuman or automated choices should not be granted the full protection of the First Amendment, and often should not be considered 'speech' at all." と指摘); Stewart, *supra* note 48, at 458 (同前 Tim を引用紹介). ★139——Eugene Volokh & Donald M. Falk, *Google : First Amendment Protection for Search Engine Search Results*, 8 J.L. ECON. & POL'Y 883, 889 (2012); Stewart, *supra* note 48, at 458 (同前 Volokh & Falk を引用紹介). ★140——Solum, *supra* note 40, at 1257. *See also* Stewart, *supra* note 48, at 459 (前記 Solum の指摘を紹介). ★141——Hubbard, *supra* note 42, at 417. *See also* Stewart, *supra* note 48, at 459 (前記 Hubbard を紹介). ★142——Derek E. Bambauer, *Copyright=Speech*, 65 EMORY L.J. 199, 207 (2015). ★143——Hallevy, *supra* note 51. ★144——*Id.* at 18-22. ★145——*Id.* at 7. ★146——*Id.* at 20. ★147——*Id.* at 21. ★148——*Id.* at 8. ★149——*Id.* at 22. ★150——*Id.* 本文中の次段落の厳格責任の説明については、see, *e.g.*, Jon Hanson & David Yosifon, *The Situational Character : A Critical Realist Perspective on the Human Animal*, 93 GEO. L.J. 1, 18 n.55 (2004). ★151——Hallevy, *supra* note 51, at 24. ★152——*Id.* at 26. ★153——*See id.* at 14-15. ★154——*Id.* at 15. ★155——*Id.* at 29-35. ★156——*Id.* at 29, 37. ★157——*Id.* at 36. ★158——Carol R. Goforth, *'A Corporation Has No Soul' : Modern Corporations, Corporate Governance, and Involvement in the Political Process*, 47 HOUS. L. REV. 617, 617 (2010) (拙訳). ★159——*Id.* ★160——Ryan Calo, *the Lessons of Cyberlaw*, *supra* note 39, at 554 & n.255 ("robots have 'a body to kick' but 'no soul to damn [罰する/ののしる]'"). ★161——Sabine Gless et al., *If Robots Cause Harm, Who Is to Blame? : Self Driving Cars and Criminal Liability*, 19 NEW CRIM. L. REV. 412, 423 (2016). ★162——Gless et al., *id.* at 419. なおドイツの論議を紹介する邦語文献としてはたとえば、根津洸希「[文献紹介] スザンネ・ベック『インテリジェント・エージェントと刑法——過失、答責分配、電子的人格』」千葉大学法学論集 31 巻 3=4 号 117 頁 (162 頁) (2017 年) 等参照。★163——本文のこの項の理解に資する邦語資料としては、根津・

同前 173～174 頁参照（応報刑論と予防論を比較して、前者では自由意思や価値判断の欠如が問題になると指摘・分析）。★164――Gless et al., *supra* note 161, at 420. ★165――*Id.* ★166――*Id.*（拙訳） ★167――*Id.*（拙訳） ★168――*Id.* at 424. ★169――*Id.* at 422. ★170――この項の理解にも、根津・前掲注（162）173 頁参照（寿命や死の概念がロボットには存在しないゆえの量刑算定の困難さを指摘）。★171――Gless et al., *supra* note 161, at 424（"will to live"をロボットが持たされていなければこれを破壊する刑罰に意味がないと指摘）. ★172――*Id.* ★173――*See* Donna S. Harkness, *Bridging the Uncompensated Caregiver Gap：Does Technology Provide and Ethically and Legally Viable Answer?*, 22 ELDER L.J. 399, 445（2015）; Jack M. Balkin, *The Path of Robotics Law*, 6 CAL. L. REV. CIRCUIT 45, 58（2015）. ★174――Hubbard, *supra* note 42, at 414-15. ★175――*Id.* at 416. ★176――ドイツについてはたとえば、深町晋也『緊急避難の理論とアクチュアリティ』（弘文堂・2018 年）、同「AI ネットワーク時代の刑事法制」福田＝林＝成原編・前掲注(15)280 頁以下、およびアルビン・エーザー（髙橋則夫＝仲道祐樹訳）「講演 正当化と免責―"刑法の一般的な構造比較" のためのマックス・プランク・プロジェクトの出発点」比較法学研究 42 巻 3 号 141 頁（2009 年）*available at*［URL は文献リスト参照］等参照。なお深町によれば、「転轍手事例」――本書において筆者が「転轍機に居合わせた人の問題」として紹介したものと同じであると思われる仮想事例――の場合に、ドイツ刑法 34 条の通説的解釈では、正当化を否定するという。もっとも自動運転車のプログラミングの際についてはドイツでも、事前的な損害最小化のための設定は「許された危険」として許容される見解を紹介しつつ、日本の緊急避難の解釈もこれに倣って殺人罪や過失運転致死罪の成立が否定されうると示唆しているので、非常に参考になろう。ところでアメリカについては、see, *e.g.*, Patricia A. Cain & Jean C. Love, *Stories of Rights：Developing Moral Theory and Teaching Law*, 86 MICH. L. REV. 1365, 1377（1988）. ★177――George C. Christie, *The Defense of Necessity Considered from the Legal and Moral Points of View*, 48 DUKE L.J. 975, 1025（1999）. ★178――*See id.* at 1025-27, 1030. *But see* Tom Stacy, *Acts, Omissions, and the Necessity of Killing Innocents*, 29 AM. J. CRIM. L. 481, 500（2002）（模範刑法典が殺人にも適用されると指摘）. ★179――*See, e.g.*, RESTATEMENT（SECOND）OF TORTS §§ 63, 65, 70, 76（1965）. ところで「necessity」は、たとえば天変地異から身を守るために他人の土地に不法侵入したり、他人の財物を壊さざるをえなかった場合等を扱っているので、他人を死に至らしめることまでも許容されるかについては議論がある。Christie, *supra* note 177, at 1029-30. ★180――Cain & Love, *supra* note 176, at 1374. ★181――Yaniv Heled, *On Patenting Human Organisms or How the Abortion Wars Feed into the Ownership Fallacy*, 36 CARDOZO L. REV. 241, 294 n.231（2014）. ★182――Wilson, *supra* note 107, at 330. ★183――Stewart, *supra* note 48, at 460. ★184――Chris Jenks, *False Rubicons, Moral Panic, & Conceptual Cul-De-Sacs：Critiquing & Reframing the Call to Ban Lethal Autonomous Weapons*, 44 PEPP. L. REV. 1, 26 n.144（2016）（ヒトの大脳皮質に匹敵するためには 88 万個のプロセッサをつなげねばならず、2019 年にはこれを達成したいという IBM の見解を紹介しつつ、いかなるスーパーコンピュータであっても今のところヒト

の脳の処理能力にはかなわないという、専門家以外にはあまり知られていない事実を指摘して、シンギュラリティとは機械がヒトの処理能力を超える時点であると定義)。なおIBMは2019年までに150万個のプロセッサをつなげてヒト並みの1,014のシナプスを有するシミュレーションを行ったけれども、ヒトの処理能力にかなわなかったと報じられている。*See, e.g.*, Sebastian Moss, *The Creation of the Electronic Brain*, DCD, Jan. 17, 2019, *available at* [URLは文献リスト参照]; Abbott, *supra* note 15, at 1120. ★185――Grimmelmann, *supra* note 15, at 678 n.141 (拙訳). ★186――*Id.* (拙訳). ★187――*See, e.g.*, Stewart, *supra* note 48, at 460. ★188――①の"artificial intelligence (AI)"よりも②の"intelligence amplification (IA)"によってシンギュラリティに到達する蓋然性が高いといわれている。ヒトの知能をすべて把握した後にそれをすべて機械で再現すること(AI)の方が、ヒト自身の能力を情報技術等を用いて増幅する(IA)よりも難しそうだからである。*Id.* at 460 & n.173. ★189――RAY KURZWEIL, THE SINGULARITY IS NEAR: WHEN HUMANS TRANSCEND BIOLOGY (2005) が欧米の法律論文においてしばしば出典表示されている。★190――Wilson, *supra* note 107, at 331. *See also* McGinnis, *supra* note 4, at 1258 (同旨); Stewart, *supra* note 48, at 460 (同旨); Simmons, *supra* note 68, at 405 (同旨 *citing* R. KURZWEIL, THE AGE OF SPIRITUAL MACHINES (1999)). ★191――Kevin Warwick, *20. Robots with Biological Brains*, *in* ROBOT ETHICS, *supra* note 111, at 318, 330. ★192――Wilson, *supra* note 107, at 322 n.87. ★193――*See, e.g.*, Hubbard, *supra* note 42, at 438. ★193-2 Chad D. Cummings, *Transhumanism: Morality and Law at the Frontier of the Human Condition*, 20 AVE MARIA L. REV. 216, 216 n. 4 (2022) (OXFORD DICTIONARY OF ENGLISH (3d ed. 2015) の定義を引用) (拙訳). ★194――*Id.* at 438-39, 451. ★195――Ian Kerr & Katie Szilagyi, *13. Asleep at the Switch? How Killer Robots Become a Force Multiplier of Military Necessity*, *in* ROBOT LAW, *supra* note 69, at 333, 338 n.35. ★196――*See, e.g.*, John O. McGinnis, *Accelerating AI*, 104 NW. U. L. REV. COLLOQUY. 366, 370 n.19 (2010); Abbott, *supra* note 15, at 1089 n.74; Edward Castronova, *Protecting Virtual Playgrounds: Children, Law, and Play Online: Fertility and Virtual Reality*, 66 WASH. & LEE L. REV. 1085, 1097 n.45 (2009); Ignatius Michael Ingles, Note, *Regulating Religious Robots: Free Exercise and RFRA in the Time of Superintelligent Artificial Intelligence*, 105 GEO. L.J. 507, 516 n.30 (2017); John M. Golden, *Innovation, Dynamics, Patents, and Dynamics-Elasticity Tests for the Promotion of Progress*, 24 HARV. J.L. & TECH. 47, 57 n.32 (2010). ★197――McGinnis, *supra* note 196, 369-70. ★198――*Id.* at 371. ★199――JORDAN, *supra* note 89, at 4. ★200――*Cited in id.* at 47 (拙訳). ★201――Bruce Foudree, *The Year 2000 Problem and the Courts*, 9 KAN. J.L. & PUB. POL'Y 515, 516-17 (2000) ("mm/dd/yy" のように年を2桁で理解している問題を解説). ★202――*See* Hazel Glenn Beh, *Physical Losses in Cyberspace*, 8 CONN. INS. L.J. 55, 78-79 n.125 (2001/2002). ★203――*See* Lin, *supra* note 130, at 10-11. ★204――*See, e.g.*, Adam D. Thierer, *The Internet of Things and Wearable Technology: Addressing Privacy and Security Concerns without Derailing Innovation*, 21 RICH. J.L. & TECH. 6, 39 (2015). *See also* Adam Thierer & Ryan Hagemann, *Removing Roadblocks to Intelligent Vehicles and Driverless Cars*, 5 WAKE FOREST J.L. & POL'Y 339 (2015) (同旨); Peter Jensen-Haxel, *3D Printers, Physical Viruses, and the Regulation of Cloud Supercomputing in the Era of Limitless Design*, 17 MINN. J.L. SCI. & TECH. 737, 775 (2016) (同旨). ★205——Adam Thierer & Adam Marcus, *Guns, Limbs, and Toys : What Future for 3D Printing?*, 17 MINN. J.L. SCI. & TECH. 805, 817-20 (2016). ★206——*See, e.g.*, Thierer, *IoT*, *supra* note 204, at 40. ★207——Hilary J. Allen, *A New Philosophy for Financial Stability Regulation*, 45 LOY. U. CHI. L.J. 173, 178 n.17 (2013). ★208——John Charles Kunich, *The Uncertainty of Life and Death : The Precautionary Principle, Gödel, and the Hotspots Wager*, 17 MICH. ST. J. INT'L L. 1, 28 (2008). ★209——Seung Hwan Choi, *'Human Dignity' as an Indispensable Requirement for Sustainable Regional Economic Integration*, 6 J. EAST ASIA & INT'L L. 81, 95 (2013). ★210——Lin, *supra* note 130, at 8; Thierer, *IoT*, *supra* note 204, at 39 & n.165. ★211——Nathalie Nevejans, et al., European Civil Law Rules in Robotics (Oct. 2016), *available at* [URL は文献リスト参照].

Figure/Table の出典・出所

(＊1) Complaint for Copyright Infringement, Naruto v. Slater, *available at* [URL は文献リスト参照] at Exhibit 1 (前掲注(25)の訴状に添付された「証拠物 1」の自撮り写真).

第7章 ロボット法のゆくえ
——AI原則をめぐる日本と世界の動向

〈高度〉な自律型ロボットの開発・普及には、AIを利活用する必要がある。すると、ロボットを介したAIの負の側面の現実化が懸念される。ところで国内外で検討されているAI諸原則は、AIの負の側面を予測・分析したうえでの対策を提案しているから、ロボットの法的諸問題解決のためにも無視できない。そこで本章においては、それらAI諸原則の動向を紹介する。

なお総務省の有識者会議において検討されてきた「AI開発ガイドライン案」については、初版刊行時からすでに読者に紹介してきたところである。本章では同ガイドライン案に加えて、初版刊行後に国内外でにわかに検討・公表が続いている主なAI諸原則を紹介する。★1

I 内閣府「人間中心のAI社会原則検討会議」

筆者も参加した内閣府「人間中心のAI社会原則検討会議」——後に「検討」の2文字を削除した「人間中心のAI社会原則会議」に改組★2——の目的は、以下の3つにまとめることができる★3。

(i) 「より良い形で社会実装し共有するための基本原則となる人間中心のAI社会原則……を策定」すること、
(ii) 「同原則をG7及びOECD等の国際的な議論に供する」こと、および
(iii) 「AI技術並びにAIの中長期的な研究開発及び利活用等に当

たって考慮すべき倫理等に関する基本原則について、産学官民のマルチステークホルダーによる幅広い視野からの調査・検討を行うこと」（強調付加）

この内閣府の目的は、すでに本書で紹介してきた総務省「AI ネットワーク社会推進会議」[★4]の方向性と一致している。つまり、まず(i)についての成果物である「人間中心の AI 社会原則」（決定版[★5]）は、AI の「**ネガティブな側面を事前に回避又は低減するため**には、我々は……AI を有効かつ**安全に利用できる社会を構築する**……必要がある」（強調付加）と指摘しており、総務省の AI ネットワーク社会推進会議が従前から採用してきた方針と整合的である[★6]。

さらに(ii)の「G7 及び OECD 等の**国際的な議論に供する**」（強調付加）という内閣府の目的についても、総務省・AI ネットワーク社会推進会議（およびその前身である「AI ネットワーク化検討会議」）は、その検討経過や結果を以前から G7 や OECD 等の国際的組織に対して紹介し、理解を得てきたところである（Fig. 7-1 参照）。

Figure 7-1：国際機関において AI ネットワーク社会推進会議の活動や成果を紹介する筆者

写真左端：2016 年 11 月に OECD（パリ）において「AI 開発ガイドライン案」の途中経過を紹介中の筆者（前列パネル右から 3 番目）(出典*1)。写真中央：2017 年 1 月にカーネギー国際平和基金（ワシントン D. C.）において AI ネットワーク社会推進会議の活動や成果等に関する基調講演を行う筆者(出典*2)。写真右端：2017 年 10 月に OECD（パリ）で総務省と共催された国際カンファレンスにおいて AI 開発ガイドライン案の最終版をプレゼン中の筆者(出典*3)

加えて(iii)の「**マルチステークホルダーによる**幅広い視野から」「**倫理等に関する**基本原則について……調査・検討を行うこと」（強調付加）という内閣府の目的も同様である。総務省のAIネットワーク社会推進会議はかねてより「マルチステークホルダー」による検討・議論を重ね[★7]、かつその成果である「AI開発ガイドライン案」には〈⑦倫理の原則〉（強調付加）が含まれていることにより象徴されるように[★8]、法規制の議論というよりもむしろ倫理的な議論を行ってきたのである。

1 内閣府「人間中心のAI社会原則」の位置づけ

以上のように、日本におけるAI開発ガイドラインに関する議論が、次第に総務省から内閣府へと拡大したわけであるが、両者の関係については若干の説明が必要であろう。これから詳しく見ていく内閣府「人間中心のAI社会原則検討会議」の公式文書「人間中心のAI社会原則」に掲載されていたのが以下のFig. 7-2である。これは、総務省のAIネットワーク社会推進会議による「AI開発ガイドライン案」（2017年）や、以下で紹介する同会議の「AI利活用原則」（2019年）等と、内閣府の「人間中心のAI社会原則」との関係性を理解する際に有用な図である。

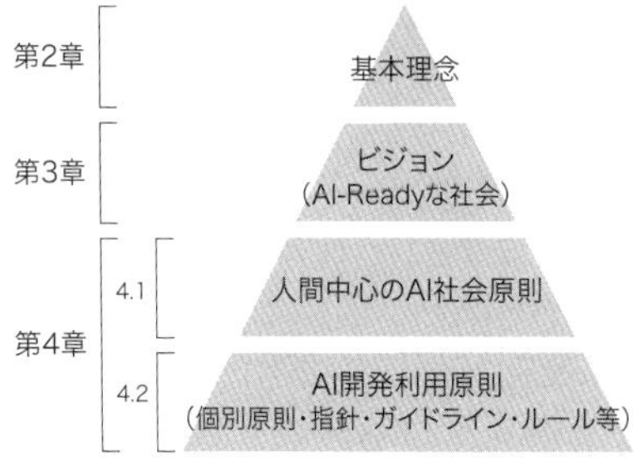

Figure 7-2：日本政府によるAI諸原則の全体イメージ図——内閣府・人間中心のAI社会原則会議「人間中心のAI社会原則」（決定版）（出典＊4）3頁

「AI社会原則」を含む文書の全体構造を表す図。第4章中の4.2の中に、各省庁が検討した検討結果等々も間接的に活かされるイメージが表されている。

Fig. 7-2 の三角形の中の「4.1」に内閣府の「人間中心の AI 社会原則」が位置づけられる。そして「4.2」と記された最下層部分には開発者や事業者が策定すべき諸原則が包摂され、そこに、省庁・有識者会議の各種取り組みの成果も活かされるイメージとなる。たとえば総務省の AI ネットワーク社会推進会議が取りまとめた「AI 開発ガイドライン案」や「AI 利活用原則」が、4.2 の中に活かされることとなろう（後述 6 参照）。

2「基本理念」

内閣府「人間中心の AI 社会原則会議」が取りまとめた文書は、公式には「人間中心の AI 社会原則」と呼ばれ[★9]、その第 2 章に「基本理念」が記されている（Fig. 7-2）。その基本理念、すなわち「尊重し、その実現を追求する」べき「3 つの価値」[★10]としては以下が挙げられている[★11]。

(i) **人間の尊厳が尊重される社会**（Dignity）

(ii) **多様な背景を持つ人々が多様な幸せを追求できる社会**（Diversity & Inclusion）

(iii) **持続性ある社会**（Sustainability）

これらの理念は、日本で共有されるのみならず、今日の国際社会でもおおむね共有される価値観といえるであろう[★12]。そのように国際的に共有された価値観を理念として掲げることにより、本節冒頭で掲げた内閣府「人間中心の AI 社会原則会議」の目的である「G7 及び OECD 等の国際的な議論に供する」（強調付加）ことにも近づくであろう。

3「Society 5.0 実現に必要な社会変革『AI-Ready な社会』」

(1)「Society 5.0」[★13]

「基本理念」に続く第 3 章では、まず「Society 5.0 実現……」という文言が小見出しに使われている[★14]。「Society 5.0」とは[★15]、次の Fig. 7-3 の最上位段階のような社会である。

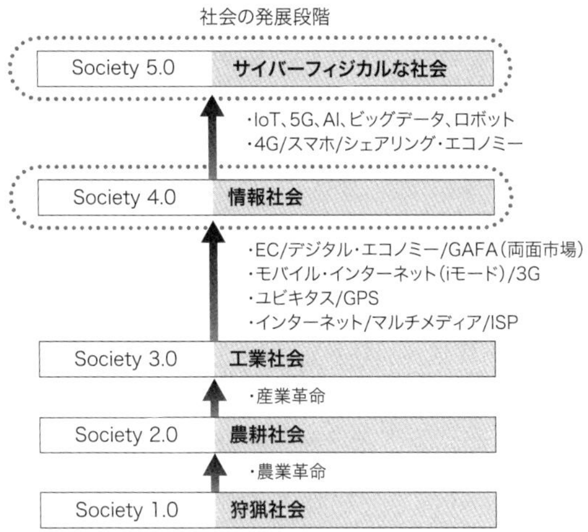

Figure 7-3：「Society 1. 0」から「Society 5. 0」への進化の図(出典＊5)

すなわち「Society 5.0」は、狩猟社会、農耕社会、工業社会、および情報社会という人類の発展段階の次に来るべき社会を意味する。Society 5.0は「IoT」(*I*nternet *o*f *T*hings)の文言に象徴されるように、「サイバースペース」と「現実世界」の物や現実空間がつながることで、いわゆる「サイバー＋フィジカルなシステム」(cyber-physical system)が発達し、そこにロボットやAIが利活用されて、「経済発展と社会的課題の解決を両立する、人間中心の社会」[★16]とされる。

(2)「AI-Readyな社会」

第3章の小見出しの「AI-Readyな社会」という文言(Fig. 7-2)がわかりづらいという批判もあったが、最終的には「AI-Readyな社会」の文言を残しつつ脚注にその解説を付すことで落ち着いた[★17]。しかし私見では、**広くAIを受け入れる「備え——ready——」ができている社会**という意味と捉えればわかりやすいと思っている。すなわち、近い将来、AIがより普及した際には、その良い面や便益・効用のみならず、負の側面や損失・危険性等も懸念されている。後者をできるだけ排除・極少化してAIの良い面等を最大限享受し、**Society 5.0が目指す社会を実現できるように社会が〈備える〉べき事項**が、第3章の「AI-Readyな社会」の章において記載されている、と理解すればわかりやすいであろう[★18]。その「AI-Readyな社会」(AIに備える社会)として指摘されている事項は、以下の通りである[★19]。

A．**人**：	この項目では、AI受容に備えて「人間に期待される能力及び役割」が記されている。すなわち人が「AIの長所・短所をよく理解して」いることが期待されるばかりか、「**多様な人々が各々の目指す多様な夢やアイデアをAIの支援によって実現する能力を獲得できる［ために］教育システム及び……社会制度が実現されなければならない**」(強調付加)と記されている。加えてAIとデータを扱う高度な能力を備えた人材の増加と、そのような人材による社会への貢献も期待されている。
B．**社会システム**：	AIの普及に伴い懸念されている**負の側面への対応の必要性が指摘されている**。すなわち「新たな価値の実現や、AIの進化によってもたらされる可能性のある負の側面(不平等や格差の拡大、社会的排除等)への対応」も含む、「医療、金融、保険、交通、エネルギー等の社会システム全体が、AIの進化に応じて……対応できるようなものになっている必要がある」と記されている。
C．**産業構造**：	**公正競争の重要性**が指摘されている。すなわち「企業は公正な競争を行い、……人間の創造力が産業を通じて発揮され

続けて」いること等が求められる、と記されている。

D．**イノベーションシステム**：**データの重要性**が指摘されている。すなわち「あらゆるデータが新鮮かつ安全にAI解析可能なレベルで利用可能であり、かつ、誰もが安心してデータを提供……でき、提供したデータから便益を得られる環境ができていることが求められる」と記されている。

E．**ガバナンス**：上記の目的を常に更新できる体制構築が必要であり、かつ「社会的に声の挙げにくい人たちを含む、**多様なステークホルダーの声を拾い上げ」ること**や（強調付加）、法律のみならず企業が技術を用いてソリューションを追求することも含めた柔軟な対応、および国際協力体制の整備が求められると指摘されている。

4「人間中心のAI社会原則」

第4章の4.1に記載されている「人間中心のAI社会原則」の本文は[★20]、7つの原則からなり、これら「AI社会原則」は、「人々がAIに過度に依存することなく、多様な人々の多様な幸せ追求のためにAIを活用する、持続可能な社会を目指すための7原則」である[★21]。第4章の冒頭部と4.1の冒頭部をあわせて読めば、当原則の目的や名宛人が誰であるかがわかるようになっている[★22]。

すなわち**2**で前述した（i）人間の尊厳（Dignity）、（ii）多様性と包摂（Diversity & Inclusion）、および（iii）持続可能性（Sustainability）を実現するために、**社会（特に国、自治体、および国際社会）が留意し実現すべき枠組みの諸原則が、「AI社会原則」である**。そのAI社会原則は、以下（Table 7-1）の7

つの原則から構成されている。以下では、7原則の中の主要なもの4つ（Table 7-1内の網掛け部である第1、2、5および6原則）に焦点を当てて、簡略に紹介してみよう。

Table 7-1：7つの「AI社会原則」(出典*6)

1	人間中心の原則
2	教育・リテラシーの原則
3	プライバシー確保の原則
4	セキュリティ確保の原則
5	公正競争確保の原則
6	公平性、説明責任および透明性の原則
7	イノベーションの原則

(1) 人間中心の原則（第1原則）

ここでいう「人間中心」は、環境や動植物への被害を生んだ〈自己中心主義〉的な意味で用いられてはいない[★23]。AIはあくまでもヒトのために貢献すべき〈道具：instrument〉であり[★24]、本末転倒してAIにヒトが支配されるような事態は厳に回避されるべきという意志が、「人間中心の原則」という文言に込められている。その「人間中心の原則」が社会に要求している主な概念は、以下の通りである。

- ✓ 「憲法及び国際的な規範の保障する基本的人権を侵」してはならないこと[★25]
- ✓ AIは多様な幸せの追求可能性のために開発・展開・活用されるべきこと
- ✓ AIに過度に依存せず、AIの悪用によってヒトの意思決定を操作させないために、リテラシー教育や適正利用促進の仕組みを導入すべきこと
- ✓ AI利用に際してはヒトの判断を尊重し、ヒトが責任を分担すべきこと
- ✓ 情報弱者等を生じさせないような、使いやすいシステムの実現

に配慮すること

(2) 教育・リテラシーの原則（第2原則）

第2原則は、格差や分断や弱者の出現を防止するために、以下を考慮すべきとされる。

- ✓ 政策決定者等は、AIの社会的に正しい利用のための知識と倫理を有すべきであり、
- ✓ 利用者側は、複雑なAIの概要を理解して正しく利用できる素養を身につけているべきであり、かつ
- ✓ 開発者側は、「規範意識を含む**社会科学や倫理等、人文科学に関する素養を修得していることが重要**になる[★26]」。（強調付加）

上記太字強調部の意味は、AIの普及捉進のための理数教育（STEM：Science, Technology, Engineering, and Mathematics）の強化ばかりに偏ることなく、ELSI素養（Ethical, Legal, and Social Implications）も重視すべきという意味である。

なお上の目標実現のために、以下のようなリテラシー教育の機会を公平に付与すべきである、と記されている。

- ✓ リテラシーについての幼児教育、初等中等教育、および社会人と高齢者向けリカレント教育を提供すること
- ✓ 「文理の境界を超えて」すべての人が「AI、数理、データサイエンスの素養を身につけられ」、教育内容としてはバイアスが含まれたり生じたりする可能性を含む「AI・データの特徴」や、「公平性・公正性・プライバシーの保護に関わる課題があること」を認識できるような、セキュリティ・AI技術の限界に関する内容も備えること
- ✓ 「落伍者を出さないためのインタラクティブな教育環境や学ぶもの同士が連携できる環境がAIを活用して構築されることが望ましい」こと

✓ 「行政や学校（教員）に負担を押し付けるのではなく、民間企業や市民も主体性をもって取り組んでいくことが望ましい」こと

(3) 公正競争確保の原則（第5原則）

第5原則は、AIシステムを利活用した経済発展のためにデータが重要であるとの認識のもと、特定の国や企業にAIの資源が集中する結果そうした国や企業が支配的な地位を利用して不当なデータ収集をしたり、主権を侵害したり、民間企業が不公正な競争をしてはならない、と記載されている。特に、以下の指摘が重要である。

✓ 「AIの利用によって、富や社会に対する影響力が一部のステークホルダーに不当過剰に偏る社会であってはならない」

(4) 公平性、説明責任、および透明性の原則（第6原則）

第6原則の概念は通常、「**公平性**（Fairness）」「**説明・責任**（Accountability）」「**透明性**（Transparency）」を一組として捉え、それぞれの接頭語をとって「**FAT**（ファット）」と呼ばれる[★27]。第6原則では、ヒトが出自によって不当な差別・取扱いを受けないように、「公平性及び透明性のある意思決定とその結果に対する説明責任（アカウンタビリティ）が適切に確保されると共に、技術に対する信頼性（trust）が担保される必要性がある」という認識から、以下を要求している。

✓ 「人種、性別、国籍、年齢、政治的信条、宗教等の多様なバックグラウンドを理由に不当な差別をされることなく、……公平に扱われ」るべきこと

✓ 「AIを利用しているという事実」等々について、「用途や状況に応じた適切な説明が得られ」るべきこと

✓ 「AIの利用・採用・運用について、必要に応じて開かれた対話の場が適切に持たれ」るべきこと

✓ 「AIとそれを支えるデータないしアルゴリズムの信頼性

（trust）を確保する仕組みが構築され」るべきこと

5 AIの定義について

AI原則やガイドライン等々の複数の有識者会議において、常にコンセンサスが得られにくい概念が、AIの〈定義〉である。内閣府「人間中心のAI社会原則検討会議」でも議論は紛糾したが、結果的に採用された定義は「高度に複雑な情報システム一般」であった。このような定義にせざるをえなかった事情・理由を説明している部分を以下にて引用紹介し、読者の理解に資すこととしたい。

……AIの定義が曖昧であること自体が、AIの研究を加速している肯定的な側面がある……。

また一般に「AI」と呼ばれる様々な技術が単体で使われることは少なく……、高度に複雑な情報システムには、広範に何らかのAI技術または、本原則に照らし合わせて同等の特徴と課題が含まれる技術が組み込まれると言う〔ママ〕前提に立ち、……このような考察の下で、**我々は、特定の技術やシステムが「AI」かを区別するのではなく、広く「高度に複雑な情報システム一般」がこのような特徴と課題を内包すると捉え、社会に与える影響を議論した上で、AI社会原則の一つの在り方を提示し、AIの研究開発や社会実装において考慮すべき問題を列挙する。**（強調付加）

6 AI開発利用原則（第4章4.2）

第4章の4.2では非常に簡潔に2段落の文章だけで、「開発者及び事業者」が自ら「AI開発利活用原則を定め、遵守するべき」[★28]と記載して、その原則の内容を「人間中心のAI社会原則」自体は規定していない。もっとも開発者および事業者が自ら定めるべき原則の内容は、「上記のAI社会原則を踏まえ」るべきとされている。さらに「多くの国、団体、企業等において議論されてい」て「国際的なコンセンサス」が醸成されることになる内容を［開発者や事業者が］採用してほしい、という意向も示唆されている。

そのように採用が期待される原則の具体例としては、総務省ですでに議論の末に国際社会に対しても公開され、かつ国際的にも共有されつつある価値観を含んだ「国際的議論のための AI 開発ガイドライン案」や、本章 II にて紹介する「AI 利活用原則」等々が含まれよう。[★29]

7 AI 社会原則のロボット法への示唆

広く「高度に複雑な情報システム一般」に上記の AI 社会原則が適用されるので、その定義に当てはまると思われる〈自律型〉のロボットにも当然に AI 社会原則が適用されよう。すると、社会一般（特に国や地方公共団体が含まれる）が、上述した基本理念の実現に向けて AI を用いたロボットについても AI 自体についてと同様に、その普及に備えた社会——AI-Ready な社会——を整備し、かつ 7 つの AI 社会原則を遵守することが求められることになろう。

さらに、AI すなわち「高度に複雑な情報システム一般」の開発者や事業者も、「人間中心の AI 社会原則」の第 4 章 4.2 に基づいて、AI 社会原則を踏まえて自ら原則を定め、かつ遵守することが求められ、かつその原則は国際的なコンセンサスを得た規範とも整合的であることが期待されている。したがって、「高度に複雑な情報システム一般」の一種であるロボットの開発者や事業者も、7 つの AI 社会原則を踏まえた原則を自ら制定しかつ遵守しつつ、その内容が国際的なコンセンサスを得た規範とも整合的であることが期待されるであろう。

もっとも AI 社会原則は、いわゆる「ソフト・ロー」と呼ばれる非規制的な規範の一種なので[★30]、求められる規範に違反しても即違法ということにはならない。さらに AI 社会原則の内容は、筆者にはごく常識的な内容であると思われるので、そもそもその遵守が特に開発や普及の障害になるとは思われない。

II 総務省「AIネットワーク社会推進会議」の活動と「AI利活用原則」

筆者が座長代理を務めた総務省の「AIネットワーク化検討会議」は2016年2月から6月まで活動し[★31]、そこで検討していた「AI開発原則」のたたき台については、高市早苗・総務大臣(当時)が日本で開催されたG7の情報通信大臣会合にてこれを紹介し賛同を得ていた。この「検討会議」が発展改組する形で、現在の「AIネットワーク社会推進会議」(以下「推進会議」または「親会」という)が組織化され[★32]、筆者はその幹事、および分科会・検討会――「開発原則分科会」「環境整備分科会」および「AIガバナンス検討会」――の会長・座長を務めてきた[★33]。すでに紹介してきた「国際的議論のためのAI開発ガイドライン案」(略して「AI開発ガイドライン案」)――第5章Table 5-1参照――は、前記「検討会議」のたたき台を「推進会議」が引き継いで検討のうえ進化させ、公開したものである[★34]。

総務省は国際社会にも日本発の諸原則・ガイドライン案の考え方を採用してもらうように働きかけを行い筆者もこれに協力してきたが、本章を執筆していた当時(2019年5月)における実感を述べれば、日本発のAI開発ガイドライン案や、後述する「AI利活用原則」の考え方を、国際社会が多く取り入れたうえで議論が進んでいると思われる。その証左のひとつとして、様々な国際会合の場において、日本はAI原則の構築に向けて非常に貢献してくれているという感想を聞くことが多い[★35]。

1 AIネットワーク社会推進会議「環境整備分科会」から「AIガバナンス検討会」へ

「AI開発ガイドライン案」の取りまとめを終えた「親会」は、次のミッションとして、筆者を分科会長とする[★36]「環境整備分科会」を設立して「AI利活用原則案」の構築に向けた検討を始めた。その成果である「AI利活用原則案」は、親会で検討・承認された後に「報告書2018」(2018年7月17

日）の一部として検討の途中経過が公表されている[★37]。同分科会は現在、名称を「AIガバナンス検討会」に変更して筆者が引き続き座長を引き受けて[★38]、本章執筆時（2019年5月）も引き続き、AI利活用原則のさらなる検討を続けていたが、増補版の再校校正中（同年8月）に同原則が完成した。

2 AI利活用原則の対象者

AI利活用原則が対象として遵守を求める者は、AIサービスや付随サービスを提供する**「AIサービスプロバイダ」**や、AIサービスや付随サービスの「最終利用者」が挙げられ、後者には**「消費者的利用者」のみならず、**業としてAIサービスや付随サービスを利用する**「ビジネス利用者」も対象者に含まれる**[★39]。AI利活用原則では、これらステークホルダがそれぞれの立場にふさわしい注意や行動をとるように（非規制的・非拘束的）規範を規定している。

3 AI利活用原則の概要

AI利活用原則は、本章執筆時（2019年5月）においていまだ最終版に至っていなかったけれども、本章の再校校正中（同年8月）に完成した10個の原則本文とその小分類の見出しを、次頁のTable 7-2にて紹介しておこう[★40]。

以下では10原則中の主な6つ（Table 7-2内の網掛け部分）に焦点を当てて、簡略に紹介しておく[★41]。増補版原稿の脱稿後の2019年8月に公表された「AI利活用原則の各論点に対する詳説」の内容も、以下に反映させてある。

(1) 適正利用の原則（第❶原則）

> **利用者は、人間とAIシステムとの間及び利用者間における適切な役割分担のもと、適正な範囲及び方法でAIシステム又はAIサービスを利用するよう努める。**

この第❶原則においては、**人間の判断を介入させるべきか否かを**検討す

Table 7-2：AI 利活用原則

❶適正利用の原則	ア）適正な範囲・方法での利用
	イ）人間の判断の介在
	ウ）関係者間の協力
❷適正学習の原則	ア）AI の学習等に用いるデータの質への留意
	イ）不正確または不適切なデータの学習等による AI のセキュリティ脆弱性への留意
❸連携の原則	ア）相互接続性と相互運用性への留意
	イ）データ形式やプロトコル等の標準化への対応
	ウ）AI ネットワーク化により惹起・増幅される課題への留意
❹安全の原則	ア）人の生命・身体・財産への配慮
❺セキュリティの原則	ア）セキュリティ対策の実施
	イ）セキュリティ対策のためのサービス提供等
	ウ）AI の学習モデルに対するセキュリティ脆弱性への留意
❻プライバシーの原則	ア）AI の利活用における最終利用者および第三者のプライバシーの尊重
	イ）パーソナルデータの収集・前処理・提供等におけるプライバシーの尊重
	ウ）自己等のプライバシー侵害への留意およびパーソナルデータ流出の防止
❼尊厳・自律の原則	ア）人間の尊厳と個人の自律の尊重
	イ）AI による意思決定・感情の操作等への留意
	ウ）AI と人の脳・身体を連携する際の生命倫理等の議論の参照
	エ）AI を利用したプロファイリングを行う場合における不利益への配慮
❽公平性の原則	ア）AI の学習等に用いられるデータの代表性への留意
	イ）学習アルゴリズムによるバイアスへの留意
	ウ）人間の判断の介在（公平性の確保）
❾透明性の原則	ア）AI の入出力等のログの記録・保存
	イ）説明可能性の確保
	ウ）行政機関が利用する際の透明性の確保
❿アカウンタビリティの原則	ア）アカウンタビリティを果たす努力
	イ）AI に関する利用方針の通知・公表

べき旨と、AIからヒトに操作を移行する場合の問題（human-machine interface：HMI。ヒトと機械のインターフェイス）も検討すべき旨が、記されている。この論点は、本書が第3章II-2〜II-3およびII-4（1）等々で指摘してきた「human *in* the loop」、またはヒトがロボット（AI）の判断に介入すべきという論点を扱っていると評価できよう。

(2) 適正学習の原則（第❷原則）

> **利用者及びデータ提供者は、AIシステムの学習等に用いるデータの質に留意する。**

AIによる判断の精度等がデータの質に左右されるので、機械学習等（Fig. 7-4参照）に用いる**データの質（正確性や完全性等）に留意**すべき旨が記されている。

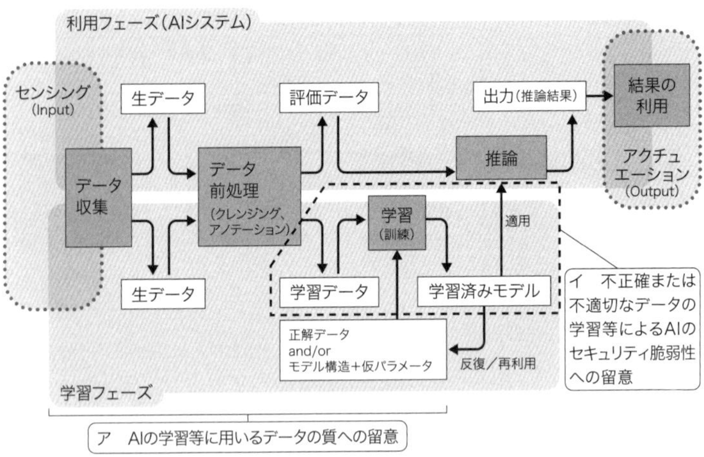

Figure 7-4：機械学習の流れの概念図(出典＊7)

また、たとえば深層学習の場合に、学習させるネコの画像の中に意図的にイヌと誤判断するように生成された、ヒトの目には「判別できない程度の微少な変動」画像を入力させて――そのように「AIが誤判断するよう意図的に成生した入力データ」を「adversarial example（AX）」という――、誤ってイヌと判断させるような**「AX」攻撃**[★42]**をAIが受けて、不正確または不適切なデータを学習すると、誤った結果を導出してしまうような脆弱性がAIには存在することに留意すべき**、と記されている。

(3) 尊厳・自律の原則（第❼原則）

> **利用者は、AIシステム又はAIサービスの利活用において、人間の尊厳と個人の自律を尊重する。**

AIが**意思決定や感情を操作する**可能性や、AIに**過度に依存する**危険性について、対策を講じるように記されている。また、個人の権利・利益に影響を与える**プロファイリングには、AIシステム/サービスプロバイダやビジネス利用者が個人の不利益等について慎重に配慮すべき**旨が記されている。

(4) 公平性の原則（第❽原則）

> **AIサービスプロバイダ、ビジネス利用者及びデータ提供者は、AIシステム又はAIサービスの判断にバイアスが含まれる可能性があることに留意し、また、AIシステム又はAIサービスの判断によって個人および集団が不当に差別されないよう配慮する。**（注）[「バイアス」は様々な解釈の総称であり、「公平性」には複数の基準がある。]

学習時のデータに**社会的なバイアス**が含まれることや、統計的に大きな人口から抽出されたあるサンプルがその大きな人口を適切に再現していること――**「データの代表性」**という[★43]――への留意を、AIサービスプロバイダ/ビジネス利用者は期待される。また、**アルゴリズムによる判断にもバイアス**が生じうる。たとえば機械学習では少数派が反映されにくい「バンドワゴン効果」と呼ばれるバイアスが生じるので、AIサービスプロバイダ/ビジネス利用者が留意するように記述されている。

(5) 透明性の原則（第❾原則）

> **AI サービスプロバイダ及びビジネス利用者は、AI システム又は AI サービスの入出力等の検証可能性及び判断結果の説明可能性に留意する。**

「AI の入出力等の検証可能性を確保するため、入出力等のログを記録・保存すること」が期待され、その解説においては、ログ取得・記録の頻度、精度、および保存期間等について文脈を考慮すべき旨や、考慮すべき事項の例示が記載されている。さらに「AI の判断結果の説明可能性を確保すること」と記載され、説明可能性確保の具体的内容については社会的文脈を踏まえるべきとして、参考となる諸要素も記載されている[★44]。加えて、AI のサービスプロバイダ/ビジネス利用者となる者は私企業ばかりとは限らず、**行政機関の場合にも透明性の確保が期待される**、と明記されている。

(6) アカウンタビリティの原則（第❿原則）

> **利用者は、ステークホルダに対しアカウンタビリティ[★45]を果たすよう努める。**

消費者的利用者や第三者が「AI の利活用について適切に認識できるよう」に、**AI に関する利用方針の作成と公表**が、AI サービスプロバイダ/ビジネス利用者に期待され、かつ権利・利益に重大な影響を及ぼす可能性のある場合には公表にとどまらずに**積極的な通知**も求められる旨が記載されている。

4 AI 利活用原則のロボット法への示唆

本書がロボットの定義として紹介しているような〈高度な〉ロボットは、「〈感知/認識〉+〈考え/判断〉+〈行動〉の循環」の要件を満たさねばならない。言い換えれば、ヒトの指示を待つことなく、外部の環境の変化を自ら理解したうえで、臨機応変で適切な〈自律的〉判断・行動が求められるから、そのようなロボットの実現にはAIの利活用が欠かせないであろう。すると、ロボットの開発者や事業者としての利用者も、AI利活用原則の適用対象者であるAIの「ビジネス利用者」に該当することになろう[★46]。加えてそのロボットを消費者として利用する場合には、「消費者的利用者」としてAI利活用原則が適用されよう。

もっともAI利活用原則は、内閣府の「AI社会原則」と同様に、ソフト・ローとして非拘束的・非規制的な規範であるから[★47]、これに違反しても即違法ということにはならない点もまた同じである。しかしAI利活用原則の内容は常識的な内容にすぎないから、そのような〈常識的な〉規範さえも遵守できないようなAIを利活用したロボットの開発やビジネス利用は、社会的に受け入れられず、場合によっては実定法に違反すると解釈できる場合も出てくるであろう。

III OECD・AI原則

パリに本部を置く国際機関OECD（経済協力開発機構）は、理事会勧告となりうるAI原則の成立を目指して、2018年9月に世界各国の専門家からなる作業部会「AI専門家会合」（AIGO（エイゴー／エイ・アイ・ゴー）：Artificial Intelligence Group of experts at the OECD）を結成し、そこに理事会勧告案の文言起案・検討を行わせた[★48]。筆者は、東京大学の須藤修教授とともに、日本を代表してその構成員に選ばれて起案論議に参加する機会に恵まれた[★49]。AI専門家会合で検討したAI原則案が、増補版校正作業中の2019年5月22日に、理事会勧告（本書では「OECD・AI原則」という）として採用・発布されたので[★50]、以下にて概要を紹介しておこう。

1 理事会勧告「セクションI」について

2部構成（セクション1および2）のOECD・AI原則の、実体的規範・内容はセクション1に規定され、セクション2はその内容を各国政府が実施するための政策についての記述である。本書では重要度の高いセクション1を中心に簡潔に紹介する。

まずセクション1の表題は「**セクション1：信頼に足りるAI**（trustworthy AI）**の責任ある管理**（responsible stewardship）**のための諸原則**」とされる。

(1)「stewardship」という文言について

「stewardship」(「公的管理責任」？)の適切な訳語を日本語に見いだすのは難しいにもかかわらず、この文言は「AI専門家会合」の議論を生き残り、現在に至っている。

そもそも「スチュワードシップ」という文言・概念は、株式会社のガバナンス分野で近年採用され始めたようであるけれども、当初はその曖昧性ゆえにこの文言の採用には反発があったようである[★51]。その語源はキリスト教に遡ることができ、「罪に苦しむ人間を助けにきた」イエスの物語のように「能力のある者が他の弱い被造物の立場に下りて最高レベルの救済・管理を行うという考え方」であるという指摘もある[★52]。いずれにせよその意味は、イギリスの「執事・財産管理人」に由来し、「他人の資産を管理する」文脈において「その**他人のために行動すべきである**という現象を捉える概念である[★53]」。

(2) 原則1.1.について

原則1.1.は以下のように規定している（拙訳、以下同様）。

> **原則1.1.　包摂的成長**（inclusive growth）**、持続可能な開発**（sustainable development）**、および幸福**
>
> 「ステークホルダ」は、人々と地球にとって便益のある結果の追求のために信頼に足りるAIの責任ある管理に積極的に関与すべき（should）である。人々と地球にとって便益のある結果の追求のためとは、たとえば、人間の能力の拡張や創造性の増進；不十分にしか代表されていない人々（underrepresented populations）の包摂の促進；経済的、社会的、性別的、あるいはその他

の不平等の減少；および、自然環境の保護；によって包摂的成長、持続可能な開発、および幸福を活気づけることである。

A 「ステークホルダ」と「AI システム」の定義　「『ステークホルダ』には、直接的又は間接的に『AI システム』に関与しまたは影響を受ける全ての組織及び個人が含まれる」と定義されている。「AI システム」の定義は以下である。

「AI システム」とは、人間が設定した諸目的のために、現実環境または仮想環境に影響を与える予想、推奨、または決定を行うことができる機械に基づくシステムである。（強調付加）

B 日本発の諸原則との類似性　原則 1.1.の内容は、日本がすでに世界に対して発信してきた理念や目的等々、たとえば内閣府「人間中心の AI 社会原則」の基本理念の「包摂」や「持続可能性」等と整合的である。

(3) 原則 1. 2.について

原則 1.2.は以下のように規定している。

原則 1. 2.　人間中心の諸価値と公正（fairness）

a）「AI 行為者たち」（AI actors）は、「AI システムのライフサイクル」（AI system lifecycle）を通じて、法の支配、人権、および民主主義的諸価値を尊重すべきである。そこには以下が含まれる。すなわち、自由、尊厳、および自律；プライバシーおよびデータ保護；反差別（non-discrimination）および平等；多様性；公正；社会正義；および世界的に認められている労働者の諸権利。

b）この目的のために、「AI 行為者たち」は、たとえばヒトによる判断の可能性のようなメカニズムと安全策を、文脈に沿いつつかつ最新技術と整合させて実施すべきである。

A **「AI 行為者たち」の定義**　「『AI 行為者たち』は、『AI システムのライフサイクル』において**積極的な役割を果たす者たち**であり、AI を展開（deploy）または操作する諸組織および諸個人を含む」と定義されている。「AI システムのライフサイクル」とは、AI システムの諸段階の意味である。

B **「公正」**　「公平性」と訳されることもある「公正（fairness）」の文言は、その概念が多義的であり定義できないという理由により、AI 専門家会合において一時期削除されていた。筆者は以下の理由により、削除に反対し、挿入を強く要求した――多義的であったとしてもその意味はその時々の状況に応じて解釈すれば足りる。削除すれば「公正」への配慮が不要であるとの誤解を生じさせうるから、この文言・概念が記載されていること自体が重要である。AI の社会的影響［や ELSI――__E__thical, __L__egal, and __S__ocial __I__mplications――］を論じる学術的な議論において、前述の「FAT――Fairness, Accountability, and Transparency――」の文言・概念は一組のセットとして重視されている。したがって、OECD の理事会勧告においても、「公正」の文言は「アカウンタビリティ（説明・責任）」や「透明性」と同様に明記されることが重要である、と――。結局、「公正」の文言は復活し、めでたく理事会勧告の AI 原則にも盛り込まれることになった。なお内閣府の「人間中心の AI 社会原則」には前述（I-4 (4)）の通り、「FAT」が第 6 原則として明記されている。

C **「人権」「民主主義的諸価値」等**　「人権」「民主主義的諸価値」[★54]「尊厳」「自律」「プライバシーとデータ保護」、「反差別と平等」「多様性」および「公正」といった文言・概念は、日本発の諸原則・ガイドライン等にてすでに国際社会に向けて主張し続けてきたものであり、このたび見事に OECD 理事会勧告にて採用されている。

D **「ヒトによる判断」や「文脈に沿」うこと**　「ヒトによる判断の可能性」や「文脈に沿い」の概念も、すでに日本の諸原則・ガイドライン等が国際社会に対し提案・主張してきたものである[★55]。

(4) 原則 1.3.について

原則1.3.は以下のように規定している。

> 原則 1.3.　透明性と説明可能性（explainability）
>
> 「AI 行為者たち」は、「AI システム」に関する透明性と責任ある開示を［約束］すべき（should commit）である。この目的のために、
>
> i．「AI システム」の一般的な理解を促進すべく、
>
> ii．職場における場合も含んで、「AI システム」が使われて（interaction）いる事実をステークホルダに認識させるように、
>
> iii．「AI システム」によって影響を受ける人々がその結果を理解することができるように、かつ
>
> iv．「AI システム」によって不利益を受ける人々が、［AI による予測、推奨、または判断につながった］諸要素についての平易でわかりやすい情報に基づき、かつその予測、推奨、または判断の基礎となった論理に基づいて、その結果に対して異議を唱えることができるように、
>
> 文脈に沿いつつかつ最新技術と整合させて、意義のある情報を提供すべきである。

A 「commit」という文言・概念について　ここでは「commit」という単語を、文脈に合わせてとりあえずカギカッコ付きで「……を［約束］すべき」と訳してみた。「commit」は、「約束」や「契約」という概念に通じる文言であり[★56]、将来の自らの作為・不作為を「縛る」概念を含意している。

B 情報提供　「意義のある情報を提供すべき」という原則は、総務省・AI ネットワーク社会推進会議「AI 利活用原則」の〈❾透明性の原則〉や〈❿アカウンタビリティの原則〉においても詳細に提案しているところと整合的である[★57]。

(5) 原則 1.4.について

原則 1.4.は以下のように規定している。

原則 1.4. 頑健性 (robustness)、セキュリティ、および安全性

a) 「AI システム」は、通常使用、予見可能な使用あるいは誤使用、またはその他の不利な条件において、適切に機能し、かつ理不尽な安全上の危険性を生じさせないように、すべてのライフサイクルを通じて、頑健で、不安なく (secure)、かつ安全であるべきである。

b) この目的のために、「AI 行為者たち」は、「AI システム」の結果および質問への反応を分析できるように、トレース可能性を確かならしめるべき (should ensure traceability) である。そのようなトレース可能性には、データセット、手続、および「AI システムのライフサイクル」の間に下された決定に関連するトレース可能性も含まれる。

c) 「AI 行為者たち」は、その役割、文脈、および行動可能性に基づきつつ、プライバシー、デジタル・セキュリティ、安全性、およびバイアスを含む「AI システム」に関連する危険性に取り組むために、「AI システムのライフサイクル」の各段階に対して継続的に、系統的なリスク・マネジメント・アプローチを適用すべきである。

A 安全性やセキュリティについて 「安全性」や「セキュリティ」の諸原則については、総務省・AI ネットワーク社会推進会議やその前身の AI ネットワーク化検討会議、および内閣府の「人間中心の AI 社会原則検討会議」が国際社会に対して提案してきた原則である。

B トレース可能性 「トレース可能性」については、「AI 利活用原則」内の〈❾透明性の原則〉が言及しているのみならず、原因究明のための記録保存の概念はそもそも以前から「AI 開発ガイドライン案」内の〈②透明性の原則〉においても示されていた概念である。

(6) 原則 1.5.について

原則 1.5.は以下のように規定している。

> **原則 1.5.　アカウンタビリティ**
>
> **「AI 行為者たち」は、その役割、文脈、および最新技術との整合性に基づいて、「AI システム」の適切な機能、および上記諸原則の尊重について、説明・責任を負うべき (should be accountable) である。**

A　アカウンタビリティ　「アカウンタビリティ」の原則も、総務省・AI ネットワーク化検討会議（2016 年）の時代から日本が世界に提言してきた概念である。内閣府の「人間中心の AI 社会原則」や、総務省・AI ネットワーク社会推進会議の最新の「AI 利活用原則」にも明記されている。

「アカウンタビリティ」は、そもそも日本語に由来しない言葉・概念なので、内閣府「人間中心の AI 社会原則検討会議」等においてもその意味をめぐる議論が展開された。国際社会でも、たとえば OECD「AI 専門家会合」において、「liability」（賠償責任）、「responsibility」（法的倫理的責任の双方を含む一般的な「責任」）、および「accountability」（説明・責任）という 3 つの類義語の相異が議論された。その際に筆者は、アメリカの法律論文において紹介されていた「アカウンタビリティ」の概念と歴史・由来を、おおむね以下のように紹介しておいたので、読者の理解に資するべくここに再掲しておこう。

B　アカウンタビリティの語源と意味　「アカウンタビリティ」の語源は[★58]、「accounting」（会計報告）と同じであり、1066 年のノルマン・コンクェストの時代にまで遡る。征服王ウィリアム I 世の統治時代に、「Doomsday Book」[★59]（最後の審判帳/土地台帳）と呼ばれる、課税の根拠にもなる帳簿を通じて——「太閤検地」の一種?!——、臣民等が所有する財産等（土地とそれに付随する天然資源や扶養家族・奴隷の数等）を**正確に国王に報告する義務**が課されたことが起源であるから、**文字通り会計報告——accounting——義務が「アカウンタビリティ」の起源であった**。しかし時代が変わると主権者が国王から市民に取って代わられ、義務を負う者も逆転して、市民（主権者）によって選出された為政者が主権者（市民）や法［の支配］に対して義務を負う概念が「アカウンタビリティ」と呼ばれるようになった。現代における「アカウンタビリティ」概念の基礎は、納税者等の主権者が行政権を政府等の「代表者」（representative）に委ねても、**主権者が政府の代表者に対して説明義務を課し懲罰を科すことによって引き続き手綱を握り続けること**にある。そのように「アカウンタビリティ」とは、まずは「権限委任（power entrustment）、次にその**委任した権限行使の事後的評価**（subsequent performance evaluation）、および**矯正策の実施**（imposition of corrective measures）」、に関する概念である。

2 セクション2について

OECD・AI原則のセクション2の表題は「**セクション2　信頼に足りるAIのための国家政策と国際的協力**」とされている。このセクションは、セクション1の実現に向けて各国がとるべき政策について記述されているが、本書の関心事から少し外れる話題なので、以下では見出し部分だけの訳出（拙訳）にとどめておく。

原則2.1.　AI研究および開発への投資
原則2.2.　AIのためのデジタル・エコシステム育成
原則2.3.　AIのための政策環境推進
原則2.4.　人間の能力構築（Building human capacity）、および労働市場の変革への備え
原則2.5.　信頼に足りるAIのための国際協力

3 OECD・AI原則のロボット法への示唆

(1) 日本のロボット関係者も遵守すべき理事会勧告

ロボットに利活用されるAIシステムは、「人間が設定した諸目的のために、現実環境または仮想環境に影響を与える予測、推奨、または決定を行うことができる機械に基づくシステム」というOECD理事会勧告の定義におそらく合致するであろう。したがってOECD加盟国である日本で「直接的または間接的に『AIシステム』に関与しまたは影響を受ける」「ステークホルダ」たるロボット開発・利活用等の関係者たちも、「人々と地球にとって便益のある結果の追求のため」に「AIの責任ある管理に積極的に関与すべき」ことになる（原則1.1.）。

さらに、ロボットの頭脳ともいうべき「考え/判断」をする部分においてAIを利活用するロボット関係者は、「AIシステムの諸段階」である「AIシステムのライフサイクル」において「積極的な役割を果たす者」、すなわち「AI行為者たち」に該当する場合も多いであろう。そうであれば、理事会勧告の以下の諸原則の遵守も求められよう。すなわち「法の支配、人権、および民主主義的諸価値を尊重すべき」原則（原則1.2.）、「透明性と責任ある開示を［約束］すべき」原則（原則1.3.）、「頑健性（robustness）、セキュリティ、および安全性」の原則（原則1.4.）、および「アカウンタビリティ」の原則（原則1.5.）を、日本のロボット関係者も遵守すべきことになる。

(2) 極めて常識的な遵守要求

前述のように日本のロボット関係者は、おそらくOECD（のみならず内閣府および総務省）の諸原則やガイドライン等を遵守することが求められることになろう。これは、ロボット関係者に対して開発を萎縮させるほどの酷な要求ではない、と筆者は思う。なぜならこれら諸原則やガイドライン等の内容は、すべてごく〈常識的〉な規範だからである。

仮にこれら諸原則やガイドライン遵守の要求が開発を萎縮する云々という批判があるとするならば――筆者の経験では残念ながらそのような批判が実在する――**、そのような批判に対して筆者は次のように問い返したい。「この程度の〈常識的〉な要求さえも満足できないような、〈非常識〉な物を開発するつもりなのか？」と**。ロボットやAIが社会一般に対して与える影響が極めて大きいことに鑑みれば、そのような影響力の大きな物の内容を、社会への悪影響を最小限化してから実装すべきことは至極当然であり「是非もない」はずであろう。

〈非常識〉な反対者の方々には、社会に大きな悪影響を与えかねない科学技術の先例として〈原子力〉を考えてみていただきたい。その脅威を日本は、先の大戦で経験させられたという国際的には数少ない被爆国であるばかりか、つい最近の東日本大震災の際にも経験したばかりではないか。原子力同様に科学技術の産物であるロボットやAIも、社会に与える影響が大きいといわれている現在、科学の暴走によって同じような甚大な損害を社会に与えないような配慮をくれぐれも軽んじないよう、願うばかりである。

Ⅳ　OECD・AI原則後の欧・米・日三極の動向

欧・米・日の三極は、ソフト・ロー――強制力のない「AI○○原則」や「AI◎◎ガイドライン」等――によるAIのガバナンス方針において合意して、本章Ⅲにおいて紹介した〈OECD・AI原則〉が成立した。しかし、その後、欧米がハード・ロー寄り――強制力のある成文法の制定化等――に政策を転換する現象が顕著になってきた。

たとえばEU（欧州連合）は、強制力があるばかりか域内各国に直接適用されるEU規則（Regulation）として、「AI Act（アクト）」――と自称する、直訳すれば「AI法」であるけれども、日本での訳語は通例「AI規則」――を制定することにより、AIの開発・利活用等をオムニバス（包括）形式により事前規制で統治する姿勢を鮮明化させている。アメリカも、連邦レベルでは共和党のトランプから民主党のバイデンへと政権が移行してから、現行法規のAIへの適用・執行を強化したり、州法や条例レベルにおけるAI規制立法化が活発化して、セクトラル（個別分野別）形式のハード・ローによるガバナンスに近づきつつある。

他方、日本は、本書の増補第2版執筆時点においては、いまだにソフト・ローに固執して、先進三極を比較すると劣後感が際立つ印象を与えかねない状況が懸念される。

1 EU の動向：〈AI Act〉＝〈AI 規則〉案

AI 規則案の特徴の 1 つは、ガバナンスの方法として AI システムの危険性を 4 段階に分類したうえで、規制の内容に強弱をつけた点にあり（Fig. 7-5 参照）、これを「リスク・ベースト・アプローチ」と呼んでいる[★60]。

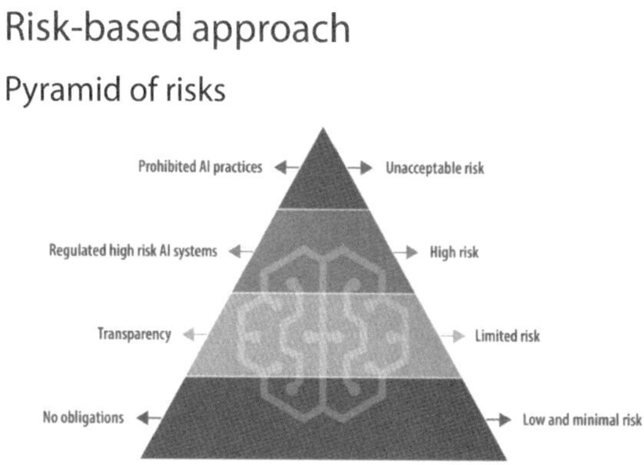

Figure 7-5：4 つに分類された AI システムの危険性ごとに規制の強弱を分けた「リスク・ベースト・アプローチ」(出典＊8)

また AI 規則に違反した場合には、高額な罰金も科される提案になっている。

上図（Fig. 7-5）中の頂上に位置する AI システムの利用は、危険性が最も高い〈**受容できない AI システム**〉とされ、そのような AI システムは禁止対象となる。具体的に禁止される AI システム利用とは、以下である[★61]：

- たとえば音声で起動する玩具のように子供の危険な行動を奨励するような、人々や特定の弱者グループを認知行動的に操作する［AI システム］、

- 行動、社会経済的地位、または個人の性格に基づいて人々を分類化するソーシャル・スコアリング、
- 人々の生体認証と分類化、［並びに］
- 顔認識のような即時的遠隔生体認証システム［特定の重大犯罪の場合の例外を除く］［事後的遠隔生体認証システムは裁判所の許諾後にのみ重大犯罪の訴追にて使用可］

Figure 7-5 中の頂上から第二層目に位置する〈**高リスク AI** システム〉の提供者には、ヒトによる監視義務等の様々な事前・事後規制が課される（後掲 Fig. 7-6 も参照）。この高リスク AI に含まれるシステムは以下であるとされる★62：

1）玩具、航空機、自動車、医療機器、およびエレベータを含む、EU の製品安全立法の対象となる製品
2）［後掲 Fig. 7-6 が「Step 3」の義務として言及しているように］EU のデータベースへの登録が要求される［以下の］特定分野で使用される AI システム：
- 重要インフラの管理および運用、
- 教育および職業訓練、
- 雇用、労務管理、および自営業へのアクセス、
- 不可欠な民間役務および公的役務および便益へのアクセスおよび享受、
- 法執行、
- 移民、亡命、および国境規制管理、［並びに］
- 法の解釈および適用の補助。

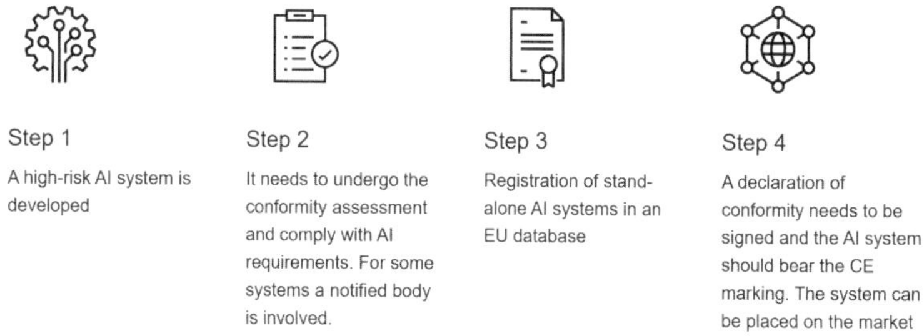

Step 1
A high-risk AI system is developed
Step 2
It needs to undergo the conformity assessment and comply with AI requirements. For some systems a notified body is involved.
Step 3
Registration of stand-alone AI systems in an EU database
Step 4
A declaration of conformity needs to be signed and the AI system should bear the CE marking. The system can be placed on the market

Figure 7-6：高リスク AI システム提供者に対する規制の例[出典＊9]

上図（Fig. 7-6）は高リスク AI システム提供者に対する規制例の図である。図中左から２番目の「Step 2」が示すように、高リスク AI システム提供者はその AI システムがルールを遵守している旨の評価を行いつつ遵守させねばならない。そして「Step 3」が示すように、高リスク AI システムを EU に登録しなければならない。さらに「Step 4」が示すように、ルール遵守を宣言する書面に署名し、かつ「CE」——Conformité Européenne：欧州基準適合を示す——マークを添付させてから販売することができる。なお評価と遵守等の義務は AI システムのライフサイクルの全体に及ぶとされている。

Figure 7-5 の頂上から第三層目に位置するのは〈限定的リスク AI システム〉であり、チャットボットや、ディープ・フェイクのような画像、音声、または動画を生成する AI システムも対象となり、AI を使用している旨を利用者に告知したうえでの使用（インフォームド・コンセント）が求められる（なお生成 AI については、次々段落にて後述する別途の特別な規制にも服することになった）。

図中の最下層に位置するのは〈低リスクまたは最小限リスク AI システム〉であり、上記以外の AI システムはここに属することになり、強行法規的な規制は課されない。

なお、〈生成 AI〉と〈汎用目的型 AI モデル：General Purpose AI models〉については以下のような特別な規制が課されることとなった。[★63]これは当初のAI規則案に入っていなかった規制であるけれども、EU議会と理事会が付加したと伝えられている。

> **ChatGPTのような生成AI**は［以下の］透明性要件［等］を遵守しなければならない：
> - コンテンツがAIによって生成された旨の開示、
> - 違法なコンテンツ生成を防止するモデルの設計、［および］
> - トレーニングに使用した著作権のあるデータの要旨の公表
>
> さらに高度なAIモデルGPT-4のように、システマチックなリスクを生じるかもしれないAIモデルである**高度な影響のある汎用目的AIモデル（high-impact general purpose AI models）**は、徹底的な評価を経ねばならず、かつインシデントをEU委員会に報告しなければならない。

なお増補第2版執筆時の2023年12月時点において、このAI規則案がEU関係諸組織（特にEU理事会とEU議会）間の調整の結果、一部修正されて**暫定的に**合意に達した旨が公表されているものの、その詳細は公表されておらず、今後EU理事会とEU議会との間で公式に文言が詰められるとされている。[★64]

2 アメリカの動向

(1) ホワイトハウス〈AI権利章典の青写真〉

〈AI権利章典の青写真〉（以下、単に「AI権利章典」という）は2022年10月にホワイトハウスの科学技術政策局が公表した非拘束的なガイドラインである。以下の5原則から構成されている。[★65]

> 1．安全かつ効率的なシステム
> 2．アルゴリズムによる差別からの保護
> 3．データ・プライバシー
> 4．告知と説明

5. AIシステムに代わってヒトから役務提供を受け、ヒトに熟考してもらい、かつ修復のためにAIシステムの判断から後戻りしてもらうこと

ところで2.の〈差別からの保護〉に関してAI権利章典は、「人種、肌の色、……」等に基づいて人々に不利益を与えるような、正当化されない「異なる取扱または異なる効果」(different treatment or impact)に自動システムが寄与する場合を「アルゴリズム的差別」と呼び、設計者、開発者、および展開者(deployers)がそのような差別から人々やコミュニティを防護するための積極的かつ継続的な対策をとるべきとしている。[★66]

そして4.の〈告知と説明〉に関してAI権利章典は、OECD・AI原則に似た、わかりやすい説明等——"generally accessible **plain language**" | "**clear descriptions** of the overall system functioning and the role automation plays" | "explanations of outcomes that are **clear**, timely, and accessible"(強調付加)——を行うべきとしている。[★67]

さらに5.の〈ヒトから役務提供を受ける〉等の権利についてAI権利章典は、適切な場合には、**利用者がAIシステムからオプトアウトしてヒトに判断してもらう権利を与えるべき**と指摘している。**たとえば「刑事司法、雇用、教育、および健康」のようなセンシティヴ(機微)な分野**では、特に目的に沿うようにAIシステムを作り込んだうえで、**システムに関与する人々をトレーニングして、意味のある監視も提供**し、不利または高リスクな判断にはヒトによる熟考を組み込むべきとしている。[★68]不適切なAIシステム利用の例としては、[★69]大企業が従業員のパフォーマンスを自動的に評価するシステムによって、ヒトによる吟味の機会も介さずに自動的に解雇し、異議申立ての機会もその他の救済手段も賦与しないような場合が示されている。

(2) 雇用分野におけるAI使用の州・地方公共団体の規制法・条例の成立

第4章**II-2(1)**においてすでに紹介したように、採用活動におけるAI利用については問題が多く指摘されていて、AI権利章典の上記原則5.においてもAI利用において特に注意を要する分野の例示の1つとして「雇用」が挙げられている——なお「刑事司法」も挙げられている点につ

いては、第4章 II-9 で紹介した「ウィスコンシン州対ルーミス事件」参照——。アメリカではすでに採用活動における AI 利用を規制する州法が複数成立しており、イリノイ州の『AI ビデオ面接法』——Artificial Intelligence Video Interview Act——が、事前説明と同意等を義務づけるほか[★70]、『メリーランド州法典：労働及び雇用法』3-717 条——顔認識役務[★71]——が、面接時に顔認識機能を権利放棄書なしで使用することを禁じている[★72]。

さらに 2023 年に施行されたニューヨーク市条例は、以下の要件を満たさない限り〈自動化された雇用決定ツール〉——AEDT：Automated Employment Decision Tool——の使用を禁じ、違反には罰金も科している[★73]：

- ツール［が使われる事実］と、ツールが使われる仕事の資格と特徴を、応募者に対して 10 事業日よりも前に通知すること；
- 応募者に［AEDT 使用以外の］代替手段を認めること；
- 収集したデータに関する情報の提供；および
- 使用の 1 年前以内に独立した監査人による偏見監査（bias audits）に服すこと、かつ最新のその監査結果の要約等をウェブ上で公表すること

なお AEDT とは、「自然人に影響を与える雇用上の決定のための採用的決定を相当程度補助または代替するために使用される、スコア、分類、または奨励を含むアウトプットを発出する、機械学習、統計的モデル、データ分析、または人工知能に由来するコンピュータ処理」（拙訳）と定義されている[★74]。

3 日本の動向：〈AI 事業者ガイドライン〉案

本書増補第 2 版の原稿執筆時において、掲題のガイドラインはまだ完成していない。そこで、現在公表が許されている案の概要のみを簡潔に

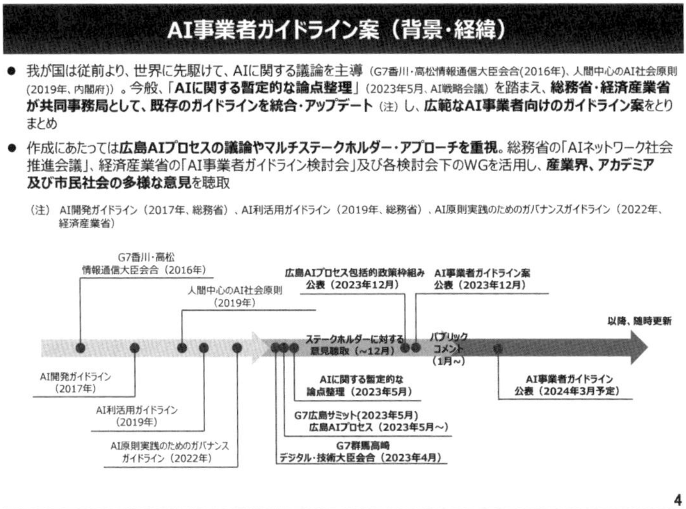

Figure 7-7：これまでの主な諸指針をまとめたAI事業者ガイドライン案(出典＊10)

説明しておこう。

まず、上図Figure 7-7で紹介しているように、**〈AI事業者ガイドライン〉案は、主にこれまでの総務省〈AI開発ガイドライン〉、同〈AI利活用ガイドライン〉、および経済産業省〈AI原則実践のためのガイドライン〉を統合**しつつ、本年（2023年）急速に利用が浸透しかつ規制の要望がG7先進諸国間で高まった生成AIに対する規律を盛り込んだガイドラインである。もっとも日本ではすでに、本章Iで紹介した内閣府「人間中心のAI社会原則」が国内AI規範の司令塔としての役割を担っていることから、これを継承し、かつその下の規範としてAI事業者ガイドライン案は構築されている。同時に、これも本章IIIで紹介した、日本が主導権をとって2019年に理事会勧告に至った「OECD・AI原則」も、AI事業者ガイドライン案の指導原則として参照している。★75

そして**AI事業者ガイドライン案の第1の特徴は、これまでのソフト・ローとしての性格を継承・維持したこと**である。これは、前述してきたように欧・米・日三極の中で欧米がハード・ロー寄りにAIガバナンス政策の舵を切っている現状に比べると、正直なところ見劣りがする。一方で、ソフト・ローが日本で機能すればもちろんハード・ローでなくても充分ではある。他方、AIのソフト・ローが国内で機能しているという証拠はなく、日本政府が標榜する〈根拠（エビデンス）［証拠］に基づく政策立案〉——EBPM：Evidence Based Policy Making——の方針[★76]に鑑みると不安が残る。そこでたとえば、本章Ⅳ-2において紹介したアメリカのAI権利章典において特に留意が必要であると指摘された「刑事司法、雇用、教育、および健康」分野や、同じく本章Ⅳ-1において紹介したEUのAI規則案が〈受容できないAIシステム〉や〈高リスクAIシステム〉として強行法規的な規制対象とした諸分野においては、日本のソフト・ローが機能しているか否かを継続的に検討していく必要があるのかもしれない。少なくとも現在有効な既存の実定法をAI利用が確実に遵守するように、各分野に管轄権を有する各省庁が法執行を行いつつ、実定法で足りない分野の有無についても検討を続ける必要性があるのではなかろうか。

さらに付言すれば、今回の増補第2版を上梓するにあたって明らかになった、**日本でも採用活動における使用が蔓延しつつあるAI利用については、〈FAT〉——Fairness（公正）Accountability（説明責任）、およびTransparency（透明性）——の原則が厳格に遵守されているか否かさえも不透明である**現状に鑑みて、ソフト・ローの限界を感じざるをえない。

第4章Ⅱ-2において紹介したように、採用活動におけるAI利用は、専門家が不適切であると指摘し、かつ欧米でも規制や厳しい批判の対象になっている。したがって日本でもその利用は謙抑的であるべきである。詳しくは、本書の増補第2版の著者校正作業中に公表された筆者の論文——平野晋「AIに不適合なアルゴリズム回避論：機械的な人事採用選別と自動化バイアス」情報通信政策研究7巻2号I-1頁（2024年）——を参照してほしい。

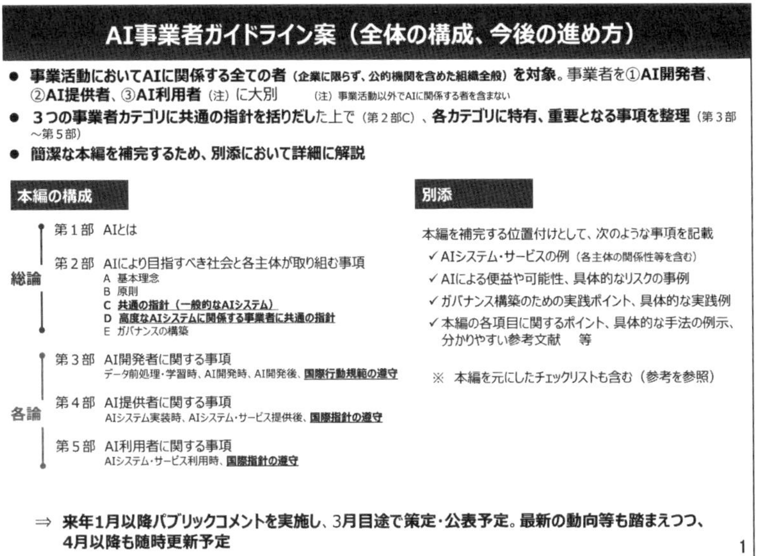

Figure 7-8：開発・提供・利用事業者を中心とした規範の指針（出典＊11）

上掲のFigure 7-8で紹介しているように、AI事業者ガイドライン案の第２の特徴は、事業者向けの指針であること、および、**AIの開発事業者、提供事業者、および利用事業者の三者の規範を中心に構成**したことである。社会に影響力のあるプレイヤーは事業者であることから、指針の焦点を事業者に据えたことは合理的であろう。そして事業者の役割を細分化しすぎると複雑になりすぎる云々といった議論を経た後に、対象事業者を開発・提供・利用の三者に絞れたことも、理解しやすさにつながったと評価してよいと思う。なお、やはり理解のしやすさを重視した結果、特に手続面を中心とする規範の詳細は、〈別添〉として添付文書に落とし込む構造になっている。

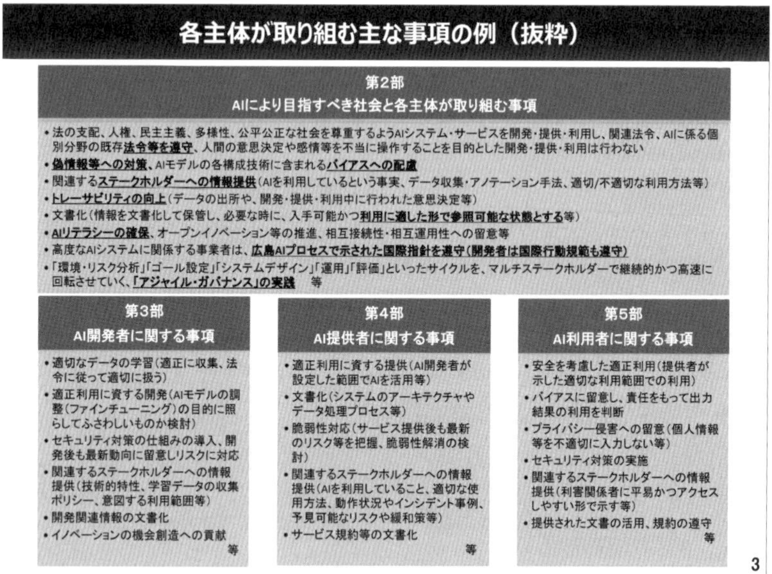

各主体が取り組む主な事項の例（抜粋）
第2部
AIにより目指すべき社会と各主体が取り組む事項
・法の支配、人権、民主主義、多様性、公平公正な社会を尊重するようAIシステム・サービスを開発・提供・利用し、関連法令、AIに係る個別分野の既存法令等を遵守、人間の意思決定や感情等を不当に操作することを目的とした開発・提供・利用は行わない
・偽情報等への対策、AIモデルの各構成技術に含まれるバイアスへの配慮
・関連するステークホルダーへの情報提供（AIを利用しているという事実、データ収集・アノテーション手法、適切/不適切な利用方法等）
・トレーサビリティの向上（データの出所や、開発・提供・利用中に行われた意思決定等）
・文書化（情報を文書化して保管し、必要な時に、入手可能かつ利用に適した形で参照可能な状態とする等）
・AIリテラシーの確保、オープンイノベーション等の推進、相互接続性・相互運用性への留意等
・高度なAIシステムに関係する事業者は、広島AIプロセスで示された国際指針を遵守（開発者は国際行動規範も遵守）
・「環境・リスク分析」「ゴール設定」「システムデザイン」「運用」「評価」といったサイクルを、マルチステークホルダーで継続的かつ高速に回転させていく、「アジャイル・ガバナンス」の実践　等
第3部
AI開発者に関する事項
・適切なデータの学習（適正に収集、法令に従って適切に扱う）
・適正利用に資する開発（AIモデルの調整（ファインチューニング）の目的に照らしてふさわしいものか検討）
・セキュリティ対策の仕組みの導入、開発後も最新動向に留意しリスクに対応
・関連するステークホルダーへの情報提供（技術的特性、学習データの収集ポリシー、意図する利用範囲等）
・開発関連情報の文書化
・イノベーションの機会創造への貢献
等
第4部
AI提供者に関する事項
・適正利用に資する提供（AI開発者が設定した範囲でAIを活用等）
・文書化（システムのアーキテクチャやデータ処理プロセス等）
・脆弱性対応（サービス提供後も最新のリスク等を把握、脆弱性解消の検討）
・関連するステークホルダーへの情報提供（AIを利用していること、適切な使用方法、動作状況やインシデント事例、予見可能なリスクや緩和策等）
・サービス規約等の文書化
等
第5部
AI利用者に関する事項
・安全を考慮した適正利用（提供者が示した適切な利用範囲での利用）
・バイアスに留意し、責任をもって出力結果の利用を判断
・プライバシー侵害への留意（個人情報等を不適切に入力しない等）
・セキュリティ対策の実施
・関連するステークホルダーへの情報提供（利害関係者に平易かつアクセスしやすい形で示す等）
・提供された文書の活用、規約の遵守
等
3

Figure 7-9：総則的な第 2 部と、開発・提供・利用事業者の各論的規範を示す第 3 部、第 4 部、および第 5 部（出典＊12）

そして第3の特徴は、**開発・提供・利用の三事業者それぞれの規範を第 3、4、および 5 部に規定しつつ、その前の第 2 部では三事業者に共通する規範を総則的にまとめている**ことである。ちなみに第1部には、AI の規範を起案する際に経験上最も議論が分かれる〈定義〉を据えている。この構造も、重要事項をわかりやすく配置するという観点から採用された。

＊　＊　＊

以上のように AI 事業者ガイドライン案は理解のしやすさを重視しつつ、かつこれまで日本で立案されてきた AI 諸原則・ガイドラインの英知を集め、OECD・AI 原則等も参考にした規範である。できるだけ多くの事業者・関係者が自主的に同ガイドラインを遵守してくれることを願う。

★1――筆者は総務省「AIネットワーク化検討会議」と「AIネットワーク社会推進会議」、および内閣府「人間中心のAI社会原則検討会議」とその改組後の「人間中心のAI社会原則会議」(「検討」の2文字を削除して改組)に参加し、かつ国際機関OECD(経済協力開発機構)の「AI専門家会合」にも参加してきたが、本章中の意見の部分は他章同様に別段の断りがない限り私見である。 ★2――AI戦略実行会議決定「別添『人間中心のAI社会原則会議』の設置について」(2019年2月15日) *in* 人間中心のAI社会原則会議「資料1-2 人間中心のAI社会原則(案)」13頁(2019年3月29日) *available at* [URLは文献リスト参照]。 ★3――内閣府「人間中心のAI社会原則検討会議」の公式ホームページ *available at* [URLは文献リスト参照] 参照。 ★4――総務省「AIネットワーク社会推進会議」*available at* [URLは文献リスト参照]。 ★5――内閣府(統合イノベーション戦略推進会議決定)「人間中心のAI社会原則」1頁(2019年3月29日) *available at* [URLは文献リスト参照] [hereinafter referred to as "内閣府(決定版)「AI社会原則」"]。 ★6――たとえば、総務省・AIネットワーク社会推進会議「報告書2017」25頁(2017年7月28日) *available at* [URLは文献リスト参照] 参照(「AIシステムの便益の増進とリスクの抑制を図ることにより、利用者の利益を保護するとともにリスクの波及を抑止し、……」と指摘)。 ★7――たとえば、総務省・AIネットワーク社会推進会議「報告書2017」同前8頁、10頁、22頁、23頁、24頁、25頁、30頁、31頁参照。 ★8――同前29頁。 ★9――内閣府(決定版)「AI社会原則」・前掲注(5)表紙参照。 ★10――同前4頁。内閣府政策統括官(科学技術・イノベーション担当)「資料1『人間中心のAI社会原則』及び『AI戦略2019(有識者提案)』について」(2019年4月17日)2頁 *available at* [URLは文献リスト参照] も参照。 ★11――内閣府(決定版)「AI社会原則」・前掲注(5)4頁。 ★12――*See, e.g., The IFCD and the United Nations SDGs, available at* [URLは文献リスト参照] ("The United Nations 2030 Agenda for Sustainable Development acknowledges, . . . , cultural diversity . . . and fostering social inclusion." と指摘). ★13――内閣府「Society 5.0」*available at* [URLは文献リスト参照]。 ★14――内閣府(決定版)「AI社会原則」・前掲注(5)5頁。宍戸常寿「ロボット・AIと法をめぐる動き」弥永真生=宍戸常寿編『ロボット・AIと法』1頁、12~14頁(有斐閣・2018年)も参照。 ★15――簡潔な説明として理解しやすい資料としては、内閣府政策統括官(科学技術・イノベーション担当)・前掲注(10)1頁参照。 ★16――同前。須藤修「人工知能がもたらす社会的インパクトと人間の共進化」情報通信政策研究2巻1号(2018年)IA-1~IA-2頁 *available at* [URLは文献リスト参照] も参照。 ★17――

内閣府（決定版）「AI社会原則」・前掲注（5）3頁、脚注5（「『AI-Readyな社会』とは、社会全体がAIによる便益を最大限に享受するために必要な変革が行われ、AIの恩恵を享受している、または、必要な時に直ちにAIを導入してその恩恵を得られる状態にある、『AI活用に対応した社会』を意味する。……」）。 ★18――内閣府政策統括官（科学技術・イノベーション担当）・前掲注（10）2頁も参照（「Society 5.0実現に必要な社会変革」が第3章の「ビジョン」であると指摘）。 ★19――内閣府（決定版）「AI社会原則」・前掲注（5）5～7頁。 ★20――同前8～12頁。 ★21――内閣府政策統括官（科学技術・イノベーション担当）・前掲注（10）2頁。 ★22――4.1本文中の脚注6は、「欧州委員会『信頼できるAIのための倫理ガイドライン（案）』においては、……合意に達していない重大な懸念事項（Critical Concerns raised by AI）として、……『自律型致死兵器システム』が挙げられている。これらの事項については、我が国においても、今後必要に応じて検討すべき課題と考えられる」と記されている。しかし「人間中心のAI社会原則検討会議」内の執筆担当者たち（含、筆者）が文言を執筆した2018年12月の年末時点では、この脚注が存在しなかった。AIの兵器使用云々の論点は、あえて避けてきたという経緯がある。内閣府「第7回 人間中心のAI社会原則検討会議議事録」41～44頁（2018年11月6日）*available at*［URLは文献リスト参照］参照。その後「人間中心のAI社会原則会議」（「検討」の2文字が削除された組織で、筆者たちも継続して構成員）に改組された後の2019年3月下旬になってから、欧州委員会のAIハイレベル専門家会合における自律型致死兵器システム（LAWS：Lethal Autonomous Weapon System）への言及に鑑みて、国際社会に影響力あらしめるためにはAI社会原則の脚注にて、わが国においても今後検討を要する課題である旨を言及することとなった。なお本書においてはロボット兵器の論点を、すでに第3章I-4、およびII-3等において、紹介済みであった。 ★23――たとえば、内閣府「第7回 議事録」・前掲注（22）48頁参照（「……自己中ではない人間中心である。未来の世代、3世紀後の未来までも含めた人間中心」（強調付加）と指摘）。 ★24――たとえば、同前12頁参照（「人間が支配されるのでなくて、……操作されたりといったことがないように、リテラシーなどの教育をしっかりと整備することが望ましい」と第1原則執筆の趣旨を指摘）。 ★25――執筆担当者間で議論があった後に「憲法及び国際的な規範の保障する基本的人権」という文言に決した理由は、各国の憲法の立場からの解釈を可能にしつつも、最低基準としての国際規範を参照させるようにも読めるうえに、かつ解釈上の両者の調整をも含意しているとも読めるという理由が説得的であったからである。 ★26――この引用文言は、執筆担当構成員であった筆者が提案して、検討会にて承諾された文言である。その意図は、本書をお読みいただければ理解していただけると願っている。すなわちSTEM（ステム）（Science, Technology, Engineering, and Mathematics）教育の重要性ばかりが強調される偏った傾向が一部に見受けられる中でも、AIの悪影響が多く指摘・懸念されている以上は、ELSI（エルシー）（Ethical, Legal, and Social Implications）の素養も同様に重要なはずであり、筆者は、劣勢になりがちな後者の立場をできる限り明らかにすることこそが研究者の良心に適うと確信している。 ★27――Ryan Calo, *Artificial Intelligence Policy: A Primer and Roadmap*, 51 U. C. DAVIS. L. REV 399, 411 & nn. 49 & 50（2017). ★28――本文中の引用は、内閣府（決定版）「AI社会原則」・前掲注（5）9頁。★29――*See, e.g.*, 内閣府「第7回 議事録」・前掲注（22）26頁（「4.2は正にいろいろなところで議論されていてそれなりに相場観ができているので、ここをもう一回議論し直すのは時間も意味もないと思います。ですので、こういう議論がありますよとリファーして再掲するような形で、……。……、4.1の社会原則だけ出すと、……、いろいろな原則の関係性が分からなくなるのはまずいと思いますので、全体の体系は明確にしておいた方がいいだろうと」）；総務省・AIネットワーク社会推進会議「報告書2019」（2019年8月9日）23～24頁 *available at*［URLは文献リスト参照］（「今後、開発者及び事業者が原則等を検討する際にこれらの［AI開発ガイドライン案やAI利活用］ガイドラインを参照することが期待される」と説明している）。★30――内閣府「第8回 人間中心のAI社会原則検討会議議事録」3頁（2018年12月13日）*available at*［URLは文献リスト参照］参照（人間中心のAI社会原則は規制ではなく「ノーバインディングであるというのが基本で、その中で新たな社会をみんなで力をあわせてつくっていこうということを言っています」と指摘）。★31――総務省「AIネットワーク社会推進会議の開催」（2016年10月21日）*available at*［URLは文献リスト参照］。★32――同前。★33――たとえば、総務省「AIネットワーク社会推進会議 開催要綱（案）」（2016年10月31日）*available at*［URLは文献リスト参照］；総務省「AIネットワーク社会推進会議 開発原則分科会運営方針（案）」（2016年11月8日）*available at*［URLは文献リスト参照］；総務省「AIネットワーク社会推進会議 環境整備分科会 運営方針」（2017年11月6日）*available at*［URLは文献リスト参照］；総務省「AIネットワーク社会推進会議 AIガバナンス検討会 運営方針」（2018年11月29日）*available at*［URLは文献リスト参照］参照。★34――総務省・AIネットワーク社会推進会議「報告書2018の公表」（2018年7月17日）*available at*［URLは文献リスト参照］。★35――たとえば、平野晋「経済教室 GAFA規制を考える（中）AI利活用で独走許すな」日本経済新聞2019年2月20日朝刊28面（「……、AIの諸原則作りでの日本の貢献に関係者が謝意を口にした。/……日本の行政府関係者らは……有識者を集めた政策立案会議で議論し、成果を発表した。/これがOECDの目にとまり、今ではOECDが日本の提案を参考にした諸原則作りを、世界の専門家を集めたAI専門家会合で行っている。最終的にはOECD理事会勧告として、加盟各国に対して順守が望ましいとすることが目指されている」（強調付加）と指摘）；内閣府「第7回議事録」・前掲注（22）5頁、7頁（「カナダや欧州の方々は日本の動きをよくご存知で、総務省から出した報告書などもよく読んでおられます。皆さま日本への期待を口に出されました。今後も是非協力したいということでございました。」「日本は、……非常にOECD事務局からも参加国からも高い評価を受けています」（強調付加）等と国際会議に出席している構成員から指摘）参照。総務省・AIネットワーク社会推進会議「報告書2017」・前掲注（6）1頁も参照（AI開発原則案のたたき台を2016年4月に日本で開催されたG7香川・高松情報通信大臣会合にて当時の高市早苗総務大臣が紹介したところ、加盟各国の賛同を得た旨が紹介されている）。★36――総務省「AIネットワーク社会推進会議 環境整備分科会 運営方針」・前掲注（33）。★37――総務省・AIネットワーク社会推進会議「報告書2018の公表」・前掲注（34）。★38――総務省「AIネットワーク社会推進会議 AIガバナンス分科会 運営方針」・前掲注 (33)。 ★39――総務省事務局「資料3 事務局説明資料」10頁 (2019年3月) *in* AIネットワーク社会推進会議・AIガバナンス検討会 (第7回) *available at* [URLは文献リスト参照]。 ★40――総務省・AIネットワーク社会推進会議「報告書2019」・前掲注 (29) 34〜36頁。 ★41――同前。 ★42――たとえば、総務省・AIネットワーク社会推進会議「AI利活用原則の各論点に対する詳説」(2019年8月9日) *available at* [URLは文献リスト参照]; 総務省・AIネットワーク社会推進会議・AIガバナンス検討会 (第6回)「資料1 谷幹也『AIベースシステムの事業化における課題』」*available at* [URLは文献リスト参照] 参照。 ★43――*See, e.g.*, Eddie Lin, *Representativeness Analysis : How Our Data Reflects the Real Labor Market Dynamics*, *available at* [URLは文献リスト参照]. ★44――総務省・AIネットワーク社会推進会議「詳説」・前掲注 (42) 38頁。 ★45――「アカウンタビリティ」という文言・概念の意味は、次のように説明されている。「判断の結果についてその判断により影響を受ける者の理解を得るため、責任者を明確にしたうえで、判断に関する正当な意味・理由の説明、必要に応じた賠償・補償等の措置がとれること」である、と。同前「詳説」40頁脚注(※)。 ★46――AI利活用原則案の対象となるロボットとは論理的には、「学習等により自らの出力やプログラムを変化させるソフトウェア」を含むシステムを利活用したロボットである。総務省・AIネットワーク社会推進会議「報告書2019」・前掲注 (29) 44頁参照 (利活用原則の対象となる「AI」「AIソフト」および「AIシステム」を定義)。 ★47――総務省・AIネットワーク社会推進会議「AI利活用ガイドライン」(2019年8月9日) 2頁脚注4 *available at* [URLは文献リスト参照] 参照。 ★48――OECD, *OECD Creates Expert Group to Foster Trust in Artificial Intelligence*, Sep. 13, 2018, *available at* [URLは文献リスト参照]. ★49――OECD, *List of Participants in the OECD Expert Group on AI (AIGO)*, *available at* [URLは文献リスト参照]. ★50――OECD日本政府代表部「AI (人工知能) に関する理事会勧告が採択されました。」(2019年5月22日) *available at* [URLは文献リスト参照]。★51――藤川信夫「英国スチュワードシップ・コードの理論と実践―Approved personsと域外適用ならびに監査等委員会と非業務執行取締役、米国の忠実義務の規範化概念と英国会社法の一般的義務等の接点」千葉商大論叢52巻1号75頁、75頁、78頁 (2014年)。★52――杉本旭「安全の事前責任の体系について―労働安全におけるスチュワードシップとしての事業者責任」安全工学42巻5号350頁、351頁 (2003年)。★53――藤川・前掲注 (51) 78頁。★54――総務省・AIネットワーク社会推進会議「AI利活用ガイドライン」・前掲注 (47) 7頁 (その基本理念において次のように明記している。「民主主義社会の価値を最大限尊重しつつ、権利利益が侵害されるリスクを抑制するため、**便益とリスクの適正なバランスを確保**すること」(下線付加、太字強調は原文) と)。 ★55――たとえば、同前14頁、24頁参照 (〈❶適正利用の原則〉および〈❽公平性の原則〉が「人間の判断の介在」を提案しており、「文脈に応じ」た対策も同利活用原則案が提案してきた概念である)。 ★56――拙著『体系アメリカ契約法』56頁 (中央大学出版部・2009年、2019増刷版) 参照。★57――総務省・AIネットワーク社会推進会議「詳説」・前掲注 (42) 41頁、42頁。★58――本文当段落の出典は引用部分を含み、以下の通りである。Swati Malik, *Autonomous*

Weapon Systems: The Possibility and Probability of Accountability, 35 WIS. INT'L L.J. 609, 615-16 (2018). *See also* Hila Keren, *Textual Harassment: A New Historicist Reappraisal of the Parol Evidence Rule with Gender in Mind*, 13 AM. U.J. GENDER SOC. POL'Y & L. 251, 276 n.107 (2005). ★59——当時のスペルは「Domesday」であり、当時の「dom」は「law」や「decree」(判決・法令) や「judgment, sentence or condemnation」を意味していた。James P. Nehf, *Recognizing the Societal Value in Information Privacy*, 78 WASH. L. REV. 1, 8 n.27 (2003). ★60——本文中の1の記述については、別段の表記がない限り、see European Commission, *Excellence and Trust in Artificial Intelligence*, *available at* [URLは文献リスト参照]; European Parliament, *EU AI Act: First Regulation on Artificial Intelligence*, Updated Dec. 19, 2023, 11 : 45, *available at* [URLは文献リスト参照]; Tambiama Madiega (European Parliamentary Research Service), Briefing, *EU Legislation in Progress, Artificial Intelligence Act*, June 2023, *available at* [URLは文献リスト参照]. ★61——European Parliament, *First Regulation*, *supra* note 60. ★62——*Id.* ★63——*Id.* ★64——ジェトロ「EU、AIを包括的に規制する法案で政治合意、生成型AIも規制対象に」ビジネス短信2023年12月13日 *available at* [URLは文献リスト参照] (「AI法案は今後、[EU理事会とEU議会の] 両機関による正式な採択を経て施行され、2026年中に適用が開始されるとみられる。なお、今回合意された法文案は公開されていない」と指摘); European Parliament, *First Regulation*, *supra* note 60 ("The agreed text [between the Parliament and Council] will now have to be formally adopted by both Parliament and Council to become EU Law." と指摘して、最終的な規制内容が未定である旨を示唆している). ★65——本文内の本項の記述については、see, *e.g.*, WHITE HOUS., OFF. OF SCI. & TECH. POL'Y, BLUEPRINT FOR AN AI BILL OF RIGHTS, *available at* [URLは文献リスト参照]; Eunice Park, *The AI Bill of Rights: A Step in the Right Direction*, 65-Feb ORANGE COUNTY LAW. 25 (Feb. 2023); 内閣府・人間中心のAI社会原則会議、令和4年度第2回 (令和4年 [2022年] 12月21日)、「(資料3) 米国のAI権利章典 (AI Bill of Righs)」令和4年12月 (内閣府提出資料) *available at* [URLは文献リスト参照] 参照。 ★66——AI BILL OF RIGHTS, *supra* note 65, at 5. ★67——*Id.* at 6. ★68——*Id.* at 7. ★69——*Id.* at 48. ★70——820 ILL. COMP. STAT. 42/1 (2021); Lori Andrews & Hannah Bucher, *Automatic Discrimination: AI Hiring Practices and Gender Inequity*, 44 CARDOZO L. REV. 145, 195 (2022); Brittany Kammerer, *Hired by a Robot: The Legal Implications of Artificial Intelligence Video Interviews and Advocating for Greater Protection of Job Applicants*, 107 IOWA L. REV. 817, 834-36 (2022). ★71——MD. CODE ANN., LAB. & EMPL. §3-717 Facial Recognition Service. ★72——Keith E. Sonderling et al., *The Promise and the Peril: Artificial Intelligence and Employment Discrimination*, 77 U. MIAMI L. REV. 1, 46 (2022); Andrews & Bucher, *supra* note 70, at 195; Kammerer, *supra*, note 70, at 834-36. ★73——AUTOMATED EMPLOYMENT DECISION TOOL LAW, LOCAL LAW INT. No. 1894-A; Paul J. Sweeney, *NYC Will Be Watching: Is Your Hiring Program Compliant?*, 29 No. 6 N. Y. EMP. L. LETTER 1, June 2022; Malika Dargan, Comment, *Model Act for Algorithmic Models: A Regulatory*

Solution for AI Used in Hiring Decisions, 13 HOUSTON L. REV. ONLINE 50, 55-56 (2023); Lindsey Fuchs, *Hired by Machine: Can a New York City Law Enforce Algorithmic Fairness in Hiring Practices?*, 28 FORDHAM J. CORP. & FIN. L. 185, 212 (2023); Jonathan L. Sulds, 1 New York Employment Law §9.02 *in* NEW YORK EMPLOYMENT LAW, Second Edition. ★74――ちなみに「相当程度：substantially assist or replace」という条件は、雇用主側がAIの結果に「相当程度な重きを置いていない」といった言い訳によって脱法を許してしまうという批判が存在する。*See, e.g.*, Steve Lohr, *A Hiring Law Blazes a Path for A.I. Regulation*, THE NEW YORK TIMES, May 25, 2023, *available at* [URLは文献リスト参照]. AI等の利用に〈不透明性〉が残る限り、その批判は正しいであろう。★75――「(資料1-3) 総務省・経済産業省AI事業者ガイドライン案」11頁 *available at* [URLは文献リスト参照] *in* 内閣府「AI戦略会議 第7回」(令和5年 [2023年] 12月21日) *available at* [URLは文献リスト参照]. ★76――内閣府「内閣府におけるEBPMへの取組」(令和5年 [2023年] 6月) *available at* [URLは文献リスト参照]。

Figure/Tableの出典・出所

(＊1) 総務省・AIネットワーク社会推進会議「報告書2017」・前掲注 (6) 21頁。
(＊2) Carnegie Endowment for International Peace, *Artificial Intelligence and U.S.-Japan Alliance Engagement*, Jan. 12, 2017, *available at* [URLは文献リスト参照].
(＊3) 総務省・AIネットワーク社会推進会議「報告書2018」23～24頁 (2018年7月18日) *available at* [URLは文献リスト参照]。
(＊4) 内閣府 (決定版)「AI社会原則」・前掲注 (5) 3頁。内閣府政策統括官 (科学技術・イノベーション担当)・後掲注 (10) も参照。
(＊5) 内閣府「Society 5.0」*available at* [URLは文献リスト参照] を参考に筆者作成。
(＊6) 内閣府政策統括官 (科学技術・イノベーション担当)・前掲注 (10) 2頁参照。
(＊7) 総務省・AIネットワーク社会推進会議「詳説」・後掲注 (42) 8頁参照。
(＊8) Samy Chahri (European Parliamentary Research Service), Briefing, *EU Legislation in Progress, Artificial Intelligence Act*, 4, June 2023, *available at* [URLは文献リスト参照]. *See also* European Commission, *Excellence and Trust in Artificial Intelligence*, *available at* [URLは文献リスト参照].
(＊9) European Parliament, *First Regulation*, *supra* note 60.
(＊10)「(資料1-2) 総務省＋経済産業省・AI事業者ガイドライン案 概要」4頁 (令和5年 [2023年] 12月21日) *available at* [URLは文献リスト参照] *in* 内閣府「AI戦略会議 第7回」(令和5年 [2023年] 12月21日) [URLは文献リスト参照]。
(＊11) 同上1頁。
(＊12) 同上3頁。

おわりに

本書を書き終えて振り返ってみると、法を論じる前提となる事実や背景等々の記述が、結果的に多くなっていた。しかしロボット法の前提となる事実、たとえばロボットの特徴や、大衆意識や、あるいはロボットに関わる倫理等は、法を論じる前に必要な情報であり、ロボットの特徴を知らないままではそこに当てはめるべき法も適切に論じることができない。そもそもロボット法という分野はいまだ揺籃期にあって、今、まさに法律の議論が始まりつつある。したがって、現時点では、法を論じる前提として知っておくべき事柄を結果的に多く紹介することになった。さらに本書が法の前提を扱わざるをえなかった事実から、必然的にその内容は、純粋に法律学だけに閉じたものにはならず、ロボット法に関わる諸分野を学際的に論じることにもなった。欧米ではロボット法の特徴のひとつがその学際性にある、と指摘されているので（*See e.g.*, Ryan Calo, *Robotics and the Lessons of Cyberlaw*, 103 CAL. L. REV. 513, 550, 560-61 (2015)）、本書の内容もロボット法のそうした特徴を反映したものと捉えていただければ幸いである。

本論を振り返ってみるとまず、序章において、ロボット法が必要とされる理由を紹介した。そもそもロボット法のような学問分野が必要なのかという疑問に、まずは応えておきたかったからである。

次の第１章では、アシモフの「ロボット工学３原則」とその法学上の意味に触れた。欧米のロボット法やロボット倫理等に関連する文献を調査すると、アシモフの３原則に触れつつさまざまな議論を展開する例が少なからず見受けられたからである。つまりロボット工学３原則は、単なる人文科学上の創作であるにとどまらず、ロボット法を学ぶうえでの〈常識〉の域に達している感さえある。加えてこの３原則は、倫理規範をロボットに教育させる必要性（とその困難性）が指摘されている最近の議論の理解に資するばかりか、ロボットによる法条文解釈――たとえばロボット・カーによる道路交通法の遵守と臨機応変な対応――の難しさを理解するうえでも有用である。そこで３原則を本書でも第１章で紹介しておいた。

続く第2章は、ロボットの語源を含む起源、そして文化を紹介した。法を理解するうえでは大衆法意識——大衆が法をいかに捉えているか——を無視できないのと同様に、ロボット法を理解する前提として、大衆がロボットに対して抱いてきた意識を理解することもまた重要であると考えたからである。文芸作品、特に映画に投影された、ロボットに対してヒトが抱く意識の中心は、「脅威としてのロボット」観であった。そしてこの恐怖感は、期せずして昨今取り沙汰されている「シンギュラリティ」や「2045年問題」にも共通していることを、読者にも感じていただけたであろうか。人造物（ロボット）が造物主（ヒト）に歯向かい滅ぼしてしまう恐怖感は、古（いにしえ）より今日に至るまで脈々と受け継がれている。加えてその大衆意識から、ヒトは自身が造った人造物を制御できなくなればディストピアが訪れるという教訓——たとえば原子力のように——を学ぶこともできよう。そのような大衆意識や教えを理解せずにロボット法を机上で論じても、大衆の理解と共感は得られないのではあるまいか。

第3章ではロボットを定義し、特に〈感知/認識〉と〈考え/判断〉する要素を分析してみた。これらの要素こそが、従来の普通の機械製品とロボットとを決定的に分けている特徴であり、かつ新たな法的論点が生まれる原因にもなると考えたからである。

第4章は、一口に「ロボット」といっても多様な種類が存在するので、その主な分類を紹介し、それらの分類ごとに、すでに議論されている法的論点や問題点等も紹介してみた。たとえば機械とシリコン（半導体）だけで構成される〈狭義のロボット〉ばかりではなく、生物学も応用した人造物も射程に入れた〈広義のロボット〉を本書が扱うことによって、もしかしたらヒトに近い人造物が造られるかもしれない可能性やその問題点への理解を読者に深めていただきたいと願って筆を進めた次第である。

そして第5章は、特にロボット法における中心的な法的関心事といっても過言ではない製造物責任——十数年あまり前に筆者が携わったロボット産業界の最大の法的懸念事項も生活支援ロボットのPL責任であった——を中心に、ロボットが抱える法的な諸問題を、裁判例も紹介しながら、少し突っ込んで指摘・分析してみた。特にロボットの頭脳になるであろう人工知能(AI)の特徴でもある〈制御不可能性〉と〈不透明性〉については、「責任の空白」という言葉で象徴される法的な懸念がすでに欧米で論じられていて、その対策も必要であることを読者にお伝えすることができたのであれば、本章のミッションはある程度達成できたと思っている。

第6章では、現時点の問題というよりも少し先の問題として、仮にロボットが自意識や感情等々の、ヒトと共通した能力を獲得した場合の法的論点にまで踏み込んで紹介してみた。AIの世界でいうところの、いわゆる「強いAI」のような存在にロボットがなった場合を、欧米のロボット法関連の文献はすでに議論し始めているから、本書もそこまで言及したのである。

最後に第7章は、2019年の増補版にて追加した章であり、筆者が参加してきた内外のAI諸原則検討有識者会議の成果を、ロボット法の行く末を占うものとして簡潔に紹介している。具体的には総務省の「AIネットワーク社会推進会議」、内閣府の「人間中心のAI社会原則検討会議」、およびOECD(経済協力開発機構)の「AI専門家会合」の活動に触れながら、それらの成果物である「AI利活用原則」、「人間中心のAI社会原則」、および「OECD・AI原則」を紹介している。増補第2版では、それらを集約・更新させた「AI事業者ガイドライン」案を——ハード・ローに傾いた／傾きつつある欧米の動向もあわせて——追記した。これらのAI諸原則等は、日本でAIを利活用する企業等にも適用されることになるルールであるから、特にロボット関係者は第7章でその概要に触れておくことをお勧めする。

以上、ロボット法の背景や前提になる事実を挙げながら、主な法的論点も中長期的な視野からカバーしたつもりである。もっともロボット法は、いわゆる新領域の法学分野であるから、その対象たるロボットやAIの技術革新と開発の速度が、生成AIのように速いことに鑑みれば、本書の予想を超える新たな論点も出現しうることは想像に難くない。そのような将来の変化に柔軟に対応する思考力と不断の努力が、ロボット法の研究には求められているのであろう。願わくば、本書がその第一歩に少しでも貢献できれば望外の喜びである。

参考文献

【A】

Ryan **Abbott**, *I Think, Therefore I Invent: Creative Computers and the Future of Patent Law*, 57 BOSTON COLLEGE L. REV. 1079 (2016).

Keith **Abney**, *3. Robotics, Ethical Theory, and Metaethics: A Guide for the Perplexed, in* ROBOT ETHICS: THE ETHICAL AND SOCIAL IMPLICATIONS OF ROBOTICS 35 (Patrick Lin et al. eds., 2012).

A.I. Artificial Intelligence (Warner Bros. Pictures/DreamWorks Pictures 2001).

Ifoema **Ajunwa**, *An Auditing Imperative for Automated Hiring Systems*, 37 HARV. J. L. & TECH. 621 (2021).

____________, *The Paradox of Automation as Anti-Bias Intervention*, 41 CARDOZO L. REV. 1671 (2020).

Jessica S. **Allain**, Comment, *From Jeopardy! to Jaundice: The Medical Liability Implications of Dr. Watson and Other Artificial Intelligence Systems*, 73 LA. L. REV. 1049 (2013).

Hilary J. **Allen**, *A New Philosophy for Financial Stability Regulation*, 45 LOY. U. CHI. L.J. 173 (2013).

Kate **Allen**, *Computer Learns How to Play Atari—and Win: Algorithm Masters Arcade Games without Advance Programming in 'Groundbreaking' AI Advance*, THE TORONTO STAR, Feb. 26, 2015, at A1.

Tom **Allen** & Robin Widdison, *Can Computers Make Contracts?*, 9 HARV. J.L. & TECH. 25 (1996).

Kenneth **Anderson** et al., *Adapting the Law of Armed Conflict to Autonomous Weapon Systems*, 90 INT'L L. STUD. 386 (2014).

Roger **Anderson** et al., *Boosting, Support Vector Machines and Reinforcement Learning in Computer-Aided Learn Management*, OIL & GAS JOURNAL, May 9, 2005, at 41.

__________________, *The Impact of Information Technology on Judicial Administration: A Research Agenda for the Future*, 66 S. CAL. L. REV. 1762 (1993).

Lori **Andrews** & Hannah Bucher, *Automatic Discrimination: AI Hiring Practices and Gender Inequity*, 44 CARDOZO L. REV. 145 (2022).

George J. **Annas**, *The Man on the Moon, Immorality, and Other Millennial Myths: The Prospects and Perils of Human Genetic Engineering*, 49 EMORY L.J. 753 (2000).

MICHAEL **ASIMOW** & SHANNON MADER, LAW AND POPULAR CULTURE: A COURSE BOOK (2004).

Avatar (Twentieth Century Fox 2009).

【B】

Jack M. **Balkin**, *The Path of Robotics Law*, 6 CAL. L. REV. CIRCUIT 45 (2015).

Derek E. **Bambauer**, *Copyright=Speech*, 65 EMORY L.J. 199 (2015).

Solon **Barocas** & Andrew D. Selbst, *Big Data's Disparate Impact*, 104 CAL. L. REV. 671 (2016).

Woodrow **Bartfield**, *Intellectual Property Rights in Virtual Environments: Considering the Rights of Owners, Programmers and Virtual Avatars*, 39 AKRON L. REV. 649 (2006).

Jack M. **Beard**, *Autonomous Weapons and Human Responsibilities*, 45 GEO. J. INT'L L. 617 (2014).

Joseph J. **Beard**, *Clones, Bones and Twilight Zones: Protecting the Digital Persona of the Quick, the Dead and the Imaginary*, 16 BERKELEY TECH. L.J. 1165 (2001).

T. Randolph **Beard** et al., *Tort Liability for Software Developers: A Law & Economics Perspective*, 27 J. MARSHALL J. COMPUTER & INFO. L. 199 (2009).

Hazel Glenn **Beh**, *Physical Losses in Cyberspace*, 8 CONN. INS. L.J. 55 (2001/2002).

George A. **Bekey**, *2. Current Trends in Robotics: Technology and Ethics, in* ROBOT ETHICS: THE ETHICAL AND SOCIAL IMPLICATIONS OF ROBOTICS 18 (Patrick Lin et al. eds., 2012).

Nick **Belay**, Note, *Robot Ethics and Self-Driving Cars: How Ethical Determinations in Software Will Require a New Legal Framework*, 40 J. LEGAL PROF. 119 (2015).

Anthony J. **Bellia**, Jr., *Contracting with Electronic Agents*, 50 EMORY L.J. 1047 (2001).

Steven M. **Bellovin** et al., *When Enough Is Enough: Location Tracking, Mosaic Theory, and Machine Learning*, 8 N.Y.U. J.L. & LIBERTY 556 (2014).

Daniel **Ben-Ari** et al., *"Danger, Will Robinson"? Artificial Intelligence in the Practice of Law: An Analysis and Proof of Concept Experiment*, 23 RICH. J.L. & TECH. 3 (2017).

Jessica **Berg**, *Of Elephants and Embryos: A Proposed Framework for Legal Personhood*, 59 HASTINGS L.J. 369 (2007).

Vaughan **Black** & Andrew Fenton, *Humane Driving*, 34 CAN. J. L. & JURIS. 11 (2021).

BLACK'S LAW DICTIONARY 1674 (10th ed. 2014).

Blade Runner (Warner Bros. 1982).

Blade Runner 2049 (Warner Bros. 2017).

Matthew T. **Bodie** et al., *The Law and Policy of People Analytics*, 88 U. COLO. L. REV. 961 (2017).

Jack **Boeglin**, *The Costs of Self-Driving Cars: Reconciling Freedom and Privacy with Tort Liability in Autonomous Vehicle Regulation*, 17 YALE J.L. & TECH. 171 (2015).

Jean-Francois **Bonnefon** et al., *The Social Dilemma of Autonomous Vehicles*, 352 SCIENCE 1573 (June 24, 2016).
Frederik Zuiderveen **Borgesius**, *Discrimination, Artificial Intelligence, and Algorithmic Decision-Making*, *available at* ⟨https://rm. coe. int/discrimination-artificial-intelligence-and-algorithmic-decision-making/1680925d73⟩ (last visited June 12, 2019).
John R. **Boyd**, *Essence of Winning and Losing*, Aug. 2010, *in* Project on Government Oversight, Defense and the National Interest, *available at* ⟨http://pogoarchives.org/m/dni/john_boyd_compendium/essence_of_winning_losing.pdf⟩ (last visited May 2, 2017).
Bruce E. **Boyden**, *Emergent Works*, 39 COLUM. J.L. & ARTS 377 (2016).
Annemarie **Bridy**, *The Evolution of Authorship : Work Made by Code*, 39 COLUM. J.L. & ARTS 395 (2016).
________________, *Coding Creativity : Copyright and the Artificially Intelligent Author*, 2012 STAN. TECH. L. REV. 5.
Evan **Brown**, *Fixed Perspectives : The Evolving Contours of the Fixation Requirement in Copyright Law*, 10 WASH. J.L. TECH. & ARTS 17 (2014).
Kimberly N. **Brown**, *Anonymity, Faceprints, and the Constitution*, 21 GEO. MASON L. REV. 409 (2014).
Christopher **Buccafusco**, *A Theory of Copyright Authorship*, 102 VA. L. REV. 1229 (2016).
Joy **Buolamwini**, *The Hidden Dangers of Facial Analysis*, N.Y. Times print run, June 22, 2018, Page A25, *available at* ⟨https://www.nytimes.com/2018/06/21/opinion/facial-analysis-technology-bias.html⟩ (last visited June 9, 2019).

【C】

Patricia A. **Cain** & Jean C. Love, *Stories of Rights : Developing Moral Theory and Teaching Law*, 86 MICH. L. REV. 1365 (1988).
Ryan **Calo**, *Artificial Intelligence Policy : A Primer and Roadmap*, 51 U.C. DAVIS. L. REV 399 (2017).
__________, *Robotics and the Lessons of Cyberlaw*, 103 CAL. L. REV. 513 (2015).
M. Ryan **Calo**, *12. Robots and Privacy*, *in* ROBOT ETHICS : THE ETHICAL AND SOCIAL IMPLICATIONS OF ROBOTICS 187 (Patrick Lin et al. eds., 2012).
______________, *Open Robotics*, 70 MARYLAND L. REV. 571 (2011).
Camille **Carey** & Robert A. Solomon, *Impossible Choices : Balancing Safety and Security in Domestic Violence Representation*, 21 CLINICAL L. REV. 201 (2014).
Carnegie Endowment for International Peace, Artificial Intelligence and U.S.-Japan Alliance Engagement, *available at* ⟨http://carnegieendowment.org/2017/01/12/artificial-intelligence-and-u.s.-japan-alliance-engagement-event-5464⟩ (last visited Apr. 14, 2019).
Charli **Carpenter**, US Public Opinion on Autonomous Weapons, *available at* ⟨http://www.duckofminerva.com/wp-content/uploads/2013/06/UMass-Survey_Public-Opinion-on-Autonomous-Weapons.pdf⟩ (last visited Sept. 2, 2016).
Bryan **Casey**, *Robot Ipsa Loquitur*, 108 GEO. L. J. 225 (2019).
Cash Deal Puts End to Two-year Legal Monkey Business over Selfie, The Western Mail (national ed.) (ed. 1), Sept. 13, 2017.
Edward **Castronova**, *Protecting Virtual Playgrounds : Children, Law, and Play Online : Fertility and Virtual Reality*, 66 WASH & LEE L. REV. 1085 (2009).
Thompson **Chengeta**, *Defining the Emerging Notion of "Meaningful Human Control" in Weapon Systems*, 49 N. Y. U. J. INT'L. L. & POL. 833 (2017).
Mark A. **Chinen**, *The Co-Evolution of Autonomous Machines and Legal Responsibility*, 20 VA. J.L. & TECH. 338 (2016).
Seung Hwan **Choi**, *'Human Dignity' as an Indispensable Requirement for Sustainable Regional Economic Integration*, 6 J. EAST ASIA & INT'L L. 81 (2013).
George C. **Christie**, *The Defense of Necessity Considered from the Legal and Moral Points of View*, 48 DUKE L.J. 975 (1999).
Andrew **Chung**, *'Monkey Selfie' Copyright Case Appealed to 9th Circuit : Naruto v. Slater*, 23 No. 8 WESTLAW J. INTELL. PROP. 9 (Aug. 10, 2016).
Keats **Citron**, *Technological Due Process*, 85 WASH. U. L. REV. 1249 (2008).
Arthur C. **Clarke**, *Foreword : The Birth of HAL*, *in* HAL'S LEGACY : 2001'S COMPUTER AS DREAM AND REALITY xi (David G. Stork ed., 1997).
Roger **Clarke**, *1. Asimov's Laws of Robotics : Implications for Information Technology Part 1*, *in* MACHINE ETHICS AND ROBOT ETHICS 34 (Wendell Wallach & Peter Asaro eds., 2017).
______________, *2. Asimov's Laws of Robotics, : Implications for Information Technology Part 2*, *in* MACHINE ETHICS AND ROBOT ETHICS 43 (Wendell Wallach & Peter Asaro eds., 2017).
Ralph D. **Clifford**, *Intellectual Property in the Era of the Creative Computer Program : Will the True Creator Please Stand Up?*, 71 TUL. L. REV. 1675 (1997).
CARLO **COLODI**, THE ADVENTURE OF PINOCCHIO (1883).
Liane **Colonna**, *A Taxonomy and Classification of Data Mining*, 16 SMU SCI. & TECH. L. REV. 309 (2013).

BEN **CONNABLE** (RAND CORP.), EMBRACING THE FOG OF WAR : ASSESSMENT AND METRICS IN COUNTERINSURGENCY (2012), *available at* 〈http://www.rand.org/content/dam/rand/pubs/monographs/2012/RAND_MG1086.pdf〉(last visited Nov. 4, 2016).
Christine Alice **Corcos**, *Legal Fictions : Irony, Storytelling, Truth, and Justice in the Modern Courtroom Drama*, 25 U. ARK. LITTLE ROCK L. REV. 503 (2003).
____________, *"I Am Not a Number! I Am a Free Man!" : Physical and Psychological Imprisonment in Science Fiction*, 25 LEGAL STUD. FORUM 471 (2001).
Rebecca **Crootof**, *War Torts : Accountability for Autonomous Weapons*, 164 U. PA. L. REV. 1347 (2016).
____________, *The Killer Robots Are Here : Legal and Policy Implications*, 36 CARDOZO L. REV. 1837 (2015).
____________ et al., *Humans in the Loop*, 76 VAND. L. REV. 429 (2023).

【D】
Lisa L. **Dahm**, *RESTATEMENT (SECOND) OF TORTS Section 324A : An Innovative Theory of Recovery for Patients Injured through Use or Misuse of Health Care Information Systems*, 14 J. MARSHALL J. COMPUTER & INFO. L. 73 (1995).
Peter **Danielson**, *Surprising Judgments about Robot Drivers : Experiments on Rising Expectations and Blaming Humans*, 9 NORDIC JOURNAL OF APPLIED ETHICS 73 (2015).
Malika **Dargan**, Comment, *Model Act for Algorithmic Models : A Regulatory Solution for AI Used in Hiring Decisions*, 13 HOUSTON L. REV. ONLINE 50 (2023).
Jennifer C. **Daskal**, *Pre-Crime Restraints : The Explosion of Targeted Noncustodial Prevention*, 99 CORNELL L. REV. 327 (2014).
Colonel (Retired) Morris **Davis**, *Eroding the Foundations of International Humanitarian Law : The United States Post-9/11*, 46 CASE W. RES. J. INT'L L. 499 (2014).
U.S. **DEP'T OF DEF.**, DIR. 3000.09, AUTONOMY IN WEAPON SYSTEMS (21 Nov. 2012), *available at* 〈http://www.dtic.mil/whs/directives/corres/pdf/300009p.pdf〉(last visited June 11, 2017).
Daniel C. **Dennett**, *16. When HAL Kills, Who's to Blame? Computer Ethics*, *in* HAL'S LEGACY : 2001'S COMPUTER AS DREAM AND REALITY 351 (David G. Stork ed., 1997).
____________, *Cognitive Wheels : The Frame Problem of AI*, *available at* 〈http://sils.shoin.ac.jp/~gunji/AI/Dennett/dennett_frame.pdf〉(last visited Sept. 9, 2017).
Major Jason S. **DeSon**, *Automating the Right Stuff? The Hidden Ramifications of Ensuring Autonomous Aerial Weapon Systems Comply with International Humanitarian Law*, 72 A.F. L. REV. 85 (2015).
DAN B. **DOBBS** ET AL., HORNBOOK ON TORTS (2d ed. 2016).
Conor **Dougherty**, *Google Photos Mistakenly Labels Black People 'Gorillas,'* N.Y. Times, July 1, 2015, *available at* 〈https://bits.blogs.nytimes.com/2015/07/01/google-photos-mistakenly-labels-black-people-gorillas/〉(last visited June 9, 2019).
Dr. Strangelove (Columbia Pictures 1964).
Katie **Drummond**, *Pentagon's Project 'Avatar' : Same as the Movie, but with Robots Instead of Aliens*, WIRED (Feb. 16, 2012), *available at* 〈https://www.wired.com/2012/02/darpa-sci-fi/〉(last visited Oct. 12, 2016).

【E】
EEOC, *Artificial Intelligence and Algorithmic Fairness Initiative*, 2021, *available at* 〈https://www.eeoc.gov/ai〉 (last visited Dec. 31, 2023).
Stacy-Ann **Elvy**, *Contracting in the Age of the Internet of Things : Article 2 of the UCC and Beyond*, 44 HOFSTRA L. REV. 839 (2016).
Elysium (TriStar Pictures 2013).
Laura **Emmons**, Note & Comment, *The Reasonable Robot Standard : How the Federal Government Needs to Regulate Ethical Decision Programming in Highly Autonomous Vehicles*, 33 J. CIV. RTS. & ECON. DEV. 293 (2020).
EUROPEAN COMMISSION, INDEPENDENT EXPERT REPORT, ETHICS OF CONNECTED AND AUTOMATED VEHICLES : RECOMMENDATIONS ON ROAD SAFETY, PRIVACY, FAIRNESS, EXPLAINABILITY, AND RESPONSIBILITY, June 2020, *available at* 〈https://op. europa. eu/en/publication-detail/-/publication/89624e2c-f98c-11ea-b44f-01aa75ed71a1/language-en〉 (last visited Dec. 31, 2023).
European Commission, *Excellence and Trust in Artificial Intelligence*, *available at* 〈https://commission.europa.eu/strategy-and-policy/priorities-2019-2024/europe-fit-digital-age/excellence-and-trust-artificial-intelligence_en〉 (last visited Dec. 31, 2023).
European Parliament, *EU AI Act : First Regulation on Artificial Intelligence*, Updated Dec. 19, 2023, 11:45, *available at* 〈https://www.europarl.europa.eu/news/en/headlines/society/20230601STO93804/eu-ai-act-first-regulation-on-artificial-intelligence〉 (last visited Dec. 31, 2023).
Tambiama Madiega (**European Parliamentary** Research Service), Briefing, *EU Legislation in Progress, Artificial Intelligence Act*, June 2023, *available at* 〈https://www.europarl. europa. eu/RegData/

etudes/BRIE/2021/698792/EPRS_BRI (2021) 698792_EN.pdf〉(last visited Dec. 31, 2023).
Samy Chahri, (**European Parliamentary** Research Service), Briefing, *EU Legislation in Progress, Artificial Intelligence Act*, 4, June 2023, *available at* 〈https://www.europarl.europa.eu/RegData/etudes/BRIE/2021/698792/EPRS_BRI (2021) 698792_EN.pdf〉(last visited Dec. 31, 2023).
Tyler D. **Evans**, Note, *At War with the Robots : Autonomous Weapons Systems and the Martens Clause*, 41 HOFSTRA L. REV. 697 (2013).

【F】

Matthew **Fagan**, Note, *"Can You Do a Wayback on That?" The Legal Community's Use of Cached Web Pages in and out of Trial*, 13 B.U. J. SCI. & TECH. L. 46 (2007).
Andrew Guthrie **Ferguson**, Article & Essay : *Predictive Prosecution*, 51 WAKE FOREST L. REV. 705 (2016).
____________, *Big Data and Predictive Reasonable Suspicion*, 163 U. PA. L. REV. 327 (2015).
____________, *Predictive Policing and Reasonable Suspicion*, 62 EMORY L.J. 259 (2012).
The **Fifth Elements** (Gaumont Buena Vista Int'l/Columbia Pictures 1997).
Bruce **Foudree**, *The Year 2000 Problem and the Courts*, 9 KAN. J.L. & PUB. POL'Y 515 (2000).
A. Michael **Froomkin**, *Introduction to Robot Law*, *in* ROBOT LAW x (Ryan Calo et al. eds., 2016).
Lindsey **Fuchs**, *Hired by Machine : Can a New York City Law Enforce Algorithmic Fairness in Hiring Practices?*, 28 FORDHAM J. CORP. & FIN. L. 185 (2023).

【G】

Richard John **Galvin**, *The ICC Prosecutor, Collateral Damage, and NGOs : Evaluating the Risk of a Politicized Prosecution*, 13 U. MIAMI INT'L & COMP. L. REV. 1 (2005).
OFFICE OF **GENERAL COUNSEL**, DEPARTMENT OF DEFENSE, DEPARTMENT OF DEFENSE LAW OF WAR MANNUAL, June 2015, *available at* 〈http://www.defense.gov/Portals/1/Documents/pubs/Law-of-War-Manual-June-2015.pdf〉(last visited Nov. 4, 2016).
General Data Protection Regulation [GDPR], Regulation (EU) 2016/679.
Aaron **Gevers**, *Is Johny Five Alive or Did It Short Circuit? Can and Should an Artificial Intelligent Machine Be Held Accountable in War or Is It Merely a Weapon?*, 12 RUTGERS J.L. & PUB. POL'Y 384 (2015).
Dorothy J. **Glancy**, *Sharing the Road : Smart Transportation Infrastructure*, 41 FORDHAM URB. L.J. 1617 (2015).
____________, *Privacy in Autonomous Vehicles*, 52 SANTA CLARA L. REV. 1171 (2012).
Sabine **Gless** et al., *If Robots Cause Harm, Who Is to Blame? Self-Driving Cars and Criminal Liability*, 19 NEW CRIM. L. REV. 412 (2016).
Global Hawk 画像, *available at* 〈https://commons.wikimedia.org/wiki/File : Global_Hawk_1.jpg〉(last visited May 21, 2017).
Carol R. **Goforth**, *'A Corporation Has No Soul' : Modern Corporations, Corporate Governance, and Involvement in the Political Process*, 47 HOUS. L. REV. 617 (2010).
Brendan **Gogarty** & Meredith Hagger, *The Laws of Man over Vehicles Unmanned : The Legal Response to Robotic Revolution on Sea, Land and Air*, 19 J.L. INFO. & SCI. 73 (2008).
Steven **Goldberg**, Essay, *The Changing Face of Death : Computers, Consciousness, and Nancy Cruzan*, 43 STAN. L. REV. 659 (1991).
John M. **Golden**, *Innovation, Dynamics, Patents, and Dynamics-Elasticity Tests for the Promotion of Progress*, 24 HARV. J.L. & TECH. 47 (2010).
Noah J. **Goodall**, *Can You Program Ethics into a Self-Driving Car?*, IEEE SPECTRUM (May 31, 2016), *available at* 〈http://spectrum.ieee.org/transportation/self-driving/can-you-program-ethics-into-a-selfdriving-car〉(last visited June 21, 2016).
____________, *Ethical Decision Making during Automated Vehicle Crashes*, 2424 TRANSPORTATION RESEARCH RECORD 58 (2014).
Leslie A. **Gordon**, *Predictive Policing May Help Bag Burglars—But It May Also Be a Constitutional Problem*, A.B.A.J. (Sep. 1, 2013), *available at* 〈http://www.abajournal.com/magazine/article/predictive_policing_may_help_bag_burglars--but_it_may_also_be_a_constitutio/〉(last visited Aug. 2, 2016).
Ben **Green**, *The Flaws of Policies Requiring Human Oversight of Government Algorithms*, 45 COMPUT. L. SEC. REV. 1 (2022).
Michael Z. **Green**, *A 2001 Employment Law Odyssey : The Invasion of Privacy Tort Takes Flight in the Florida Workplace*, 3 FL. COASTAL L.J. 1 (2001).
James **Grimmelmann**, *Copyright for Literate Robots*, 101 IOWA L. REV. 657 (2016).
Chantal **Grut**, *The Challenge of Autonomous Lethal Robotics to International Humanitarian Law*, 18 J. CONFLICT SECURITY L. 5 (2013).
Jeffrey K. **Gurney**, *Crashing into the Unknown : An Examination of Crash-Optimization Algorithms through the Two Lanes of Ethics and Law*, 79 ALB. L. REV. 183 (2015-2016).

________________, *Driving into the Unknown : Examining the Crossroads of Criminal Law and Autonomous Vehicles*, 5 WAKE FOREST J.L. & POL'Y 393 (2015).

【H】

Gabriel **Hallevy**, *"I, Robot-I, Criminal"—When Science Fiction Becomes Reality : Legal Liability of AI Robots Committing Criminal Offenses*, 22 SYRACUSE SCI. & TECH. L. REP. 1 (2010).

HAL'S LEGACY : 2001'S COMPUTER AS DREAM AND REALITY (David G. Stork ed., 1997).

Michelle L.D. **Hanlon**, *Self-Driving Cars : Autonomous Technology That Needs a Designated Duty Passenger*, 22 BARRY L. REV. 1 (2016).

Jon **Hanson** & David Yosifon, *The Situational Character : A Critical Realist Perspective on the Human Animal*, 93 GEO. L.J. 1 (2004).

Donna S. **Harkness**, *Bridging the Uncompensated Caregiver Gap : Does Technology Provide an Ethically and Legally Viable Answer?*, 22 ELDER L.J. 399 (2015).

Yaniv **Heled**, *On Patenting Human Organisms or How the Abortion Wars Feed into the Ownership Fallacy*, 36 CARDOZO L. REV. 241 (2014).

James A. **Henderson**, Jr., *Torts vs. Technology : Accommodating Disruptive Innovation*, 47 ARIZ. ST. L.J. 1145 (2015).

____________________, *Judicial Review of Manufacturer's Conscious Design Choices : The Limits of Adjudication*, 73 COLUM L. REV. 1531 (1973).

Stephen E. **Henderson**, *Fourth Amendment Time Machine (and What They Might Say about Police Body Cameras)*, 18 U. PA. J. CONST. L. 933 (2016).

United Nations, Christof **Heyns**, *Report of the Special Rapporteur on Extrajudicial, Summary or Arbitrary Executions*, Human Rights Council, 23 Sess., May 27-June 14, 2013, U.N. Doc. A/HRC/23/47 (Apr. 9. 2013), *available at* 〈http://www.unog.ch/80256EDD006B8954/(httpAssets)/684AB3F3935B5C42C1257CC200429C7C/$file/Report+of+the+Special+Rapporteur+on+extrajudicial,. pdf〉(last visited Aug. 23, 2016).

Courtney **Hinkle**, *The Modern Lie Detector : AI-Powered Affect Screening and the Employee Polygraph Protection Act (EPPA)*, 109 GEO. L. J. 1201 (2021).

Christopher **Hitchcock**, *The Metaphysical Bases of Liability : Commentary on Michael Moore's Causation and Responsibility*, 42 RUTGERS L.J. 377 (2011).

Shin-Shin **Hua**, *Machine Learning Weapons and International Humanitarian Law : Rethinking Meaningful Human Control*, 51 GEO. J. INT'L L. 117 (2019).

Bert I. **Huang**, Book Review, *Law and Moral Dilemmas*, 130 HARV. L. REV. 659 (2016).

____________, *Law's Halo and the Moral Machine*, 119 COLUM. L. REV. 1811 (2019).

Xiaomin **Huang** et al., *Computer Crimes*, 44 AM. CRIM. L. REV. 285 (2007).

F. Patrick **Hubbard**, *"Do Androids Dream?" : Personhood and Intelligent Artifacts*, 83 TEMP. L. REV. 405 (2011).

Human Rights Watch & International Human Rights Clinic, Harvard Law School, *Advancing the Debate on Killer Robots : 12 Key Arguments for a Preemptive Ban on Fully Autonomous Weapons*, May 2014, *available at* 〈https://www.hrw.org/sites/default/files/related_material/Advancing%20the%20Debate_8May2014_Final.pdf〉(last visited Sept. 2, 2016).

HUMAN RIGHTS WATCH, LOSING HUMANITY : THE CASE AGAINST KILLER ROBOTS (2012), *available at* 〈https://www.hrw.org/sites/default/files/reports/arms1112_ForUpload.pdf〉(last visited July 2, 2016).

Mikella **Hurley** & Julius Adebayo, *Credit Scoring in the Era of Big Data*, 18 YALE J.L. & TECH. 148 (2016).

【I】

The ***IFCD*** *and the United Nations SDGs*, *available at* 〈https://en.unesco.org/creativity/ifcd/what-is/sdgs〉 (last visited Apr. 14, 2019).

IMDb, Interstellar (2014) Quotes, *available at* 〈www.imdb.com/title/tt0816692/quotes〉(last visited Mar. 29, 2017).

Inception (Warner Bros. Pictures 2010).

Ignatius Michael **Ingles**, Note, *Regulating Religious Robots : Free Exercise and RFRA in the Time of Superintelligent Artificial Intelligence*, 105 GEO. L.J. 507 (2017).

Lolita K. Buckner **Inniss**, *Bicentennial Man—The New Millennium Assimilationism and the Foreigner among Us.*, 54 RUTGERS L. REV. 1101 (2002).

INT'L COMM. RED CROSS, AUTONOMY, ARTIFICIAL INTELLIGENCE AND ROBOTICS : TECHNICAL ASPECTS OF HUMAN CONTROL (2019), *available at* 〈https://www. icrc. org/en/document/autonomy-artificialintelligence-and-robotics-technical-aspects-humancontrol〉 (last visited June 11, 2023).

Interstellar (Paramount Pictures/Warner Bros. Pictures 2014).

I, Robot (Twentieth Century Fox 2004).

【J】

Johnathan **Jenkins**, Note, *What Can Information Technology Do for Law?*, 21 HARV. J.L. & TECH. 589 (2008).

Chris **Jenks**, *False Rubicons, Moral Panic, & Conceptual Cul-De-Sacs：Critiquing & Reframing the Call to Ban Lethal Autonomous Weapons*, 44 PEPP. L. REV. 1 (2016).

Peter **Jensen-Haxel**, *3D Printers, Physical Viruses, and the Regulation of Cloud Supercomputing in the Era of Limitless Design*, 17 MINN. J.L. SCI. & TECH. 737 (2016).

Elizabeth E. **Joh**, *Technology and the Law in 2030：Policing Police Robots*, 64 UCLA L. REV. DISC. 516 (2016).

Dane E. **Johnson**, *Statute of Anne-Imals：Should Copyright Protect Sentient Nonhuman Creators?*, 15 ANIMAL L. 15 (2008).

JOHN **JORDAN**, ROBOTS (2016).

Johnny Mnemonic (TriStar Pictures 1995).

【K】

JERRY **KAPLAN**, ARTIFICIAL INTELLIGENCE：WHAT EVERYONE NEEDS TO KNOW (2016).

Curtis E.A. **Karnow**, *3. The Application of Traditional Tort Theory to Embodied Machine Intelligence, in* ROBOT LAW 51 (Ryan Calo, A. Michael Froomkin & Ian Kerr eds., 2016).

＿＿＿＿＿＿＿＿, *Liability for Distributed Artificial Intelligences*, 11 BERKELEY TECH. L.J. 147 (1996).

Benjamin **Kastan**, *Autonomous Weapons Systems：A Coming Legal "Singularity"?*, 2013 U. ILL. J.L. TECH. & POL'Y 45.

Robert **Kasunic**, Keynote Address, *Copyright from Inside the Box：A View from the U.S. Copyright Office*, 39 COLUM. J.L. & ARTS 311 (2016).

Neal **Katyal**, Introduction, *Disruptive Technologies and the Law*, 102 GEO. L.J. 1685 (2014).

Angela Greiling **Keane**, *U.S. Clears Toyota of Electronic Flaws：Runaway Vehicles Unintended Acceleration a Mechanical Problem*, The Gazette, Feb. 9, 2011, at B7.

Hila **Keren**, *Textual Harassment：A New Historicist Reappraisal of the Parol Evidence Rule with Gender in Mind*, 13 AM. U.J. GENDER SOC. POL'Y & L. 251 (2005).

Ian **Kerr** & Katie Szilagyi, *13. Asleep at the Switch? How Killer Robots Become a Force Multiplier of Military Necessity, in* ROBOT LAW 333 (Ryan Calo, A. Michael Froomkin, & Ian Kerr eds., 2016).

Pauline T. **Kim**, *Data-Driven Discrimination at Work*, 58 WM. & MARY L. REV. 857 (2017).

Heather **Knight**, *How Humans Respond to Robots：Building Public Policy through Good Design*, BROOKINGS (July 29, 2014), *available at* 〈https://www. brookings. edu/research/how-humans-respond-to-robots-building-public-policy-through-good-design/〉(last visited Jan. 5, 2017).

Peter M. **Kohlhepp**, Note, *When the Invention Is an Inventor：Revitalizing Patentable Subject Matter to Exclude Unpredictable Processes*, 93 MINN. L. REV. 779 (2008).

Nobuyuki **Kojima** & Akihiro Okada, *Toyota Chief 'Satisfied' U.S. Lawmakers*, The Daily Yomiuri, Feb. 27, 2010, at 7.

Adam **Kolber**, *Will There Be a Neurolaw Revolution?*, 89 IND. L.J. 807 (2014).

Bert-Jaap **Koops** et al., *Bridging the Accountability Gap：Rights for New Entities in the Information Society?*, 11 MINN. J.L. SCI. & TECH. 497 (2010).

Captain Christopher M. **Kovach**, *Beyond Skynet：Reconciling Increased Autonomy in Computer-Based Weapons Systems with the Laws of War*, 71 A.F. L. REV. 231 (2014).

Tetyana (Tanya) **Krupiy**, *Of Souls, Spirits and Ghosts：Transposing the Application of the Rules of Targeting to Lethal Autonomous Robots*, 16 MELBOURNE J. OF INT'L LAW 145 (2015).

Wesley **Kumfer** & Richard Burgess, *Investigation into the Role of Rational Ethics in Crashes of Automated Vehicles*, 2489 J. TRANS. RES. BOARD 130 (2015).

John Charles **Kunich**, *The Uncertainty of Life and Death：The Precautionary Principle, Gödel, and the Hotspots Wager*, 17 MICH. ST. J. INT'L L. 1 (2008).

RAY **KURZWEIL**, THE SINGULARITY IS NEAR：WHEN HUMANS TRANSCEND BIOLOGY (2005).

【L】

Brian H. **Lamkin**, Comments, *Medical Expert Systems and Publisher Liability：A Cross-Contextual Analysis*, 43 EMORY L.J. 731 (1994).

David Allen **Larson**, *"Brother, Can You Spare a Dime?" Technology Can Reduce Dispute Resolution Costs When Times Are Tough and Improve Outcomes*, 11 NEV. L.J. 523 (2011).

＿＿＿＿＿＿＿＿, *Artificial Intelligence：Robots, Avatars, and the Demise of the Human Mediator*, 25 OHIO ST. J. ON DISP. RESOL. 105 (2010).

Greg **Lastowka** & Dan Hunter, *The Laws of the Virtual Worlds*, 92 CAL. L. REV. 1 (2003).

Chasel **Lee**, Note, *Grabbing the Wheel Early：Moving Forward on Cybersecurity and Privacy Protections for Driverless Cars*, 69 FED. COMM. L.J. 25 (2017).

Kai-Fu **Lee**, *The Third Revolution in Warfare*, THE ATLANTIC, Sep. 11, 2021, *available at* 〈https://www.

theatlantic.com/technology/archive/2021/09/i-weapons-are-third-revolution-warfare/620013/〉（last visited Dec. 31, 2023）.
Legal Information Institute（LII）, Fourth Amendment：Reasonable Suspicion, *available at* 〈https://www.law.cornell.edu/supct/cert/supreme_court_2013-2014_term_highlights/fourth_amendment_reasonable_suspicion〉（last visited Feb. 11, 2017）.
David **Lehr** & Paul Ohm, *Playing with the Data：What Legal Scholars Should Learn about Machine Learning*, 51 U. C. DAVIS L. REV. 653（2017）.
Dylan **LeValley**, *Autonomous Vehicle Liability――Application of Common Carrier Liability*, 36 SEATTLE U. L. REV. SUPRA 5（2013）.
David **Levy**, *14. The Ethics of Robot Prostitutes*, *in* ROBOT ETHICS 223（Patrick Lin et al. eds., 2012）.
Eddie **Lin**, *Representativeness Analysis：How Our Data Reflects the Real Labor Market Dynamics*, *available at* 〈https://dssg. uchicago. edu/2017/10/06/representativeness_analysis/〉（last visited Apr. 28, 2019）.
Patrick **Lin**, *Why Ethics Matters for Autonomous Cars*, *in* AUTONOMES FAHREN 69（2015）, *available at* 〈https://static-content.springer.com/pdf/chp%3A10.1007%2F978-3-662-45854-9_4.pdf?token=1491205128781--ad515ef8f172043d7f054839e5257f66bfdd43c077e6a088980bc43667adf9515fc7a3dcbcea11840aaea6c140747c52680f9403b1f0d70627c018ca60596e70〉（last visited Apr. 3, 2017）.
__________, *The Robot Car of Tomorrow May Just Be Programmed to Hit You*, WIRED（May 6, 2014）, *available at* 〈http://www. wired. com/2014/05/the-robot-car-of-tomorrow-might-just-be-programmed-to-hit-you/〉（last visited June 7, 2016）.
__________, *The Ethics of Autonomous Cars*, THE ATLANTIC（Oct. 8, 2013）, *available at* 〈https://www.theatlantic.com/technology/archive/2013/10/the-ethics-of-autonomous-cars/280360/?utm_source=twb〉（last visited Mar. 31, 2017）.
__________, *1. Introduction to Robot Ethics*, *in* ROBOT ETHICS：THE ETHICAL AND SOCIAL IMPLICATIONS OF ROBOTICS（Patrick Lin et al. eds., 2012）.
Steve **Lohr**, *A Hiring Law Blazes a Path for A. I. Regulation*, THE NEW YORK TIMES, May 25, 2023, *available at* 〈https://www.nytimes.com/2023/05/25/technology/ai-hiring-law-new-york.html〉（last visited Dec. 29, 2023）.
Janet E. **Lord**, *Legal Restraints in the Use of Landmines：Humanitarian and Environmental Crisis*, 25 CAL. W. INT'L L.J. 311（1994）.
Ethan **Lowens**, Note, *Accuracy Is Not Enough：The Task Mismatch Explanation of Algorithm Aversion and Its Policy Implications*, 34 HARV. J. L. & TECH. 259（2020）.
Mary L. **Lyndon**, *The Environment on the Internet：The Case of the BP Oil Spill*, 3 ELON L. REV. 211（2012）.

【M】

Marilyn **MacCrimmon**, *What Is "Common" about Common Sense?：Cautionary Tales for Travelers Crossing Disciplinary Boundaries*, 22 CARDOZO L. REV. 1433（2001）.
MACHINE ETHICS AND ROBOT ETHICS（Wendell Wallach & Peter Asaro eds., 2017）.
Swati **Malik**, *Autonomous Weapon Systems：The Possibility and Probability of Accountability*, 35 WIS. INT'L L.J. 609（2018）.
Jackson **Maogoto** & Steven Freeland, *The Final Frontier：The Law of Armed Conflict and Space Warfare*, 23 CONN. J. INT'L L. 165（2007）.
Gary E. **Marchant**, Ronald Arkin, & Patrick Lin et al., *International Governance of Autonomous Military Robots*, 12 COLUM. SCI. & TECH. L. REV. 272（2011）.
William C. **Marra** & Sonia K. McNeil, *Understanding "The Loop"：Regulating the Next Generation of War Machines*, 36 HARV. J.L. & PUB. POL'Y 1139（2013）.
Toni M. **Massaro** et al., *Siri-Ously 2.0*：What Artificial intelligence Reveals about the First Amendment, 101 MINN. L. REV. 2481.（2017）.
The **Matrix**（Warner Bros. 1999）.
The **Matrix** Reloaded（Warner Bros. 2003）.
The **Matrix** Revolutions（Warner Bros. 2003）.
Andrea M. **Matwyshyn**, *Corporate Cyborgs and Technology Risks*, 11 MINN. J.L. SCI. & TECH. 573（2010）.
Judith L. **Maute**, *Facing 21st Century Realities*, 32 MISS. C. L. REV. 345（2013）.
L. Thorne **McCarty**, *How to Ground a Language for Legal Discourse in a Prototypical Semantics*, 2016 MICH. ST. L. REV. 511.
John O. **McGinnis**, *Accelerating AI*, 104 NW. U. L. REV. COLLOQUY. 366（2010）.
______________, Colloquy Essay, *Accelerating AI*, 104 NW. U. L. REV. 1253（2010）（同上の再掲）.
Metropolis（UFA 1927）.
Jason **Millar**, *An Ethical Dilemma：When Robot Cars Must Kill, Who Should Pick the Victim?*, ROBOHUB（June 11, 2014）, *available at* 〈http://robohub. org/an-ethical-dilemma-when-robot-cars-must-kill-who-should-pick-the-victim/〉（last visited July 2, 2016）.

Jason **Millar** & Ian Kerr, *5. Delegation, Relinquishment, and Responsibility : The Prospect of Expert Robots, in* ROBOT LAW 102 (Ryan Calo et al. eds., 2016).
David **Millward**, *Monkey Selfie Case : British Photographer Settles with Animal Charity over Royalties Dispute*, The Telegraph, Sept. 11, 2017.
Minority Report (DreamWorks Pictures/Twentieth Century Fox 2002).
Edmond Award, Jean-François Bonnefon et al., ***Moral*** *Machine Experiment*, 563 NATURE 59 (Nov. 2018).
Sebastian **Moss**, *The Creation of the Electronic Brain*, DCD, Jan. 17, 2019, *available at* 〈https://www.datacenterdynamics.com/analysis/creation-of-the-brain/〉(last visited July 13, 2019).
Multidistrict Litigation, Legal Information Institute (LII), Cornell University Law School, *available at* 〈https://www.law.cornell.edu/wex/multidistrict_litigation〉(last visited Apr. 9, 2017).

【N】
NASA Mar's Curiosity Debuts Autonomous Navigation, JET PROPULSION LAB. (Aug. 27, 2013), *available at* 〈https://www.jpl.nasa.gov/news/news.php?release=2013-259〉(last visited Aug. 31, 2017).
NAT'L TRANSP. SAFETY BD., ACCIDENT REPORT : COLLISION BETWEEN A CAR OPERATING WITH AUTOMATED VEHICLE CONTROL SYSTEMS AND A TRACTOR-SEMITRAILER TRUCK NEAR WILLISTON, FLORIDA 1, 6 Figure 5 (May 7, 2016), *available at* 〈https://www. ntsb. gov/investigations/AccidentReports/Reports/HAR1702.pdf〉 (last visited Nov. 12, 2023).
James P. **Nehf**, *Recognizing the Societal Value in Information Privacy*, 78 WASH. L. REV. 1, 8 n.27 (2003).
Nathalie **Nevejans** et al., European Civil Law Rules in Robotics (Oct. 2016), *available at* 〈http://www.europarl.europa.eu/RegData/etudes/STUD/2016/571379/IPOL_STU%282016%29571379_EN.pdf〉 (last visited July 31, 2017).
Michael A. **Newton**, *Back to the Future : Reflections of the Advent of Autonomous Weapons Systems*, 47 CASE W. RES. J. INT'L L. 5 (2015).
[New York City] AUTOMATED EMPLOYMENT DECISION TOOL LAW, LOCAL LAW INT. No. 1894-A.
9/11 Commission Report (2004), *available at* 〈https://www.9-11commission.gov/report/911Report.pdf〉 (last visited Dec. 31, 2023).

【O】
Sarah **O'Connor**, Comment, *The Dangerous Attraction of the Robo-Recruiter*, Financial Times, USA ed. at 9, Aug. 31, 2016.
OECD, *List of Participants in the OECD Expert Group on AI (AIGO)*, *available at* 〈https://www.oecd.org/going-digital/ai/oecd-aigo-membership-list.pdf〉 (last visited May 6. 2019).
_____, *OECD creates expert group to foster trust in artificial intelligence*, Sep. 13, 2018, *available at* 〈https://www.oecd.org/going-digital/ai/oecd-creates-expert-group-to-foster-trust-in-artificial-intelligence.htm〉 (last visited May 6. 2019).
_____, Technology Foresight Forum 2016 on Artificial Intelligence (AI), *available at* 〈http://www.oecd.org/sti/ieconomy/technology-foresight-forum-2016.htm〉(last visited Dec. 23, 2016).
Jens David **Ohlin**, *The Combatant's Stance : Autonomous Weapons on the Battlefield*, 92 INT'L L. STUD. 1 (2016).
Tomoko **Otake**, *IBM Big Data Used for Rapid Diagnosis of Rare Leukemia Case in Japan*, THE JAPAN TIMES (Aug. 11, 2016), *available at* 〈http://www.japantimes.co.jp/news/2016/08/11/national/science-health/ibm-big-data-used-for-rapid-diagnosis-of-rare-leukemia-case-in-japan/#.WN879fnyhPY〉(Last visited Apr. 1, 2017).
DAVID G. **OWEN**, PRODUCTS LIABILITY LAW (3rd ed. 2015).
__________, *Bending Nature, Bending Law*, 62 FLA. L. REV. 569 (2010).
__________, *Proving Negligence in Modern Products Liability Litigation*, 36 ARIZ. ST. L.J. 1003 (2004).

【P】
UGO **PAGALLO**, THE LAW OF ROBOTS : CRIMES, CONTRACTS, AND TORTS (2013).
Eunice **Park**, *The AI Bill of Rights : A Step in the Right Direction*, 65-Feb ORANGE COUNTY LAW. 25 (Feb. 2023).
Person of Interest (CBS 2011-2016).
Robert W. **Peterson**, *New Technology—Old Law : Autonomous Vehicles and California's Insurance Framework*, 52 SANTA CLARA L. REV. 1341 (2012).
Rosalind W. **Picard**, *13. Does HAL Cry Digital Tears? Emotion and Computers, in* HAL'S LEGACY : 2001'S COMPUTER AS DREAM AND REALITY 280 (David G. Stork ed., 1997).
RICHARD A. **POSNER**, CATASTROPHE : RISK AND RESPONSE (Oxford Univ. Press, 2004).
Peter B. **Postma**, Note, *Regulating Lethal Autonomous Robots in Unconventional Warfare*, 11 U. ST. THOMAS L.J. 300 (2014).
Predator 画像, *available at* 〈https://commons.wikimedia.org/wiki/File: MQ-1_Predator_unmanned_aircraft.jpg〉(last visited May 21, 2017).

Andrew **Proia** et al., *Consumer Cloud Robotics and the Fair Information Practice Principles : Recognizing the Challenges and Opportunities Ahead*, 16 MINN. J.L. SCI. & TECH. 145 (2015).
Proposal for a Regulation of the European Parliament and the Council Laying Down Harmonised Rules on Artificial Intelligence (Artificial Intelligence Act) and Amending Certain Union Legislative Acts, art. 14, COM (2021) 206 final (Apr. 21, 2021).
Putin : Leader in Artificial Intelligence Will Rule World, CNBC, Sept. 4, 2017, *available at* 〈https://www.cnbc.com/2017/09/04/putin-leader-in-artificial-intelligence-will-rule-world.html〉 (last visited Dec. 31, 2023).

【R】
Dana S. **Rao**, Note, *Neural Networks : Here, There, and Everywhere : An Examination of Available Intellectual Property Protection for Neural Networks in Europe and the United States*, 30 GEO. WASH. J. INT'L L. & ECON. 509 (1996-1997).
McKenzie **Raub**, Comment, *Bots, Bias and Big Data : Artificial Intelligence : Algorithmic Bias and Disparate Impact Liability in Hiring Practices*, 71 ARK. L. REV. 529 (2018).
Orly **Ravid**, *Don't Sue Me, I Was Just Lawfully Texting & Drunk When My Autonomous Car Crashed into You*, 44 SW. L. REV. 175 (2014).
Nathan **Reitinger**, *Algorithmic Choice and Superior Responsibility : Closing the Gap between Liability and Lethal Autonomy by Defining the Line between Actors and Tools*, 51 GONZ. L. REV. 79 (2015/2016).
Request for admission, Law Information Institute (LII), Cornell University Law School, *available at* 〈https://www.law.cornell.edu/wex/requests_for_admission〉 (last visited Mar. 30, 2017).
Michael L. **Rich**, *Machine Learning, Automated Suspicion Algorithms, and the Fourth Amendment*, 164 U. PA. L. REV. 871 (2016).
RoboCop (Orion Pictures 1987).
RoboCop (Metro-Goldwyn-Mayer 2014).
ROBOT ETHICS : THE ETHICAL AND SOCIAL IMPLICATIONS OF ROBOTICS (Patrick Lin, Keith Abney & George A. Bekey eds., 2012).
ROBOT LAW (Ryan Calo, A. Michael Froomkin & Iann Kerr eds., 2016).
Bruce L. **Rockwood**, *Law, Literature, and Science Fiction*, 23 LEGAL STUD. FORUM 267 (1999).
Jay Logan **Rogers**, Case Note, *Legal Judgment Day for the Rise of the Machines : A National Approach to Regulating Fully Autonomous Weapons*, 56 ARIZ. L. REV. 1257 (2014).
Andrea **Roth**, *Trial by Machine*, 104 GEO. L.J. 1245 (2016).
David Marc **Rothenberg**, *Can SIRI 10.0 Buy Your Home? The Legal and Policy Based Implications of Artificial Intelligent Robots Owning Real Property*, 11 WASH. J.L. TECH. & ARTS 439 (2016).
New Zealand Passport Robot Tells Applicant of Asian Descent to Open Eyes, Technology News, **Routers**, Dec. 7, 2016, *available at* 〈https://www.reuters.com/article/us-newzealand-passport-error/new-zealand-passport-robot-tells-applicant-of-asian-descent-to-open-eyes-idUSKBN13W0RL〉 (last visited June 9, 2019).
Troy A. **Rule**, *Airspace in an Age of Drones*, 95 BOSTON U. L. REV. 155 (2015).
Cheyney **Ryan**, *Legal Outsiders in American Film : The Legal Nocturne*, 42 SUFFOLK U. L. REV. 869 (2009).

【S】
SAE International, SAE News, Press Releases, *U.S. Department of Transportation's New Policy on Automated Vehicles Adopts SAE International's Levels of Automation for Defining Driving Automation in On-Road Motor Vehicles*, *available at* 〈https://www.sae.org/news/3544/〉 (last visited Mar. 1. 2017).
Marco **Sassóli**, *Autonomous Weapons and International Humanitarian Law : Advantages, Open Technical Questions and Legal Issues to Be Clarified*, 90 INT'L L. STUD. 308 (2014).
Saving Private Ryan (DreamWorks Distribution 1998).
Matthew U. **Scherer**, *Regulating Artificial Intelligence System : Risks, Challenges, Competencies, and Strategies*, 29 HARV. J.L. & TECH. 353 (2016).
Benjamin I. **Schimelman**, Note, *How to Train a Criminal : Making Fully Autonomous Vehicles Safe for Humans*, 49 CONN. L. REV. 327 (2016).
Michael N. **Schmitt** & Jeffrey S. Thurnher, *"Out of the Loop" : Autonomous Weapon Systems and the Law of Armed Conflict*, 4 HARV. NAT'L SEC. J. 231 (2013).
Calli **Schroeder** et al, *We Can Work It out : The False Conflict between Data Protection and Innovation*, 20 COLO. TECH. L. J. 251 (2022).
Victor E. **Schwartz** & Cary Silverman, *The Rise of "Empty Suit" Litigation : Where Should Tort Law Draw the Line?*, 80 BROOKLYN L. REV. 599 (2015).
Peter **Segrist**, *How the Rise of Big and Predictive Analytics Are Changing the Attorney's Duty of Competence*, 16 N.C.J.L. & TECH. 527 (2015).
Mukherjee **Siddhartha**, *The Algorithm Will See You*, THE NEW YORKER, Apr. 3, 2017, at 46.

Paul D. **Simmons**, *How Close Are We, and Do We Want to Get There?*, 29 J.L. MED. & ETHICS 401 (2001).
Ric **Simmons**, *Quantifying Criminal Procedure : How to Unlock the Potential of Big Data in Our Criminal Justice System*, 2016 MICH. ST. L. REV. 947 (2016).
Drew **Simshaw** et al., *Regulating Healthcare Robots : Maximizing Opportunities While Minimizing Risks*, 22 RICH. J.L. & TECH. 3 (2016).
PETER W. **SINGER**, WIRED FOR WAR : THE ROBOTICS REVOLUTION AND CONFLICT IN THE 21ST CENTURY (2009).
Suzanne **Smed**, Essay, *Intelligent Software Agents and Agency Law*, 14 SANTA CLARA COMPUTER & HIGH TECH. L.J. 503 (1998).
Aaron **Smith** & Monica Anderson, *Automation in Everyday Life*, PEW RESEARCH CENTER, Oct. 4, 2017, *available at* 〈https://www.pewinternet.org/2017/10/04/automation-in-everyday-life/〉 (last visited June 9, 2019).
Bryant-Walker **Smith**, *Proximity-Driven Liability*, 102 GEO. L.J. 1777 (2014).
Karen J. **Sneddon**, *Not Your Mother's Will : Gender, Language, and Will*, 98 MARQ. L. REV. 1538 (2015).
Lawrence B. **Solum**, *31. Legal Personhood for Artificial Intelligences, in* MACHINE ETHICS AND ROBOT ETHICS 416 (Wendell Wallach & Peter Asaro eds., 2017) (以下の再掲).
__________, Essay, *Legal Personhood for Artificial Intelligences*, 70 N.C. L. REV. 1231 (1992).
Keith E. **Sonderling** et al., *The Promise and the Peril : Artificial Intelligence and Employment Discrimination*, 77 U. MIAMI L. REV. 1 (2022).
Harold P. **Southerland**, *Law, Literature, and History*, 28 VT. L. REV. 1 (2003).
Robert **Sparrow**, *Twenty Seconds to Comply : Autonomous Weapon Systems and the Recognition of Surrender*, 91 INT'L L. STUD. 699 (2015).
Tom **Stacy**, *Acts, Omissions, and the Necessity of Killing Innocents*, 29 AM. J. CRIM. L. 481 (2002).
Star Wars (Lucasfilm 1977).
Tim **Stelzig**, Comment, *Deontology, Governmental Action, and the Distributive Exemption : How the Trolley Problem Shapes the Relationship between Rights and Policy*, 146 U. PA. L. REV. 901 (1998).
Chip **Stewart**, Essay, *Do Androids Dream of Electric Free Speech? Visions of the Future of Copyright, Privacy and the First Amendment in Science Fiction* 19 COMM. L. & POL'Y 433 (2014).
Christopher **Stone**, *Should Trees Have Standing?——Toward Legal Rights for Natural Objects*, 45 S. CAL. L. REV. 450 (1972).
Jonathan L. **Sulds**, 1 New York Employment Law §9.02 *in* NEW YORK EMPLOYMENT LAW, SECOND EDITION.
John P. **Sullins**, *15. Robots, Love, and Sex : The Ethics of Building a Love Machine, in* MACHIN ETHICS AND ROBOT ETHICS 213 (Wendell Wallach & Peter Asaro eds., 2017).
Harry **Surden**, *The Variable Determinacy Thesis*, 12 COLUM. SCI. & TECH. L. REV. 1 (2011).
Surrogates (Walt Disney Studios Motion Pictures 2009).
Paul J. **Sweeney**, *NYC Will Be Watching : Is Your Hiring Program Compliant?*, 29 No. 6 N. Y. EMP. L. LETTER 1, June 2022.

【T】

Terry L. **Tang**, Book Note, *Culture Clash : Law and Science in America, By Steven Goldberg*, 8 HARV. J.L. & TECH. 529 (1995).
Andrew E. **Taslitz**, *What Is Probable Cause, and Why Should We Care? : The Costs, Benefits, and Meaning of Individualized Suspicion* 73 L. & CONTEMP. PROB. 145 (2010).
Michael **Taylor**, *Self-Driving Mercedes-Benzes Will Prioritize Occupant Safety over Pedestrians*, CAR & DRIVER (Oct. 7, 2016), *available at* 〈https://www.caranddriver.com/news/a15344706/self-driving-mercedes-will-prioritize-occupant-safety-over-pedestrians/〉 (last visited Jan. 24, 2020).
The Terminator (Orion Pictures 1984).
Terminator 2 : Judgment Day (TriStar Pictures 1991).
Terminator 3 : Rise of the Machines (Warner Bros. 2003).
Terminator : Salvation (Warner Bros. Pictures/Columbia Pictures 2009).
Terminator : Sarah Connor Chronicles (Warner Bros. Television & C2 Pictures 2008-2009).
Terminator Genisys (Paramount Pictures 2015)
Dan **Terzian**, *The Right to Bear (Robotic) Arms*, 117 PENN. ST. L. REV. 755 (2013).
The **Tesla** Team, *A Tragic Loss*, June 30, 2016, *available at* 〈https://www.tesla.com/blog/tragic-loss〉 (last visited Dec. 31, 2023).
RICHARD H. **THALER** & CASS R. SUNSTEIN, NUDGE : IMPROVING DECISIONS ABOUT HEALTH, WEALTH, AND HAPPINESS (2008).
Adam D. **Thierer**, *The Internet of Things and Wearable Technology : Addressing Privacy and Security Concerns without Derailing Innovation*, 21 RICH. J.L. & TECH. 6 (2015).
Adam **Thierer** & Ryan Hagemann, *Removing Roadblocks to Intelligent Vehicles and Driverless Cars*, 5 WAKE FOREST J.L. & POL'Y 339 (2015).
Adam **Thierer** & Adam Marcus, *Guns, Limbs, and Toys : What Future for 3D Printing?*, 17 MINN. J.L. SCI.

& TECH. 805 (2016).
Bradan T. **Thomas**, Comment, *Autonomous Weapon Systems : The Anatomy of Autonomy and the Legality of Lethality*, 37 HOUS. J. INT'L L. 235 (2015).
Clive **Thompson**, *Relying on Algorithms and Bots Can Be Really, Really Dangerous*, WIRED (Mar. 25, 2013), *available at* ⟨http://www.wired.com/2013/03/clive-thompson-2104/⟩ (last visited June 7, 2016).
Judith Jarvis **Thomson**, *The Trolley Problem*, 94 YALE L.J. 1395 (1985).
Jeffrey S. **Thurnher**, *The Law that Applies to Autonomous Weapon Systems*, 17 (4) AM. SOC'Y INT'L L. INSIGHTS (Jan. 18, 2013), *available at* ⟨https://www. asil. org/insights/volume/17/issue/4/law-applies-autonomous-weapon-systems#_ednref5⟩ (last visited Nov. 10, 2016).
John **Timmer**, *IBM to Set Watson Loose on Cancer Genome Data*, ARS TECHNICA (Mar. 19, 2014), *available at* ⟨https://arstechnica. com/science/2014/03/ibm-to-set-watson-loose-on-cancer-genome-data/⟩ (last visited Apr. 2, 2017).
Remus **Titiriga**, *Autonomy of Military Robots : Assessing the Technical and Legal ("Jus in Bello") Thresholds*, 32 J. MARSHALL J. INFO. TECH. & PRIVACY L. 57 (2016).
To Kill a Mockingbird (Universal Pictures 1962).
Top Gun (Paramount Pictures 1986).
Christopher P. **Toscano**, Note, *"Friend of Humans" : An Argument for Developing Autonomous Weapons Systems*, 8 J. NAT'L SECURITY L. & POL'Y 189 (2015).
Total Recall (Tri-Star Pictures 1990).
U.S. **Department of Transportation** Releases Policy on Automated Vehicle Development, NAT'L HIGHWAY TRAFFIC SAFETY ADMIN ⟨https://www. transportation. gov/briefing-room/us-department-transportation-releases-policy-policy-automated-vehicle-development⟩ (last visited Oct. 8, 2017) (May 30, 2013).
Jaclyn **Trop**, *Toyota Seeks a Settlement for Sudden Acceleration Cases*, THE NEW YORK TIMES (Dec. 13, 2013), *available at* ⟨http://www.nytimes.com/2013/12/14/business/toyota-seeks-settlement-for-lawsuits.html?_r=0⟩ (last visited Oct. 27, 2016).
Charles P. **Trumbull** IV, *Autonomous Weapons : How Existing Law Can Regulate Future Weapons*, 34 EMORY INT'L L. REV. 533 (2020).
12 Angry Men (United Artists 1957).
2001 : A Space Odyssey (Metro-Goldwyn-Mayer 1968).
Tom **Tyler**, *Police Discretion in the 21th Century Surveillance State*, 2016 U. CHI. LEGAL F. 579.

【V】

David C. **Vladeck**, *Consumer Protection in an Era of Big Data Analytics*, 42 OHIO N.U. L. REV. 493 (2016).
________, Essay, *Machines without Principals : Liability Rules and Artificial Intelligence*, 89 WASH. L. REV. 117 (2014).
John **Villasenor**, *Technology and the Role of Intent in Constitutionally Protected Expression*, 39 HARV. J.L. & PUB. POL'Y 631 (2016).
Eugene **Volokh**, *Tort Law vs. Privacy*, 114 COLUM. L. REV. 879 (2014).
Eugene **Volokh** & Donald M. Falk, *Google : First Amendment Protection for Search Engine Search Results*, 8 J.L. ECON. & POL'Y 883 (2012).

【W】

Wendell **Wallach**, Colin Allen, & Iva Smit, *19. Machine Morality : Bottom-up and Top-down Approaches for Modelling Human Moral Faculties*, *in* ROBOT ETHICS : THE ETHICAL AND SOCIAL IMPLICATIONS OF ROBOTICS 249 (Patrick Lin et al. eds., 2012).
________, *From Robots to Techno Sapiens : Ethics, Law and Public Policy in the Development of Robotics and Nuerotechnologies*, 3 LAW, INNOVATION AND TECHNOLOGY 185 (2011).
Matthew T. **Wansley**, *Regulation of Emerging Risks*, 69 VAND. L. REV. 401 (2016).
Stephanie Francis **Ward**, *Fantasy Life, Real Law : Travel into Second Life——The Virtual World Where Lawyers Are Having Fun, Exploring Legal Theory and Even Generating New Business*, 93-Mar A. B. A. J. 42, Mar. 2007.
Kevin **Warwick**, *20. Robots with Biological Brains*, *in* ROBOT ETHICS : THE ETHICAL AND SOCIAL IMPLICATIONS OF ROBOTICS 318 (Patrick Lin et al. eds., 2012).
Anne L. **Washington**, *How to Argue with an Algorithm : Lessons from the COMPUS-ProPublica Debate*, 17 COLO. TECH. L. J. 131 (2018).
K.C. **Webb**, Comment, *Products Liability and Autonomous Vehicles : Who's Driving Whom?*, 23 RICH. J.L. & TECH. 9 (2017).
Leon E. **Wein**, *The Responsibility of Intelligent Artifacts : Toward an Automation Jurisprudence*, 6 HARV. J.L. & TECH. 103 (1992).
WHITE HOUS., OFF. OF SCI. & TECH. POL'Y, BLUEPRINT FOR AN AI BILL OF RIGHTS, *available at* ⟨https://www.

whitehouse. gov/wp-content/uploads/2022/10/Blueprint-for-an-AI-Bill-of-Rights. pdf〉(last visited Dec. 27, 2023).
Lieutenant Commander Luke A. **Whittemore**, *Proportionality Decision Making in Targeting : Heuristics, Cognitive Bias, and the Law*, 7 HARV. NAT'L SEC. J. 577 (2016).
WBAMC [William Beaumont Army Medical Center] first in DoD to use robot for surgery 〔Image 10 of 10〕, *available at* 〈https://www. dvidshub. net/image/2569259/wbamc-first-dod-use-robot-surgery〉(last visited Feb. 14, 2017).
Michael Jay **Willson**, Essay, *A View of Justice in Shakespeare's The Merchant of Venice and Measure for Measure*, 70 NOTRE DAME L. REV. 695 (1995).
Grant **Wilson**, Note, *Minimizing Global Catastrophic and Existential Risks from Emerging Technologies through International Law*, 31 VA. ENVTL. L.J. 307 (2013).
Leah **Wisser**, Note, *Pandora's Algorithmic Black Box : The Challenges of Using Algorithmic Risk Assessments in Sentencing*, 56 AM. CRIM. L. REV. 1811 (2019).
David D. **Wong**, Note, *The Emerging Law of Electronic Agents : e-Commerce and Beyond . . .*, 33 SUFFOLK U. L. REV. 83 (1999).
Stephen P. **Wood** et al., *The Potential Regulatory Challenges of Increasingly Autonomous Motor Vehicles*, 52 SANTA CLARA L. REV. 1423 (2012).
Stephen S. **Wu**, *Summary of Selected Robotics Liability Cases*, July 12, 2010, *available at* 〈http://ftp.documation.com/references/ABA10a/PDfs/2_5.pdf〉(last visited Sept. 25, 2016).
Tim **Wu**, Debate, *Machine Speech*, 161 U. PA. L. REV. 1495 (2013).
______, *Free Speech for Computers?*, N.Y. TIMES (June 20, 2019), A29, *available at* 〈http://www.nytimes. com/2012/06/20/opinion/free-speech-for-computers. html? _r=0〉(last visited Oct. 10, 2016).

【X】
Alice **Xiang**, *Reconciling Legal and Technical Approaches to Algorithmic Bias*, 88 TENN. L. REV. 649 (2021).

【あ】
アイザック・アシモフ(小尾芙佐訳)『われはロボット〔決定版〕』(早川書房・2004 年).
______「堂々めぐり」同上『われはロボット〔決定版〕』57 頁.
______「うそつき」同上『われはロボット〔決定版〕』173 頁.
______「証拠」同上『われはロボット〔決定版〕』311 頁.
竹野内崇宏「AI で失業『当面ない』はずが…4 年前の倫理指針が追いつけぬ脅威」**朝日新聞 DIGITAL**2023 年 5 月 9 日 9 時 00 分 *available at* 〈https://www.asahi.com/articles/ASR586W3LR52ULBH00D.html〉(last visited May 10, 2023).

【い】
石井夏生利「伝統的プライバシー理論へのインパクト」福田雅樹＝林秀弥＝成原慧編『AI がつなげる社会―AI ネットワーク時代の法・政策』194 頁(弘文堂・2017 年).
岩本誠吾「致死性自律型ロボット(LARs)の国際法規制をめぐる新動向」産大法学 47 巻 3・4 号 330 頁(2014 年).
「インセプション」(2010 年).

【う】
ノーバート・**ウィーナー**(池原止戈夫ほか訳)『サイバネティックス:動物と機械における制御と通信』(岩波文庫・2011 年).
H. G. **ウエルズ**『モロー博士の島』(1896 年).
浦川道太郎「自動走行と民事責任」NBL 1099 号 33 頁(2017 年).

【え】
AI 戦略実行会議決定「別添『人間中心の AI 社会原則会議』の設置について」(2019 年 2 月 15 日) *in* 人間中心の AI 社会原則検討会議「資料 1-2 人間中心の AI 社会原則(案)」13 頁(2019 年 3 月 29 日) *available at* 〈https://www.kantei.go.jp/jp/singi/tougou-innovation/dai4/siryo1-2.pdf〉(last visited May 5, 2019).
アルビン・**エーザー**(高橋則夫＝仲道祐樹訳)「講演 正当化と免責―"刑法の一般的な構造比較"のためのマックス・プランク・プロジェクトの出発点」比較法学研究 42 巻 3 号 141 頁(2009 年) *available at* 〈http://www.waseda.jp/folaw/icl/assets/uploads/2014/05/A04408055-00-042030141.pdf〉(last visited Sept. 10, 2017).
『英米法辞典』(田中英夫代表編集, 第 2 刷, 東京大学出版会・1993 年).
NRI「用語解説|技術『生成 AI』」*available at* 〈https://www.nri.com/jp/knowledge/glossary/lst/sa/generative_ai〉(last visited Dec. 31, 2023).

松崎陽子「ChatGPT が変える未来のかたち」NRI Digital 2023 年 6 月 30 日 *available at*〈https://www.nri-digital.jp/tech/20230620-14265/〉*available at*（last visited Dec. 10, 2023）.

【お】
OECD 日本政府代表部「AI（人工知能）に関する理事会勧告が採択されました.」（2019 年 5 月 22 日）*available at*〈http://www.oecd.emb-japan.go.jp/itpr_ja/00_000475.html〉（last visit July. 16, 2019）.
大屋雄裕「人格と責任―ヒトならざる人の問うもの」福田雅樹＝林秀弥＝成原慧編『AI がつなげる社会―AI ネットワーク時代の法・政策』344 頁（弘文堂・2017 年）.
大湾秀雄「（資料 1）人事データ活用への関心とガイドライン作成に向けての議論」*in* 総務省「AI ネットワーク社会推進会議・AI ガバナンス検討会 第 2 回」（平成 30 年［2018 年］12 月 10 日）*available at*〈https://www.soumu.go.jp/main_content/000589116.pdf〉（last visited Dec. 28, 2023）.
ランドン・オトゥール「死亡事故のステラは自動運転ではなかった」ニューズウイーク *available at*〈http://www. newsweekjapan. jp/stories/world/2016/07/post-5449. php〉（last visited Mar. 14, 2017）.
「オッペンハイマー」（2023 年）.

【か】
レイ・カーツワイル（井上健監訳/小野木明恵ほか訳）『ポスト・ヒューマン誕生：コンピュータが人類の知性を超えるとき』（NHK 出版・2007 年）.
加藤幹郎『「ブレードランナー」論序説―映画学特別講義』（筑摩書房・2004 年）.

【く】
黒﨑将広ほか著『防衛実務国際法』（弘文堂・2021 年）.

【け】
経済産業省・ロボット政策研究会「ロボット政策研究会中間報告書～ロボットで拓くビジネスフロンティア～」（平成 17 年［2005 年］5 月 5 頁）*available at*〈http://www.meti.go.jp/policy/robotto/chukanhoukoku.pdf〉（last visited Feb. 14, 2017）.
＿＿＿＿＿＿＿＿＿＿「資料 5　ロボット産業・技術及び関連政策の現況」（平成 17 年［2005 年］1 月 28 日）.

【こ】
厚生労働省医政局医事課長発_各都道府県衛生主管部（局）長宛「人工知能（AI）を用いた診断、治療等の支援を行うプログラムの利用と医師法第 17 条の規定との関係について」医政医発 1219 第 1 号, 平成 30 年［2018 年］12 月 19 日 *available at*〈https://www.mhlw.go.jp/content/10601000/000468150.pdf〉（last visited Dec. 17, 2023）.
平成 29 年度厚生労働行政推進調査事業費補助金「AI 等の ICT を用いた診療支援に関する研究」・同上.
「〈講演・講義・速報〉第 1 回 国際情報学部公開「教育シンポジウム『最新技術が直面する〔命の選択〕――AI 自動運転技術が直面する現在のトロッコ問題――』」〔2022 年 6 月 22 日〕国際情報学研究 3 号 1 頁（2023 年）.
国土交通省「自動走行ビジネス検討会将来ビジョン検討 WG（第 2 回）議事要旨」（2015 年 11 月 10 日開催）*available at*〈http://www.mlit.go.jp/common/001118839.pdf〉（last visited June 21, 2016）.
小久保智淳「ニューロサイエンス」駒村圭吾編『Liberty2.0―自由論のバージョン・アップはありうるのか？』151 頁（弘文堂・2023 年）.
駒村圭吾「『法の支配』vs『AI の支配』」法学セミナー 443 号 61 頁（2017 年）.
小宮山純平「AI による意思決定の公平性」*in* 総務省・AI ネットワーク社会推進会議「AI ガバナンス検討会（第 1 回）資料 5」*available at*〈http://www.soumu.go.jp/main_content/000587312.pdf〉（last visited June 11, 2019）.

【さ】
「サービスロボット事例紹介」『JARA 一般社団法人 日本ロボット工業会』*available at*〈http://www.jara.jp/x3_jirei/index.html〉（last visited Aug. 31, 2017）.
笹倉宏紀「AI と刑事法」山本龍彦編『AI と憲法』393 頁（日本経済新聞出版社・2018 年）.
Cyberdyne「What's HAL：世界初の装着型サイボーグ『HAL®』」*available at*〈https://www.cyberdyne.jp/products/HAL/index.html〉（last visited Dec. 24, 2023）.
Cyberdyne「HAL®の仕組み」*available at*〈https://www.cyberdyne.jp/products/HAL/index.html〉（last visited Dec. 24, 2023）.
「"自然言語処理"とは？」産総研マガジン 2023 年 6 月 23 日 *available at*〈https://www.aist.go.jp/aist_j/magazine/20230621.html〉（last visited Dec. 10, 2023）.

【し】
ジェトロ「EU、AI を包括的に規制する法案で政治合意、生成型 AI も規制対象に」ビジネス短信 2023

年 12 月 13 日 *available at* 〈https://www.jetro.go.jp/biznews/2023/12/8a6cd52f78d376b1.html〉(last visited Dec. 4, 2023).
嶋是一「気になるこの用語第 55 回：ChatGPT と LLM」国民生活 129 号 28 頁（2023 年）.
鳥澤健太郎（情報通信研究機構）「大規模言語モデルと著作権に関する一考察」（2023 年）*available at* 〈https://www.bunka.go.jp/seisaku/bunkashingikai/chosakuken/hoseido/r05_03/pdf/93954701_02.pdf〉(last visited Dec. 10, 2023).
エルヴィン・シュレディンガー（岡小天ほか訳）『生命とは何か：物理的にみた生細胞』（岩波文庫・2008 年）.

【す】

須藤修「人工知能がもたらす社会的インパクトと人間の共進化」情報通信政策研究 2 巻 1 号（2018 年）IA-1〜IA-2 頁 *available at* 〈http://www.soumu.go.jp/main_content/000592821.pdf〉(last visited Apr. 5, 2019).

【せ】

瀬名秀明「『ロボット学』の新たな世紀へ」アイザック・アシモフ（小尾芙佐訳）『われはロボット〔決定版〕』414 頁（早川書房・2004 年）.

【そ】

平野構成員発表資料「AI の判断に対するヒトの最終決定権の限界：Human-in-the Loop の問題」*in* 総務省「情報通信法学研究会 令和 5 年度 第 1 回」（令和 5 年［2023 年］9 月 6 日）*available at* 〈https://www.soumu.go.jp/main_sosiki/kenkyu/hougakuken/R05_siryou.html〉(last visited Dec. 31, 2023).
総務省『情報通信白書 令和 5 年版』（令和 5 年 7 月）.
「別紙 1（附属資料）AI 利活用原則の各論点に対する詳説」（令和元年［2019 年］8 月 9 日）*in* 総務省・AI ネットワーク社会推進会議「報告書 2019」*available at* 〈https://www.soumu.go.jp/main_content/000637098.pdf〉(last visited Nov. 19, 2023).
総務省・AI ネットワーク社会推進会議「報告書 2019」（2019 年 8 月 9 日）*available at* 〈http://www.soumu.go.jp/main_content/000637096.pdf〉(last visited Aug. 18, 2019).
総務省・AI ネットワーク社会推進会議「AI 利活用ガイドライン〜 AI 利活用のためのプラクティカルリファレンス〜」*in* 総務省・AI ネットワーク社会推進会議「報告書 2019」別紙 1（2019 年 8 月 9 日）*available at* 〈http://www.soumu.go.jp/main_content/000637097.pdf〉(last visited Aug. 18, 2019).
総務省・AI ネットワーク社会推進会議「AI 利活用原則の各論点に対する詳説」（2019 年 8 月 9 日）*available at* 〈http://www.soumu.go.jp/main_content/000637098.pdf〉(last visited Aug. 18, 2019).
総務省・AI ネットワーク社会推進会議・AI ガバナンス検討会（第 6 回）「資料 1 谷幹也『AI ベースシステムの事業化における課題』」（2019 年 3 月 5 日）*available at* 〈http://www.soumu.go.jp/main_content/000605000.pdf〉(last visited Apr. 22, 2019).
総務省事務局「資料 3 事務局説明資料」10 頁（2019 年 3 月）*in* AI ネットワーク社会推進会議・AI ガバナンス検討会（第 7 回）*available at* 〈http://www.soumu.go.jp/main_content/000613087.pdf〉(last visited Apr. 7, 2019).
総務省「AI ネットワーク社会推進会議 AI ガバナンス検討会 運営方針」（2018 年 11 月 29 日）*available at* 〈http://www.soumu.go.jp/main_content/000587308.pdf〉(last visited Apr. 15, 2019).
総務省・AI ネットワーク社会推進会議「報告書 2018―AI の利活用の促進及び AI ネットワーク化の健全な進展に向けて―」（2018 年 7 月 18 日）*available at* 〈http://www.soumu.go.jp/main_content/000564147.pdf〉(last visited Apr. 14, 2019).
総務省・AI ネットワーク社会推進会議「報告書 2018 の公表」（2018 年 7 月 17 日）*available at* 〈http://www.soumu.go.jp/menu_news/s-news/01iicp01_02000072.html〉(last visited Apr. 7, 2019).
総務省「AI ネットワーク社会推進会議 環境整備分科会 運営方針」（2017 年 11 月 6 日）*available at* 〈http://www.soumu.go.jp/main_content/000520380.pdf〉(last visited Apr. 15, 2019).
総務省・AI ネットワーク社会推進会議「国際的な議論のための AI 開発ガイドライン案」（2017 年 7 月 28 日）*available at* 〈http://www.soumu.go.jp/main_content/000499625.pdf〉(last visited July 30, 2017).
総務省・AI ネットワーク社会推進会議「報告書 2017 〜AI ネットワーク化に関する国際的な議論の推進に向けて〜」（2017 年 7 月 28 日）*available at* 〈http://www.soumu.go.jp/main_content/000499624.pdf〉(last visited Apr. 14, 2019).
「開発原則分科会・影響評価分科会 合同分科会 議事概要」（平成 29 年［2017 年］7 月 20 日）*in* 総務省「AI ネットワーク社会推進会議・開発原則分科会」*available at* 〈https://www.soumu.go.jp/main_content/000513655.pdf〉(last visited Dec. 10, 2023).
総務省・AI ネットワーク社会推進会議事務局（総務省情報通信政策研究所調査研究部）「『AI 開発ガイドライン』（仮称）の策定に向けた国際的議論の用に供する素案の作成に関する論点」（2016 年 12 月 28 日）*available at* 〈http://www.soumu.go.jp/main_content/000456705.pdf〉(last visited Apr. 3, 2017).
総務省「AI ネットワーク社会推進会議 開発原則分科会運営方針（案）」（2016 年 11 月 8 日）*available at*

〈http://www.soumu.go.jp/main_content/000448336.pdf〉(last visited Apr. 7, 2019).
総務省「AI ネットワーク社会推進会議 開催要綱(案)」(2016 年 10 月 31 日) *available at*〈http://www.soumu.go.jp/main_content/000447310.pdf.〉(last visited Apr. 7, 2019).
総務省「AI ネットワーク社会推進会議」(2016 年 10 月 21 日) *available at*〈http://www.soumu.go.jp/main_sosiki/kenkyu/ai_network/〉(last visited Apr. 14, 2019).
総務省「AI ネットワーク社会推進会議の開催」(2016 年 10 月 21 日) *available at*〈http://www.soumu.go.jp/menu_news/s-news/01iicp01_02000052.html〉(last visited Apr. 15, 2019).
総務省『平成 28 年版 情報通信白書』(2016 年 7 月) *available at*〈http://www.soumu.go.jp/johotsusintokei/whitepaper/ja/h28/pdf/n4200000.pdf〉(last visited Apr. 2, 2017).
総務省・AI ネットワーク化検討会議「報告書 2016:AI ネットワーク化の影響とリスク ―智連社会(WINS)の実現に向けた課題―」(2016 年 6 月 20 日) *available at*〈http://www.soumu.go.jp/main_content/000425289.pdf〉(last visited July 2, 2016).
総務省・AI ネットワーク化検討会議「第 1 回 議事概要」(平成 28 年［2016 年］2 月 2 日) *available at*〈https://www.soumu.go.jp/main_content/000415482.pdf〉(Dec. 31. 2023).
総務省「『ドローン』による撮影映像等のインターネット上での取扱いに係るガイドライン」(2015 年 9 月) *available at*〈http://www.soumu.go.jp/main_content/000376723.pdf〉(last visited Aug. 31, 2017).
総務省・インテリジェント化が加速する ICT の未来像に関する研究会「報告書 2015」(2015 年 6 月 30 日) *available at*〈http://www.soumu.go.jp/main_content/000363712.pdf〉(last visited Feb. 13, 2017).
総務省 ICT サービス安心・安全研究会:近未来における ICT サービスの諸課題展望セッション「第一回議事要旨」(2015 年 5 月 28 日) *available at*〈http://www.soumu.go.jp/main_content/000364447.pdf〉(last visited Aug. 31, 2017).

【ち】
中央大学・知の回廊(第 91 回)「サイバー法という新たな法律学」*available at*〈https://www.youtube.com/watch?v=-t_x_WjFh_I&feature=youtu.be〉(last visited May 9, 2017).

【て】
寺田麻佑「航空法の改正 ―無人航空機(ドローン)に関する規制の整備」法学教室 426 号 47 頁(2016 年).

【と】
「トータル・リコール」(1990 年).

【な】
内閣府「AI 戦略会議 第 7 回」(令和 5 年［2023 年］12 月 21 日) *available at*〈https://www8.cao.go.jp/cstp/ai/ai_senryaku/7kai/7kai.html〉(last visited Dec. 31, 2024).
「(資料 1-1) 総務省・広島 AI プロセスについて」(令和 5 年［2023 年］12 月) *in* **内閣府**「AI 戦略会議 第 7 回」.
「(資料 1-2) 総務省+経済産業省・AI 事業者ガイドライン案 概要」(令和 5 年［2023 年］12 月 21 日) *available at*〈https://www8.cao.go.jp/cstp/ai/ai_senryaku/7kai/12gaidoraingaiyou.pdf〉(last visited Dec. 31, 2024) *in* **内閣府**「AI 戦略会議 第 7 回」.
「(資料 1-3) 総務省・経済産業省 AI 事業者ガイドライン案」*available at*〈https://www8.cao.go.jp/cstp/ai/ai_senryaku/7kai/13gaidorain.pdf〉(last visited Dec. 31, 2024) *in* **内閣府**「AI 戦略会議 第 7 回」.
「内閣府における EBPM への取組」(最終更新日令和 5 年［2023 年］6 月) *available at*〈https://www.cao.go.jp/others/kichou/ebpm/ebpm.html〉(last visited Dec. 31, 2023).
「(資料 3) 米国の AI 権利章典(AI Bill of Rights)」(令和 4 年［2022 年］12 月, 内閣府提出資料) *in* **内閣府**「人間中心の AI 社会原則会議 令和 4 年度第 2 回」(令和 4 年［2022 年］12 月 21 日) *available at*〈https://www8.cao.go.jp/cstp/ai/ningen/r4_2kai/siryo3.pdf〉(last visited Dec. 27. 2023).
内閣府政策統括官(科学技術・イノベーション担当)「資料 1『人間中心の AI 社会原則』及び『AI 戦略 2019(有識者提案)』について」(2019 年 4 月 17 日) *available at*〈https://www.mhlw.go.jp/content/10601000/000502267.pdf〉(last visited May 1, 2019).
内閣府(統合イノベーション戦略推進会議決定)「人間中心の AI 社会原則」(2019 年 3 月 29 日) *available at*〈https://www.cas.go.jp/jp/seisaku/jinkouchinou/pdf/aigensoku.pdf〉(last visited May 4, 2019).
内閣府「第 8 回 人間中心の AI 社会原則検討会議議事録」3 頁(2018 年 12 月 13 日) *available at*〈https://www8.cao.go.jp/cstp/tyousakai/humanai/8kai/gizi8.pdf〉(last visited May 12, 2019).
内閣府「第 7 回 人間中心の AI 社会原則検討会議議事録」(2018 年 11 月 6 日) *available at*〈https://www8.cao.go.jp/cstp/tyousakai/humanai/7kai/gizi7.pdf〉(last visited May 1, 2019).
(株) Preferred Networks「『人間中心の AI 社会原則会議』に対する意見」*in* **内閣府**「人間中心の AI 社会原則検討会議 第一回参考資料」(平成 30 年［2018 年］5 月 8 日) *available at*〈https://www8.cao.go.jp/cstp/tyousakai/humanai/1kai/sanko2.pdf〉(last visited Dec. 10, 2023).
内閣府「人間中心の AI 社会原則検討会議」公式ホームページ *available at*〈https://www8.cao.go.jp/

cstp/tyousakai/humanai/index.html〉(last visited May 4, 2019).
内閣官房知的財産戦略推進事務局「AI によって生み出される創作物の取扱い」(2016 年 1 月) *available at* 〈http://www.kantei.go.jp/jp/singi/titeki2/tyousakai/kensho_hyoka_kikaku/2016/jisedai_tizai/dai4/siryou2.pdf〉(last visited July 29, 2017).
内閣官房 IT 総合戦略室「自動運転レベルの定義を巡る動きと今後の対応 (案)」(2016 年 12 月 7 日) *available at* 〈http://www.kantei.go.jp/jp/singi/it2/senmon_bunka/detakatsuyokiban/dorokotsu_dai1/siryou3.pdf〉(last visited Mar. 1, 2017).
内閣府「Society 5.0」*available at* 〈https://www8.cao.go.jp/cstp/society5_0/index.html〉(last visited July. 13, 2019).
内閣府「山本大臣のつくば研究学園都市視察について」(平成 25 年〔2013 年〕1 月 9 日) *available at* 〈https://www8.cao.go.jp/cstp/gaiyo/syutyo/130109tsukuba.html〉(last visited Dec. 31, 2023).
中西崇文「『利用者支援の原則』検討の方向性」総務省・AI ネットワーク社会推進会議開発原則分科会 (第 1 回)「資料 3-3」*available at* 〈http://www.soumu.go.jp/main_content/000448340.pdf〉(last visited Feb. 6, 2017).

【に】
西山禎泰「日本におけるロボットの変遷と表現との関係」名古屋造形大学紀要 17 号 151 頁 (2011 年).
「Cool Topic：総務省が AI 開発のガイドライン OECD などの場で世界に提唱へ」**日経 Robotics** 20 号 21 頁 (2017 年).
「映画で描かれた“原爆の父”オッペンハイマーの葛藤『もう二度と核兵器を…』孫が語る祖父の願い」*in* **日テレ News** 2023 年 9 月 16 日 *available at* 〈https://news.yahoo.co.jp/articles/6deb818a46a43bc29133c7d71b9a57a5d8d8178e?page=2〉(last visited Dec. 31, 2023).
「AI のリスクを事前審査 G7 指針、早期のルール策定重要」**日本経済新聞** 2023 年 12 月 7 日 *available at* 〈https://www. nikkei. com/article/DGXZQOUA066U30W3A201C2000000/〉(last visited Dec. 17, 2023).
「ソフトバンク G 孫氏、人間を超える汎用 AI『10 年以内に』」**日本経済新聞** 2023 年 10 月 4 日 *available at* 〈https://www.nikkei.com/article/DGXZQOUB032870T01C23A0000000/〉(last visited Dec. 10, 2023).
「AI の『責任ある利用を』G20 デジタル相会合声明―差別の助長や制御リスクを回避」**日本経済新聞** 2019 年 6 月 9 日.
「脳の信号捉え意思伝達 サイバーダインが装置」**日本経済新聞** 2018 年 1 月 12 日 *available at* 〈https://www.nikkei.com/article/DGXMZO25622430S8A110C1L60000/〉(last visited Dec. 24, 2023).
日本経済団体連合会「AI 活用戦略～AI-Ready な社会の実現に向けて～」(2019 年 2 月 19 日) *available at* 〈https://www.keidanren.or.jp/policy/2019/013_honbun.pdf〉(last visited Dec. 31, 2023).

【ね】
根津洸希「[文献紹介] スザンネ・ベック『インテリジェント・エージェントと刑法―過失, 答責分配, 電子的人格』」千葉大学法学論集 31 巻 3・4 号 117 頁 (162 頁) (2017 年).

【は】
ウゴ・**パガロ** (新保史生監訳)『ロボット法』(勁草書房・2018 年).
「バーティカル・リミット」(映画) (2000 年).

【ひ】
「中国政府、『世界初のゲノム編集赤ちゃん』研究の中止を命令」**BBC News Japan** 2018 年 11 月 30 日 *available at*〈https://www.bbc.com/japanese/46396369〉(last visited Dec. 31, 2023).
平野晋『国際契約の起案学』(木鐸社・2011 年).
_____『体系アメリカ契約法：英文契約の理論と法務』(中央大学出版部・2009 年).
_____『アメリカ不法行為法：主要概念と学際法理』(中央大学出版部・2006 年).
_____「AI に不適合なアルゴリズム回避論：機械的な人事採用選別と自動化バイアス」情報通信政策研究第 7 巻 2 号 I-1 頁 (総務省, 2024 年 3 月).
_____「メタバースの法とガバナンス：先行研究サイバー法の既視感デジャ・ヴ」国際情報学研究 3 号 152 頁 (2023 年).
_____「汎用 AI のソフトローと〈法と文学〉：SF が警告する〈強い AI/AGIエイ・ジー・アイ〉用規範を巡る記録から」法學新報 127 巻 (5・6 号) 561 頁 (2021 年).
_____「ロボット法と倫理」人工知能学会誌 34 巻 2 号 188 頁 (2019 年).
_____「経済教室 GAFA 規制を考える (中) AI 利活用で独走許すな」日本経済新聞 2019 年 2 月 20 日朝刊 28 面.
_____「ロボット法と学際法学：〈物語〉が伝達する不都合なメッセージ」情報通信学会誌 35 巻 4 号 109 頁 (2018 年).
_____「AI ネットワークと製造物責任：設計上の欠陥を中心に」情報通信政策研究 2 巻 1 号 45 頁 (2018 年).

――「“ロボット法”と“派生型トロッコ問題”：主要論点の整理と，AI ネットワークシステム“研究開発 8 原則”」NBL 1083 号 29 頁（2016 年）．
――「走行情報のプライバシーと製造物責任と運転者の裁量」知財研フォーラム 103 巻 26 頁，27〜28 頁（2015 年）．
――「製造物責任（設計上の欠陥）における二つの危険効用基準 〜ロボット・カーと『製品分類全体責任』〜」NBL 1040 号 43 頁（2014 年）．
――「適正維持・通常使用中にエンジンが著しく出力低下し落着した自衛隊ヘリコプターの製造物責任訴訟に於いて，具体的な欠陥の主張立証がなくても足りるとされた事例 〜『危険な誤作動・異常事故』に於ける欠陥等の推認〜」判例時報 2229 号 136 頁（判例評論 668 号 22 頁）（2014 年）．
――「製造物責任リステイトメント起草者との対話：日本の裁判例にみられる代替設計『RAD（ラッド）』の欠陥基準」NBL1014 号 40 頁（2013 年）．
――「アメリカ・ビジネス判例の読み方（第 25 回）：*Saloomey v. Jeppensen & Co.* 〜航空図（情報）が厳格製造物責任の対象になり得るとされた代表事例〜」国際商事法務 45 巻 4 号 608 頁（2017 年）．
――「アメリカ・ビジネス判例の読み方（第 24 回）：*Winter v. G.P. Putnam's Sons.* 〜ソフトウエアが厳格製造物責任の対象になり得る，と傍論にて示唆した有名事例〜」国際商事法務 45 巻 3 号 464 頁（2017 年）．
――「アメリカ・ビジネス判例の読み方（第 23 回）：*Ratliff v. Schiber Truck Co., Inc.* 〜自動運転車が不可避的事故に遭遇した場合を想定すべきという主張の根拠たり得る事例〜」国際商事法務 45 巻 2 号 302 頁（2017 年）．
――「アメリカ・ビジネス判例の読み方（第 22 回）：*Tieder v. Little* 〜AI の予測不可能な判断による事故に対し製造業者等が責任を負わないという指摘の参考になる事例〜」国際商事法務 45 巻 1 号 136 頁（2017 年）．
――「アメリカ・ビジネス判例の読み方（第 21 回）：*Naruto v. Slater* 〜サルは自撮り写真の著作権者たり得ない：ロボットの著作権者論議に関わる事例〜」国際商事法務 44 巻 12 号 1888 頁（2016 年）．
――「アメリカ・ビジネス判例の読み方（第 20 回）：*In re Toyota Motor Corp. Unintended Acceleration* 〜AI・ロボット・自動運転時代の『誤作動法理』適用を示唆する事例〜」国際商事法務 44 巻 11 号 1730 頁（2016 年）．
――「アメリカ・ビジネス判例の読み方（第 19 回）：*Arnold v. Reuther* 〜自動運転時代の『ラスト・クリア・チャンス―the last clear chance』な事故回避義務を示唆する事例〜」国際商事法務 44 巻 10 号 1574 頁（2016 年）．
――「アメリカ・ビジネス判例の読み方（第 18 回）：*Miller v. Rubbermaid, Inc.* 〜産業用ロボットによる死亡事故に於いて，故意による不法行為が争点になった事例〜」国際商事法務 44 巻 9 号 1430 頁（2016 年）．
――「アメリカ・ビジネス判例の読み方（第 16 回）：*Payne v. ABB Flexible Automation, Inc.* 〜産業用ロボット製造物責任訴訟の事例〜」国際商事法務 44 巻 7 号 1114 頁（2016 年）．
――「アメリカ・ビジネス判例の読み方（第 15 回）：*Mracek v. Bryn Mawr Hospital* 〜手術用ロボット『ダ・ヴィンチ』が，誤作動法理に基づく製造物責任を問われた事例〜」国際商事法務 44 巻 6 号 956 頁（2016 年）．
――「インターネット法判例紹介第 4 回：*Feist Publications, Inc. v. Rural Tel. Serv. Co.* 事件判決〜データベースの排他的独占権を否定する代表判例〜」国際商事法務 26 巻 9 号 974 頁（1998 年）．
――「追補『アメリカ不法行為法』判例と学説〔11〕」国際商事法務 36 巻 8 号 1091 頁（2008 年）．
――「追補『アメリカ不法行為法』判例と学説〔7〕」国際商事法務 36 巻 4 号 537 頁（2008 年）．
――「追補『アメリカ不法行為法』判例と学説〔3〕」国際商事法務 35 巻 12 号 1736 頁（2007 年）．

【ふ】

深町晋也『緊急避難の理論とアクチュアリティ』（弘文堂・2018 年）．
――「AI ネットワーク時代の刑事法制」福田雅樹＝林秀弥＝成原慧編『AI がつなげる社会―AI ネットワーク時代の法・政策』280 頁（弘文堂・2017 年）．

【ほ】

リチャード・A. **ポズナー**（平野晋監訳／坂本真樹＝神馬幸一訳）『法と文学〔第 3 版〕（上巻）（下巻）』（木鐸社・2011 年）．
法務省大臣官房司法法制部「AI 等を用いた契約書等関連業務支援サービスの提供と弁護士法第 72 条との関係について」*available at* 〈https://www.moj.go.jp/content/001400675.pdf〉（Dec. 31, 2023）．
堀口悟郎「AI と教育制度」山本龍彦編『AI と憲法』253 頁（日本経済新聞出版社・2018 年）．

【ま】

「社説 '23 平和考　AI 兵器と戦争『第 2 の核』にせぬ英知を」**毎日新聞** 2023 年 8 月 18 日 *available at* 〈https://mainichi.jp/articles/20230818/ddm/003/070/093000c〉（last visited Dec. 31, 2023）．
松尾剛行『ChatGPT と法律実務―AI とリーガルテックがひらく弁護士/法務の未来』（弘文堂・2023 年）．
――「リーガルテックと弁護士法に関する考察」情報ネットワーク・ローレビュー 18 号 1 頁（2019 年）．

＿＿＿＿『AI・HR テック対応　人事労務情報管理の法律実務』（弘文堂・2019 年）.
松尾豊構成員発表資料「人工知能の未来―ディープ・ラーニングの先にあるもの」総務省・AI ネットワーク化検討会議（第 1 回）「資料 8」2016 年 2 月 2 日 *available at* 〈http://www.soumu.go.jp/main_content/000400435.pdf〉（last visited Feb. 13, 2017）.

【や】
山本龍彦「AI と個人の尊重、プライバシー」山本龍彦編『AI と憲法』59 頁（日本経済新聞出版社・2018 年）.
山本龍彦＝尾崎愛美「アルゴリズムと公正」科学技術社会論研究 16 号 96 頁（2018 年）.
山本龍彦「予測的ポリシングと憲法：警察によるビッグデータ利用とデータマイニング」慶応法学 31 号 321 頁（2015 年）.
山本行雄「原発事故から浮かび上がった『ロボット大国・日本』」テクノビジョンダイジェスト *available at* 〈http://www.techno-con.co.jp/info/back9_1107a.html〉（last visited Aug. 31, 2017）.
弥永真生＝宍戸常寿編『ロボット・AI と法』（有斐閣・2018 年）.

【り】
陸戦ノ法規慣例ニ関スル条約［抄］3 Martens Nouveau Recueil（ser. 3）461, 187 Consol. T.S. 227, 効力発生一九一〇年一月二六日（ミネソタ大学 人権図書館）*available at* 〈http://hrlibrary.umn.edu/japanese/J1907c.htm〉（last visited May 1, 2017）.

【裁判例】
Aetna Casualty & Surety Co. v. Jeppesen & Co., 642 F.2d 339（9th Cir. 1981）.
Arnold v. Reuther, 92 So.2d 593（La. Ct. App. 1957）.
Brocklesby v. United States, 767 F.2d 1288（9th Cir. 1985）, *cert. denied*, 474 U.S. 1101（1986）.
Cetacean Cmty. v. Bush, 386 F.3d 1169（9th Cir. 2004）.
Cmty. for Creative Non-Violence v. Reid, 490 U.S. 730（1989）.
Concord Florida, Inc. v. Lewin, 341 So.2d 242（Fla. 3d Dist. Ct. App. 1976）.
Dawson v. Chrysler Corp., 630 F.2d 950（3d Cir. 1980）, *cert. denied*, 450 U.S. 959（1981）.
Eckert v. Long Island R.R., 43 N.Y. 502（1871）.
Escola v. Coca-Cola Bottling Co., 150 P.2d 436（Cal. 1994）（Traynor, J., concurring）.
Feist Publication, Inc. v. Rural Tel. Serv. Co., 499 U.S. 340（1991）.
Fluor Corp. v. Jeppesen & Co., 170 Cal.App.3d 468（Cal. Ct. App. 1985）.
Food Fair, Inc. v. Gold, 464 So.2d 1228（Fla. 3d Dist. Ct. App. 1985）.
French v. Grove Mfg. Co., 656 F.2d 295（8th Cir. 1981）.
Fyffe v. Jeno's Inc., 59 Ohio St.3d 115（1991）.
Garcia v. Google, Inc., 786 F.3d 733（9th Cir. 2015）.
Griggs v. Duke Power Co., 401 U.S. 424（1971）.
Hollis v. Blevins, 927 S.W.2d 558（Mo. Ct. App. 1996）.
Houston Fed. of Teachers v. Houston Independent, 251 F.Supp.3d 1168（S. D.Tex. 2017）.
Inhale, Inc. v. Starbuzz Tobacco, Inc., 755 F.3d 1038（9th Cir. 2014）.
Jenkins v. General Motors Corp., 524 S.E.2d 324（Ga. App. 1999）.
Lewis v. Coffing Hoist Div., Duff-Norton Co., 528 A.2d 590（Pa. 1987）.
Marks v. Goodwill Industries of Akron, Ohio, Inc., No.20706, 2002-Ohio-1379, 2002 WL 462864.
McDonnell Douglas Corp. v. Green, 411 U.S. 792（1973）.
Miller v. Ford Motor Co., 653 S.E.2d 82（Ga. App. 2007）.
Miller v. Rubbermaid, Inc., No. 23466, 2007-Ohio-2981, 2007 WL 1695109（Ohio Ct. App. June 13, 2007）.
Morgan v. Toomey, 719 S.W.2d 129（Mo. Ct. App. 1986）.
Mozer v. Semenza, 177 So.2d 880（Fla. 3d Dist. Ct. App. 1965）.
Mracek v. Bryn Mawr Hospital, 610 F.Supp.2d 401（E.D.Pa. 2009）.
Naruto v. Slater, 2016 WL 362231（N.D. Cal. Jan. 28, 2016）.
Oddi v. Ford Motor Co., 234 F.3d 136（3d Cir. 2000）.
Overseas Tankship（U.K.）v. Morts Dock & Eng'g Co.（*Wagon Mound 1*）1961 App Cas 388（PC 1961）.
Padillas v. Stork-Gamco, Inc., 186 F.3d 412（3d Cir. 1999）.
Palsgraf v. Long Island R.R., 248 N.Y. 339, 162 N.E. 99（1928）.
Payne v. ABB Flexible Automation, Inc., 116 F.3d 480（8th Cir. 1997）.
Price Waterhouse v. Hopkins, 490 U.S. 228（1989）.
Ratiff v. Schiber Truck Co., Inc., 150 F.3d 949（8th Cir. 1998）.
Regina v. Dudley & Stephens（1884）14 Q.B.D. 273.
Rose v. Figgie Int'l, 495 S.E.2d 77（Ga. App. 1997）.
Saloomey v. Jeppensen & Co., 707 F.2d 671（2d. Cir. 1983）.
Schatz v. 7-Eleven, Inc., 128 So.2d 901（Fla. 1st Dist. Ct. App. 1961）.
Stanley v. Toyota Motor Sales, U.S.A., Inc., 2008 WL 4664229（M.D. Ga. Oct. 20, 2008）.

State v. Loomis, 881 NW 2d. 749（Wis. 2016）.
Tider v. Little, 502 So.2d 923（Fla. App. 3 Dist. 1987）.
In re Toyota Motor Corp. Unintended Acceleration, 978 F.Supp.2d 1053（C.D. Cal. 2013）.
Webb v. Zern, 220 A.2d 853（Pa. 1966）.
Winter v. G.P. Putnam's Sons, 938 F.2d 1033（9th Cir. 1991）.
食品フードパック裁断自動運搬機死亡事件（東京高判平成 13 年 4 月 12 日判時 1773 号 45 頁）.
中華航空エアバス式 B1816 機事故損害賠償請求事件（名古屋高判平成 20 年 2 月 28 日判時 2009 号 96 頁；名古屋地判平成 15 年 12 月 26 日判時 1854 号 63 頁）.

事項索引

平野　晋（ひらの・すすむ）

中央大学国際情報学部（iTL）教授・学部長
米国弁護士（ニューヨーク州）

1984年に中央大学法学部法律学科を卒業し、同年入社した富士重工業株式会社にて法務に携わり、コーネル大学大学院（コーネル・ロースクール）に企業派遣留学して1990年に修了（法学修士）。同年にニューヨーク州法曹資格試験を受験・合格。翌1991年に同大学院特別生（『コーネル国際法律雑誌』編集委員）。1995年からNTTグループ企業で法務に携わり、2000年から株式会社NTTドコモの法務室長。2004年から中央大学教授。2007年に博士号（総合政策）（中央大学）取得。2013～2019年に中央大学大学院総合政策研究科委員長。2019年4月より現職（iTL初代学部長）。2023年に同大学大学院国際情報研究科委員長（iTL初代研究科委員長）。

コーネル・ロースクール留学以来、製造物責任法の世界的権威ジェームズ・A. ヘンダーソンJr.教授から教えを受ける。経済産業省「ロボット政策研究会」（2005～2006年）、OECD（経済協力開発機構）「AI専門家会合」（2018～2019年）、および内閣府「人間中心のAI社会原則検討会議」（2018～2019年）を含む政府有識者会議を多数歴任。現在は、内閣府「人間中心のAI社会原則会議」構成員、総務省「AIネットワーク社会推進会議」副議長および「AIガバナンス検討会」座長を務める。主要業績（著書、論文等）は文献リスト参照。

ロボット法—AIとヒトの共生にむけて［増補第2版］

2017（平成29）年11月15日　初　版1刷発行
2019（令和元）年10月15日　増補版1刷発行
2024（令和6）年　5月30日　増補第2版1刷発行

著　者　平　野　　晋
発行者　鯉　渕　友　南
発行所　株式会社　弘　文　堂　101-0062　東京都千代田区神田駿河台1の7
TEL 03(3294)4801　振替 00120-6-53909
https://www.koubundou.co.jp

装　丁　宇佐美純子
印　刷　三報社印刷
製　本　牧製本印刷

ISBN978-4-335-35988-0